U0124597

国家社科基金后期资助项目

（编号：11FGL003）

国家社科基金
GUOJIA SHEKE JIJIN HOUQI ZIZHU XIANGMU
后期资助项目

文化视域中的
美学与文艺学

Aesthetics and Theory of
Literature and Art in Culture Horizon

毛崇杰　著

社会科学文献出版社
SOCIAL SCIENCES ACADEMIC PRESS (CHINA)

国家社科基金后期资助项目
出版说明

后期资助项目是国家社科基金设立的一类重要项目，旨在鼓励广大社科研究者潜心治学，支持基础研究多出优秀成果。它是经过严格评审，从接近完成的科研成果中遴选立项的。为扩大后期资助项目的影响，更好地推动学术发展，促进成果转化，全国哲学社会科学规划办公室按照"统一设计、统一标识、统一版式、形成系列"的总体要求，组织出版国家社科基金后期资助项目成果。

全国哲学社会科学规划办公室

前　言

　　美学与文艺学共同以艺术为主要对象，对现实生活中各种审美关系的研究决定了两者的亲缘关系。美学被黑格尔称为"艺术哲学"，意味着它要求更高的抽象。美学直接面对自然美本质论的思考不同于自然在文艺学中仅仅以文本化出现，所以乃有"文艺美学"提出。后起之生态美学以整体自然界为对象。环境美学也与文本化的艺术作品拉开了距离。在一些应用领域，如技术美学、旅游美学，不仅淡化了形而上学，也与文艺学的关系疏远了。一般意义上的美学仍然与文艺学保持着传统关系。本书即以作为元理论之美学问题为主要方向，对其学科性与科学性加以特别关注。所谓"元理论"也就是有关美学对象在真善美以及审美与日常生活中的地位与界限之内提出的根本性问题，如美、审美与美学学科发生论，以及随同美学的发生展开的边界。现代分析哲学不把美学作为一门学科，因为它没有实证主义规定的科学性，作为美学的对象"美"究竟"是什么"成了伪问题，对于文艺学也是同样。近年来，在美国哲学讲坛占统治地位的分析哲学一方面向实用主义靠拢，另一方面实用主义又发生语言学转向，这两方面都处于马克思主义影响之下，呈现出在多元化状况下的思潮融合趋势，有关问题笔者在《实用主义的三副面孔》一书中有所论涉。所以我们在这里不必囿于某些学派之见，而它们提供的知识资源不容忽视。

　　文艺学包含着双重意思：一是作为对艺术的文学（art literature）的简称，作为专门的人文学科的文学就是这个意思，包括文学发展的历史，文学作品的创作、批评与赏析及以此为对象之文学理论的研究。无论中外，文学还有艺术之外的广泛含义，曹丕《典论·论文》所说"盖文章，经国之大业，不朽之盛事"有广义文学的含义。列宁的《党的组织与党的文学》所指的文学也跨越审美艺术界限被作为广义理解。艺术文学的审美特性也被称为 fine literature，在鲁迅的《摩罗诗力说》中这个词被译为"美术文章"，很是别扭，也不确切。文艺学的第二层意思是，以艺术文学与文学以外的其他所有的艺术为研究对象的一门学科。本书兼取二者综合意义，既以艺术文学为主要对象，也广泛涉及其他类型的艺术。

　　立足于美学与文艺学这种亲密而有间的关系，将之置于作为"后学科"的文化视域中，研究有关它们的学科性与科学性问题。这个思路经过

1

了一个连贯的发展阶段，在新旧世纪交替以来的文化研究热中，以及在真理与价值、知识与智慧分裂的背景下，对人文社会科学知识合法性的质问使美学与文艺学面临学科性危机，因而如何重建它们在文化研究作为"后学科"中的学科合法性是一个生死攸关的问题。这些问题笔者在2002年的《颠覆与重建——后批评中的价值体系》及2009年的《走出后现代——历史的必然要求》中均有所涉及，如真善美与价值以及"科学美"等问题。后一本书中的"科技腾飞与艺术终结"一节挪于本书更为合适（该书若有机会再版当将其删之）。学科性重建必须以其科学性为基础，"美学文艺学的学科性与科学性"2010年作为课题正式启动。

文化作为"视域"或"视界"仍然有个边界问题，"视野"虽不是无边无垠，但其界限也不那么确定。而文化虽有阈限，毕竟也比专门学科广阔。在学科边界上"划"而不"死"，"解"而不"消"，"游"而知"返"，"统"而有"分"，本着这样一种理念，本书仍从后现代思潮中学界现存的诸多问题着手，贯以批判精神。第一部分"总论"主要内容与文化研究相关，以将美学文艺学学科性与科学性问题置于这样的前沿语境之下。本体论与本质论、认识论与实践论，既是美学也是文艺学诸多观念发展更新的共同哲学基础，也是不同学派论争的焦点。本书所论"文学的结构性多重本质"问题作为笼而统之的命题不是什么新东西，文学观念更新以来已有众议，由于各家在以上哲学基础及方法上的差异，同一命题下"见智见仁"。第二部分"美学文艺学重建的哲学基础"对其他各篇有立场与方法上的贯穿。这种贯穿到最后的"文化篇"成为一种文化的历史哲学与开篇"总论"相呼应。通过"后现代之死"热门话题引出从"回到亚里士多德""回到康德"直到"回到黑格尔"与"回到马克思"。这样一个历史理性批判的逻辑与历史发展本身有着整合性关系，显示出历史在线性上的连续与非连续之张力关系，其终极目标指向"晚期资本主义在哪里终结"的问题。这样一个问题涉及经典马克思主义与后马克思主义的分歧，关系到当前马克思主义对于世界未来的历史使命。美学文艺学与文化理论及包括自然科学在内的其他学科同属"为人的解放"主题，以这样的文化视域来展开学科性与科学性研究似乎没有离"观乎人文以化成天下"很远。

附于文化篇之后部分是对约半个世纪以来十多部有一定代表性的艺术电影的观感、评论与研究，可以说是美学文艺学在一些实例上的展开，从中约略显出艺术思潮的流变，由于深浅有所差异，故未纳入正篇。

本课题的一些阶段性成果于这几年陆续发表，无论它们是多么不成熟，许多学刊还是慷慨接纳，给予听取各方面很中肯的意见、不断改进的机会。

本书的某些章目，如"艺术终结""艺术的审美与反审美"既属于美学也属于文艺学，可在文艺学篇与美学篇之间互置，彰显两门学科互跨关系，这也是同行提出的有益建议。2009～2010年连续申报此项目未准也是一种鞭策，敦促我对有关问题如何尽可能考虑得更加严密、周全、深化并推出新意，次年完成其基本框架与主要内容，获得全国哲学社会科学规划办公室后期资助，于此致谢，同时在这里对诸多同人与有关刊物以及社会科学文献出版社一并表以衷心的谢忱。由于本书涉猎问题之驳杂，必多有舛误、疏漏之处，还望宽容的读者不吝赐教。

2012 年隆冬

目 录

总　论

人文社会科学的科学性与学科性——在"后学科"与"后理论"中的考察

一　后学科与后理论状况

在人类文化生活与精神现象中哪些知识属于科学？人文学科（humanities）与科学的界限在哪里？学科的边界又是怎样形成的，是否合理？这样一些科学知识边界的限定与思想超越的自由之间的关系问题于历史不同时期在不同高度被反复提出，表现为不同时代精神对思想解放与知识更新之诉求和召唤。

以意大利文艺复兴命名的思想解放运动不仅仅限于文艺，是以艺术为主要形式包含着对古代希腊崇尚知识和真理的广泛人文精神之重建。经过一个多世纪针对中世纪神学蒙昧主义批判的启蒙运动思想准备后，17 世纪笛卡儿把这种精神概括为"我思故我在"，标志着思考对知识永无终止追求的生存意义，这一命题被培根拓展为"知识就是力量"。以人类理性为轴心，科学与人文精神的结合代表着三百多年来整个时代的精神特点。之后约一个多世纪，在欧洲狂飙突进时期，康德以《纯粹理性批判》等三大批判提出了人类认知的界限以及作为最高普遍价值体系真善美之间的相互关系问题。跨越了工业革命与资产阶级政治革命，人类进入 20 世纪，以上一系列有关知识的问题在新的语境下以新的方式重新提出。20 世纪两次世界大战及之后的冷战对世界的巨大影响波及社会、经济、政治和文化生活的所有方面，也不可避免地覆盖了人文社会科学领域，与此同时在科学技术层面上人类从蒸汽动力与电力机械时代进入电子信息技术时代，与新的生产力相伴之"信息爆炸"与"资源共享"对传统知识系统造成巨大冲击。后冷战时期世界新格局与信息时代面临着历史所遗留下来的许许多多有待解决的新课题。如果在知识的问题上前一个世代可以概括为存在与认知、本质与现象、真理与谬误等，这些二元关系则始终围绕着科学知识作为主体力量在对象世界关系上的有限性与无限性这个核心问题，在我们的时代问题则集中于科学性与学科性质疑。诚然，这种质疑是在现代主义思潮对工具理性持续地批判，进而信息产业对知识经济、知识资本与文化消费的启动语境下发生的。

康德把启蒙概括为人们对他们自己造成的"不成熟"状态的摆脱，[①]同时对人类认知的界限进行了反思。卡尔·波普尔把"极权主义及传统主

---

① 康德：《什么是启蒙》，《历史理性批判文集》，何兆武译，商务印书馆，1997。

义"与"反极权主义及反传统主义"在认识论上的根源追溯到柏拉图时代，在真理与虚妄的路上，把科学的增长方式概括为"猜想与反驳"。① 其间跨越了两个多世纪，对知识与科学的哲学思考进入了一个新的轮回。这种提问方式之当下语境虽迥然相异于启蒙运动与笛卡儿—培根—康德时期人文社会科学的特点，而科恩仍将之归为从哥白尼到康德的"科学革命"，当然他主要不是从纵向发展渐进的历史特点强调科学革命，而更注重所谓"范式"之横向关系，在发展观上有突进的替代特点。②

综观当下人文社会科学的科学性与学科性质疑集中在两个大的方面：一是对人文学科科学性的质疑，导致其去科学化，将之排除于社会科学之外；二是对人文社会科学内部学科性的质疑，导致文化研究之"后学科"状态。由此带来人文领域的种种相关理论与话语，比较集中于科学哲学与文化理论之中，这种语境的根本思想根源在于后现代主义对主客二元关系的取消及对本质主义的挑战，进而在主体方面否定了主体的认知性功能，在客体方面否定了真理具有不以主体转移的内容。这个新的知识轮回似乎把人们带到了一个新的有待摆脱思想"不成熟"的状态，因而带来种种人文危机，如知识合法性危机、学科合法性危机等。

哈贝马斯对晚期资本主义"合法性危机"的研究将其总体性危机分为经济上的系统性危机、政治上合理性危机导致认同上合法性危机与社会文化系统的动机危机。他指出："社会文化系统以合法化形式给政治系统提供动机"，而这种动机危机被解释为："对于维持生存非常重要的传统遭到腐蚀；普遍主义的价值系统超载（'新要求'）"。③ 这个社会文化系统危机在科学性与学科性上的体现到了 20 世纪后半期至新世纪初已渐渐明朗，在文化理论中展开的状况可简要地综合概括为"后学科"与"后理论"。

海尔格·诺沃特尼等在《反思科学》一书中用"不确定的时代"来概括当前世界，他们指出，这个时代"科学不是一个独立存在的空间，与社群、文化以及（更富争议的）经济等'其他'诸领域之间有着泾渭分明的界限。相反。所有这些领域，它们'内在的'异质性日益明显，'外在的'相互依赖程度不断加深，甚至互相渗透。因此，它们之间不再界限清晰分明，难以区分。……就科学的社会构成来讲，异质性与相互依存性始终都是科学的特征，而它在认识论与方法论上的独立性，也充满了变数和不确

---

① 卡尔·波普尔：《猜想与反驳——科学知识的增长》，傅季重等译，上海译文出版社，1986。
② 科恩：《科学中的革命》，鲁旭东等译，商务印书馆，1998。
③ 哈贝马斯：《合法性危机》，刘北城等译，上海人民出版社，2011，第 52~57 页。

定性"①。

在科学知识持续渐进带来跳跃式的更新发展中,作为认知主体自由思想的花朵,无论整体、群体、个体,无论是人文社会科学还是自然科学,在中心化的学科性的边缘地带不断被发现存在一个非学科性的"他者",这种对"我思"的限制感甚至随着科学发展愈益加深。科学与人文、非科学、前科学以及学科化与非学科化,这些由各种界限限定之际间关系的对峙伴随着不断的"思想革命""知识革命"及"文化革命",20世纪以来的文化研究大体面对着此类问题。

1990年召开了一个来自不同国家和地区、不同人文社会科学专业的国际文化研究学术会议,弗·杰姆逊在《论"文化研究"》一文中对42位作者的会议论文作了综述,就文化研究中出现的种种问题作了深入的概括与分析。他指出,文化研究的崛起是出于"对其他学科的不满,针对的不仅是这些学科的内容,也是这些学科的局限性。正是在这个意义上,文化研究成了后学科"②。用"后学科"来概括文化研究突出了其后现代对现代性反思与改写的"不确定时代"之特点,彰显出后现代主义对传统学科性的挑战与颠覆姿态。

对于文化研究应该进一步追问的是:为什么对一些学科不满?这些"学科的内容"哪些方面引起不满?它们表现出怎样的局限性?这样的提问不在于"要不要文化研究"而在于"要不要对文化研究进行研究"。杰姆逊的《论"文化研究"》这篇文章对文化研究提出了一些问题,也回答了一些问题,本身就属于对"文化研究"的研究。

"后学科"是后现代时期的独特学术现象。波林·罗斯诺的《后现代主义与社会科学》一书专门研究了后现代主义对社会科学的影响,他指出,后现代主义者把"大学背景下学科间按常规所作的严格划界和分类简单地视作现代性的残余"。正是这种理念,后现代主义作为对现代性的反思决定着其对大学学科建制的"不满"以及文化研究作为后学科的兴起,进而带来"后理论"状况。

"后现代"如果作为一个历史分期用语的话,作为晚期资本主义的历史阶段,后现代既代表着工业文明中的某些新因素也相应出现了许多不同的文化现象。"后现代性"为这一历史时期物质与精神特点的总括。后现

① 海尔格·诺沃特尼等:《反思科学——不确定时代的知识与公众》,冷民等译,上海交通大学出版社,2011,第1页。

② 弗·杰姆逊《快感:文化与政治》,中国社会科学出版社,1998,第400页。

代主义是代表这一历史时期的广泛的社会思想潮流，罗斯诺指出，这一思潮"重新安排了整个社会科学事业"，以至"后现代主义"成为"人文科学许多领域的研究本身的代名词"。① 即使后现代主义与文化研究之间不能简单地画一个等号，也可认为文化研究就是后现代主义作为晚期资本主义的文化逻辑对人文社会科学影响的一种重要显示。文化研究在后现代作为"后学科"之所以把传统的学科性看作"现代性的残余"，其"不满"也正在于此。如有人认为："传统学科划分准则是在国家权力主导下确立的对权势者有利的理论前提和意识形态，包括欧洲中心主义、父权主义、科学主义和国家中心主义。"② 无须赘言，此类结论肯定也是出自后现代主义的立场。文化研究本身与对文化研究的研究有着区别，同样，后现代主义本身与对它的研究也需分清，正如杰姆逊的文章作为对文化研究的研究，罗斯诺的著作则为对后现代主义的研究。

作为"后学科"的文化研究经过约半个世纪的发展，越过其顶峰后，理查德·约翰生的《究竟什么是文化研究?》一文提出了"文化研究是否想要成为一门学科"的问题，促使我们从人文学科性之知识与政治的关系来反思其"后学科"状况，并循此探寻相关的"后理论"的出路问题。

特里·伊格尔顿正如他在 20 世纪后期写的《后现代主义幻象》等论著作为对后现代主义的研究和批判一样，2003 年推出的《理论之后》一书可以说也代表着对"文化研究"的文化研究。该书历数 20 世纪影响一个时代的诸多思想理论大师，阿尔都塞、罗兰·巴特、利奥塔、福柯、德里达等一个个去世的情形，并提出有关"后现代思维方式很有可能正在走向终点"的问题，这就是"后理论"的基本状况。"理论之后"并不意味着理论的结束，不是人们不再需要理论了，作者指出："我们永远不能在'理论之后'"，这是一种理论大师"断代绝后"的情况下，时代向理论提出的课题。"后理论"与"后学科"是怎样的一种关系呢? 伊格尔顿指出，文化理论正是后现代主义以一种"新的质疑"提出的，"它需要冒风险"，在这个意义上可以说"后学科"是后现代主义以文化研究出现的理论"冒险"，以"使人从感到窒息的正统观念中脱身，探索新的话题，特别是那些它一直不愿触碰的话题"③。

---

① 波林·罗斯诺：《后现代主义与社会科学》，张国清译，上海译文出版社，1998，第 7、9、15 页。
② 伊曼努尔·沃勒斯坦等：《学科·知识·权力》，刘健芝编译，三联书店，1999，第 3 页。
③ 特里·伊格尔顿：《理论之后》，商正译，商务印书馆，2009，第 213～214 页。

　　如果说"后学科"是指文化研究本身，"后理论"则包含着对文化研究之研究，两者虽同归属于广义文化理论，但应注意两者之间有着微妙的差异。"后学科"与"后理论"这样一种语境是在一个更广阔的人文社会科学的科学性与学科性问题颠覆与重建的背景状况下提出的。在这样一种背景下，一些关于知识的报告纷纷出台，如1969年后结构主义的代表人物福柯的《知识考古学》，后结构主义者利奥塔1979年的《后现代状况——关于知识的报告》，年鉴派历史学家伊·沃勒斯坦领导的9位知名社会科学和自然科学学者组成的"古本根重建社会科学委员会"于1994～1995年提出的《开放社会科学》的报告等。以上几个贯穿着这一时期的知识报告与有关的社会思潮的起伏相呼应，代表着近半个世纪以来对人文社会科学思考的三个阶段：（1）问题与危机的发现与提出阶段；（2）传统知识法规的颠覆阶段；（3）从知识与科学学科性颠覆到重建的转折阶段。其中贯穿的线索是人文社会科学与自然科学相互关系中的知识性、科学性与学科性的各种复杂的界限问题。

　　福柯以"话语实践"与"知识考古学"所提出的主要是知识的前科学问题以及科学历史断裂问题，他同时也相应提出了学科性作为戒规与惩罚的问题。《开放社会科学》报告侧重于学科间边界提出的学科性问题，所谓学科边界问题包含着学科间界限确立的合法性。学科性"危机"也就是对这些领域各种制度、法则、戒规合法性的追问与挑战，利奥塔提出了这个问题。由危机和挑战带来重建的机遇，其中必然包含着重新立法与划定边界的机理。"开放社会科学"之命题意在把边界打开利于重建。而重建不意味着无法则、无边界的知识和学科之再构。边界问题始终在消失、转移中处于知识与学科重建之轴心。这些问题的挑战性使之带有冒险意味，集中于后理论形态之文化理论而表达出来，形成一种"后学科"态势。在一系列后现代主义理论冒险上，最具有持久影响力也是最后一位谢世者德里达提出了"去中心化"的解构方法，他的"在场形而上学动摇"与利奥塔的"知识合法性危机"及福柯的知识的历史连续性断裂是同一问题的不同侧面及不同表达方式。对这些报告本书下面还要结合一些问题展开进一步论述。

二　人文与科学/学科与学科性

　　科学是人类在广泛的社会生活实践中把客观的自然与社会规律以各种

主体及主观形态化为真理性认识的长期累积过程及阶段性结果。以 scien-cia/科学（爱知）与 philosophy/哲学（爱智）所代表人类精神对于对象世界与"自我"之真理的永恒追求，通过 17 世纪笛卡儿的理性哲学与 18 世纪牛顿的经典物理学达到现代性之时代高峰。19 世纪科学专业化分门别类之学科性建设随着生产力与科学技术的飞跃发展而趋于完备，于 20 世纪早期，马克斯·韦伯指出，科学已经达到"空前专业化的阶段，而且这种局面会一直继续下去。无论就表面还是就本质而言，个人只有通过最彻底的专业化，才有可能具备信心在知识领域取得一些真正完美的成就"①。

学科作为科学知识在发展过程中的谱系是在学院建制内传授知识、戒规与训导方式训练专门人才的场域。学科性划分源于人类社会生活实践的劳动和职业的分工。在西方 discipline 出现于 12 世纪，其拉丁语源为 disci-pluna，是由"学习"discip – 与"儿童"（puer）合成。② 19 世纪以前，西方对于知识的教育是以家庭为单位的贵族方式进行的，这一点与中国过去的"私塾"和"家学"颇有相似之处。discipline 最早用于教堂神学课程的传授和神职人员培养，扩展于军队规训，后来逐渐得到学院化意义。汉字"学科"最早出现于《新唐书》（"……以大儒辅政，议优学科"），尽管那时学问分门别类的情况远不能与今日相比，但是其意义已经与现代比较接近。"学"与"科"这两个汉字组合，表明即使在古代治学也有所分野，专注也有所不同，古今中外概莫能外。明清西学东渐以来，discipline 一字被译为"学科"，1882 年黄遵宪用"学科"这个字介绍日本东京大学文理分科的建制情况。③ 在与科学 sciencia（"爱知"）的关联上学科比以上的意义更远更广，在学科范围内学习包括文字符号记载的知识也包括劳动的技能，求知的分野根源于人类社会生活中劳动和职业的分工。马克思指出："以分工为基础的协作……作为资本主义生产过程的特殊形式，在真正的工厂手工业时期占据统治地位。这个时期大约从 16 世纪中叶到 18 世纪末叶……""社会内部的分工以及个人被相应地限制在特殊职业范围内的现象，同工厂手工业内部的分工一样……"④ 马克思分析了家庭、氏族内部因个体差异开始形成的"自然"形态分工以及后来通过交换产生的扩大化的社会分工。社会分工推动了资本主义生产力的发展，并增强了对专门人才

① 马克斯·韦伯：《科学与政治》（science 汉译为"学术"，这里还原为"科学"），冯克利译，三联书店，1998，第 23 页。
② 伊·沃勒斯坦等：《学科·知识·权力》，第 79 页。
③ 黄遵宪：《日本国志》，上海古籍出版社，1981，第 340 页。
④ 《资本论》第 1 卷，人民出版社，1975，第 373、389 页。

的需要，知识的传授再不能以小规模的方式进行下去了。以学科把书面知识与劳动技能的训练"限制在特殊职业范围内"以及"最彻底的专业化"正是相应发展起来的。

　　学科层系在学院内通过讲授、讨论、实验室、作业、考试、学分等以规训专门人才为目的之方式已成为现代教育与科学研究的固定模式和制度。各学科以教学和研究画地为牢，形成一套严整的规范，配备一套相应的教材、文献数据库，拥有一批有代表性成果的权威学者，以学会组织和学刊形式推进学者之间研究成果的沟通与交流。"学科性（disciplinarity）"这个词，也被理解并汉译为"学科规训制度"，对其研究归属教育学。伊·沃勒斯坦指出："每一个学科都试图对它与其它学科之间的差异进行界定，尤其是要说明它与那些在社会现实研究方面内容最相近的学科之间究竟有何分别。"① 沙姆韦指出学科边界的作用在于"外人不得闯入"，并决定"哪些理论方法要排除，哪些可引进"。从学科划分的根基来看，规训制度是学科性的一个方面，学科性更包含着如劳动分工那样确定的对象，并随着历史而发展变化。到 20 世纪中期，学科形成了今天所见的各门各类科系的基本形态与格局，这个时间界限伊·沃勒斯坦等把它划分在"二战"结束的 1945 年，因为"二战"前德国和苏联曾抵制这套分科模式，后来苏联、东欧也接受它作为大学科学建制了。沙姆韦从多方面考察了学科与学科性问题的历史与现状，认为："目前的学科性研究中还没有一个范式，新兴的学科性的研究领域还未被纳入规训。"② 之所以如此，根本在于为各学科划定的边界时有冲突和变化。"人文"与"科学"性质和范围的划分始终处于争议之中，在不同时期各大学自身都不断进行着科系调整，有些科系分立而有些加以归并，有些新科目诞生了，也有些学科被取消。

　　人文 humanities 这个从词根"人"而来的词，古代希腊在一般意义上与 philanthropia 和 paideia 的词有关。前者偏重于人的品格意义；后者侧重以教育、训练、培养人的高雅、优美的风度、举止与谈吐。哲学家西塞罗（Marcus Tullius Cicero，公元前 106～前 43 年）在《论雄辩家》一书中赋予人文这个词以培养雄辩家的施教纲领的意义。到了文艺复兴时代这个词取得了与神学相对的意义，后来德国狄尔泰称之为"人本学科"（Geisteswissenschatten），李凯尔特则称为"文化学科"（Kulturwissenschatten）。汉语

①　伊·沃勒斯坦等：《开放社会科学》，三联书店，刘锋译，1997，第 32 页。
②　伊·沃勒斯坦等：《学科·知识·权力》，第 22、34 页。

一般把人文这个词的来源追溯到《易传》中"观乎人文以化成天下"，因而用"人文"来翻译 humanities 是比较得当的。在中西融通意义上，"人文"和"人道"分别与"天文"和"天道"有关，"文"与"道"在语源上都与规律性有关，"道"形之于外即为"文"。Humanities 常与 humanity 同译为人文，在严格意义上前者应为人文学科，后者为人文性也译为人性（human nature），都可理解为怎样做人的道理，是从人与人的关系生成的人的本性、本质与规律及对其认识而来，而人文学科的目的正是研究这些性质与道理。如今美国一些大学的人文学院（college of human sciences）是指综合性大学中那些既非自然科学也非社会科学的学科的总称。由此可见，人文这个词的意义无论怎样发展变化总归离不开"人"与"文"这两大基本范畴，从这种意义上看它们并非"自然"生成与展开，而是社会地养成和习得的，于是渐渐地人文这个词在教育角度取得了"学科"的地位和意义。

在古代希腊柏拉图创立的讲学院（academy）尚未做出学科区分，哲学几乎总括了所有学问，到亚里士多德便分出形而上学、逻辑学、政治学、伦理学、诗学与物理学等等，此后逐渐形成自然科学、社会科学与人文学科（或科学）这三大块人类总体知识结构。时至今日，人文学科"非自然科学也非社会科学的学科"这种模糊性正反映出界定人文与社会科学异同之难点，歧见颇多，近代在哲学的理性与感性及非理性、实证主义与形而上学、自然科学与人文学科等意义上发生人文与科学的"碰撞"。比如国外有人认为："每次近代史的发展中，文学研究都以跟科学遥遥对立来厘定本身的边界。科学研究物质性，追寻普遍定律和生产'真理'；而文学研究则探索人类的灵魂、欣赏独一无二的杰作和变化气质。……不是文学无法将自己变成科学，而是无法变得像科学一样有价值和有力量。"[①] 在培养目标上，也有人认为人文与科学的区别在于科学以"专家"为方向，人文以"自由知识者"为目的，即后者不在于传授某种专门的知识，而在于对人的素质和教养之全面训练。有关的争论我国在 20 世纪 90 年代中期广泛展开，有人认为人文不能称为"科学"只能称为"学科"，因为科学面对的是事实，属于知识和认识的问题；人文主要面对的是价值，哲学则属于智慧的问题，特别是文学还有情感的问题。如历史学界有文章认为："历史学是一种人文知识，是历史学家心灵劳动（或活动）的结果，是要

---

① 伊·沃勒斯坦等：《学科·知识·权力》，第 23、24 页。

取决于历史学家的人生体验的",这是历史学区别于科学的地方。① 直到
2009 年汪信砚的《人文学科与社会科学的分野》一文认为:"人文学科与
社会科学是很不相同的东西,将它们笼而统之地称为人文社会科学、甚至
将人文学科完全并入社会科学是很不恰当的"。论者的主要依据是"一切
科学都是一种'物学';而人文学科则是建立在一定知识基础上的价值体
系,一切人文学科都是泛义'人学'"②。用"物学"与"人学"来区分
"科学"与"人文"未免粗糙而牵强,科学就其研究主体而言是"人"的
"物学",很难断然与"人学"分开;"人学"对人的物质性(生物自然本
性)与人与人之间的社会物质性关系而言,也包含"物学"。两者都离不
开"人"也离不开"物"。当然,作为科学主体的人把非人的自然的物质
世界作为研究对象与人既作为研究主体又把自身作为研究对象还是有相当
重要区别的,但这种区别并非"科学"与非科学的区别。这个区别"不是
文学无法将自己变成科学,而是无法变得像科学一样有价值和有力量",
所以又有人将之分为"软科学"与"硬科学"之别。这些差异描述本身就
是"软性"而非"硬性"的,所以这方面争议也从来不断。所谓"硬科
学"导致一种"僵硬"的极端观点,认为只有通过数字与公式来表达的理
论知识的学科才成其为"科学",由此产生种种实验的人文学科分支,如
实验心理学、实验美学等,如我国有美学家认为美学要发展到用数学公式
量化地表达出人的审美心理方成为"科学"。这就是哲学上从实证主义到
分析哲学的科学主义路径。"软科学"也好,不那样"有价值和有力量"
也好,人文学科不应当被排除于科学之外划为"非科学",这是一个大的
分界原则。

研究认识发生论的著名瑞士心理学与哲学家让·皮亚杰认为,社会科
学与人文科学之间不存在任何本质上的区别,人文科学所涉及的方方面面
也都是社会性的。之所以有人把两者区分开来是因为基于"人的身上分辨
出哪些是属于他生活的特定社会的东西,哪些是构成普遍人性的东西",
而"把先天的东西与在物质环境或社会环境的影响下所获得的东西对立起
来"。他指出,人们现在越来越倾向于认为"先天性主要在于功能的可能
性,并没有什么现成结构的遗传",以至人们越来越倾向于"不再在所谓
社会科学与所谓人文科学之间作任何区分了"③。这就是说作为人文核心东

① 何兆武:《对历史学的若干反思》,《史学理论研究》1996 年第 2 期。
② 汪信砚:《人文学科与社会科学的分野》,《光明日报》2009 年 7 月 5 日。
③ 让·皮亚杰:《人文科学认识论》,郑文彬译,中央编译出版社,1999,第 13 页。

西的人性也是在物质环境或社会环境影响下形成的"功能的可能性"，所以人文性与社会性不是可以分割开来的两种东西。在这里极堪注意的一个问题是，科学主义与人文主义的思潮对峙并不等于科学与人文在科学性上的对立。科学主义作为以经验实证对形而上学的排斥；而人文主义包含着人文精神、人道主义（humanism）与哲学人本主义（德文 Anthropologismus）三个相关层面。人文精神比较笼统，泛指对人及与人有关的精神文化层面的重视，体现为一种并不一定上升为理论的思想意识；人道主义主要归伦理学与实践范畴，介于思想意识与理论体系之间；后者从人类学 anthropology 生发而来，以学术理论形态表现为哲学思想体系。人类学本身属人文社会科学，又可分为哲学人类学与田野人类学两大研究方式与理论形态，而哲学人本主义与人道主义被夸大并泛称为"人类中心主义"则隐含着人类以工具理性征服自然之"唯科学论"或"科学至上"的成分与科学主义整合。这种情况不同于作为科学本身的自然科学与人文社会科学的差异。然而，如果科学主义与人本主义提升到一个新的整合高度，"科学至上"命题包含着以人为目的；而"人类中心"又处处以科学为实现达到人与人及人与自然和谐之手段，两者在手段与目的相消相长上便达到如马克思在《1844 年经济学哲学手稿》中所说过的那种统一①。科学主义与人文主义之间在人与人及人与自然隔离状况下的碰撞常常被当成了自然科学与人文科学的逆反。

自然科学与人文科学的科学性问题归根到底在于主体与作为对象之社会事物的主观性与客观性关系。人文中也有客观规律的东西，如哲学之于辩证法的规律，美学和文艺学之于美和美的创造的规律，历史学之于社会发展运动的规律；而社会科学中也有主体批判的价值，如经济学中的经济伦理问题，法学中的公正问题，社会学中的社会分层结构与分配问题等。文学关心人的灵魂，表现人的心灵与感情，对现实做出价值判断，这一切主体性东西有如赫克利斯的脚踵离不开大地，人的生存的物质性有如构成大地之地壳岩层那样具有坚实性。文艺学学科性研究的对象正是作品的心灵性、情感性与主体间性构成的本体论式多重本质的关系。这种本体论式多重本质的关系是总有一个物质的基础，无论这个基础离文学上层多远。皮亚杰所说人文科学所涉及的方方面面与社会科学共通之"社会性"正是

---

① "社会是人同自然界的完成了的、本质的统一，是自然界的真正复活，是人的实现了的自然主义和自然界的实现了的人本文义。"（马克思：《1844 年经济学哲学手稿》，人民出版社，1979，第 75 页。）

由这种人既作为自然存在更作为社会存在本体论式的物质基础所决定的。因此文学的学科性既包含"人学"也包含"物学"，只是这个"物"区别于自然科学的物质性而涵盖人与人之间在物质生产和生活方式上的占有与分配的关系，这种关系既有精神性但也有着物质性的根基。人对自然与社会的客观真理都有着普遍的共同要求。自然科学通过经验实证地揭示自然物质运动，通过与自然的物质交换改变自己的生活，社会科学发现社会物质生产与生活的本质性关系中规律性的东西实现人类自身价值，人文在实践中的观察体验所面对的是人生真谛、社会真相，通过评价与批判改变世界，三者都离不开真理性认识范畴。客观真理对人有着普遍的价值实现意义，自然科学、人文科学与社会科学在各自认识真理的内容与探索的方式和途径以及真理表现的形态上有所差异，而在它们共同面对的世界本质与自然及社会运动的客观规律上，在真理内容的客观性与真理价值之普遍性以及以人为终极目标方面，三者是一致的，把人文学科排除于面对真理的科学之外是没有道理的。

人文非科学化倾向基于后现代主义对两种关系的认识悖谬，一是主客体关系，二是真理与价值的关系。在主客体关系上，正如罗斯诺指出："几乎在社会科学的每个领域里，后现代主义者都一直用一种无主体的方法从事他们的研究。其结果因学科的不同而异。大致说来，社会科学远没有像人文科学那样对'主体之死'做出热烈反应。"① 然而"主体之死"只是后现代主义的"作秀"，后现代主义"消解主体"的游戏方式，用罗斯诺的话来说，"把主体性发挥到极致"，对于后现代主义，"诸如人种志、人类学和社会学都只不过是一些文学的努力"②，把人文学科当成文学来对待，而在文学那里以"作者死了"把主体性以"读者名义"与"游戏方式"转移到"后学科"与"后理论"那里。在真理与价值关系上，后现代主义以价值替换真理，消除真理内容的客观性，从而以人文学科面对价值的特点否定它也有面对真理的科学性。例如 2010 年汪信砚两次撰文认为："人文科学的探索结果的性质总是表现为一定的价值观念，而社会科学的探索结果则表现为关于社会事物的某种知识。"③ 对这样的论断我们不禁要问：表现为一定的价值观念的人文科学的探索结果中难道不容许包含任何知识吗？与知识分离的人文科学的价值是怎样体

---

① 波林·罗斯诺：《后现代主义与社会科学》，第 73 页。
② 波林·罗斯诺：《后现代主义与社会科学》，第 257 页。
③ 汪信砚：《人文科学与社会科学的统一性》，《学术研究》2010 年第 9 期。

现的呢？缺少知识的人文科学难道会有什么价值吗？再者，表现为关于社会事物的某种知识对人不具有价值吗？而其内容是拒绝"一定的价值观念"的吗？

马克思在《1844年经济学哲学手稿》中谈到自然科学"为人的解放做好准备"①。这是从马克思当时的"人的本质对象化"命题出发的论断，就是说人在生产劳动中，通过改造自然使自然人化，人自身的自觉自由活动之属人本质在对象上得到实现，在这同时人的五官感觉也得到改造，使人本身"人化"。人从私有制对自身的感觉、从仅仅的占有和私有欲的片面狭隘下解放出来，使人成为全面发展的人。青年马克思提出的自然科学作为人的本质对象化这个命题，在后来的政治经济学批判中展开为科学技术和社会知识转换为直接的生产力的思想，其中仍然贯穿着自然科学"为人的解放做好准备"的含义。如果自然科学也不可能全然回避"人的解放"这个主题，并在这个广泛的意义上也可称为"人学"，那么社会科学就更应紧扣这个主题了，更贴近地关怀生存的意义与价值的人文科学当然要更深入这个主题的核心地带。马克思同时指出，在劳动异化的状况下，自然科学也"不得不直接地完成［人的关系的］非人化"，当时马克思是从"异化劳动"到人的本质异化命题提出这个问题的。科学技术一方面为人的解放做好准备，同时又通过异化劳动使人失去自身，成为畸形，把人变成机器的一个零件，使人"非人化"。这个意思用今天的话来说，就是技术理性或工具理性对人的异化，如果自然科学谈得上异化，那么人文社会科学在"完成［人的关系的］非人化"上是不是更"直接"也就更迅捷、更猛烈呢？自然科学与人的解放主题的关联，对于这个问题如果像自然哲学、科学哲学等人文社会科学的回答比自然科学本身的回答更为切近，那么怎样可能把"人学"与"物学"断然分开呢？自然科学的"人化"与"异化"即正面与负面紧扣着学科性区分的对应关系。让我们从后现代语境来看这种关系。

20世纪世界从工业时代进入后工业时代，也就是从机械动力向作为先进生产力之电子信息技术（IT）转变。与此同时，爱因斯坦的广义相对论和波尔等的量子力学冲击着牛顿的经典力学。生产力与自然科学的发展对知识与学科性发动着一次次冲击波，进一步带来了对传统知识及科学的种种提问与质疑。在这样一种"后学科""后理论"状况之下，由于解构主义与后结构主义思潮在总体性上的作用，学科性以及带有形

① 马克思：《1844年经济学哲学手稿》，人民出版社，1979，第79页。

而上形态的元理论纷纷向后方撤退。这个时期在政治上，一方面是与冷战后时期殖民主义的崩解带来世界各国在和平、稳定中的经济发展以及对人权、平等、民主等普遍人文价值的追求提升到新的高度；另一方面在西方一度声势浩大的左翼运动平息之后里根与撒切尔时期的保守主义抬头，直到苏东体系崩溃。这样一种态势杰姆逊描绘为，右翼势力"开始发展自己的文化政治，竭力再度征服学术机构，尤其是各种学术基金会和高等学府本身"①。鲍尔描述了英国政府1988年通过的教育改革方案，它使得"学院式和专业管理让位于行政管理及官僚体制。教师的教学工作受到控制，办学有如办工厂，受制于生产及市场竞争的逻辑。以行政理性主导的管理制度排斥了教师有效地参与校政决策。在一些方向性的问题上，老师能发挥的影响力大为削弱。教师成为异化的技工"。因此，出现"管理层与教师之间产生猜疑，组织管理与教学自主亦互相冲突"的这种情况。② 沃勒斯坦分析了大学与政权之间若即若离的"钟摆"关系，他指出，"二战"后到1967年间，"大学过分把自身与政权连在一起"；1968年的运动"把它们推向另一个方向"；而"现在我们实际上则已回到原先的方向上去"。③ 这种关系实质上植根于知识分子对政权的反叛与依附之二重性。在此情境下左派"政治正确"的自信带有反讽的意味，普遍产生了虚无主义情绪。

福柯、利奥塔与伊·沃勒斯坦都是20世纪60年代左派运动中出头露面的人物，他们把政治风潮余热带到了学术领域，将知识性、科学性和学科性与资本主义体系捆绑在一起展开了质问。这些思考直到20、21世纪之交仍然回响在某些人文社会科学的领域，拨开政治余波带来的虚无迷雾，在"后理论"状况下重新审视这些知识报告，我们会发现某些对于学科建设和发展具有重要意义的带有规律性的东西。在人的认知世界中，学科化与去学科化到再学科化，同时传统的突破与传统的复归为螺旋式进阶，扩展派生出中心与边缘、主流与非主流之间的振荡。在自然科学、人文科学与社会科学总体线性发展过程中，学科边界的颠覆与重建正是在求真意志驱动下思想的解放沿着突破一些既定界限的同时又设定一些新界限的方向运动。以上几个知识报告必须置于这样一种知识与政治背景下作为重新探讨人文学科性与文化研究关系的思想资源。

---

① 杰姆逊：《论文化研究》，《快感：文化与政治》，中国社会科学出版社，1998，第399页。
② 伊·沃勒斯坦等：《学科·知识·权力》，第130～136页。
③ 伊·沃勒斯坦等：《学科·知识·权力》，第218页。

三　科学性、学科性与文化研究

鉴于有关学科性与科学性问题的若干个案涉及上面提到的几个知识报告以及更广泛、更复杂的政治思想背景，因而我们关注某个案时必须注意后现代主义思潮的相互关联，对在整体综合上带有后现代异质特点的皮亚杰的认识发生论更值得注意。

后现代有关知识的问题首先当追究到后结构主义者福柯。福柯著作数量巨大、领域极广、所涉问题庞杂，与学科性及科学性有关的论著主要是《词与物》《戒规与惩罚》《知识考古学》等，其关键词为"话语实践"和"知识考古"，核心思想为"前科学性"，基本思想方法是不连续性。近年来"话语实践"不仅在西方也在中国学术界流行开来，甚至有人专门研究将之名为"话语学"并写出了有关论著。① 然而，其确定意义是米歇尔·福柯的"话语实践"，在学术界广泛流传开来却是其模糊的意义。福柯从1965 年的《事物的秩序》（另名《词与物》）到 1969 年《知识考古学》问世之后，40 多年来，对"话语"作为某种学术词汇运用得越多以及相关论著越多，对这个词用得越广泛，离福柯也就越远。福柯以"话语实践"从方法论上所提出对于人文社会科学甚至自然科学的知识性、科学性与学科性上变革的问题。他使"话语（Discourse）"不仅走出亚里士多德《修辞学》古典范畴，也划清了后结构主义与结构主义语言学的界限，使话语走向实践成为"知识考古学"，也作为泛文化对学院式人文学科的挑战，最终形成一种知识分子对主流意识形态统治的权力的反抗。知识考古学的对象就是话语实践，"话语实践"与"知识考古学"是一而二、二而一的关系。知识考古学所谓"知识"已经不是传统所理解的知识，"考古学"更不是传统的以出土文物为对象的考古学。福柯借"知识考古学"填补学术史之间不连续的空隙，"不讲述科学的历史，而是讲述那些不完整的、不严格的知识的历史，这些知识历经坎坷却从未达到科学性的形式"。同时福柯意在以"话语实践"在学科与话语之间建立某种关联，描述一些"实际上不是科学的学科"，带有"前知识""前科学"与"前学科"形态，目的是弄清"科学是怎样建立在前科学层次之上"，"科学是怎样超越那些障碍和局限"。在福柯看来，正统学科的局限在于，认识为了达到科学的

---

① 　王晓路：《话语理论与文学研究》，《四川外语学院学报》2008 年第 3 期。

界限，"就不得不抛弃自身以外所有的东西"，而话语实践将它们捡了起来。这些被科学抛弃于自身之外的东西，实际上就是大量与非本质现象联系着的经验的事实。它的"前科学性"是对认识论所划定的"科学与非科学"界限的超越。它与学院制科层化知识的区别在于非系统性和零散性，在时间纵向上不是表现为线性学术思想史而是表现为断片的《考古学》。①话语实践与知识考古学起着在纵向上颠覆学术史、在横向上消解学科性的作用。当然福柯的这种对科学性与学科性的观念与他的思想方法上对不连续性历史观的重视是联系在一起的，并与后现代主义否定以进步连接的历史沿着一定方向、朝着一定目的运动的线性成为一种整体性社会思潮。所以福柯提出这个问题不是一个孤立的现象，与他同时，1966 年德里达在美国作了一个报告《人文科学话语中的结构、符号与游戏》，以语言的游戏打破封闭宣告与结构主义决裂，接着于 1968 年推出了其代表性的著作《论文字学》等。在《知识考古学》发表之前，利奥塔以更为激进的风格写出了《死掉的文科》。1968 年巴黎的左派运动正是向当时法国陈腐守旧的教育制度特别是人文学科的种种弊端的冲击引发的。在运动中利奥塔又发表了一系列激进的教育革命与文化革命"宣言"式文章。在 20 世纪早期，马克斯·韦伯就开始抱怨资产阶级对教育生产数据占有与知识生产者的脱离之弊病，②似乎隔了半个世纪方才爆发出来。60 年代在学科问题上这股"左"的思潮的最为极端的形态是中国"文革"中提出的"教育革命"，其基本根据是建立在"迄今为止的教育都是资产阶级的一统天下，是为资产阶级培养人才，为其统治服务"这一政治理念之上的。毛泽东就教育问题有过较多论述，比如他说："大学教育应当改造，上学的时间不要那么多。文科不改造不得了。不改造能出哲学家吗？能出文学家吗？能出历史学家吗？现在的哲学家搞不了哲学，文学家写不了小说，历史学家搞不了历史，要搞就是帝王将相。要改造文科大学，要学生下去搞工业、农业、商业。至于工科、理科，情况不同，他们有实习工厂，有实验室，在实习工厂做工，在实验室做实验，但也要接触社会实际。"③在这一问题上，20 世纪 60 年代的世界左派运动有着基本的共同点，这些偏激的观点中不乏合理之处，但是越来越激进的运动直到中国"文革"把教育革命推向了"知识越多越反动"之极端。

---

① 米歇尔·福柯：《知识考古学》，三联书店，1998，第 230~252 页。
② 马克斯·韦伯：《科学与政治》，第 20 页。
③ 《毛泽东论教育革命》，人民出版社，1967。

相隔"五月风暴"大约10年之后，利奥塔著名的《后现代状况——关于知识的报告》提出"信息时代知识合法性危机"问题，从对待启蒙—解放的叙事来看，利奥塔前后判若两人，不过在对待学院式人文学科建制的颠覆来看，还是有贯穿性的。"知识合法性"在根本上就是知识所反映对象世界的真理性。他所谓知识合法性危机表现为科学知识与叙事知识这两大方面知识的完整与完备性的动摇。这个思路与德里达提出的"在场形而上学的动摇"一致，都被笼罩在后现代主义对启蒙现代性与启蒙理性之颠覆性反思中。利奥塔认为，现代科学建立真理的条件或规则"只能建立在已经成为科学本性的辩论之上；而这些条件或规则除了一群专家对它们的共识趋向，没有别的什么来证明它们是好的"。因此它们的存在遭遇到合法性危机。

如果说在学科性问题上利奥塔、德里达和罗蒂的基本姿态是颠覆，伊曼努尔·沃勒斯坦等《开放社会科学》的基本姿态可以说是从颠覆到"重建"转向的开始，虽然这种重建最终并没有提出一种确定的模式，而主要是以面向未来的方式提出了"开放"社会科学的问题。这个报告概述了从18世纪到20世纪中期人文科学社会科学与自然科学的历史性形成与发展关系中社会科学的问题，认为"我们正处在现有学科结构遭到质疑、各种竞争性的学科结构亟待建立的时刻"。报告集中提出"二战"后至今社会科学内部争论的三个问题：（1）各门社会科学之间的区分是否有效。（2）社会科学遗产在多大程度上是褊狭的。（3）以"自然科学"与"人文科学"划分的"两种文化"是否具有实用性和现实性。三个问题都是围绕着一个中心提出来的，那就是突破现有的学科性边界的限制。社会科学发展本身对创新的要求使封闭在边界内的学科向邻近的学科交叉互动，同时学科性所赖以建立的欧洲中心在殖民体系瓦解后转向非西方区域打开，这是对以普遍主义相标榜的社会科学褊狭性的挑战。

通过以上的几个知识报告及有关的后结构主义与后现代主义思想背景，我们已经不难看出所谓"后学科"之端倪，罗斯诺对之做出了概括："后现代主义像幽灵一样时常缠绕着当今的社会科学。在许多方面，几分可信几分荒诞的后现代方法对最近三十多年来的主流社会科学的基本假定及其研究成果提出了诘难。后现代主义提出的挑战几乎无穷无尽。它摒弃一切认识论的假说，驳斥方法论的常规，抵制知识性的断言，模糊一切真理形式，消解任何政策建议。"①

---

① 波林·罗斯诺：《后现代主义与社会科学》，第1页。

　　"后学科"在一定程度上代表着这一段人文科学的学科性状况的前沿甚至是主流,后现代主义与之思潮的内在联系。同处于后现代时期,让·皮亚杰把主体在心理结构上的成长提升为"认识发生学",就其对人文科学认识论提出一种"非中心化"的思想与后现代主义的"去中心主义"虽在同一出发点上,但皮亚杰没有追随德里达走下去,他的"结构主义认识发生论"更着重的是作为人文科学与自然科学共同基石的客观真理性。立足于"发生论"来研究人的认知结构就把历史主义带进了以不连续断裂为特点的结构与后结构主义历史观之中,皮亚杰自称这是马克思主义的方法。所以我们可以把皮亚杰的理论作为后现代主义中的一位独特的异质现象来看待。他的结构主义认识发生论创建于 20 世纪 70 年代,这正是后现代主义解构"二元对立"的阶段,然而,皮亚杰关于认识发源于主客体分化对立的见解不会使后现代主义者们高兴。如伊·沃勒斯坦提出"超越年鉴派历史学",还要"超越多学科性"时,强调"最重要的是超越那种普遍－特殊的二元对立研究方式"。[①] 然而,皮亚杰的成就正基于此,他跨越心理学与哲学的界限,把儿童心理学的研究成果上升为哲学认识论,把认识的起源和发展之历史观带到心理结构之中,描述人类个体认识的发生是从婴幼儿时期的主客体不分到主客体二分的过程,[②] 这个过程恰恰在人与自然的关系中把自身作为主体与客体对立起来是相应一致的。他还把生物学、物理学、数理逻辑学的某些方法和原理贯穿于发生认识论研究之中。皮亚杰在对学科性的批判上也超越了某些后现代主义对这个问题的片面性,他指出,传统的认识论只顾及认识的某些最后结果,发生认识论研究各种认识的起源,从最低级形态的认识开始,并追踪到这种认识向以后各个水平的发展情况,一直追踪到科学思维。由此他指出:"任何一门科学都总还是不完善的,经常处于建构的过程之中。因此认识论的分析必然迟早会获得一种历史批判的高度和广度。"[③] 由此,我们也可以找到皮亚杰与后现代主义契合之处,他认为,把自 19 世纪以来知识从"前科学"状态到科学状态的进步归为"非中心化",因为科学与神学的区分在于科学要面对客观世界,就要"对最初占统治地位的观点本身进行非中心化"。这种非中心化首先是通过"比较研究"使研究规范的要求拓宽,其次是历史的发展演变观念。[④] 这一点对文化研究也有着明显的推进作用。然而,

① 伊·沃勒斯坦等:《学科·知识·权力》,第 223 页。
② 让·皮亚杰:《发生认识论原理》,王宪钿等译,商务印书馆,1985。
③ 让·皮亚杰:《发生认识论原理》,第 13 页。
④ 让·皮亚杰:《人文科学认识论》,第 10～13 页。

皮亚杰与后现代的"去中心化"根本不同在于，他以克服自我中心主义去接近客观世界的真实，达到真理性的认识，这确实与马克思主义的认识论基本一致。关于这一点，法国社会学家爱弥尔·涂尔干也说过："社会科学表达了社会本身，而不是主观上个人对社会的思考"。"科学的作用就是将各种心灵转变为非人格的真理，消除矛盾和特殊主义倾向"。① 而后现代的"去中心"则带有强烈的主观主义色彩，如消解客观存在的"二元对立"，这样就导致以一种中心主义代替另一种中心主义，这在文化研究中也有不同程度的表现。

从福柯的"话语实践"、德里达的"中心主义解构"到利奥塔的"知识合法性危机"以及皮亚杰的"认识发生论"，都指向科层制人文学科性的边界，文化研究是对这些理论的操作性响应。

沃勒斯坦说，1968 年的左翼运动严重削弱了 19 世纪建立起来的关于学科性的"范式"的合法地位，虽然"没有粉碎这种范式的建制基石"，却使大学"第一次成为一个开放（或多元）的学术场域"，然而充满吊诡的是，"当看见学院知识走向四分五裂时，知识分子显然并不乐意接受"。② 这番话是 1991 年以"超越年鉴派，反思社会科学：19 世纪范式的界限"为题讲的，它却道出了文化研究与人文学科性关系之契机。在这样一种意义上，文化研究可以看做是 20 世纪 60 年代左派运动在学院式知识领域中的继续。知识左派以文化研究作为一种文化政治，重新拾回 70 年代失之于虚无之中的批判主体，再显身手，正如理查德·罗蒂在猛烈挞伐美国左派之后平心反思，新左派们无论干过多少蠢事，在改变这个世界上功不可没。文化研究继承着左翼思想运动的批判传统，其最突出的成就在于对文化消费主义的冲击以及争得边缘弱势群体（包括边缘化的知识界）的话语权。但是由于文化研究的种种矛盾和局限，精英们究竟能在多大程度上代表他们所声称要维护的群体，这不是无需反思的问题。

文化研究与后现代主义的普遍特点有很大的契合，但在主体性问题上仍存在着一定的差异，如理查德·约翰生所说，被后现代放弃的主体性在文化研究中尤其重要，"它向意识中诸种缺席的东西提出了挑战"，"聚集于'我是谁'，或同样重要的文化上的'我们是谁'的问题"。③ 文化研究突出了知识群体在人文社会科学领域中批判的主体性，把批判性带进社会

① 爱弥尔·涂尔干：《实用主义与社会学》，渠东译，上海人民出版社，2000，第 145 页。
② 伊·沃勒斯坦等：《学科·知识·权力》，第 219 页。
③ 理查德·约翰生：《究竟什么是文化研究?》，罗钢等编《文化研究读本》，中国社会科学出版社，2000，第 11 页。

学也在相当程度上改造了以实证性为特点的价值中立。文化研究对人文科学学科性的冲击集中在"中心化"上，科学发展体现了人的认识的自由同时也对自身带来主体性限制。在人文学科中"自我"既是研究对象又是研究主体；自然领域在牛顿的绝对时空之外出现了玻尔与爱因斯坦的主体参与的相对时空。在历史学上，史实、史料与史识的分裂，使其科学的客观性受到质疑。社会学从考察对象与问卷设计到结论性推导，主体无不"既当导演又当演员"。人类学在与殖民主义及种族中心主义话语的关系上也有同样的问题。因此这些以"科学性"著称的实证学科同自然科学同样有"测不准"的问题。量子力学之父玻尔的互补定理认为，在微观世界主体对于对象的观测产生的扰动不可能完全真实地反映客观。胡塞尔以"主体间性"来取代客观性，经过哈贝马斯的"共识"到罗蒂的"非强制性一致"，整体（类）与群体的"共识"替换了科学客观性。这样，19 世纪以来以西方为中心的普遍性、客观性和价值中立的科学性受到了严重的质疑。

以统治阶级为群体主体性编写的学科化历史中，边缘群体被遮蔽了；在男性中心主义的叙事中，找不到女性的位置；在历史的文化构形中没有对"英国工人阶级形成"的考察；欧洲中心的人文社会科学中，第三世界消失了，正如斯皮瓦克提出的"属下能言语么？"在认识的主体性创建的学科界限之外总是徘徊着一个"他性"幽灵。福柯在《戒规与惩罚》一书第三部分专门考察了戒规如何从教会、军队扩展到学校，"对于已被规训的人，正如对于真正的信徒，任何细节都不是无足轻重的，但是这与其说是由于它本身隐含的意义，不如说是由于它提供了权力所要获取的支点"。[①] 福柯从负面考察了一向作为正史的学科与规训，但是他过于注重知识—话语与权力关系之偏激的片面性也是显而易见的。权力为社会群体主体性力量的表现，科学知识除了权力制约的一面，还有抗拒这种力量指向客观真理性的另一种群体的主体性，福柯本人就表明了这种反抗的主体力量的存在。

沃勒斯坦认为，多学科研究"看起来是超越固有的学科规范，可是在实践上，它往往只是强化了固有学科的存在——预设了学科分类的合法地位"[②]。他的这个观点也道出了文化研究的悖论状况。文化研究与一般学院式的跨学科研究的显著区别在于它一开始就与"二战"后英国新左派运动

---

① 米·福柯：《戒规与惩罚》，刘北城等译，三联书店，1999，第158 页。
② 伊·沃勒斯坦等：《学科·知识·权力》，第222 页。

密切相关，在德国表现为带有思辨性特点的社会批判，在法国是与左派运动有着思想联系的后结构主义，美国综合了欧陆的多重影响。作为对抗资本主义世界之左派运动的分裂是从战后欧洲新左派对以苏联为核心的思想统治模式不满开始的，进而引起西方马克思主义对经典马克思主义的动摇，主要表现为对经济决定论与意识形态理论等问题的质疑与挑战，如以文化唯物主义/女性主义/种族主义消解历史唯物主义等，因此新左派思潮的理论基础与所谓"西方马克思主义"有着密切的关系（见本书"文化篇"）。新左派代表人物的主要倾向还是对资本主义的激进批判，文化研究是这股思潮在学院系统内以"后学科"形态的折射。

就某种意义而言学科化确实为技术官僚控制学院机制可利用的一种行政手段，包括终身教授的聘任等。就总体状况而言，学院左派地位始终在学科体制之外，社会批判与马克思主义被排除在正统学科性教程之外。左翼教师固然可以把自己的批判思想带上讲堂，但这种对抗难以改变长期制度化造成的固有状况。文化研究体现着知识分子左翼需要重新成为一个如葛兰西所说的"有机化"群体，以非学科化与右翼保守主义抗衡。他们在学科性问题上消解欧洲中心主义，非欧地带区域性研究机制的拓展也与文化研究中的后殖民批评、少数族裔话语有着密切的关联。持续将近半个世纪的作为"后学科"之文化研究振荡在"学科化"与"去学科化"以及意识形态与非意识形态之间。"学科间性"与"学术间性"的边际形态在后现代为后知识分子左翼提供一个社会批判与思想自由的空间。后现代主义思潮推动了文化研究的发展与鼎盛，而一些后现代主义思潮又以文化研究得以表现。而文化研究最为本质的东西是与左翼思想运动和批判理论的联系，但也有一些文化研究者偏离于此则走上了文化消费主义歧路（见本书末篇）。

1964 年设于英国伯明翰大学的"文化研究中心"作为文化研究学院制度化代表，经过二三十年的发展并结合欧洲其他文化研究与社会批判思潮，对世界的文化研究起着举足轻重的影响。这种影响于新旧世纪之交扩展到中国，一时间中国大陆各大学也纷纷建立文化研究中心，开设文化研究课程，以及许多跨学科研究机构，相应的学术刊物和网站也应运而生，文化研究成为许多学术会议的主题。然而中国又赶了一趟末班车，而且部分走上了认同文化消费主义之岔道，与西方文化研究的反主流意识形态之批判性初衷相背，纳入主流意识形态维持现有社会秩序之保守倾向。在这趟末班车上，另外一股支流是中国 20 世纪 90 年代后期的新左派，在后殖民话语反西方中心及"去美国化"文化理论影响下，清除了西方文化研究中的本土批判精神，以民族主义及民粹主义立场汇进国家意识形态之中。

"文化研究"在世界范围之兴盛纳入了一种新的学科化轨道乃成为"后学科"。英国伯明翰大学当代文化研究中心在经过20世纪60～70年代的鼎盛时期后，80年代与社会学系合并，改称"文化研究与社会学系"。2002年伯明翰大学以"重组"名义宣布文化研究中心解散，本科课程改为文化研究与社会学课程，而研究生课程已全部取消。知识与学术领域中大凡某个科系的冷热主要的决定因素不外乎经费、师资与学生的来源与成果的推出。伯明翰学派文化研究的缘起与它的结束同样都不是一个孤立的现象，它们都关系到马克思主义的发展与人文社会科学新格局的关系。正如其兴起与兴盛与德、法、美等国的种种批判思潮相关，其式微与终结也莫不如此。伯明翰学派的主要兴盛与当时英国几位主要代表人物的世界影响力有关，那一黄金时段之后便在英国本土呈现衰落迹象。与此同时，法兰克福学派在20世纪70年代之后，仅哈贝马斯为硕果仅存的第三代人物，也有后继乏人之虞。法国学派在福柯、布尔迪厄、鲍德里亚、德里达等扛鼎人物相继辞世之后，后结构主义、解构主义与文化批评同时陷入困境。美国也有相似情况，那就是赛义德的去世使后殖民批评失去了一位开创性的顶梁柱，女性主义等批评话语也不像80年代那样红火。这正是伊格尔顿描绘的"理论之后"的状况。从学科性问题来看，文化研究自身存在着以下不可克服的矛盾。

第一，学科化与非学科。文化研究非学科化性质和特点与其在学院建制上的学科化要求相悖。伯明翰学派的创始人之一斯图加特·霍尔被作为后起之秀的美国文化研究的勃兴惊得"目瞪口呆"，他说，美国出现的"巨型爆炸性的文化研究"，正迅速地走向"专业化和制度化"，"伯明翰这样的大学也曾试图建立起一个边缘化的研究中心"，然而，美国文化的这种走向使他想起，"我们在英国总是觉得制度化是一个极其危险的时刻"。①这番先于伯明翰文化研究中心的解体的话等于一种对文化研究危机的警示预告。"制度化"也包含着"学科化"倾向，那就是以文化研究作为"后学科"来重构人文社会科学，这与文化研究自身以"非中心化""非学科化"起因严重相悖。当然除了"制度化"之外文化研究还面临着的"精英化"等一系列悖论式问题将它带到了"终结"的语境，正如它把哲学、文学艺术等理论推向"终结"那样。这恰似福柯对其"知识考古学"所说

---

① 弗·杰姆逊：《快感：文化与政治》，第436页。

的："我的话语正如把它带到这里的形态那样正在消失之中。"①

第二，文化研究内部的左派精英化倾向与反精英的平民意识的冲突。文化研究中提出之"大众化"本身是知识分子的一种身份显示的话语姿态，如杰姆逊指出，"大众化"本身就是一种"知识分子意识形态"，也有人指出，知识分子也许会把"宣扬大众文化当作一种仪式"。伯明翰文化研究中心解散的决定公布之时，有许多反对的社会舆论，有意思的是当时英国《卫报》评论此事的文章标题为《文化精英反对伯明翰关闭》。文化研究本身以反精英方式表现出的精英意识和姿态也使之陷于悖论困境。近年刘康的《西方左翼知识界的危机》一文分析了20世纪90年代，美国知识界开始出现左翼文化理论与批评的学院制度化与精英化的趋势，加之学术明星化、商品化与专业主义，使之修辞越来越讲究，文句越来越精致，内容却越来越空洞，社会关怀和社会批判锋芒越来越少，并与社会生活、大众文化的距离越来越远。②西方左翼知识界的思想危机在亦步亦趋的中国也现出端倪，2010年王彬彬的《汪晖〈反抗绝望——鲁迅及其文学世界〉的学风问题》一文，除了指出我国新左派代表汪晖著作中若干涉嫌抄袭问题外还尖锐地批评了其文风晦涩问题。如果说知识左派文字晦涩已经蔚成风气的话，这种文风所掩盖的是理论原创性的贫乏；在一些左派的艰深的论著中，除一大堆花样翻新的概念、生造的语汇达到的"陌生化"效果之外，把语句的晦涩平易译解之后，找不到多少新的东西。伊格尔顿"理论之后"的担忧也正在于此，过世的后现代主义大家们无论怎样悖谬、偏颇，或多或少都有一些原创性的东西，在他们的遗物废墟中拾荒的"精英"是更令人失望的一代。如果说文化研究盛于左翼思想运动的话，其衰却在左翼思想危机。

第三，非学科化要求以及在理论陌生化生产中过于自由的思维方式与写作风格给文化研究带来了学科失范之困窘。不同学科之间的实证性与形而上学的方法论冲突在文化研究中的融通给它带来广阔的视野与无限的生机的同时也带来错位与失语。学者离开自己学科的狭窄领域既是思想开放之旅，也是学术冒险之途。在一个陌生的领域施展身手非一日之功，功利性浮躁常常带来种种学理破绽。某些个案研究容易像钻进去出不来的死胡同。通识式宏观概括有时总难免顾此失彼，即使大师也难免此虞。某个领域的专家，在另外的领域就可能是业余爱好者，虽然，外行有时可能说出

① 米歇尔·福柯：《知识考古学》，第268页。
② 刘康：《西方左翼知识界的危机》，《学术月刊》2008年第2期。

专家说不出的精彩之言，这既是文化研究存在的理由，也是其存在的尴尬。刘康还指出这样一种情况，左翼的文化理论批判在公共空间与私人空间的"越界"，"在公共领域里发言，虽然讨论的是公共的事务，但多半关注的是私密、个人的无意识领域和情感与欲望。因此，公共与私人的界限都被模糊和越轨了"。罗斯诺指出："在总体上不甚严谨的后现代语言特性有利于语言的生动灵活，但是同时也实在导致了混乱和含糊。"①这个问题在作为"后学科"之文化研究中得到充分体现。

　　第四，在对马克思主义的关系上，如果说文化研究之兴起对中心化经典马克思主义话语既是挑战又是机遇，那么在某种程度上马克思主义的再度复兴又与其之衰微相关联。而文化研究作为新左派运动从街头政治向学院政治的转移，它本身包含着不同的群体、地缘政治与文化地理上的多元主义。这种多元性既有共生共存的兼容性，又有一定排他的异质性。这种矛盾集中在"欧洲中心"与非欧边缘之间。一些反欧洲中心主义者在他们本身的身份差异政治中仍然隐藏着"谁为中心"的问题。后殖民话语中包含着的强烈的民族自我中心主义，正如杰姆逊指出的，文化研究中，性别、种族与阶级之群体性关系中有着不可克服的障碍，要想解决这些障碍，"我们必须再次回到马克思主义"。②

　　第五，怎样"回到马克思"，对于杰姆逊本人这不是不成问题的。正如艾贾兹·阿赫默德针对他对作为"民族寓言"之"第三世界文本"的分析指出，杰姆逊"过高地评价民族主义的意识形态"，而"落后形式的资本主义社会与发达资本主义国家一样，都是由阶级的分化构成的"，"伊斯兰民族主义的反共产主义并没有带来社会的复兴，而只带来了教权式的法西斯主义"。"在那些曾通过资本和劳动之间的不可调和的斗争所赋予我们全球的统一性内部，有越来越多的文本不能轻易地被归入这一世界或那一世界。杰姆逊的文本不是第一世界的文本，我的文本也不是第三世界的文本。我们在文化方面并不是各自文明的他者"。③这就是说，在文学文本与文化中穿透三个世界的本质性的东西不是民族性而是阶级性的意识形态。杰姆逊在"第三世界文本"问题上偏离了阶级分析，而在实际的民族宗教冲突上又有阶级斗争公式越界之嫌，如他把以色列与巴勒斯坦之间的暴力冲突简单归结为"资产阶级和中产阶级与工人阶级和贫民的斗争"。他还认为，

① 波林·罗斯诺：《后现代主义与社会科学》，第25页。
② 弗·杰姆逊：《快感：文化与政治》，第427~430页。
③ 罗钢等主编《后殖民主义义化理论》，中国社会科学出版社，1999，第333~355页。

"9·11"不是战争，"主要还是阶级斗争……这是南北之间的战争……是南北间的阶级斗争，是在贫困的人民和富有的国家之间进行的"。① 杰姆逊对有关全球化/后现代/现代性一系列问题的分析是很精辟、很深邃的，但在这些问题上他没有排除简单化、粗糙化，没有从社会结构与阶级状态的变化发展历史地分析新时期民族主义与恐怖主义的关系问题。由此可见，无论对于德里达或其他招魂者还是对于杰姆逊本人，"再次回到马克思主义"本身都是一个困惑的问题。

这个问题本书将于末篇展开论述。

第六，无论以"理论何为"或"理论之后"来表达，还是以"西方左翼知识界的危机"，或是"当前事件的倒退"来论说，抑或其他更新颖的话题，都表明新的历史语境下文化研究不能再像原来的样子继续下去，正如美国著名文化研究学者劳伦斯·格罗斯伯格所说："左翼自认为是普罗米修斯，在世人眼中却越来越像西西弗斯。"② 在文化研究中知识左派过度张扬的那种主体性中似乎很难与自由主义右翼那种"单子"式绝对自我的主体性严格区分开来。文化研究在"批判的批判""对于文化研究的文化研究"之循环中作为"后理论"展开对新理论的期待。在期待的过渡性中，唯一不能丢弃的是知识者的批判性与叛逆精神。

在左翼知识界危机的同时，右翼知识界也在起着微妙的变化，激进的自由主义者理查德·罗蒂20世纪90年代频频抨击美国左派，批评左派除了"不爱国"之外，还有好夸夸其谈等弊病，到了晚期突然他改弦更张，认为左派运动在改变美国社会的压迫和歧视上取得了"非凡的成就"，甚至认为美国宪政的进步性成就亦非文化左派之功莫属，如果没有60年代的左派运动，美国不会像今天这个样子，③ 因此他总结出"不读马克思是一个错误"④。看来"回到马克思"不单单是左派的问题，亦代表着自由主义转向之趋势。此外，在知识左翼创造性建构的缺失与批判话语危机中包含着相反政治倾向之间的一种张性引力，那就是为弱势者张目而在"维护

---

① 弗·杰姆逊：《回归当前事件的哲学》（多人访谈），《读书》2002年第12期，第23、21页。

② Lawrence Grossberg, *Caught in the Crossfire*, *Boulder*, Paradigm Press, 2005。转引自刘康《西方左翼知识界的危机》，《学术月刊》2008年第2期。

③ 里·罗蒂：《筑就我们的国家——20世纪美国左派思想》，黄宗英译，三联书店，2006，第59页。

④ 里·罗蒂：《一个幽灵笼罩着知识分子：德里达论马克思》，引自孙伟平编《罗蒂文选》，第366页。

福利国家"之共识中，知识左翼与右翼都对未来怀着一种新乌托邦的后形而上学希望，并趋向形成一种前进的合力。有理由期待这样一种思想萌芽在"理论之后"的一代新人中成长壮大。

"再次回到马克思主义"就是要在一种更新的话语中回到以真理为目标的学科与学科间性在人文与科学性上的统一。这在皮亚杰那里表述为在主客体关系上结构与建构的统一，他指出："客观性肯定是存在的，客体又具有结构，也是独立存在我们之外的。主体的建构在于以客体作为一个永远不会被达到的极限，去不断接近而被达到。"① 如果把"解放"作为这样的一种终极目标，文化研究与人文学科性的统一在于对这一目标的追求和实现。

四　社会分工与学科分界

福柯和其他与某些后现代主义者对文化研究与人文学科性的影响随处可见，他们把学科与学科性完全看作权力所谋划的限制是片面的，从后现代主义反线性之非历史化回到马克思主义的历史观来看，学科的区分的合理性在于客观存在着的对象性差异与社会分工的需要。学科远在19世纪到20世纪其现代形态形成之前就随着社会分工的最早形态而存在，只要社会分工继续存在，学科也就会继续存在。亚当·斯密在《国富论》中提出，在一定历史阶段形成分工的三种形式：手工业工场分工、社会分工与国际分工，它们对推动社会生产力起着巨大作用，② 他的分工理论影响到马克思的政治经济学批判。后来涂尔干在《社会分工论》中也指出："劳动分工不过是普遍发展的一种特殊形式。社会要符合这一规律就必须顺应分工的趋势，这种趋势早在社会出现以前就已长久存在，并且遍及整个生命世界。"③ 在这个问题上，从亚当·斯密、马克思到涂尔干几乎没有什么差别，涂尔干也论及分工的"反常"形态——"失范的分工"与"强制的分工"。所谓"失范"是以"强制"性丧失了人性规范也就失去了历史的合理性，这一观念显然受到青年马克思关于劳动异化论的影响。

无论自然科学还是人文社会科学，学科区分作为人类精神生产的文化

① 让·皮亚杰：《人文科学认识论》，第103页。
② 亚当·斯密：《国富论》，唐日松译，华夏出版社，2005。
③ 爱弥尔·涂尔干：《社会分工论》，渠东等译，三联书店，1998，第4页。

总体是由人的类本质在与世界的对象化过程中分化出的多样性与丰富性所决定的，这种对象性差异认识与实践一开始表现为简单的劳动分工。虽然科学是从劳动实践对世界的认识产生的，但从劳动分工到科学的学科分枝相隔较长的距离。从最早的简单劳动分工演进为现代社会的职业分工，决定于在科学发展中不同学科的专业知识和训练。我们可以从劳动分工追溯学科性的根源并探讨其合理性、必要性以及由此产生的弊端。

学科与社会分工从根本上看同样都是生产力和科学技术发展导致的结果，是社会进步的表现，同时又会给生产力和科学技术进一步发展带来限制，进而阻碍人的全面发展。马克思恩格斯指出："由于生产效率的提高，需要的增长以及作为二者基础的人口的增多……与此同时分工也发展起来。……分工只是从物质劳动和精神劳动分离的时候起才真正成为分工。……生产力、社会状况和意识，彼此之间可能而且一定会发生矛盾，因为分工不仅使精神活动和物质活动、享受和劳动、生产和消费由不同的个人来分担这种情况成为可能，而且成为现实，而要使这三个因素彼此不发生矛盾，则只有再消灭分工。"①

那么，马克思和恩格斯所说"再消灭分工"是不是意味着"分工"将不复存在了呢？如果分工是随着生产力与科学技术的发展不可避免的现象，那么为什么要"再消灭分工"呢？马克思和恩格斯写道："只要分工还不是出于自愿，而是自然形成的，那么人本身的活动对人来说就成为一种异己的、同他对立的力量，这种力量压迫着人，而不是人驾驭着这种力量。"②正如上文所说"自然科学、人文科学与社会科学在各自面对真理的内容与探索的方式和途径以及真理表现的形态上有所差异"，在自然科学、人文科学与社会科学各自领域的下一级学科的划分的根据，也是由对象世界的多样性决定它们面对的真理的内容与探索的方式和途径以及真理表现的形态上有所差异。

学科的细密化与生产分工基本上是同步的，两者都在19～20世纪加快了步伐。分工一方面是生产力和科学技术发展的产物同时也促进了生产力和科学技术的进一步发展，然而在异化劳动的历史条件下，分工的程度愈精细人的异化就愈严重。机械化把劳动者牢牢地束缚在车间的一台车床上，使工人们年年月月，甚至一生只干一个工种，重复同一种最简单的肢体动作，工人成了机器的一个不可分割的组成部分，成为一个附属于机器的活

---

① 《马克思恩格斯选集》第1卷，人民出版社，1995，第82～83页。
② 《马克思恩格斯选集》第1卷，第85页。

零件。"劳动力变成了终身从事这种局部职能的器官……某种智力上和身体上的畸形化，甚至同整个社会的分工也是分不开的"。①学科化也有同样的问题，学科的精细使每门学科主干上生长出许多专门化分支，每个专门化分支又可以产生许许多多更细的支条，这样分下去路越走越窄，最后难免钻入牛角尖，甚至可能把研究工作带入死胡同。

然而，尽管分工是劳动异化的直接原因，但其根本原因并不在于分工，而在于生产资料的私有化，因此分工本身并不可能像最终取消所有制那样被取消，应该取消的是形成"分工不是出于自愿"的那种社会状况和社会条件，即私有制的生产关系；一旦这种"取消"成为事实，那么"分工就会出于自愿"，"这种力量压迫着人"改变为"人驾驭着这种力量"，那么，劳动分工就不会造成人的本质异化。

从物质劳动与精神劳动对立的消除来看，或者有理由认为未来社会在生产资料公有制下实现"按需分配"从而保证了人的全面发展之后，由劳动分工决定的职业在作为谋生的手段的意义上消除了，"劳动成为生活的第一需要"……可不可以说，到那时人的"日常生活审美化"了，审美活动进入人的生活的一切方面，因而人在所有活动中的感受都化为美感了，科学美、伦理美、自然美、艺术美以及一切构成日常生活的琐事都成为"美事"，从而带来的快感都是审美快感了呢？

如以上所说，包括劳动和职业分工在内，人的生活中各种不同活动和不同活动范围界限的划分在根本上基于人与对象世界关系的多样性与丰富性，即使到了人全面发展的阶段，这种对象性关系不会从多样性与丰富性改变为"单一性"，那么不同活动与活动范围的区分界限也仍然保持着。

"间际（inter－）"概念恰恰表明界限的客观存在而不是消除。从民族国家间性（international），到胡塞尔、哈贝马斯和罗蒂都强调过的"主体间性"，虽然侧重有所不同，这个概念的好处在于打破了狭小的"单子式"的个体主义，而上升为一种存在论的客观性。"学科间性"这个概念一方面表明学科边界的实际存在，另一方面为了避免学院式学科作为戒规的局限和束缚。在学科间性上它启示着每个被边界间隔起来的东西不是狭窄的禁闭，而是提供了一种大视野的高度，可以以一种超越的眼光来看学科性。就美学和文艺学而言，所谓"大美学"即意味着不受狭小边界限制的眼光，马克思从来没有以美学专著来谈美学，也没有从文学的文艺学原理来谈文学，但这不意味着马克思所论的美学和文艺学是非学科化和非科学性

---

① 马克思：《资本论》第1卷，人民出版社，1975，第376、402页。

的。马克思在《1844 年经济学哲学手稿》中说："贩卖矿物的商人只看到矿物的商业价值，而看不到矿物的美和特性；他没有矿物学的感觉。"① 在这短短的一句话中我们可以看出，青年马克思划出了三道区分的界限，一是市场的商业经济的界限；二是自然科学的矿物学的界限；三是审美的界限。如果按照后现代消解边界的思维方式，商人在市场上把矿物卖出个好价钱是"美"（心里美滋滋的）；矿物学家通过"矿物学感觉"发现了某种矿物新的特性，也是"美"（科学美）；他们怎么会"看不到矿物的美"呢？

由此我们进入马克思如何对待学科性问题的考察以把文化研究的循环引入更宽广的历史空间，再下降到一个具体学科——文艺学或美学——来看"去学科化"现象。

五 马克思与文艺学学科性

区别于文艺创作实践之文学或艺术，文艺学在通常的意义上包括文学与艺术原理性的种种理论，以揭示文学艺术现象中带有普遍性的规律为研究目的，如国内外一些简称为"文论"的文艺概论类基础理论与教科书。关于文艺学的科学性与学科性危机只是人文社会科学科学性与学科性的总体后现代状况之分流，并且也是有着世界性语境的普遍问题。在文艺学边界所确立的科学与学科合法性问题上，国内关注较多的是对在文艺学教科书范围已经限定的学案，我们将在"文艺学篇"展开这一问题。

在这里要提出注意的是 2000 年在中国桂林的美学学术会议上，解构主义文学批评家希利斯·米勒把《资本论》说成是"文学理论"作品。这可以看做是马克思与文艺学学科性的关系问题。他引用另外一位批评家詹尼弗·巴若列克的话说："《资本论》是彻头彻尾的文学理论作品。也就是说，是美学理论的小集合。"他把马克思与美国著名的解构主义文学批评家德曼角色互换，他说："马克思的《资本论》的确应被视为'文学理论'作品，而德曼的文章应看做是政治经济学批判作品。"其主要理由并不在于通常论述的马克思在《资本论》中对文学经典的广征博引，更在于其中的"修辞性隐喻"，如对资本主义、商品、等值和交换关系的描绘，而德曼则在"使用马克思政治批判术语（生产、价值……）来界定文学理论的

① 马克思：《1844 年经济学哲学手稿》，第 80 页。

诞生"。他引用了《资本论》中的一句话"……价值将劳动产品转换为社会的象形文字……"认为"这种象形文字文本起的作用与德曼谈及的所有文本等同，其中文学文本，也就是'比喻辞格'以及解构"①。

希利斯·米勒与德曼同为解构主义的文学批评家，他在方法论上的依据正是从对文本的解构进而对学科的消除。所以他的旨趣在学科性解构，通过对《资本论》与文学理论之间边界关系的解构达到对政治经济学批判与文学批评之间界限的模糊。这也就是对作为马克思主义者与解构主义者之间差异性的去除。一种"后马克思主义"也常常被混同于解构主义，德里达的《马克思的幽灵们》就是一个范例。笔者在《走出后现代——历史的必然要求》一书第二单元，就此问题专门进行了论述。在这里提出的问题是：马克思是不是一个学科的解构主义者呢？由此引起我们对马克思关于科学学科性及文艺理论问题的进一步探讨。

在前面我们引述了马克思《1844 年经济学哲学手稿》的关于自然科学为人的解放做好准备的论述，现在把这段话全文加以摘录论述，这对我们的问题有非常重要的启示：

> ……当人的如此广泛的丰富性除了可以用"需要"、"日常需要"来一言以蔽之的东西以外没有使它明白任何其它东西的时候，人们关于这样的科学究竟应该怎样想呢？——自然科学展开了巨大的活动并且积累了不断增多的材料。但是哲学对于自然科学始终是毫不相干的，正像自然科学对哲学说来也始终是毫不相干的一样。一下子把自然科学同哲学结合起来，这不过是一种幻想。存在着结合的意志，但缺少结合的能力。甚至史学也只是顺便地考虑到自然科学，仅仅把它看作是启蒙、有用性和某些伟大发现的一个因素。然而，自然科学却通过工业日益在实践上进入人的生活，改造人的生活，并为人的解放做好准备，尽管它不得不直接地完成［人的关系的］非人化。②

这段话所说哲学、史学对自然科学"毫不相干"的关系，并认为"一下子把自然科学同哲学结合起来，这不过是一种幻想"。我们在上文引了这段话的最后一句来论证自然科学、人文科学与社会科学在人的解放主题上的共通性，这里补充其整段引文表明这种共通性之下又有不同学科与其

---

① J. 希利斯·米勒：《许诺、许诺：马克思和德曼的关于言语行为、文学和政治经济学诸理论之异同》，《马克思主义美学研究》（4），广西师范大学出版社，2001。

② 马克思：《1844 年经济学哲学手稿》，第 81 页。

特定对象之间难以融通的阻隔，因而理解这段文字的完整意思，这里的关键在于建立在人与世界对象性关系多样性之上的"人的如此广泛的丰富性"，而正是因为如此又形成了个别人的能力与活动范围的有限性，建立了学科的分割与界限。在人的潜能释放的要求下，人始终存在着"结合的意志"，而在这种意志实现的努力中，又"缺少结合的能力"，科学就在这种积极的悖论中沿着学科界限的突破与学科分工的精细的方向朝着人的解放之目标发展着。

这里需要进一步考察，在马克思看来文艺学与他的引用了许多文学典故而为人称道的政治经济学批判之间的关系究竟怎样呢？《资本论》是不是如希利斯·米勒所说的是"文学理论著作"呢？青年时代之后的马克思在对科学的学科性问题的看法上有没有变化呢？

在《资本论》第三卷中论述到关于生产力与利润的关系问题时，马克思写道："撇开真正的艺术作品不谈（按问题的性质来说，这种艺术作品的考察不属于我们讨论的问题之内）。"① 显然在马克思看来艺术作品是文艺学的对象，而不是政治经济学批判的对象，就是说它们以各自独特的对象划分成不同的领域。这些领域之界限的形成，基于人在与世界对象性的广泛的多样性所决定的对世界的不同掌握方式。那么反过来，马克思是不是认为这些不同领域的学科之间相互没有联系的呢？不是的，这种联系并不是"人的意志"不顾自身的能力去"幻想要把它们结合成一体"，而是站在一个历史总体的高峰，将它们在根本上联系于一个共同的目标——"为人的解放"。自然科学是"为人的解放做好准备"，而人文社会科学直接提出"人的解放"之命题。那就是说，任何科学无论自然科学还是人文社会科学，从根本上说是人对自然界和人类社会的认识，并将这种认识结合到解放的实践之中。科学属于人，人的科学作为对世界的认识和改造的主体力量之表现，它们在"为了人"这个目的上相互关联，在最广泛的"人学"意义上与"物学"统一。

马克思本人一生对人类智能创造的一切知识都充满着探求的兴趣，并在为人的解放所作的批判资本主义的斗争中把它们有机地联系起来。在这里我们不妨稍事回顾一下马克思的文学兴趣和他的治学经历。由于对文学的强烈兴趣，中学时代的马克思曾想做一名诗人，写过诗和剧本。他在文学方面的修养，阅读涉猎之广泛与研究之精深是一般专业作家所不能企及的。他在中学时代曾写出名为《青年在选择职业时的考虑》的文章。在这

---

① 《马克思恩格斯全集》第 25 卷，人民出版社，1975，第 856 页。

篇文章中，17 岁的马克思在职业选择上就给自己提出为了"人类的幸福和我们自身的完美"的目标。① 大学时马克思读的是法律，这里有父亲的安排，然而马克思自己却选修了九门课程，后来因身体健康原因不得不缩减为四门。他的求知欲望使他冲破专业的限制广泛遨游驰骋于所有知识的天地之间。他于 1841 年完成的博士论文的课题属于哲学：《德谟克利特的自然哲学与伊壁鸠鲁的自然哲学的差别》。而在同年的《评普鲁士最近的书报检查令》和《关于林木盗窃法的辩论》文章中可以看出马克思的法学训练发挥的作用。

青年马克思一方面感到人的能力不是无限的，不可能把所有的科学一下子结合在一起；另一方面坚持早年"人类解放"的理想。在他关注的知识领域和进行的社会批判中各学科的关联不是靠简单打通各学科的分类界限，而是在一定的学科界限内尽可能利用人类既有的各学科积累的知识去实现一个共同的根本目的。这些知识对他既是批判的对象，也是新的思想创造的起点。他的思想体系之所以堪称人文社会科学的革命，正是因为从青年开始，毕其一生始终不渝地坚持着这样一门学科——"人类解放学"。

青年马克思把哲学与经济学结合起来的眼光初现于《1844 年经济学哲学手稿》，为他后来把政治学与社会学纳入其中的政治经济学批判打下了基础。然而，不仅这部《手稿》中的重要美学思想观念成为今天人们研究美学必不可少的经典依据，他的《政治经济学批判》中也不乏美学和文学艺术的真知灼见，正如福柯所说——"马克思在政治经济学基础上推出一种全新的话语实践"②。柏拉威尔在《马克思与世界文学》中认为，马克思在《资本论》中关于"把劳动当作自己的智力和体力的发挥来享受"，"有助于说明美学的范畴在《资本论》中仍旧与在马克思其它后期著作中一样那么重要"。马克思从欧仁·苏的小说《巴黎的秘密》有关评论发现当时青年黑格尔派成员把文学作为对生活的思辨的唯心哲学所演绎的问题加以批驳。他还从希腊史诗和神话中引出人类童年时代创造的艺术之"不朽魅力"问题，从拉萨尔的剧本《济金根》出发谈革命悲剧问题，这些文学关怀不仅与他早年的文学情结和修养有关，更是把文学批评与社会批判紧密结合在一起，对种种具体文学创作现象的本质思考之最高理论典范。

马克思关于文学艺术与政治经济学的关系的论述不是此类所谓"修辞性隐喻"，也不是"象形文字文本起的作用"，而主要是"艺术生产"的思

---

① 《马克思恩格斯全集》第 2 卷，人民出版社，1975，第 459 页。
② 米歇尔·福柯：《知识考古学》，第 244 页。

想。从剩余价值概念出发，马克思把劳动划分为"生产劳动"与"非生产劳动"，这对于生产文化艺术和理论知识的脑力劳动都是同样的（这个问题将在后文展开）。这种文学与政治经济学学科性关系的根基在于基础与上层建筑、文学艺术与意识形态的关系。把《资本论》归为"文学理论作品"强烈地透露出解构主义结合着文本误读的"去学科"倾向，另一方面歪打正着地道出了马克思（正如米勒把他作为一个"对资本主义的解构主义者"）把对学科和文本的解构颠倒为在实践中"对世界的改造"，也就是"为人的解放做好准备"。人的意志渴望在实践中把各种学科在为了解放的同一目的下结合起来，尽管这种结合受到能力的限制。然而，就马克思关于人的全面发展意义上的解放而论，艺术创造不是作为克服异化的根本力量而是作为人的解放的一个重要标志——"人按照美的规律制造"——在马克思主义思想体系占据一个特殊地位。

伊·沃勒斯坦等的《开放社会科学》写道："尽管我们对自然宇宙和人类经验的历史建构过程做出了一些互不相同的解释，然而它们彼此之间并不矛盾，都是与进化联系在一起的。"① 如果再次确立这种被包括沃勒斯坦本人在内后现代抛弃的"进化"的历史线性的话，那么这一线性进步的终极目标必然指向"人的解放"。涂尔干指出："科学的多样性本身就是对科学统一性的破坏，每到这时，一种新的科学就担负起重建科学统一性的使命。"②科学的统一性正是以人的解放这一共同目标为指归。在"人的解放"上，文化研究与人文社会科学以及自然科学的目标都是共同的，它们都在曲折上升的历史线性中发展。

置于这样一种语境中重新回顾毛泽东的教育思想，撇开其中被推向极"左"而化为荒谬的东西，有许多高瞻远瞩的合理性。比如毛泽东认为现有的教育制度，"课程多，害死人，使中小学生、大学生天天处于紧张状态"的看法，又如他对"考试，用对付敌人的办法，搞突然袭击，出一些怪题、偏题，整学生"的批判 …… 都有着对旧教育制度弊端的深刻洞察。然而"文革"那种"砸烂"旧教育制度极"左"办法的失败又导致教育产业化在市场恶性竞争中的大倒退，学生和家长都被压在这座"大山"下面喘不过气。当前在学科性问题上，与解构交织在一起的解放命题正是深层的现实悖论向前沿高端学界之反射。这个问题将伴随着人的全面发展和解放在不同历史阶段以不同方式出现。

---

① 伊·沃勒斯坦等：《开放社会科学》，三联书店，1997，第 86 页。
② 涂尔干：《社会分工论》，第 319 页。

今天的文化研究也正缘起于解放这个主题，女性的解放，少数种群及边缘大众的解放……如果说文化研究自身的危机也莫不与学科化、精英化、中心化倾向对初衷的疏离相联系，其"再次回到马克思"也就是再次回到"人类解放"这个宏大叙事的主题。如果说马克思主义在一个多世纪前给人文社会科学带来一场革命的话，解放主题在后现代语境下的深化必使文化研究与人文社会科学统一于一种新的科学性之中。文化研究的循环是回到中心化的权力与知识资本封闭的学科性，其合理性在于包含着一个崭新的宏大叙事的科学性。不超越学科性之人为限制与戒规就谈不上思想解放与人的潜能的全面实现，而主体无论上升到怎样的高度，仍然不可无视学科与社会劳动分工的自然界限。

弗·杰姆逊 2000 年访华期间在题为《当前时代的倒退》演讲中谈到当前哲学向传统回归的走向。[①]法国女性主义批评家朱丽娅·克里斯蒂娃于 2009 年 2 月 26 日来华在同济大学所作的演讲中也回到了同一性与解构、普遍与特殊等二元式，并且讲到欧洲在一体化与民族语言文化的多样性中向全球的未来开放。她指出由于"追求流行"而忽视前苏格拉底以来"对思想关怀的传统"，其后果"一方面是被各种信徒们致死热爱和颂扬的东西，唯我主义、行动缺失症和原教旨主义；另一方面，则是到处传播的美国式'肥皂剧'的语无伦次的泡沫"，可能失去的是在语言存在中实现作为普遍价值的"对处于最脆弱的特殊状态下人类生命的极度关怀"的自由。[②] 这几位属于我们后现代时代硕果仅存的批评家们似乎已经模糊预见到了"后理论"的出路。

历史是在不断对传统的重新阅读和重新发现中被不断改写和创造的。"后理论"的出路不仅在"回到马克思"，还在"回到"马克思所尊重与作为思想资源的古代伟大思想传统，回到不仅包括启蒙现代性，还包括各民族更古老的传统文化与价值观念，包括中国的"为公""大同"之"大道"。在价值分裂的历史阶段，于新语境下不断召回被一种分裂而破碎的人类普遍价值是指向未来的"返祖"。在专业性学科限制中，以向大学科驰骋思想的自由，知识和学科重建的使命将在实践"改变世界"中消除乌托邦气息。

---

① 弗·杰姆逊：《当前时代的倒退》（多人访谈），《中华读书报》2000 年 8 月 12 日。
② 朱丽娅·克里斯蒂娃：《中国经验如何与欧洲文化相遇》，（上海）《社会科学报》2009 年 4 月 23 日。

哲 学 篇

一　美学文艺学重建的哲学基础

作为一门人文社会科学学科的哲学不限于各门类科学追求和掌握的真理，旨在把人类所有知识集中起来得出一种对宇宙、世界和人生的整体性看法，不仅时时指引着人们掘取真知灼见的途径，并给予人们来自追求真理激发的精神力量，以求知意志闪现着人类的智慧之光。"爱知"与"爱智"的统一使哲学一向被认为是各门科学的总和，既作为自然科学的认识论与方法论基础也作为人文社会科学的思想指导和学理基础。在亚里士多德的学科分类意义上，哲学属于形而上学与物理学相区别，meta－physics这个词的词根即"物理学"，其前缀 meta 原有排在物理学之后的意义，即"后设"意义，也有"……之上"带有"元"的意义，汉译"形而上学"即来自《易经·系辞上》"形而上者谓之道，形而下者谓之器"一语，意谓在物理学的基础上进一步对宇宙宏观与微观现象作抽象的理论提升，也就是在"物理学之上"讨论宇宙本原、实体、神等问题。自然科学的发展推动并伴随着哲学思潮的起伏，在"物学"方面从宏观世界之宇宙发生、生命起源、生物进化、地壳地质运动、微观世界之物质结构、粒子运动等等，比如相对论与量子力学与哲学之间不可或无的关系。从自然科学与哲学的关系中产生出以自然科学的本质、特性及发展规律为研究对象的科学哲学以及从自然科学汲取方法论原则的哲学科学主义。从"人学"来看，人类的生物学起源乃至社会本质与生存价值和意义既是在某种哲学思想指导下的探索，同时又促成某种哲学观点的形成。哲学既作为其中一门学科，对其他分支科学又带有某种思想指导与方法论之"形而上"或"元理论"意义。美学与文艺学是建立在一定的哲学基础之上并以之为思想指导。从"文学即人学"意义上看，哲学人学（可广义理解为与人类学及人本主义有关的人的本性与本质的科学）为美学与文艺学的基础，即它们与其他人文社会科学的共同点在于以人与社会为对象，从人以现实的社会关系的总和规定的本质属性及人与自然的关系来揭示各种有关现象的本质与运动规律。美学因其所探讨的对象——美、美感、审美和艺术——的本质属性属于哲学的一个分支学科。文艺学具体通过文学与艺术从创作到鉴赏之种种现象研究文学和艺术的本质与规律性东西。文艺学与哲学和美学同为人类精神生产与思想劳作的果实，它们之间极为密切的关系不仅决定于哲学对于美学和文艺学在思想的总体指导性与方法论意义，也具体地表现在"艺术哲学"和"文艺美学"这些标志着亲缘性交叉学科的称谓上。哲学与自然科学及包括文艺学在内的人文社会科学的这种学科间性属于非直接性关系,某种哲学思想往往不是显在而为隐在,也就是哲学不能替代其他学科对于自身具体对象的研究,或成为某种框架公式强硬地套在其他学科之上。然而没有哲学这具"幽灵"附体,躯壳将为僵死的存在。因而,对美学与文艺学在"后学科"与"后理论"语境下的有关学科性重建的问题不可能脱离某种哲学思想的基础。对于本书而言,这个哲学基础在当前语境下与上一节最后部分提到的在"后科学"与"后理论"状况下怎样"回到马克思"的问题,这是一种广泛渗透着哲学观念的社会思潮。因之,在本书的文化篇将再次回到这个问题上来。

"后学科"与"后理论"是我们身处的这个时代所提供的特定思想背景,它与一定的社会经济、政治和文化相联系,它围绕的轴心是后现代主义,这些思潮无不与某种哲学观念相联系,比如人们说得较多的反本质主义、多元主义、反进步主义等都通向这样那样的哲学思想。就本书所探讨的美学与文艺学的科学性与学科性问题而言,美学与文艺学的"科学性"关乎对象的多重本质与多种规律,如美学所研究的美、艺术与审美的规律性问题对自然科学、伦理学艺术及日常生活的审美现象究竟是什么关系,文艺学与哲学本体论、经济学的生产及消费范畴、文艺的目的性与工具性的关系究竟怎样,以及怎样看待和处理由这些关系所划定的美学文艺学与其他学科的边界,由这些边界性带来的美学与非美学、审美与反审美、艺术与审美、艺术与生活、艺术与真理、艺术与价值种种关系,这许多交错缠结的问题仍然无法脱离某种哲学。所以本书首先要明确一种哲学作为指导思想与理论基础,那就是辩证唯物主义与历史唯物主义。这不是某种悬浮在空中的既成"原教旨",而是在后现代主义时代感蒸熏之下,也就是在"后学科"与"后理论"语境下重新发酵过的原创性哲学思想,它有一个当下语境及时代精神与元理论的关系问题。在美学和文艺学的哲学基础上面临着的问题即为在这样一种历史命运下的哲学抉择。这种马克思哲学的历史命运是由古老的哲学争论在新的语境下带来的。因此这种哲学抉择不可避免地处于古与今、传统与当代、古典的与现代/后现代多元文化之强烈张力中。

19 世纪中叶到后期马克思主义辩证唯物主义和历史唯物主义思想体系的创建对整个思想史的现代发展起着决定性的作用,给人文社会科学领域带来根本性的革命。它把独立自主的心灵史运动置于以物质为基础的历史总体之上,建立于存在与意识的唯物主义关系上有关基础与上层建筑学说打破了"为科学而科学""为艺术而艺术"之意识形态幻象,使得人文社会科学从狭窄封闭的学科性中开放，一个半世纪以来的现代学科无不受其影响。然而，马克思的哲学无论是在理论创建过程还是在其革命实践过程中，无论是在无产阶级革命取得政权前还是其后，直至眼下，它的道路都不是平坦的，而是充满坎坷与曲折的。且不说从 19 世纪到 20 世纪早期的马克思主义哲学思想史上充满着激烈交锋，20 世纪中期以来马克思主义的命运呈现出两极形态，尽管它在西方知识界和民意中享有极高声望，但在学院中始终遭到制度化学科性排斥，同时一些激进的知识分子以对马克思主义的重新阐释建立了现代潮流式的"西方马克思主义"，如法兰克福学派等；另外，在苏东体系中马克思主义被作为一种权力话语取得统治人文社会科学之绝对地位而使之在本土失去了批判的生命力，沦为僵死的教条，甚至为各种既得利益集团利用而走向反面，沦为庇护权贵资本主义和极权主义压制思想自由的政治训导和控制工具。后现代语境给马克思主义带来多方面严重的挑战，一种后结构主义的解构式文本阅读与以读者自我为主体式中心的新阐释学首当其冲。就文艺理论和美学而言，许多马克思主义内部的争论无不与对经典著作文本的不同解读有关，这样一些争论说到底属于马克思文本阐释权问题。马克思主义及其文艺理论的权威性和生命力不在于权力意志强加的普适性，也不在于左派幼稚病患者自以为是的"政治正确"，而在于其原典性文本在对现实状况的阐释有效性所发挥的精神力量确立的权威。

马克思主义的文艺学和美学思想的体系是马克思主义整个思想体系之不可分割的一部分。辩证唯物主义和历史唯物主义是马克思主义在各学科中的认识论和方法论基础，在这个意义上可以说其实马克思主义文艺理论就是马克思主义其哲学在文学领域的运用。马克思主义文艺理论的各种歧义的根子也在于对其哲学性质的不同理解，比如一种把辩证唯物主义从马克思主义哲学体系中抛弃的论调是与在文艺理论上拒斥认识论和本质论紧密呼应的，也与美学上否定美的客观性相关。

后现代马克思经典文本的权威性阐释一方面为意识形态统治的权力话语所垄断；同时在另一极端又被虚无主义所消解和颠覆，这里主要就后结构主义使文本与作者思想脱离以消解其权威性而言。我国哲学界新近有人提出，因为"马克思留下来的全部文本"中被设定了一个"纯粹的马克思文本"，它的真实意义是不可通过阅读理解达到的，所以要让马克思文本"永远沉默"。① 这是以"重新理解马克思"名义剥夺马克思文本自身权威

---

① 俞吾金：《重新理解马克思——对马克思哲学的基础理论和当代意义的反思》，北京大学出版社，2005。

性以垄断其阐释权，我们从下文将看到其真正的用意。

本书侧重致力于对被后现代主义解构马克思经典文本的复原，这种复原不是返回到马克思主义诞生当时语境下的文本意义，而是在当下语境与历史语境张力下重新阅读以发掘出合乎新的时代精神与要求的精义。这种解读以尽可能忠实于经典文本原创为最高准则。这个准则就美学文艺学的哲学基础而言，就在于坚持辩证唯物主义与历史唯物主义，然而就在"让马克思文本永远沉默"的意图下，辩证唯物主义被抛弃，以人的主体性张扬之"实践唯物主义"或"实践哲学"名义出现的"历史唯物主义"成了既无辩证法，也无唯物主义的历史唯心主义。这种在马克思主义名下出现的哲学不是中国哲学界某些学者的创新，而是马克思主义哲学思想史上持续了将近一个多世纪的论争。笔者从 20 世纪 80 年代以来多次卷入这场论战，下面将把发生在中国 20 多年的论战纳入马克思主义哲学思想史之中加以清理，这对于夯实美学文艺学的哲学基础是必不可少的工作，以昭示关于美学文艺学重建的思考既不是倒退到"原教旨"，不是对种种新潮流狼奔豕突式地追逐，更不是去辩证法、去唯物主义的"历史唯物主义"创新。

综上所述，美学文艺学的科学性与学科性重建与辩证唯物主义与历史唯物主义的重建是分不开的，故而首先是解决辩证唯物主义与历史唯物主义的重建问题。对这个问题要从马克思主义哲学思想史上一桩旷日持久的公案谈起。

马克思主义的历史唯物主义哲学是否建立在辩证唯物主义之上并由此出发，还是归结为与辩证唯物主义对立的实践哲学？这是马克思主义哲学思想史上一桩旷日持久的公案，关于这个问题不可不论及前文所提到的美国当代一位卓有影响的马克思主义批评家弗·杰姆逊。这位眼光敏锐、擅长思辨并富于创见的中国学术界熟悉的老友，虽然有这样那样的偏颇，而就其思想总体而言，不仅对后现代文化作出许多精到的阐述，并且对马克思主义哲学，特别是辩证法问题极为重视，多有论述，其中最为引人注目的文章是 2005 年发表的《什么是辩证法？》。在这篇文章中他重新概要地梳理了西方马克思主义的有关观点，把马克思主义哲学辩证法问题归结为两个相互联系的方面，一是辩证唯物主义与历史唯物主义的关系；二是"自然界有没有辩证法"，也就是自然辩证法与社会辩证法的关系。辩证唯物主义与自然辩证法对应，历史唯物主义与社会辩证法对应，这两个方面是一个不可分割的整体。关于这些问题，在带有流派性质的西方马克思主义的主要代表人物那里看法趋于一致。杰姆逊指出，"西方马克思主义"对所有这些称之为"辩证唯物主义的基本哲学立场进行无情的批判"，而其使命是"消除并取代它们",他尖锐地质问:"如果西方马克思主义的使命是批判和否定辩证唯物主义,那么一旦辩证唯物主义消失,那种使命还有什么可言?还需要西方马克思主义所体现的这种批判吗?"

他设问,是否在西方马克思主义的否定批判的理论体系内部掩盖着一种可以"脱离辩证唯物主义",更积极的适合这个时代(全球化和第三或后期阶段资本主义时代)系统的"新马克思主义哲学形态"?他对此断然做出了否定的回答。在他看来,任何时代的马克思主义哲学都不可能摆脱辩证唯物主义,使其思考方式"变成非辩证的"。他毫不含糊地表明自己的"立场观点(或感觉或意识形态)":

> 辩证法与马克思主义是不可分割的……因此必须对这些攻击进行回答和反驳。①

问题如此尖锐地提出,表明这场旷日持久的论战至今没有平息,没有决出胜负。我们在这里以这篇文章为契机,拟结合中国的情况,通过学术思想史上的某些案例扫视其历史端倪以揭示这场论战的本质。显然这个问题的意义远远超出了美学与文艺学,对于当前的现实以及马克思主义哲学的命运和发展至关重要。

在上面所引杰姆逊的话中,其立场非常鲜明,认为辩证法—辩证唯物主义是为西方马克思主义直到"后马克思主义"竭力摆脱和抛弃的东西,而对于马克思主义哲学来说却带有根本决定性,应该批判西方马克思主义在有关问题上的错误。然而,在20世纪80年代,他的立场不是这样鲜明的,甚至全然相反。由于他对中国学术界的影响,并为了说明其思想的发展变化,我们必须回顾当时的情况,并且直接引用有关论著尽量避免转述以真实再现历史原貌,这可能给阅读带来某种不便,恳请我们的读者耐下心来回顾这段历史。

1985年,弗·杰姆逊这位20年间来过中国不下10多次的学界老友,初次来中国在北京大学讲《后现代主义与文化理论》时曾说:"马克思主义当然是唯物主义的,但是是历史唯物主义,而不是辩证唯物主义。在西方马克思主义看来,辩证唯物主义企图把辩证法同时运用于解释历史和自然,而这是和斯大林、恩格斯的思想联系在一起的。历史唯物主义则是关于历史的,和形而上学、存在、自然等没有关系。辩证法只是在历史发展

---

① 弗雷德里克·詹姆逊、王逢振:《什么是辩证法?》,《西北师大学报》(社会科学版)2005年第5期。

中起作用，在自然界中则不能说有辩证法。"①

这段话前面一句是他自己的观念，后面说明这个观点是从"西方马克思主义"那里来的。这个观念较早是从卢卡奇和萨特等那里来的，之前当然还有一些根子，但他们对这一思想的传播起到重要的作用。杰姆逊在早年就曾深受他们影响，他的北大讲学又进一步使这一思想在中国扩展开来。

卢卡奇是一位卓有影响也值得尊敬的马克思主义理论家，他曾因为错误观点受到严厉批评，这些批评并不都公正，有些过火之处，但也不可全部推翻。我们重新审视清理他的有关理论时仍然不能掩盖他的错误。1923年格·卢卡奇的《历史和阶级意识》认为："恩格斯受到黑格尔的错误引导，而把这种方法扩大应用于自然界，而辩证法的一些基本要素，例如主体和客体的相互作用，理论和实践的统一，作为思想变化的根本原因的各个范畴的基础的现实历史变化，等等，并非来自我们关于自然的认识。"基于这一点，卢卡奇认为"马克思和恩格斯在现实本身这个问题上分手了"。因此，他进而提出："使纯粹客观的自然辩证法脱离社会的辩证法的必要性……因为，在社会辩证法中，主体被包含进一种相互关系中，以这种关系使理论和实践彼此关联而成为辩证的。"②

卢卡奇的观点对杰姆逊的影响之深，正如后者在北大讲稿中所认为的那样，卢卡奇的"伟大著作《历史与阶级意识》从完全不同的角度重新建立了马克思曾'失掉'了的哲学体系"。这个所谓"'失掉'了的哲学体系"无非就是把辩证唯物主义甩了出去的"历史唯物主义"。早在杰姆逊之前萨特也同样承接了卢卡奇的观念。

在让·萨特看来，辩证法仅仅适用于人，他说："辩证法的特性就是人的特性。"他提出"人的辩证法"，认为自然界本没有辩证法。所谓"自然辩证法"是黑格尔和恩格斯"把辩证法塞进自然界"里的。在《论马克思主义与存在主义》一文中萨特写道："我们反对教条主义，即反对自然整体的所谓辩证法理论。对我说来，全部问题归结到一点：首先，应该不应该承认辩证法是和这个物质的和有机的存在物——人——联系在一起的呢？总之，人的辩证法就够了，不用提自然辩证法。"在他看来，"罪过"主要在黑格尔和恩格斯，当然还有斯大林，认为，马克思在这个问题上，"有些模棱两可"。③

---

① 弗·杰姆逊：《后现代主义与文化理论》，唐小兵译，陕西师范大学出版社，1986，第93~94页。

② 格·卢卡奇：《历史与阶级意识》，王伟光等译，华夏出版社，1989，第5、224页。

③ 让·萨特：《论马克思主义与存在主义》，《哲学译丛》1979年第4期。

当然，我们再往前可以追溯到1922年，德国早期马克思主义理论学家科尔什在《马克思主义与哲学》一书中指出："人们广泛地相信，后期的恩格斯完全堕入自然主义的唯物主义的世界观之中，而不同于马克思——他的更富于哲学家气质的文友。"① 这些见解无疑是一脉相承的。

与卢卡奇同时起作用的是20世纪30年代的葛兰西，他在《狱中札记》中提到，当时法国哲学家及工团主义理论家索勒尔给克罗齐的一封信里认为"恩格斯独立思考能力有局限性，不应该把马克思与恩格斯相混"。葛兰西本人对认为马克思和恩格斯彼此相同的论断也只是"在一定的范围内有效"，即使恩格斯为马克思的著作写了几章，也不能据此认为两者的意见绝对相同。但他又指出，不应该低估恩格斯的贡献，肯定恩格斯在同马克思的合作中"在著作史上表现出了唯一的无私的和毫无个人名利心的范例"，不应该怀疑恩格斯的"绝对的科学忠实性"。但是，"第二位（恩格斯）毕竟不是第一位（马克思），假如我们想要认识第一位的话，那么必须在由他直接发表的他的真实的著作的特点去寻求他"。

这个意思在原则上并不能认为是错的，问题在于葛兰西对两者的"真实著作"的理解并不到位，甚至有重大错误，特别是"实践一元论"就是他提出来代替辩证唯物主义的物质一元论和历史唯物主义的社会存在一元论的观点。他在《狱中札记》中写道："在实践哲学中，关于认识的'客观性'的问题……'一元论'这个术语将表达什么意义呢？当然不是唯物主义的，也不是唯心主义的。这一术语将标明在具体的历史行为中的对立面的同一性，也就是与某一种被组织起来的（历史化了的）'物质'，与人所改造的自然不可分地联系着的具有具体性的人的活动（历史—精神）。这是行动（实践—发展）的哲学……"② 努力抹去唯物主义与唯心主义之间的哲学区分正是现代主义贯穿到后现代带有相当普遍性的思潮。这种哲学思潮不可避免地影响到马克思主义哲学内部，而实践范畴给了这一努力极大的学理支持。

我们前面谈到杰姆逊在辩证唯物主义与历史唯物主义的关系上所受西方马克思主义的影响，但以他的敏锐发现在实践观念上经典马克思主义与西方马克思主义（包括东欧）是有所差异的，他在北京大学讲话的讲稿中指出："'实践'这一概念和东欧的人道主义马克思主义很有联系，如南斯

---

① 科尔什：《马克思主义与哲学》，《西方马克思主义》（译文集），中共中央党校出版社，1986。

② 葛兰西：《狱中札记》，人民出版社，1983，第58页。

拉夫、波兰的马克思主义，在政治上也是很有影响的一个概念，但没有完全融合到传统的马克思主义理论中去。现在这一概念基本上是和存在主义马克思主义联系在一起的。"① 或许可以认为正是这一点导致他后来重拾辩证唯物主义，并在这个问题上与西方马克思主义分道扬镳，回到经典马克思主义哲学立场。

"实践"问题是马克思主义哲学争论中的一个重要焦点，我国新时期以来哲学界与美学界有关论战都是围绕着这个焦点展开的。关于这个问题我们在下面各有关部分将进一步论述。

二　我国哲学界有关的几场论战

西方马克思主义的这股强大思潮早在杰姆逊北大讲学之前，大致是改革开放初期就通过种种渠道影响到中国。1982 年陈荣富发表的《历史唯物主义在马克思主义哲学中的地位和作用——兼论马克思主义哲学的体系》一文中对"历史唯物主义是辩证唯物主义在社会历史领域的推广和应用"的看法提出了相反的见解，认为："马克思主义创始人首先创立历史唯物主义而不是辩证唯物主义的自然观，并且，没有历史唯物主义就没有马克思主义认识论……无论马克思或是恩格斯，他们当时关心和着重研究的都是社会历史问题……而很少顾及自然观的研究。"② 这一论见与杰姆逊 1985 年北大讲稿中的相应观点不谋而合，可见其源流深长。

笔者当即写了一篇《也谈马克思主义哲学的体系问题》与陈荣富讨论，指出："马克思之所以能建立起历史唯物主义而使唯物主义达到'完备'的程度，列宁指出其原因是马克思汲取了'德国古典哲学中的成果，特别是使用费尔巴哈唯物主义哲学能以产生的黑格尔体系的成果丰富了哲学。'③ 黑格尔体系的成果中最重要的就是辩证法……青年马克思曾作为一个黑格尔主义者经历了从唯心主义向唯物主义转变的过程。促使他产生这个转变的是费尔巴哈……他不可能绕过费尔巴哈的唯物主义自然观，直接从黑格尔跃进到历史唯物主义。…… 马克思一开始同黑格尔公开论战并不是从黑格尔的唯心主义自然观发端，而是以……法哲学（国家观念）的批

---

① 弗·杰姆逊：《后现代主义与文化理论》，第 194 页。
② 陈荣富：《历史唯物主义在马克思主义哲学中的地位和作用——兼论马克思主义哲学的体系》，《学术月刊》1982 年第 2 期。
③ 《列宁选集》第 2 卷，人民出版社，1975，第 442 页。

判为起点。但这并不等于马克思当时就不具备彻底唯物主义的自然观，以及对自然界辩证规律的认识；也不等于马克思在不具备辩证唯物主义自然观的基础上就能够以唯物主义的观点来'着重研究社会历史问题'。"①

1983 年《学术月刊》第 10 期发表了吴国光与笔者辩论的文章②，就笔者所引列宁所说"马克思加深和发展了哲学唯物主义，使它成为完备的唯物主义哲学，把唯物主义对自然界的认识推广到对人类社会的认识"③ 展开争论，吴国光认为："这里，列宁并没有说历史唯物主义是辩证唯物主义原理的推广，而是说，历史唯物主义是唯物主义对自然界的认识在人类社会领域里的推广；历史唯物主义的前提与基础并非辩证唯物主义，而是唯物主义——哲学史上的'一般唯物主义'，确切地说，是指马克思主义哲学诞生以前的'旧'唯物主义。"

30 年过去了，对吴国光的文章笔者至今没有回应并不等于放弃原则屈就他的观点。我们从作为争论焦点之列宁这句话的三个分句可以看出三者的递进关系，第一分句所说"加深和发展了哲学唯物主义"中的唯物主义是"一般的唯物主义"；第二分句所说的"完备的唯物主义哲学"那就是把黑格尔的唯物主义辩证法头足相倒的唯物主义，并且是进一步批判了费尔巴哈的直观唯物主义之后使之"完备"的唯物主义，即辩证唯物主义；关键性的第三分句"把唯物主义对自然界的认识推广到对人类社会的认识"的唯物主义难道不是"完备的唯物主义"而是吴国光所认为的"旧"唯物主义吗？马克思恰恰是在《关于费尔巴哈的提纲》一文中批判了那种"旧唯物主义"（直观的唯物主义），才"把唯物主义对自然界的认识推广到对人类社会的认识"从而创建了历史唯物主义的。所以吴国光的引证与论析丝毫不足以驳倒笔者。

吴文引用列宁所说"马克思和恩格斯第一次对唯物主义世界观采取了真正严肃的态度，把这个世界观彻底地（至少在主要方面）运用到所研究的一切知识领域里去了"，在这句话中特别要注意的是"所研究的一切知识领域"。自然界与人类社会是同一知识领域还是不同知识领域，如果承认两者是不同领域的话，唯物主义和辩证法在两者的运用是否也应有所区别，如果承认这一点的话，关于把这种世界观运用到人类社会的历史唯物主义是这种世界观在自然界运用的推广的论述有什么错呢？难道这就意味着辩证唯物主

① 毛崇杰：《也谈马克思主义哲学的体系问题》，《学术月刊》1983 年第 2 期。
② 吴国光：《论历史唯物主义与辩证唯物主义之关系——兼论马克思主义哲学体系问题并与毛崇杰同志商榷》，《学术月刊》1983 年第 10 期。
③ 《列宁选集》第 2 卷，人民出版社，1975，第 443 页。

义与历史唯物主义是两种不同的哲学而不是"铁板一块"吗？

吴国光说："正确的结论应该是：历史唯物主义是唯物主义原理在社会历史领域里的彻底运用，唯物主义是历史唯物主义的前提与基础。这个结论与所谓'一般教科书'的说法显然是不一致的。'一般教科书'将'唯物主义'换成了'辩证唯物主义'，这样，只能是在历史与逻辑上制造混乱。"这真叫人纳闷，在这句话的"唯物主义"之前为什么不允许加上"辩证"呢？难道作为"历史唯物主义的前提与基础"的只能是"旧唯物主义"吗？而直观的唯物主义能够成为历史唯物主义的基础吗？而这正是吴国光的观点，如他所说："历史唯物主义的基础是唯物主义，是那只把唯物主义应用于自然领域里的旧唯物主义，而不是辩证唯物主义。"如果真如他所说的那样，何必还要马克思"加深和发展了哲学唯物主义，使它成为完备的唯物主义哲学"呢？吴国光论辩之所以看似强有力是因为不仅有卢卡奇等，还有几乎整个"西马"直到1985年的杰姆逊等这些大家作为后盾。

这种观点的关键在于认为"自然界根本没有辩证法"。在后面我们要指出，认为"唯物主义自然观（自然辩证法）"不是马克思而只是恩格斯的这种看法是错的，从而把恩格斯说成是一个"直观的唯物主义者"，更是错的，并认为马克思能与一个"直观的唯物主义者"结成最密切的伙伴共同战斗一生，更是错上加错。

如果承认历史唯物主义是辩证唯物主义在人类社会中的运用的话，那么辩证唯物主义为什么不能用来说明自然界的变化发展呢？难道人类社会发展的特殊性是可以脱离宇宙自然界吗？难道马克思的辩证唯物主义的形成没有包含如达尔文进化论在内的自然科学的成就吗？自然界从宇宙大爆炸开始就一直处于千变万化的物质运动之中，包括地球和整个太阳系的形成，地球上生命的开始，地层对沧海桑田变化以及生物进化的记录，大陆漂移和板块运动，地震与火山的活动，人类的起源，直到物质基本粒子放射性之微观世界的运动……这一切自然的物质运动与发展变化都与唯物主义辩证法无关吗？难道现代自然科学的种种成就所揭示的不正是唯物主义和辩证法对神创论的斗争以及对认为自然界是僵死的没有变化发展的形而上学斗争的胜利吗？而如吴文所说："正是借助于辩证法，唯物主义的一般原理才有力量伸展到社会历史领域中去；而在这个伸展过程中，辩证法也就与唯物主义融为一体了。"这种"融为一体"把自然界排除在外，仅限于人类社会的所谓"辩证法"观点正是那种无视自然界的"人类（自我）中心主义"而不是历史唯物主义。这个问题我们后文还要进一步展开论述。

吴文还引马克思在批判继承费尔巴哈的唯物主义所说"费尔巴哈的警

句只有一点不能使我满意，这就是：他过多地强调自然而过少地强调政治"①。难道比强调自然更多地强调政治就是对自然本身没有辩证法的证据吗？对吴文所说"将辩证唯物主义与历史唯物主义割裂开来，以为这就是强调了辩证法的观点，恰恰是背弃了辩证法，至少是没有理解辩证法"，应该加以补充并修正为："将辩证唯物主义与历史唯物主义割裂开来，把辩证法从自然观中排除出去，以为这就是强调了历史唯物主义的观点，恰恰是背弃了历史唯物主义，至少是没有理解历史唯物主义"。

1983 年，这场旷日持久的公案的又一个回合胜负仍然未决，紧接着又有一个新的回合。杰姆逊的讲学使西方马克思主义的观点以压倒性强势在中国哲学界和思想界扩展开来，成为一种权力话语占有压倒性优势。接下来的争论是 1996 年笔者直接对杰姆逊 1985 年讲演展开的，在《论杰姆逊文化阐释学的哲学基本点》一文中，笔者引用了马克思的话反驳了他在北大讲演所说的"辩证法只是在历史发展中起作用，在自然界中则不能说有辩证法"，笔者指出："虽然马克思没有专门论述自然辩证法问题，但他在1853 年写的《中国革命和欧洲革命》一文中就把'对立统一'看成是一个'万应的原则'。既是'万应'的原则，当然应该包括自然，也包括人类社会……在同年的另一篇文章中，马克思又写道：'资产阶级的工业和商业正为世界创造这些物质条件，正像地质变革为地球创造了表层一样。'"②"显然，在马克思看来，人类社会历史发展的辩证法正是自然发展的辩证法的高级阶段……以上这个问题搞得不好就把马克思主义的整个性质改变了，即变成唯心主义了，也就是从唯物主义的物质第一性的本体论，变成形形色色人本主义的本体论，即精神（名谓实践本体实质是精神本体）第一性的本体论上去。因为不承认自然辩证法，必然导致否认人类同样要受自然规律支配，进而否定社会的总体规律是不以主体认识与意志转移的……"③

杰姆逊北大讲学后整整 10 年，1995 年 12 月 31 日在对张旭东的访谈中，他仍然把辩证唯物主义贬为绘制"世界整体的无所不包的画面"之

---

① 《马克思恩格斯全集》第 27 卷，人民出版社，1972，第 442～443 页。

② 《马克思恩格斯全集》第 2 卷，人民出版社，1972，第 1 页。

③ 毛崇杰：《论杰姆逊文化阐释学的哲学基本点》，《哲学研究》1996 年第 1 期。（这篇文章发表于当年夏天，杰姆逊又来北京，我当时正在写《马克思主义美学思想史》第三卷"西方马克思主义"部分。由王逢振引见，我在和平饭店晤见了杰姆逊，碰巧刊载我这篇文章的《哲学研究》放在他客房的床上，他不懂中文，可能由同行的张旭东给他讲解。）

"马克思主义的'东正教'最可悲之处",并强调他对这种观念"一直是强烈抵制的"。①不过,应该注意到,他没有以西方马克思主义的观念为据,可以看出他所抵制的"辩证唯物主义"是哲学教科书上那种"东正教"教义。他所强调的辩证法是"环境本身的逻辑"。"环境"合理地理解为包括自然界和社会两大系统。这个微妙的变化应该看成是杰姆逊 2005 年以来与西方马克思主义从认同到彻底决裂的过渡。又是一个 10 年之后,在 2005年发表的《什么是辩证法?》一文中,在这个问题上,杰姆逊彻底抛弃了西方马克思主义的立场,他与 20 世纪 60 年代的卢卡奇同样是一位勇于修正错误的马克思主义者。这正是他们值得受到尊敬的理由,在中国似乎至今还没有见到这样的例子。

三 新世纪的再交锋

——"重新理解"还是"随意阐释"?

时间把这场论战带入了新世纪,2006 年,新一轮交锋再次在俞吾金与段忠桥之间展开,阵地仍然是 20 多年前的《学术月刊》。

俞吾金推出《重新理解马克思——对马克思哲学的基础理论和当代意义的反思》一书(北京大学出版社 2005 年版),段忠桥发表文章提出"质疑":"一,'重新理解马克思'是要排斥恩格斯,还是要排斥由马克思恩格斯共同创立的历史唯物主义?二是'重新理解马克思'应以《1844 年经济学哲学手稿》(简称《巴黎手稿》)为依据,还是应以《政治经济学批判〈序言〉》为依据?"第一个问题,完全是约距今一个世纪前的;第二个问题是 19 世纪 40 年代《巴黎手稿》首次发表之后添加的。

俞吾金发表在同一期《学术月刊》上的《马克思哲学研究中的三个问题》作为对段忠桥的回应。俞吾金认为:"恩格斯的研究视角的出发点是:先讨论自然,后讨论人类社会……马克思哲学的出发点是实践。""恩格斯是主张从唯物主义立场出发,即从对自然界的直观出发去探索哲学问题的。然而,这种在本体论上撇开人的实践活动,从对自然界的直观出发的探讨方式,岂不是以某种方式退回到马克思在《提纲》中所批判的旧唯物主义立场上去了吗?"② 这里提出的问题显然并没有超出西方马克思主义大半个

---

① 弗·杰姆逊:《晚期资本主义的文化逻辑》,陈清侨等译,三联书店,1997。
② 俞吾金:《马克思哲学研究中的三个问题》,《学术月刊》2006 年第 4 期。

世纪之前要把辩证唯物主义从历史唯物主义甩出去的基本理路。

段忠桥指出俞吾金"重新理解的马克思"已经不是"马克思的本来面目",俞对马克思文本的诠释方法是"相对主义"的,这导致在阅读文本时"失去客观依据",而"随意描绘马克思"。

俞把恩格斯的辩证唯物主义说成"直观唯物主义"有什么理由呢?马克思在《关于费尔巴哈的提纲》中批判的直观唯物主义以费尔巴哈为主要代表。恩格斯不仅把这个提纲称为"包含着新世界观的天才萌芽的第一个文件",还指出,费尔巴哈"把唯物主义这种建立在对物质和精神关系的特定理解上的一般世界观同这一世界观在特定的历史阶段即18世纪所表现的特殊形式混为一谈了。不仅如此,他还把唯物主义同它的一种肤浅的、庸俗化了的形式混为一谈,18世纪的唯物主义现在就以这种形式继续存在于自然科学家和医生的头脑中……"①。由此可见,恩格斯对费尔巴哈的直观唯物主义不是认同而是批判的。此外,俞的文章中作为论证"在对自然的理解上马克思与恩格斯的差异"的依据是一段批判费尔巴哈著名的关于樱桃树的文字——"……樱桃树只是由于一定的社会在一定能够的时期的这种活动才为费尔巴哈的'感性确定性'所感知"——这段文字正是出自马克思与恩格斯共同完成的《德意志意识形态》。由此可见,俞所说"恩格斯是主张从唯物主义立场出发,即对自然界的直观出发去探索哲学问题"因而"退回到旧唯物主义立场"是没有根据的学舌式臆断。

俞吾金的所谓"重新理解马克思"最终是把马克思的历史唯物主义"在本质上"说成是"人本主义""实践唯物主义"。其实从我们以上对有关学术史的简单回顾便可以知道,这不仅在西方马克思主义那里是已经被重复了无数次的东西,在中国改革开放引进西方马克思主义以来在各种哲学教科书中也屡见不鲜,几成共识。

2006年一篇名为《马克思主义哲学的实践批判理论》的文章说:"把马克思主义哲学理解为'实践唯物主义',是对马克思主义哲学本质特征的确切的概括。关于这一点,学术界已经形成了较为一致的看法。"②"学术界已经形成了较为一致的看法"这个话一点也没有夸大。我们不妨看看近年的几个例子。

2007年,《历史的唯物主义与马克思主义的新世界观》一文中说:"长期以来总是把'历史唯物主义'解释成'辩证唯物主义'在社会历史领域

---

① 《马克思恩格斯选集》第4卷,人民出版社,1995,第227~228页。
② 郭湛:《马克思主义哲学的实践批判理论》,《哲学研究》2006年第7期。

的'推广和应用'。然而，在这种'推广和应用'的解释中，把马克思主义称为'辩证唯物主义和历史唯物主义'是不合逻辑的……并不存在独立于'历史唯物主义'之上的'辩证唯物主义'。"① 同年，《实践人学：马克思哲学的最终归宿》一文写道："实践唯物主义作为'新唯物主义'的表现形态，它实际上是马克思对传统人学思想的革命性改造和提升，是深刻体现了划时代哲学革命变革的实践人学。"② 同年还有《整体视野下的马克思哲学观》一文也认为："马克思把自己的新哲学命名为'新唯物主义''实践的唯物主义'。"③ 有许多类似的文章不看内容仅从标题就可看出它说的是同样的意思，如《论马克思实践唯物主义人学理论的深刻革命》(《哲学研究》2006年第9期)。更有人提出，马克思"新唯物主义"，既不能称为"辩证唯物主义"也非"历史唯物主义"，"在本质上是'实践唯物主义'"，其之"新"集中表现在"实践"上……④如此等等同一论调的反复不胜枚举。

以上所列仅为近年发表于同一权威性核心刊物上的论文，20世纪80年代中期以来大量学报中，同一水准、同一论调的哲学论文数量如山。如果我们顺势追踪下去，同一观点或许还会重复几年、几十年，既然马克思主义哲学思想史上的这场公案已经持续了一个多世纪，有什么理由认为它会至此戛然而止呢？然而，即使它再重复几个世纪又怎能改变人类思想史的既成事实呢？

"学术界已经形成了较为一致的看法"是否表明在这个问题上已经接近真理性的认识呢？当然不是。把历史唯物主义实践本体论化从马克思、恩格斯那里得到的直接文本依据是引自《德意志意识形态》中的一句话：

> 对实践的唯物主义者即共产主义者来说，全部问题都在于使现存世界革命化，实际地反对并改变现存的事物。⑤

许多把马克思的历史唯物主义改称为"实践唯物主义"的哲学论文和教科书都引用了这句话。其实，不需要多高的语言修养便很容易识破这种误读。马克思、恩格斯所说"实践的唯物主义者"是指当时以立足于辩证的

---

① 孙正聿：《历史的唯物主义与马克思主义的新世界观》，《哲学研究》2007年第3期。

② 张奎良：《实践人学：马克思哲学的最终归宿》，《哲学研究》2006年第5期。

③ 程家明：《整体视野下的马克思哲学观》，《哲学研究》2006年第6期。

④ 林剑：《论马克思"新唯物主义"哲学思维辐射的轴心》，《哲学研究》2008年第6期。

⑤ 《马克思恩格斯选集》第1卷，人民出版社，1995，第75页。

唯物主义思想从事革命的实践以改变世界的共产主义者。而他们所说"实践唯物主义"却是用来等同于历史唯物主义的哲学思想体系。一是指人，一是指哲学，这两种不同指涉能混为一谈吗？段忠桥通过《德意志意识形态》有关该段文字德文和英译从语法结构进行分析，并根据该书对"共产主义者"的多处论述指出，"那种认为马克思恩格斯使用了'实践的唯物主义者'的概念就等于认可了'实践唯物主义'的看法，是站不住脚的。"① 这是从句法、逻辑到理念的极其有力的反驳。然而这个问题却又是如此简单、肤浅，确实偏见比无知离真实更远。

俞吾金还说："马克思哲学的本质是历史唯物主义，成熟时期的马克思没有提出过历史唯物主义以外的任何其他哲学理论……"果真如此吗？

诚然，字句虽然简单，问题却是极其复杂的，这里不能不提到斯大林在1938年的《辩证唯物主义和历史唯物主义》一文。其中写道："辩证唯物主义是马克思列宁主义党的世界观。它所以叫做辩证唯物主义，是因为它对自然界现象的看法，它研究自然界的方法，它认识这些现象的方法是辩证的，而它对自然界现象的解释、它对自然界现象的了解、它的理论是唯物主义的。历史唯物主义就是把辩证唯物主义的原理推广去研究社会，把辩证唯物主义的原理应用于社会生活现象，应用于研究社会应用于研究社会历史。"② 这个说法在哲学上没有大错，然而与斯大林的个人迷信等严重错误甚至罪行相联系，把这样的话千篇一律地写入哲学教材，是产生如杰姆逊所说"东正教"式东西而令人生厌的原因。西方马克思主义思潮以及以上列举我国的相应观点表达了一种逆向心理效应的思维方式。由于同一哲学立场和思想方法框住了理论创新，以此为主题的论著实为学术理论界多年诟病的"同一水准上的重复"，形成了一种新的"东正教"，使这桩旷日持久的公案将近一个世纪以来基本没有实质的进展。

无论创新意识如何强烈，我们对马克思哲学基本性质作出判断总不能置马克思本人的陈述于不顾。马克思在1868年3月6日致路·库格曼的信中明确写道："我的阐述方法和黑格尔的不同，因为我是唯物主义者，黑格尔是唯心主义者。黑格尔的辩证法是一切辩证法的基本形式，但是，只有在剥去它的神秘的形式之后才是这样，而这恰好就是我的方法的特点。"③ 马克思在《〈资本论〉第一卷德文第二版跋》中又重申："我的辩

① 段忠桥：《重释历史唯物主义的缘由、文本依据和方法》，《哲学研究》2008 年第 9 期。
② 《斯大林选集》下卷，人民出版社，1979，第 424 页。
③ 《马克思恩格斯选集》第 4 卷，人民出版社，1995，第 578～579 页。

证方法，从根本上来说，不仅与黑格尔的辩证方法不同，而且和它截然相反。在黑格尔看来，思维过程，即他称为观念而甚至把它变成独立主体的思维过程，是现实事物的创造主，而现实事物只是思维过程的外部表现。我的看法则相反，观念的东西不外是移入人的头脑并在人的头脑中改造过的物质的东西而已。"黑格尔的辩证方法是建立在客观唯心主义哲学体系上的，马克思的辩证方法是对黑格尔体系的颠倒，是建立在唯物主义哲学体系上的（头足颠倒），因此"截然相反"的辩证法，也就是唯物主义的辩证法，难道"唯物主义的辩证法"与"辩证唯物主义"还有什么区别么？把马克思的哲学归结为"辩证唯物主义"不是任何其他的人，而是马克思自己的意思。《简明不列颠百科全书》（1985 年中文版）对"辩证唯物主义"条解释为："一种以马克思和恩格斯学说研究现实的哲学方法，认为一切现象都是不以人的感觉为转移的客观存在，现实可以归结为物质"。无论该词条的撰写者是否为马克思主义者，这一条目正是根据马克思本人的有关论述写的。

关于辩证唯物主义与历史唯物主义"铁板一块"之相互包含融合的"一体化"关系，决不等于可以把辩证唯物主义从中甩出去，从而把历史唯物主义孤立起来归之为"本质上的人本主义"与"实践唯物主义"。正如 2005 年杰姆逊一针见血指出的：那种所谓"历史唯物主义，以其作为西方马克思主义的现代形式，也带有许多反辩证的成分，它本身就包含着根深蒂固的反辩证法的偏见"①。

实际上，早在 1967 年，卢卡奇为《历史与阶级意识》所写的"新版序"就对该书进行了总结式的自我检讨，指出这本书落入了 20 世纪流行的各种不同形式的马克思主义思潮之中，所有这些思潮"不管它们是否喜欢，不管有什么样的哲学根据与政治效果，有一点是共同的，即它们都冲击了马克思的本体论根基……这种思潮只把马克思主义当作一种社会理论，因而忽视或否认马克思主义是一种关于自然的理论……正是唯物主义自然观造成了社会主义世界观和资产阶级世界观的真正的根本分歧。不把握这一点，就弄不清哲学上的争论，例如有碍于对马克思主义的实践观做出清晰的阐释……缺乏真正的实践的基础，缺乏具有本源形式和模式的劳动的基础，过度夸张实践概念也会走向其反面：陷入唯心主义的思辨之中"②。卢卡奇的"检讨"是否迫于政治压力违心写下的呢？正如杰姆逊 2005 年转

① 弗·杰姆逊：《什么是辩证法？》，《西北师大学报》（社会科学版）2005 年第 5 期。
② 格·卢卡奇：《历史与阶级意识》，王伟光等译，华夏出版社，1989，第 8~10 页。

变的立场那样，卢卡奇在 1960 年代与他 40 多年前的《历史与阶级意志》判然相反，他最后未完成之遗著《关于社会存在的本体论》中把本体论分为自然存在（也称为"第一自然"）本体论与社会存在（"第二自然"）本体论两大块，前者为后者的基础。这表明他的思想转变也像杰姆逊那样是自觉的、由衷的。也正如当年马克思历经了从黑格尔唯心主义转向唯物主义的思想历程。从这一点论，我国当前某些追随者们完完全全是大倒退。

我国哲学界关于马克思哲学以上的争论涉及马克思与恩格斯之间的哲学思想究竟是"等同""差异"还是"对立"的关系。这个问题同样是与马克思主义哲学思想史上古老的公案紧紧扣在一起的。

俞吾金指出，在对马克思哲学与恩格斯哲学思想关系的理解上存在着认为两者完全一致，不存在任何差异的"等同论"，另一种是"对立论"，他提出第三种见解是"差异论"，即认为"马克思和恩格斯虽然都把自己的哲学理解为历史唯物主义，但在对历史唯物主义的内涵及一系列具体问题的理解上却存在着差异"。应该说他提出的"差异论"在原则上是对的。但值得我们注意的是，这不等于俞先生所论的马克思与恩格斯差异的内容是正确的，并且在具体论述中俞已完全背离了"差异论"而走向了"对立论"。俞把恩格斯的自然辩证法说成"直观的唯物主义"，这不仅批判了恩格斯也旁及马克思。马克思能够同这种唯物主义合作终生岂不表明他自己也"以某种方式退回到《提纲》中所批判的旧唯物主义立场上去了吗"？这种差异论掩盖下的对立论使我们看到这样一幅漫画：一个一方面在那里批判费尔巴哈直观的唯物主义，同时又与另一个直观唯物主义者在同一战壕作战；另一个，一方面称批判直观唯物主义的《关于费尔巴哈的提纲》是"包含着新世界观的天才萌芽的第一个文件"，同时又在那里搞直观的唯物主义，正是这样两个"伪善者"在那里共同领导着世界共产主义的思想运动。我们不禁要问炮制者是否也会对这样一幅漫画之荒诞无稽感到可笑呢？

恩格斯不仅在马克思在世时始终与他并肩作战，并在马克思去世后整理出版了大量马克思的重要著作，包括《资本论》第三卷的工作。1892 年恩格斯的《社会主义从空想到科学的发展》一书的德文版书名为《论历史唯物主义》，对马克思的唯物史观进行了精到的总结与阐发。在马克思、恩格斯当年已经开始盛传关于他们之间的区别和对立的流言。这种情况出现的原因之一在于思想界许多人没有真正读懂马克思和恩格斯的著作妄加评说，加之一些无知文人及幼稚大学生的起哄，但主要是由于德国社会民主党内部以及哲学思想界斗争的激烈，如杜林分子的推波助澜，等等。纵观这场思想斗争，1868 年 1 月到 3 月间，在恩格斯与马克思的通信中已经开始酝酿对杜林的批判。在 1876 年 5 月 25 日给恩格斯的信中，马克思写道："我的意见是这样的：'我们对待这些先生的态度'只能通过对杜林的彻底批判表现出来。他显然在崇拜他的那些舞文弄墨的不学无术和钻营之徒中间进行了煽动，以便阻挠这种批判……"① 1876 年到 1878 年恩格斯完成了《反杜林论》，当时马克思正在研究摩根的《古代社会》，其间他俩通过书信商讨对杜林的论战，马克思特地为《反杜林论》写了第二编第十章"《批判史》论述"。在这中间，1873 年恩格斯还批判了毕希纳等的庸俗唯物主义思想，这个动机发展出的一些篇章后来在苏联被整理为《自然辩证法》一书。1886 年恩格斯的《路德维希·费尔巴哈与德国古典哲学的终结》初版，其中关于自然科学对唯物辩证法的自然观的意义与以上著作都是一致的，这些唯物主义自然观为马克思熟知并大加赞许。在 1873 年 5 月 30 日致马克思的信中恩格斯详细地谈到了他关于"自然科学的辩证思想"，并征求马克思的意见，他写道："由于你那里是自然科学的中心，所以你最有条件判断这里面哪些东西是正确的。"② 马克思在 1876 年给李卜克内西的信中谈到恩格斯正在进行的比批判杜林的"更加重要得多的著作"正是自然辩证法的研究。③ 当时特劳白博士声称制造出"人造细胞"，马克思关注此事，1877 年在信中向弗罗恩德索取有关著作的目录，称："这对我的朋友恩格斯很重要，他正在写关于自然哲学的著作。"④ 然而，许多西方马克思主义以及他们的中国追随者们不顾这些无可辩驳的证据硬是要在自然辩证法问题上制造马克思与恩格斯的对立。

19 世纪 60 年代以来，对于党内和党外的唯心主义以及庸俗唯物主义的斗争马克思和恩格斯始终一如既往站在同一战线上。马克思逝世后，恩格斯一方面忙于整理他的遗著，同时站在捍卫马克思思想第一线，继续与错误思潮斗争，所以自然会给自己招来大量的攻击。这些攻击的重要策略之一便是在他与马克思的哲学之间制造对立。1883 年，正是马克思逝世那年，恩格斯正忙于整理马克思的《资本论》第三卷手稿，4 月 28 日，恩格斯给爱德华·伯恩施坦的信中就写道："1844 年以来，关于凶恶的恩格斯诱骗善良的马克思的小品文，多得不胜枚举，它们与另一类关于阿利曼－

---

① 《马克思恩格斯全集》第 36 卷，人民出版社，1971，第 14 页。
② 《马克思恩格斯选集》第 4 卷，人民出版社，1995，第 615～616 页。
③ 《马克思恩格斯全集》第 36 卷，人民出版社，1963，第 194 页。
④ 《马克思恩格斯全集》第 36 卷，第 229 页。

马克思把奥尔穆兹德－恩格斯诱离正路的小品文交替出现。"①

直到 1910 年，波兰人斯·布尔楚维斯基出版了一本《反恩格斯论》，把"实证主义"的恩格斯与"人本主义"的马克思加以区分，并提出应批判恩格斯以保卫马克思理论的纯洁性。② 所谓恩格斯的"实证主义"也正是以恩格斯从自然科学的发展中揭示自然界本身辩证规律的理念。20 世纪 30 年代马克思《1844 年经济学哲学手稿》的初次问世，由于该书的费尔巴哈人本主义气息使"反恩格斯"论在对马克思的人本主义之"重新发现"中达到新的高潮。在这桩旷日持久的公案中，一个世纪以来"多得不胜枚举"的小品文，乃至像布尔楚维斯基这样一些无名之辈的造势逐渐沉寂了下去，他们的遗产又以"重新理解""思想开拓""学术创新"等名目在中国浮出水面。这种一次又一次的"重新发现"和"重新理解"在马克思主义哲学思想史上没有什么"本质上"的区别，那就是以类似"清君侧"的战术在马克思与恩格斯之间制造对立，把辩证唯物主义从历史唯物主义中甩掉，以将马克思人本主义化和实践本体论化纳入唯心主义轨道。

我们说，马克思与恩格斯之间的差异是存在的，比如马克思没有写过《社会主义从空想到科学的发展》，恩格斯没有写《法兰西内战》，等等，如此差异可以举出很多，但不是像俞吾金所描述的那种"直观唯物主义"与"历史唯物主义"之间对立式"差异"。马克思没有写过恩格斯那些阐述辩证唯物主义自然观的论著不等于他没有同样的唯物主义观点和立场，这在我们前面引述的马克思《中国革命和欧洲革命》一文中关于对立统一原则既包括自然界也包括社会的论述就证明了这一点。反言之，如果我们要求马克思也完全像恩格斯一样地关注自然科学，也写一部《费尔巴哈与德国古典哲学的终结》和《自然辩证法》……那不就"等同"了吗？那不也就意味着不"等同"就"对立"而不存在"差异"了吗？

四　我国美学界的介入

这场马克思主义哲学思想上旷日持久的论战 20 世纪 80～90 年代还在我国美学界激烈地展开着。1986 年蔡仪在《评一种"新的马克思主义哲学"》一文中指出，有一种"新马克思主义"，认为马克思"断然离开了旧

---

① 《马克思恩格斯全集》第 36 卷，人民出版社，1971，第 14 页。
② 李忠尚：《"新马克思主义"析要》，中国人民大学出版社，1987，第 2 页。

哲学基地，从思辨的'本体论'转向具体的社会历史，从逻辑学本身转向社会实际，从'人本学'的自然唯物主义转向历史唯物主义"，"马克思主义哲学的研究对象是人类社会发展的一般规律，马克思主义哲学就是历史唯物主义"。蔡仪一语中的地指出，这种"新马克思主义"的实质是从辩证唯物主义和历史唯物主义转向人本主义的自然主义和历史唯心主义。马克思主义的自然观被抽去了辩证法也就是撼动其哲学唯物主义基础。这种所谓"历史唯物主义"是彻底的历史唯心主义。

这种"新马克思主义"除了"实践的唯物主义""实践的马克思主义"等提法外，在美学界的独特提法是"人类学本体论的实践哲学"。无论国内还是国外，从这些称谓可以看出，它们所强调的一个共同点在于实践范畴。这一点与上面所述以自然界没有辩证法为由，把辩证唯物主义与历史唯物主义分割开来，将之从马克思主义哲学体系中剔除出于一辙。在他们看来，自然界之所以没有辩证法就在于自然界没有人的实践，因而实践成为他们所说的"历史唯物主义"的一个核心范畴，在美学界正是这种实践使原生的自然界也带上了"社会性"，如苏联20世纪40~50年代流行的所谓"社会派美学"。

蔡仪专门针对这种建立在"人类学本体论的实践哲学"的"实践美学"进行了批判。①"人类学本体论的实践哲学"是李泽厚在1981年《康德哲学与建立主体性论纲》中提出来的，蔡仪引用了这篇文章的一段话："从马克思早年的《费尔巴哈论纲》到恩格斯晚年的《从猿到人》恰好贯彻了一条科学地客观地规定实践的主线，这一条主线正是马克思恩格斯所确立的历史唯物论。历史唯物论是马克思主义的核心和主题。历史唯物论就是实践论。实践论所表达的以生产力为标志的人对客观世界的征服和改造，它们是一个东西……'人性与实践'是马克思主义哲学的基本观念，也是今天哲学的中心课题，它们之间本来有密切联系，它们构成马克思从早年到暮岁基本哲学思想的主线。我以为只有在这个基础上讲存在决定意识、物质第一性精神第二性才能与旧唯物主义区别开来，才是涉及人性或人的本质的哲学，我叫它为人类学本体论的实践哲学。"②

这段话与蔡仪前面所批判的"新马克思主义"之共同点在于，两者把实践作为历史唯物主义的核心范畴，从而认为实践也是区别马克思主义哲

① 《蔡仪文集》第5卷，中国文联出版社，2002，第272页。
② 李泽厚：《康德哲学与建立主体性论纲》，《论康德黑格尔哲学》，上海人民出版社，1982，第1~15页。

学唯物主义与旧唯物主义的分水岭。蔡引用的"新马克思主义"的一段话为，马克思"以实践为基础，以人类社会及其主体的思维为对象，对思维与存在的关系作出历史唯物主义的科学解决，从而破除以往一切哲学的旧套，把认识论、辩证法、逻辑学统一于历史唯物主义，形成了惟一科学的历史唯物主义一体化哲学"。这段话可以说是李泽厚那段话的翻版，恰好这种新马克思主义的提出是在李泽厚"人类学本体论的实践哲学"提出之后的两三年（1983～1984 年）。关键还在于，"新马克思主义"认为："长期以来人们往往把实践只当作认识论的范畴来理解。这是一种误解。在马克思主义哲学的创始人那里，实践是历史唯物主义的基本范畴"。这也正是李泽厚所提倡的基点。

这种说法的要害在于，如果实践是哲学认识论的一个范畴，那么早在历史唯物主义之前就存在，如果是历史唯物主义的范畴，那么只有马克思主义哲学之后才存在。

蔡仪抓住这个有悖于哲学史基本常识的要害展开辩驳。在其他文章中，蔡仪就充分指出，实践观念不仅存在于唯物主义认识论之中，也存在于唯心主义认识论中，如黑格尔的精神实践，以及中国古代哲学范畴"行"，等等。蔡仪还引证了马克思和恩格斯论历史唯物主义的关键论段，表明由生产关系的总和形成的经济结构，及其与上层建筑的结构性关系才真正是历史唯物主义的基本范畴。不是以决定社会生产力的人们的生产关系，而是以抽象空洞的不分唯物唯心的实践范畴作为历史中决定性的东西，蔡仪指出，这样的历史观，"就是排除物而代之以心的历史观，决不是唯物主义的历史观，而只能是唯心主义的历史观"。历史唯物主义既然是在马克思之前的哲学史上从未出现过的体系，其基本范畴同样应该是没有先例的。

至于实践作为认识论的基本范畴，在历史唯物主义的意义上，正如马克思所说，革命的实践只能理解为"环境的改变和人的活动或自我改变的一致"。环境包括自然和社会，社会环境的改变是对阻碍生产力发展的生产关系的变革所完成的。这里可以看出，在唯物主义基础上实践从认识论范畴向历史观的推移。而世界和谐在根本上就是通过变革生产关系使之适应于生产力的发展，最终实现生产资料的占有与生活资料的分配上的公平。

至于"人类学本体论的实践哲学"所说"生产力"已根本不是物质生活资料的生产力，而是远离物质生产和社会变革的（审美的）抽象而空泛的"征服和改造"客观世界力量，蔡仪指出这种"'征服和改造'世界的力量也就不是唯物主义的，而相反是'唯人主义'实即'唯心主义'的力量"。相应的美学争论完全是建立在不同的哲学基础之上的，实践哲学与建立于其上的实践美学也就是当前人们所说"人类中心主义"。关于蔡仪有关的美学思想我们将在下一篇专门展开论述。实践是人类在与自然物质交换关系中所发生的人作为主体的独特范畴，下面将讨论这一问题。

五　自然与人——走出人类中心主义

蔡仪所批判的那种把马克思主义人本主义化和实践本体化的"唯人主义"也就是今天常说的"人类中心主义"的哲学基础。人类中心主义并不完全等于人本主义而是人的主体性在人与自然关系问题上唯心主义的膨胀，它在知识论上其根源可追溯到从亚里士多德到中世纪托勒密的"地球中心说"。一切中心主义都成为政治上的话语霸权以利思想统治，无论"地球中心"还是"人类中心"归根到底都是个体自我中心主义之神学。主体被抽象地夸大到造物的地位，归结为以一个"单子"式的自我为宇宙中心。当初启蒙主义唯物主义思想家们就强调科学地理性地摆正人在自然中的地位。布鲁诺、伽利略就是为了坚持哥白尼的"日心说"而受到教会的迫害。狄德罗在与达朗贝的哲学谈话中说，世界上有那么一架"有感觉的钢琴"，以为它是"世界上仅有的一架钢琴，宇宙的全部和谐都发生在它身上"。这是对唯我主义的人类中心论的启蒙式批判。现代的人类中心主义把"有感觉的钢琴"扩展为"能实践的钢琴"。那种否定自然辩证法的所谓"历史唯物主义"的实践哲学或"实践的马克思主义"把自然与人辩证地共在作为"唯我独在"。"人类学本体论的实践哲学"在美学上扬言，因为人有实践，因为实践的人与自然的客观共在，人有美感功能，就可以说人把整个自然"人化"了，看一眼对象感到美也是"实践"，也是"自然的人化"。就其根源"地心说"来看，因为人是地球的中心。所以太阳必须围绕着地球转，整个宇宙必须围绕着人这个自我中心转。这种"唯我主义"是自大狂式的新蒙昧主义。

批判人类中心主义不是对人类在生物进化中高级地位的否定，也不是消解人对于作为对象世界之自然的主体性张扬所谓"主体消失"，更不是放弃对自然界的改造追求隐士式的"无为"的"天人合一"之境。对于社会而言，环境是人的环境，生态是人在其中的生态。"观乎人文以化成天下"，就是说改变世界以"人的尺度"（人文）为标准。然而，"人学"标准不是人以"自我"为中心，而从老子所说"道法自然"来看，改变人类命运的实践也必须遵循客观规律。"人的辩证法"（实践）服从"自然辩证法"而不是相反。"环境的改变和人的活动或自我改变的一致"也包含人类自我中心主义的克服。这种"自我改变"又反过来导致环境改变得适宜于人的生存和发展。这就是"道法自然"的实践。

马克思指出,只有在资本主义制度下,"自然才只不过是人的对象,不过是有用物;它不再被认为是自为的力量;而对自然界的独立规律的理论认识本身不过表现为狡猾,其目的是使自然界(不管是作为消费品,还是作为生产资料)服从于人的需要"①。这有力地驳斥了那种认为马克思否认"人化自然"之外客观地存在一个"自为"的自然、"自然界的独立规律"(辩证法)的论调,并且揭示了人不仅在整个历史中作为一个类本质的整体与自然有着主客之物质交换关系,更表现出阶级社会在对待自然界问题上有不同群体主体的阶级本性作用的问题。同时,马克思的话也表明,占有所决定的生产关系不仅在社会也在人对自然关系之中起着决定性作用,而"唯人主义"与实践本体论的要害在于它以实践作为历史唯物论的基本范畴阉割了"占有"这个真正唯物史观的基本范畴。

在资本主义发展的历史阶段,人对人的剥夺是建立在一切以"人的需要"为转移的对自然界的掠夺之上的。这种"人的需要"不是不同的个别人多种多样需求统计的平均化,而是少数利益集团不加限制的欲望扩张。随着资本的全球化、世界市场的拓展、利润最大化的追求,对自然界的掠夺达到空前的程度。2006年日本共产党前主席不破哲三在中国社会科学院的演讲中指出:"马克思主义自然观的第一个特征就是站在唯物论和辩证法的立场观察大自然……马克思主义的唯物主义自然观,通过现代自然科学的发展,不断地证明了其正确性。"他特别强调,现在"人类能否持续存在已成为一个焦点问题,这比经济增长能力更重要"②。

马克思早就指出,由于资本主义劳动的异化:"光、空气等等,甚至动物最简单的洁癖,都不再成为人的需要了。污秽,这人的堕落、腐化的标志,这文明的阴沟,成了劳动者的生活要素。违反自然的满目疮痍,日益败坏的自然界,成了他的生活要素。"③ 恩格斯告诫我们"不要过分陶醉于我们人类对自然的胜利。对于每一次这样的胜利,自然界都对我们进行报复。……因此我们每走一步都要记住,我们统治自然界,决不像征服者统治异族人那样,决不是像站在自然界之外的人似的……我们对自然界的

---

① 《马克思恩格斯全集》第46卷(上),人民出版社,1979,第393~394页。
② 不破哲三:《马克思主义在当今世界占据何种地位》,《社会科学报》,2006年8月3日。
③ 马克思,《1844年经济学哲学手稿》,刘丕坤译,人民出版社,1978,第87页。

全部统治力量，就在于我们比其他一切生物强，能够认识和正确运用自然规律"①。这就是人与自然对立统一的辩证法，它一方面肯定了人"比其他生物强"、能够"统治自然"的社会历史性；另一方面承认"我们连同我们的肉、血和头脑都是属于自然界和存在于自然之中的"，因此人的实践必须服从自然规律方能认识和正确运用自然规律。正如马克思指出"卑污的犹太人的活动"也是一种实践，"疯狂的钢琴"之鸣响与遵循节奏、旋律、和声的规律奏出美妙的和谐，两者都是实践，而后者指向人与自然以及人与人的和谐。人们在"自然界的报复"下，付出了多少沉痛的代价才对马克思恩格斯的这个思想渐渐有所醒悟，才有了各种所谓"生态学马克思主义"。由于"天人合一"关系之中充满着自然界以及人与人之间的弱肉强食之不和谐，在人与自然的斗争中，要避免同归于尽，就要放弃掠夺，善待自然；同样唯有放弃掠夺，善待人自身，方能避免在人与人的斗争中同归于尽。在世界和谐遭到空前挑战的同时又有着空前希望的当下，我们应有一个空前的紧迫感、危机感和忧患意识。这正是我们从人本主义化和实践本体论化中"回到"马克思辩证唯物主义自然观和社会历史观对于当今世界实践的重要意义。

关于马克思主义的新形态，让我们回到杰姆逊的《什么是辩证法？》提出的问题："如果辩证唯物主义是现实主义的，而西方马克思主义是现代主义的，那么是否可以有一种后现代形式的马克思主义？"

杰姆逊所说"辩证唯物主义是现实主义的"，笔者的理解是，马克思在构建辩证唯物主义哲学初期是与当时的共产主义运动紧密地结合在一起的。关于早期的马克思曾提出"反对哲学"的说法，那就是摆脱德国哲学的浓重的学院形而上气息，走向"行动哲学"。"西方马克思主义是现代主义的"，是指现代唯心主义对马克思主义的渗透。"后现代形式的马克思主义"，一方面表现为文化研究拓宽了人文社会科学的批判空间，带来了后马克思主义复兴的景象；另一方面解构式阅读对马克思文本的挑战。马克思主义哲学在后现代语境下的发展，也必须适应跨国资本、知识经济、阶级斗争趋缓等后资本主义时代状况，它的生命力必须在现实提出的问题的应对中得以体现。所以我们的眼光更应转向"'后现代之后'的马克思主义"。关于这个问题，笔者在《走出后现代——历史的必然要求》一书中提出一种"全球思维方式"，意味着从现代主义/后现代主义对马克思文本的解构的阴影中走出来，在"回到马克思"与"走出后现代"的历史张力

---

① 《马克思恩格斯选集》第4卷，人民出版社，1995，第383~384页。

中以实践开辟新路。①"回到马克思"在根本上是回到辩证唯物主义和历史唯物主义的基本立场和方法。

在后现代多元文化基地上以广泛对话为特点的后马克思主义并没有背弃它的哲学基础——辩证唯物主义与历史唯物主义。

六 文学与哲学解释学

从前面有关马克思主义哲学的思想史部分我们已经看到，几乎每一回合都离不开在哲学解释学方法论原则上的交锋与具体经典文本的解读与阐释差异。对于文学研究，哲学解释学的意义不限于文本章句训诂、义理解说，更重要的是方法论上的导向性。

解释学（Hermeneutics）以阐释（interpretation）有别于对一般具体事物的讲解（explanation），限于对人文科学文本意义的真实理解与合理阐发以把握真理，切合于伽达默尔所命名《真理与方法》从属面对整个世界之哲学认识论。解释学面对的真理必以文本形态出现，而对于认识论文本只是揭示真理的一种形态。两者共同处在于最终都要经受实践检验，都包含着真理的客观性与主观性、绝对性与相对性以及阅读理解方法上的绝对主义独断论与相对主义诡辩论的对峙，于是有人提出超越这种紧张关系。②利科在《解释学与人文科学》一书中给出一个简要的定义："解释学是关于与文本相关的理解过程的理论"，该书旨在"通过一个根本性的难题，使解释学的思考产生重定方向的转变，从而使解释学认真地讨论文本，由符号学而成为释义学"③。欧洲宗教改革涉及《圣经》文本的解释权。伊斯兰两大教派，逊尼派与什叶派之分缘起于对《古兰经》不同释义。佛教大乘与小乘的区分渗透着解释学问题。禅宗讲究"佛在吾心"，但仍有《楞伽经》《金刚经》文本依据。一个多世纪以来思想史随着种种时政变故进入一个新的发展阶段启动着解释学的重新思考。两次世界大战以及紧接着的冷战使人类陷入了新的理性迷失之中，被遮蔽的真理之光需要重新摸索、探寻。从孔夫子到马克思，几乎所有的经典文本都经受着挑战和颠覆，需要在新的语境下重新阅读以发掘出新的意义。

---

① 毛崇杰：《走出后现代——历史的必然要求》，河南大学出版社，2009。
② 参见理查德丁·伯恩斯坦《超越客观主义和相对主义》，郭小平、康兴平等译，光明日报出版社，1992。
③ 保罗·利科：《解释学与人文科学》，陶远华等译，河北人民出版社，1987，第41页。

文本阐释在古代较多关注具体作品章句、辞采、义理评析的适"度"，当代解释学将文本阐释之"限"与"度"问题提升到哲学原理和方法上。这样的争论在西方通过两次学术会议面对面的交锋可窥见一斑。1981年4月在巴黎的"文本与解释"会议上，德里达与伽达默尔就"阅读是否应从准确文本理解的愿望出发"展开激烈交锋。① 将近10年之后，1990又召开了一个解释学座谈会（丹纳讲座），主题提升为"推动并反思与人文价值和评价有关的学术思维与科学思维的发展"，也掀起了一场新的争论。昂贝多·艾柯在《诠释与过度诠释》文集的三个报告中以对他自己的小说文本的诠释为例，从"作者意图""作品意图"与"读者意图"之间的张力关系探讨了诠释的必要限度。卡勒执意解构对诠释的限定，认为"过度诠释"正是诠释中一种难得的创新精神。会议主持斯蒂芬·柯里尼为会议文集所写的"导言：诠释，有限与无限"指出，1945年以来在作为构成英语世界据中心地位的英语学科研究对象的"经典"以及与此有关的研究方法都受到"强烈的质疑，受到了更为犀利、更为精细的重新审视"②。实际上，解释学在对待经典阅读方法上的分歧远远超出文学广涉有关人文社会科学诸场域带有学科间性。柯里尼指出，在当代解释学中对无限度阐释的批判已被指责为"专制主义"——这种指责"将复杂的理论问题与更为广泛的政治态度纠结在一起"③。这种广泛的政治态度超出了文化政治学最终可以撼动实际的权力政治。2011年4月25日英国《卫报》发表了题为《卡尔·马克思："全世界无产者，联合起来!"》的文章，认为："《共产党宣言》是现代史上阅读最广泛、受众最多、最有影响的政治文献，但同时也是误解最多、错误引用最多的政治文献"。伊格尔顿在同一时间推出了《马克思为什么是对的》一书，认为在新的世界危机面前"资本主义已经重新进入人们的视野"。他从10个重大问题为马克思辩解，结尾写道："还有哪位思想家像马克思这样受到如此严重的歪曲呢?"④ 马克思的歪曲者来自许多不同的方面，有一点是共同的，没有认真用自己的头脑来对待马克思文本。这场涉及解释学之思想冲撞牵动着世界命运及人类前途。

---

① 参见郭小平《伽达默尔与德里达的一次对话》，《哲学译丛》1991年第3期，第76页。

② 昂贝多·艾柯等：《诠释与过度诠释》，王宇根译，三联书店，1997，第5~7页。

③ 昂贝多·艾柯等：《诠释与过度诠释》，第9页。

④ Terry Eagleton, *Why Marks Was Right*? Yale Univ. Press. 2011 (4).

（一）文本"阐释"与"利用"中的"曲解"

丹纳讲座之前艾柯有过一篇文章《读者的意图》（1988 年）把文本分为"诠释文本"与"使用（using）文本"，后来罗蒂重新提出这个问题，认为"诠释文本"意味着文本有某种"本质"意义，他否认任何东西有"本质"这么回事。在他看来，文本对我们的意义全在于"我们要用它"。这既是新实用主义对待真理的认识论基本法则，也是其解释学立场，在反本质主义上它与解构主义会合，并通过后现代主义向后马克思主义渗透。在 1990 年丹纳讲座中，艾柯没有重申这个问题，柯里尼在会议文集"导论"中强调了这个问题的重要性。在文本之间阐释向使用的挪动仍然在解释学层面；使用超出文本便走向实践，归于广泛的认识论和价值论，两者往往结合在一起。

马克思在 1861 年 7 月 22 日给拉萨尔的信中写道："被曲解了的形式正好是普遍的形式，并且在社会的一定发展阶段上是适于普遍应用的形式。"这封信针对拉萨尔的法学著作《既得权利体系》围绕着《罗马法》规定的财产继承权问题来谈法学的历史文本之不同时代的意义。这样一个法律条文从中世纪到近代资本主义有着不同利用。马克思指出，特别是英国 1688 年革命之后，这个法则已经"适合于自由竞争及其在此基础上建立的社会的本质"。在这个意义上，"曲解"作为普遍的形式是就对文本在不同历史时期利用而言，并不是指对文本的意义诠释。这就是说，《罗马法》被不同利用赋予不同含义，并不等于让《罗马法》原始文本在被不断改写。马克思指出，拉萨尔"证明罗马遗嘱的袭用最初是照法学家的科学理解，那末现在也还是建立在曲解上的。但是决不能由此得出结论说，现代形式的遗嘱……是被曲解了的罗马遗嘱"①。显然，在马克思看来有两种"曲解"：一是对原始文本意义的"曲解"；二是原始文本在历史"袭用"中的曲解。前一种恶劣的歪曲是不可容忍的；后一种在一定的历史社会发展阶段上则是适于普遍应用的形式。恩格斯在 1894 年为《资本论》第三卷写的"序言"中就马克思在政治经济学批判中对文献的处理指出，"首先要在利用著作的时候学会按照作者写的原样去阅读这些著作，首先要在阅读时，不把著作中原来没有的东西塞进去"②。

---

① 《马克思致斐迪南·拉萨尔信》，《马克思恩格斯全集》第 30 卷，人民出版社，1971，第 608 页。
② 《资本论》第 3 卷，人民出版社，1975，第 26 页。

解释学从古典浪漫主义到现代主义与后现代主义，20 世纪中期以来对其产生更深影响的是后结构主义，特别是解构主义，它们与各种思潮及相应的方法在后现代相遇造成一种弥漫式阅读/阐释氛围。解构主义以艾柯所说"无限度的诠释"给阅读/阐释者所带来的极大自由，避免文本僵化在历史的客观性限定之中，以在新语境下有焕发出新的活力之可能性。然而，由于"去文本化"与解构"作者中心"，使得阐释的自由没有主体之外的客观限制，于是误读被作为唯一值得的阅读（卡勒）。"曲解"从"应用"普遍适用的形式化为"阐释"的普遍适用形式。

在前文我们已经指出，近年我国哲学界在关于马克思主义哲学的体系性质问题的争论中，马克思文本被"永远沉默"而失去了自身意义。在这里有必要把这个问题提到解释学层面上，俞吾金的"重新理解马克思"是建立在这样阐释学原理之上的，有关的论述如下：

> 马克思的学说也就是马克思留下来的全部文本，然而，这些文本是沉默的，它们存在着，却不会自动地向任何人诉说自己的意义。只有当马克思的文本被某一个研究者作为自己的对象进行阅读和理解时，它的意义才可能被阐发出来。但这里所说的"意义"已不再是纯粹的马克思文本的"意义"了。事实上，这种"纯粹的意义"只存在我们的想象和假定中，因为文本本身永远是沉默的，"沉默是金"便是任何文本的座右铭，所以，能说出来的永远只是理解者所理解的文本的意义。

论者设定了一个"只存在我们的想象和假定中"的"纯粹文本"，把"理解者所理解的文本的意义"与"马克思文本'意义'"作为此岸与彼岸那样隔绝而不可统一的东西，使后者"永远沉默"地被搁置在彼岸，而可以使此岸"永远不知沉默的"的"新马克思主义者"随心所欲地"阐发"它的"意义"。对这样一些"新马克思主义者"，马克思只能如他生前就曾说过"我只知道我自己不是马克思主义者"①，而免开尊口，享受"沉默是金"的恭维。

任何文本的产生，恰恰相反，不是为了"沉默"而是为了与当时和后来的读者/理解者对话。任何一个致力于把自己的思想变成文字的写作者，如果知道他留下的文本会像僵硬的尸体那样"永远沉默"，他不如让思想在自己肚里烂掉。阅读—阐释—对话—理解是在似乎"沉默"中的文本的永恒期待。只要人没有从地球上全部消失，只要马克思的文本

---

① 《马克思恩格斯选集》第 4 卷，人民出版社，1995，第 691 页。

还有读者，它们就"永远"不会沉默，永远处于对话之中。正确的阅读和理解，尽管不可能百分之百地达到，应该是对话的基本前提。忠实的阅读者总是力图从文本的客观存在中发掘真实的意义，使似乎沉默的文本在新语境下重新成为回响的话语。文本与读者之间总是处于这样的历史张力关系之中，这种张力在阅读—理解之中表现为：客观存在文本的原典性意义在历史地变化着的语境中不断为对话的读者实践所激活。这种文本被激活的新的生命力既不会背离文本之原生意义也不会游离于新的历史实践之外而僵死。

　　艾柯认为，即使是再拙劣的诠释也要认真对待，"它至少证明存在着这样一种可能性：我们可以断定，某个诠释是很糟糕的诠释"。按照乔纳森·卡勒的"诠释只有走向极端才有趣"的说法，"一种批评要么什么也别说，要么必须使作者暴跳如雷"。① 文本"被沉默"的马克思还能跳得起来么？

　　正如艾柯说："一个文本一旦成为某一文化的'神圣'文本，在其阅读过程中就可能不断受到质疑，因而无疑也会遭到'过度'诠释"。② 同样作为"神圣文本"缔造者，孔夫子的遭遇一点也不比马克思好。对他的解构从"焚书坑儒"到"独尊儒术"以来至今未竭。在当前"国学热""尊孔狂"以及儒学"教权化"声浪中，一方面个别人发表大量博客文章把儒学作为使国人"脑残"的根源（黎鸣）；同时大众媒体以儒学普及的方式对孔子思想加以曲解。易中天在为《于丹〈论语〉心得》一书所写的"序言"中说，无须质疑于丹的孔子是不是"学者的孔子""历史的孔子"和"真实的孔子"，但这是"我们的孔子，大众的孔子，人民的孔子，也是永远的孔子。我们需要这样的孔子。我们欢迎这样的孔子"。这是解构式阅读中典型的相对主义诡辩偷换概念的手法。"我们需要的孔子"而实际上就是"'我'需要的孔子"，而历史的、真实的孔子及其文本与马克思同样"被永远沉默"。易中天还写道："一个大家都需要的孔子应该是灰色的"。因为"灰色也有灰色的好处，那就是和任何色彩都能搭配"③。果然，我们看到"灰色的孔子"在《于丹〈论语〉心得》中被打扮得如同 T 形台上的模特儿那样多彩多姿。

　　什么是"真实的孔子、历史的孔子"，需要通过文本解读在长期争议中解决，而人民大众需不需要真实的孔子，历史的孔子及其文本意义是否

---

① 艾柯等：《诠释与过度诠释》，三联书店，1997，第 135 页。
② 艾柯等：《诠释与过度诠释》，第 62 页。
③ 易中天：《灰色的孔子与多彩的世界——〈于丹《论语》心得〉序》，《于丹〈论语〉心得》，中华书局，2006。

客观存在是无可争议的。艾柯指出，诠释潜质的"无限度性"并不意味着"诠释没有一个客观的对象，并不意味着它可以像流水一样毫无约束地任意'蔓延'"。他还说："如果确实有什么东西需要诠释的话，这种诠释必须指向某个实际存在的、在某种意义上说应该受到尊重的东西。"①

解构的法则根本上就是通过否认文本作者思想的可知性取消历史文本意义的客观存在，实用主义承认的唯一真实就是"我的需要"。无论是"后孔子文本"还是"后马克思文本"（在后现代中的字典），在今天如果仍然是应该受到尊重的作为客体存在的东西的话，那就应该给它参与对话的权利，不应"让它永远沉默"。

非但自然科学著作文本意义的确定性不同于人文社会科学，社会科学文本与文学文本在阐释效应上也有所区别，柯里尼指出，作者在写作的主观意图会在文学创作过程中对确立文本的意义进行修正，即产生"意图谬误"，这在"原则上适用于一切文学类型；但主要是在对抒情短诗的批评实践中发展而来。用这些理论去批评抒情短诗最不会显露笨拙之处，因为抒情短诗里面有着丰富的'张力'与'复义'……"② 在这个意义上，解构的法则尚有其合理的因素。

诚然，在文本客观限定性之内不同类型文本仍有意义不确定问题。对于某些误读，艾柯指出，被诠释的作者会说："不，我不是这个意思，但我必须承认作品本文确实隐含着这个意思，感谢读者使我意识到了这一点。"③ 这里提出作品文本的隐义即某些极富张力的文本在突破阐释限度上的潜能。有些堪称"伟大的误读"，即从文本隐义的开发提升其新时代的价值，文学史上这样的例子不少。但任何"伟大的误读"都并不是使文本"永远沉默"，而是在对文本准确理解的意愿下，发挥文本内在张力与潜能加以改写引出适用现时代的创新意义。诗歌在体裁上的精练特具的张力和复义给予再创造以更多的余地，诗史上大量"相和""步韵"或"反其意用"都不同程度包含解释学问题。当然，"伟大的误读"是在大量过度阐释之沙中拣金。艾柯认为："头脑清晰的读者不应该接受这样的诠释，是因为它不符合简洁经济的原则，这与我到底有没有这方面的意图没有关系"。所谓"简洁经济原则"，当理解为恩格斯所说"不把著作中原来没有的东西塞进去"。不同于艾柯所批评的无限度衍义（unlimited semiosis），

---

① 昂贝多·艾柯等：《诠释与过度诠释》，第28、33、52页。
② 昂贝多·艾柯等：《诠释与过度诠释》，第7页。
③ 昂贝多·艾柯等：《诠释与过度诠释》，第89页。

即过度的阐释（overinterpretation），"伟大的误读"已经从阐释跃入"使用"，作为普遍适用之"曲解"是从作者意图、文本意图与读者理解的确定性与不确定性碰撞中产生出来的创造性的精神火花。其中渗透着文本的"永不沉默"的要求，用艾柯的意思是以"应该被阅读"的方式要求阅读文本的读者，从而在不排除多种阅读的前提下，指向"标准读者（the model reader）"。这就是从"简洁经济原则"出发，指向文本意义确定性，进而在利用中使意义弥散，形成人文精神在"无限"的"限度"之间对文本再生产的巨大张力。

文本隐义移动于意识形态张力之间，在极权专制制度下，"朕即标准读者"系文字狱之阐释机理；在民主制度下，"标准读者"隐显、游移于作者意图/文本意图/读者张力之间。徐骏的"清风不识字，何必乱翻书"被读出"反清"意图，吴晗的剧作《海瑞罢官》被解出"彭德怀"。"古为今用"与"洋为中用"的法则突出了文本利用，忽略了文本阐释，于是任何历史文本的利用都可读出"借古讽今"。从对马克思主义的理论"精通的目的全在于应用"到学习毛泽东著作要"在'用'字上狠下功夫"，"曲解"作为历史普遍适用的形式脱离了文本意义之准确阐发。中国古代文本利用之"教化"原则在"以阶级斗争为纲"的政治利用上与罗蒂巧遇。"用"是不能忽视的，理论以其真理性对实践的指导之"用"，对于解释学仍以真实地解读文本意义为前提。老子的"执古之道以御今之有"强调"古为今用"以"执古之道"为前提，"古之道"必为文本所传承，也有解释学问题。解构理论倾向于否定标准读者，"让文本永远沉默"即通过取消文本与读者对话达到彻底否定标准读者，实用主义便顺势"为我所用"，"我即标准读者"，尽管这个"我"常常以某种普遍价值的名义承担。艾柯既肯定诠释的多样性，又批评无限度诠释，认为标准读者是在文本的阅读史的贯通中是可期待的。文本的创造性使用者必为文本的忠实读者。

（二）从解构主义到还原主义

艾柯在1962年《开放的作品》中肯定"诠释者在解读文学文本时所起的积极作用"，在1990年《诠释与过度诠释》一文中他发现在最近的几十年文学研究的发展过程中，"诠释者的权利被强调得有些过了火"。[①] 至今又过去了20多年，解释学是否又摆向另端？解构主义是对结构主义与新批评的逆动，从解构主义又逆动出一种还原主义，即认为通过阅读研究可

---

① 昂贝多·艾柯等：《诠释与过度诠释》，第28页。

以完全回到作者与文本历史的起点上。解构主义与还原主义各执一端，前者认为"作者死了"其文本应该"永远沉默"，作者传记与作品之间没有任何关系；后者把作者评传与他的文本系列整合，认为经典文本可以为某"标准读者"还原达到文本与作者的纯客观的历史原点。"言之有据"为科学研究基本守则，但是注重证据考察的精神若被科学主义的实证方法引向繁琐便可能在一定程度上淡化文本意义甚至遮蔽经典文本的思想精髓。

文本的客观的实在性绝非与文本"一义性"对应，如艾柯所说，文本面对的不是某一特定的接受者，而是一个"读者群"，其诠释标准将不是由文本作者本人的意图，而是"相互作用的许多标准的复杂综合体"，包括读者掌握语言的能力，"不仅具有一套完整的语法规则的约定俗成的语言本身，同时还包括这种语言所发生、所产生的整个话语系统，即这种评议所产生的'文化成规'以及从读者的角度出发对文本进行诠释的全部历史"。① 重要的是"对文本诠释的全部历史"不是在社会的经济与政治历史之外，因而文本的诠释既不可能超越文本产生的历史语境，也不能超越读者诠释的历史语境，这种历史的统一性也就是"非一义"文本存在的客观的实在性，正是这种实在性决定文本的"不可沉默"与作者（精神）"不朽"以及不同时代读者主体的存在与主观的作用。看上去"还原主义"很尊重客观，很讲求科学，而这种"尊重科学"的后面仍然隐藏着一个绝对化的"自我"。自然科学界有种"还原主义"主张生命的有机运动都可以还原为物理、化学运动，即使生命现象，甚至人的精神现象可以从物理、化学作用中找到物质性根据，而把人与人之间的社会运动还原为物质运动是机械的。这种还原主义虽然有别于解释学还原主义，但在机械论根源上有某种相通之处。

近年杨义推出了规模宏大的《还原诸子》（《老子还原》《庄子还原》《墨子还原》《韩非子还原》，以下简称《还原》），作者以艰辛的劳作，从家族脉络、地理脉络、诸子游历的脉络、年代沿革以及诸子的编辑学五条脉络分别入手，破解38个"千年谜团"，诸如"长沙马王堆帛书《老子》甲乙两种版本的关系"，等等。

在澳门召开的新闻发布会上"还原"命题被质疑后，作者在访谈中说："我们不可能完全还原到诸子当时的状态，我们必须要朝这个方向走。阐释的过程是对话，阐释的结果是一种合金。不是要封闭地回到古人那里，而是要在融合之中，产生出一种新的深刻。这是一种新的思想高度，是把

① 昂贝多·艾柯等：《诠释与过度诠释》，第82页。

古人和今人的智慧合在一起。在互相较量、互相克服、互相碰撞、互相融合的过程中，激发出来的一种新的智慧。"这个原则无懈可击。就"还原"与"解构"分别与"求真""求新"意向对应而言皆无可厚非。问题在于，《还原》作者自述其贯穿于全部研究方法与宗旨乃"全息还原"先秦诸子的"生命印迹"。"全息""生命"与"还原"这三个关键词中关键的关键是"全息"，作者解释道：

> 所谓全息，即上古文献、口头传统、原始民俗、考古材料所构成的全时代信息。这一系列信息源之间相互参证、相互对质、相互阐发、相互深化，用以追踪诸子的生存形态、文化心态、问道欲望、述学方式，由此破解诸子篇章的真伪由来、诸子思想的文化基因构成、诸子人生波折在写作上的投影、诸子著作错杂编录的历史过程及具体篇什的编年学定位。①

"全息"这个词在信息技术语境中被用得过滥，不仅汉译不尽恰当，其原文 whole drawing 便成问题。"图画"怎样才是"完全"的呢？"二维"图像当然不全，被称为全息摄影，也称为立体图像三维（3D）就完全把对象的全部信息传达出来了吗？于是有的物理学家根据时间维度提出四维宇宙，还有声学等更多维度。有的物理学家据此提出所谓"全息图"所反映的世界是"物理过程中的信息交换"。关于"信息"（information）的定义之所以太多，正在于它涵盖着物质与精神间交互式复杂关系及过程。对于人文社会科学，物理过程只不过是人类社会历史过程全部信息的物质承担方式。一旦出现某种图式宣告为"全息"式地"还原"了世界的真实的话，"信息交换"便被终止，这显然与杨义在访谈中所说"不可能完全还原到诸子当时的状态"，"不是要封闭地回到古人那里"解释学方法相左。

让我们来看其第二个关键词"生命"。在解释学上，"生命"一语是从狄尔泰的生命哲学及其解释学而来。从施赖马赫的神学解释到狄尔泰的生命解释学是一种人本主义的重大转向，生命哲学意谓的"生命"主要是人作为精神存在于文明与文化上的人文意义。循着这样的人文主义与人本主义思路，人文作者与他的作品所传达的是同一生命在精神层面上统一的意义。较之以为唯一普适性与终极性文本的神学解释学，以人为本的生命解释学无疑是一重大突破，然而建立在人性无历史性变化认肯上的生命解释

---

① 转引自龙其林《以全息的方法还原先秦诸子的生命印迹》，《中华读书报》2011年5月18日，第10版。

学强调生命与文本在人文精神上的统一性的同时却忽略了种种异质性东西。从一位作家的一生中可以发现与他的创作及作品一体化的许多生命轨迹，然而可能有更多的日常细节与作者的文本并无关联。所以解释学面对的"生命"不可能被"全息还原"。艾柯以他自己创作的小说《福柯的钟摆》与《玫瑰之名》说明，某些细节，"如果有某种寓意的话，那就是：经验作者的私人生活在某个程度上比其作品本文更难以追寻"。①

　　诸子的生命印迹与其思想体系也是这种关系。诸子文本之虚实及其解读见智见仁充满争议，材料中断之处，就需要发挥科学想象力加以续接。诸多"千年谜团"之破解也必采众家之长，成一家之言，需要辛劳与智慧，但并非"终极谜底"，其中尚存有待证实或证伪之疑云。《还原》一书非解释学专著不应妄称"还原主义"，而其方法论不无可质疑之处。一定的方法若非空论必现之于成果，试以"谜团"之一为例，《还原》认为："孔子问礼于老子是先秦文献中言之凿凿的历史事件"。

　　究《老子〈道德经〉》仅第 38 章一段三处提到"礼"，而《论语》中"礼"字出现 74 次。"非礼，勿言，勿视，勿听"的孔子向认为"夫礼者，忠信之薄而乱之首"的老子"问礼"，不是孔子吃错了药去找骂，而是汉以来司马迁等概括失当。据《庄子·天运》所载："丘治《诗》、《书》、《礼》、《乐》、《易》、《春秋》六经，自以为久矣……"，"礼"是对"六经"的一个不确切的笼统概括。"六经"的最高范畴是"道"，故孔子治"六经"虽久唯"道之难明"。这里隐藏着一个更深的思想背景：对孔子"五十知天命"说人言人异，"知天命"并不意味他那时已经掌握了宇宙与人生的规律。孔子通过人生经验承认"死生由命，富贵在天"，但他拒绝以超自然神秘因素来解释命运，"治经"虽久，然而"行年五十有一而不闻道"，于是"五十以学《易》"，"求之于阴阳"。学《易》"十有二年而未得"，怀着"朝闻道，夕死，可矣"的决心"乃南之沛见老聃"，时年恰六十二（有说法以为孔子五十一岁见老子，其实是学了十二年未通去求老子，当为六十二三。老子当为八十开外，《还原》误为六十）。虽然在"礼"以及"仁、义、智"等重大观念上儒家与老子相左，"敏而好学，不耻下问"的孔子，年逾"耳顺"去向精于"道"之长者学《易》，求"阴阳"，顺理成章。庄子所叙与司马迁所传及孔子自述之学历、作风及思想脉络一一对应，丝丝入扣，却被说成此系"贬儒扬道"者杜撰硬塞进《庄子·外篇》，实乃后世腐儒们欺世妄言。诸子学研究应还历史本来面目，

---

　　① 昂贝多·艾柯等：《诠释与过度诠释》，第 108 页。

遗憾的是《还原》竟附和此无稽之谈。据考孔子见老子不止一次，这即使不是最后一次，肯定是最重要的一次。这里又产生一个问题，《老子》中没有出现一个"易"字，孔子何以跑去向老子学《易》呢？其实，"易"就是贯穿于"道"的"变化"，讲的是事物生成、发展的根本规律。在老子，"论道"就是说《易》，不在于有没有出现这个字。在老子启发下，孔子苦心钻研，"韦编三绝"，渐悟真谛，悉心传《易》，著《十翼》，把卜语卦辞提到更高哲学思想维度加以阐发，探讨宇宙发生、变化与人世祸福、社会革命等一系列规律性问题。孔子颂扬之"周礼"是以"道"为核心之制度化与范式化；老子诟病之"礼"是对"古之道"的形式主义虚伪化。在"道"作为"先王（尧舜禹）之道（'礼之用，和为贵。先王之道，斯为美'）"与"天道（宇宙本体论）"上孔子与老子达成共识，在其他范畴上原先的分歧便迎刃而解。孔子通过"问道"，传《易》，开儒道合一之先河。①

《还原》还引老子"反者道之动"句"印证"诸子学属于"反王官之学"。诸子时代"礼崩乐坏"，乃"百家争鸣"，哪里有什么大一统的官方意识形态。再说，诸子中哪个没有做过几天官，哪家学说中不涉及权力和治国问题，哪有什么彻底的"反王官之学"。"反者道之动，弱者道之用。天下万物生于有，有生于无"这段话的意思是："事物的运动总是向着相反的方向发展变化，但是这个规律在具体过程中起作用时几乎看不出来。通常所见之天下事物都如其本来就存在的那样，生于'有'；岂不知这个看得见摸得着的'有'，原本并没有。这就是'反者道之动'"。此为老子学说之核心，摘之说明一个似是而非的问题，其辩证法之巨大思想张力被钝化了。曹雪芹的《红楼梦》深受释、道两家影响显而易见，不过《还原》拿老子形而上思想与市井俗谣"好了歌"应和，又把老子"出关"与贾宝玉"出家"比附未免见绌。至于"谷神""玄牝"之说，《还原》"怀疑老子出生在一个母系社会"，前人对此多有指涉，②无需重新"怀疑"，若得新证则建一功。

还原主义作为对解构主义逆动，可能导致对文本解读各自的绝对化与片面性，不作为"主义"，正如解构可能产生"伟大的误读"，还原也不无可能推出重要成果。此处"攻其一点，未及其余"，有机会或另论《还原》全书许多重大成就与贡献。

---

① 参见毛崇杰《走出后现代》有关篇章。
② 邱戊程：《老子社会理想中的母系社会缩影》，《社会科学家》2006 年第 10 期。

沈善增所著《还吾老子》《还吾庄子》，对"《老子》旧注中存在的曲解与误读加以匡正"，并指出："《逍遥游》的旧注中平均三句中就有一句以上存在问题。"① 其与《还原》的区别在于："吾发现"突出了阅读主体，并且不排除这一个"吾发现"之外还有许多别个"吾"有另外的"发现"。诚然作者认为"吾的老庄"就是"历史的老庄""真实的老庄"，但既然包含着一种主体性，便为阐释盲点与谬误之可能留下余地，避免了绝对的客观主义"还原"。其与易中天等的区别在于既没有让文本"永远沉默"，也未把"我（阐释）的老庄"说成就是"大众需要，人民需要的老庄"。

艾柯指出，对"神圣化文本"的过度诠释也适用于某些世俗的作品，"这些作品在其被接受的过程中越来越隐喻化，越来越神圣化了。在中世纪，这种情形在维吉尔身上发生了；在法国则在拉伯雷的身上发生了；在英国则发生在莎士比亚身上……"② 在中国，则没有比《红楼梦》更甚（参见本书附《太虚幻境与梦工厂中的性幻想》），正如莎士比亚的索隐派那样，"一群追奇猎秘者"，对曹雪芹的文本进行逐字逐句的搜索，"试图在其中发现一些变位字、离合字，以及其他的秘密信息……"在中外、新老索隐派那里还原主义与解构主义方法达到统一，前者为标牌，后者为方法。其实，无论怎样离奇古怪的阐释都在艾柯所说"读者群"的对文本进行"诠释的全部历史"之内而不在其外，对作者/文本/读者之间张力关系需要做历史地分析和研究。

文本在面对作为一个主体读者之前，比如某些先哲前贤之佚文，有如"自在之物"既没有解构的问题也谈不上还原，又不能区分出阐释文本与使用文本，它不是主体的对象，对于主体没有意义，此时它是"沉默"的。当它成为一个"为他"的客体进入阅读和阐释的"视界"时，便摆脱"沉默"被激活。当文本摆脱自在状况进入主客体关系时，客体与主体在阐释与使用时处于"为他""为我"状态之间反复对话，无止无息。因而解释学全部争论的最大问题仍然在解构与还原之间主客对立，这一被后现代主义弃绝之二元关系。文本作为固定不变的客体，排开"一义"/"多义"之老生常谈，其义理被客观地限定在文本的章句、辞采之中。这个"限定"之不是"禁闭"在于允许阅读主体进出的有限自由。而这种主体的自由度与文本的客观限定性总是处于历史的张力状态。读者作为一个主体就有他的主观方面，文本作为他的对象是外在于他的东西，恩格斯所说

---

① 沈善增：《还吾老子》，上海人民出版社，2004，第 2 页。
② 昂贝多·艾柯等：《诠释与过度诠释》，第 63 页。

"按照作者写的原样去阅读这些著作"原则,什么是"原样"对于不同的读者既有共识也会有差异。无论"六经注我""我注六经","我"是不能去掉的,"经"与"我"即主客关系,或对象性关系。于是这个难题就如此提出:对于解构理论,作为文本及其意义是否客观地存在;对于客观主义的解释学是否可以完全无视不同阅读主体的实际存在。在这种关系上,无论以"重构""还原""回到"或是"再现"等名目出现,主体的作用体现在四个根本方面:(1)建立在翔实的史料与史实之上,以共同的或约定俗成或专业规范性语言,主体对文本意义及其产生的历史语境尽可能接近真实("原样")的理解;(2)在主体与文本的广泛历史对话中,善于从不同的理解纠正阐释偏颇的辨别力,并将尽可能不偏离文本意义创造性地开发出真理以"用"于当代;(3)以上述基础对现实利益制约的自我主观性造成文本意义误读的限制;(4)在历史总体线性连续上人类普遍价值诉求对文本开拓未来意义的把握及其人文价值的开掘。建立在这种主客体关系上的解释学既划清了与解构主义的自我中心的界限也划清了与还原主义纯客观主义的界限。清除两者作为"主义"之偏颇,对于阐释文本倾向于"还原",对于应用文本向"解构"倾斜,并以前者为出发点。

(三)走出《圣经》的撒旦

"神圣文本"之"神圣"性因不同教派或社会群体而异;一旦成为"经典",文本就有"经"之于史,"典"之于世的价值。真实地解读文本与对其中真理性的阐发并不是一回事,恩格斯所说"按照作者写的原样阅读"是在"利用"之先,在这个前提下,以真理之光洞悉文本本身的谬误需要的是批判性"曲解";文本意义中的真理在新的历史语境下激活,也要读出原著中"没有的东西"。没有对黑格尔的"颠倒",不解构亚当·斯密,能有《资本论》吗?从文本解释向实践的转移中,普遍的人文价值是从"解释世界"到"改变世界"的标准。

近年网上流传一篇文章提到青年马克思在诗作中把魔鬼撒旦当作正面形象歌颂,于是认为"马克思与撒旦签订了协约……马克思一旦死后他的灵魂将属于撒旦"①。

在国内外某些网站上,此类文章不胜枚举。2010 年 11 月 23 日《中华论坛》网站发表文章《触目惊心!马克思是撒旦教教徒》,作者从青年马克思的文学作品中看出"马克思心中对人类与神的仇恨"。从而判断他

---

① "Marx and Sadan": http://www. Horst - koch. De/joomla - new/content/view/134/145/

"梦想成为恐怖之王，毁灭整个世界。诗的作者从世界的毁灭中获得快感……马克思作为共产党的教主，用无神论、唯物论来掩盖共产魔教的真面目，想得到从心灵上毁灭人类的目的"①。这些解读，把马克思推翻旧世界的暴力革命主张，与斯大林、波尔布特等犯下的反人类暴行捆绑在一起。于是近年在特里尔马克思故居陈列馆出现一条这样的简体汉字留言："可恶的马克思，他危害了全人类！"面对种种幻象，如何"还原一个真实的马克思"呢？

前面已经指出，早在中学时代马克思就给自己提出为了"人类的幸福和我们自身的完美"这一选择职业的目标。② 这个心意跃现于他大学时代的诗人激情之中并贯其终生。青年马克思于 1833～1837 年间写过四本诗集。这些作品以激情澎湃的文字传达了青年马克思的精神面貌与早期的哲思，作为心路历程的一个界碑对其世界观的形成具有重要的文献价值。近年来国内外右翼以对这些诗作的重新解读大举发难，这里涉及解释学问题就是怎样从"再现"一个真实的青年诗人及作为无产阶级革命思想家和理论家的马克思全部文本传达的思想体系之间的关系。

从青年时代马克思的这些诗作中可以看出世界文学从古希腊到古典主义和浪漫主义，从荷马到德国狂飙主义运动先驱的强烈影响，其中关于撒旦的诗篇与英国诗人密尔顿一脉相承。1660 年英国王朝复辟的反动时期，当时密尔顿已告老还乡，在双目失明后于 1658～1663 年以口授方式完成《失乐园》，在诗中撒旦走出《圣经》，成为一个为了自由反抗上帝的专制之叛逆者和斗士。诗人怀着身心的极大痛苦，以撒旦表达着反抗现状的心绪与战斗意志："战场上虽然失利，怕什么？这不可征服的意志、报复的决心、切齿的仇恨和一种永不屈膝、永不投降的意志……却都未丧失。"恩格斯认为密尔顿是"第一个为弑君辩护的人"，他启迪了后来的革命者，是 18 世纪法国启蒙学者的先辈。马克思认为《失乐园》是一种"精神个体性的形式"，作者"报酬非常之少，行动光明磊落，不求没有过失，不躲在官僚主义背后"③。直到后来写作《剩余价值理论》与《法兰西内战》时，马克思还两次提到密尔顿。没有人会以为密尔顿和马克思读不懂《圣经》，此中不存在诠释性文本误读，《圣经》对他们的诗作是"使用"文本。这种"曲解"文本之使用在实践中化为对神权与资本主义统治的反

---

① 引自《中华网社区·博主论坛》，club. china. com/。
② 《马克思恩格斯全集》第 2 卷，人民出版社，1975，第 459 页。
③ 《马克思恩格斯论艺术》第 1 册，人民文学出版社，1982，第 411 页。

抗。他们塑造的撒旦形象是一种为人类解放对旧世界秩序"离经叛道"之典范。

马克思那些极富战斗性的诗中还颂扬普罗米修斯，同样作为反抗上帝和宙斯，摧毁旧秩序所塑造的斗士。马克思当时在哲学上是一个激进的"青年黑格尔"派，文学浪漫主义与哲学唯心主义精神融为一体。在博士论文《德谟克利特的自然哲学和伊壁鸠鲁的自然哲学的差别》中，他倾向于伊壁鸠鲁的主体性自由，文中还引了卢克莱修的诗句："这时，有一个希腊人敢于率先抬起凡人的目光/面对强暴，奋力抗争……什么都不能使他畏惧。"诚然，这时他在文学与哲学作品中传达的还只是革命民主自由主义的哲学和美学理想。诗与哲理化的激情，在1844年对《黑格尔的法哲学批判》期间概括为"批判的激情不是激情的批判"。与此同时，在费尔巴哈的影响下，马克思从唯心主义转向唯物主义并与青年黑格尔派分道扬镳，从诗的批判到费尔巴哈的宗教批判——"天国的批判"，直到历史唯物主义成熟，展开对资本主义现实的社会关系的批判——"尘世的批判"。通过"神"是人的自我异化形象的批判，彰示人间"罪恶"不是源于撒旦所诱偷食禁果，而是来自现实的人与人的关系。循着"人的根本就在人本身"的思路，马克思认识到要改变使人屈辱的旧世界，"批判的武器不能代替武器的批判"，从激情诗人走向科学理性，从早期蒙眬、抽象的解放上升为清晰的具体的人类解放的科学思想体系。晚年马克思一方面从政治经济学批判揭示资本主义在资本发展的极限上的自身否定，同时从人类学研究寻找在新的生产力高度向原始人类"自由、平等、博爱"复归之途。

正如克里斯蒂娜·布鲁克－罗斯指出，拉什迪的小说《撒旦的诗篇》每一节都可以在《可兰经》与伊斯兰教历史中找到回音，对经文"再创造性解读都经过了改造"，因而受到原教旨主义征讨。[①] 还原主义在宗教经籍解读意义上就是原教旨主义，由此衍生出其他原教旨主义，如"市场原教旨主义"等。此外，原教旨主义这个词在字面上与教条主义不是一个词，但都以为在新的历史语境下可以完全返回教义产生的原语境下解读经文。由于历史视界融合，这种原教旨主义或教条主义在现实关系中可能为不同阶层所用成为反教旨主义的东西。

旧秩序的维护者从来没有放弃对马克思主义的进攻，声称发现"一个真实的马克思"之还原主义中隐含着对马克思文本整体性的解构，以《圣

① 昂贝多·艾柯等：《诠释与过度诠释》，第162页。

经》原教旨主义名义构陷"反人类"罪名。这正是苏东解体后资本主义在全球胜利中走向"自身否定"背景下，那些旧世界殉葬者对马克思从人格到学说的最后的全面攻击。

正如柯尼里所说，无论何种解释学的法则"实际上都求助于某种价值判断，不管这种价值判断是如何隐而难见。诠释与过度诠释的话题无论是从哪个方面来说都深深地触及到了'人文价值'的问题"。马克思早年以雷霆霹雳的诗句"曲解"《圣经》，后期以政治经济学中的科学理性之光"解构"古典经济学，晚年通过人类学研究完成"自由、平等、博爱"与共产主义作为历史终极目标之统一。现在有人否定马克思对人文价值普遍性（普世价值）始终不渝的信念和追求，声称："所谓普世价值，是指美国声称自己的制度具有普世价值，并使用武力强加于世界各国，实际上是美国颠覆其他国家的政治工具。"那些惯于"冷战"思维方式的追随者们把人类普遍价值奉予他们心目中的"撒旦"，对凡言"普世价值"者扣上"资改派"帽子加以"文革"式挞伐。他们在"社会主义"旗下以官僚特权的权贵资本主义与自由对峙。世界上哪里发生反独裁、反暴政的斗争，那些极左翼就将之说成美国挑动的颠覆，他们把萨达姆、本·拉登、卡扎菲奉为"英烈"，其倒行逆施恰恰印证了那些同样惯于"冷战"思维方式的极右翼所加之于马克思的莫须有罪名。两者都以文本"解构"达到把马克思"还原"为"唯暴力论"支持的"恐怖大王"。尽管各自所依附的特殊集团之利益博弈及地缘政治差异使这些代言者看似"不共戴天"，其共同处在于世界财富尽可能地集中于极少数人手中①，都以文本曲解阐释反对普世价值与全人类作对。

当前，在全球金融风暴中，从北非、中东地区反独裁统治的革命，到欧洲各国罢工、抗议及美国"占领华尔街"运动，世界人民正在新的人权觉醒中朝着实现人类普遍价值向旧的世界秩序作"最后的斗争"。极"左"的原教旨民粹主义与自由主义右翼面临各自危机从不同方向夹击马克思主义，在此情境下，以真实地解读在历史张性中捍卫后马克思文本的权威性与阐释有效性，焕发其固有批判活力指向未来，是当代解释学不容推卸的迫切使命。如果说对距今不足200年的真实的马克思之"还原"尚如此波澜曲折的话，那么2000多年前之诸子"生命全息还原"是可能的吗？尽管

---

① 某些利益寡头们在搞"去美国化"的同时把自己的妻子、儿女送往美国等外域并向那里大量转移聚敛的社会财富。

如此，那些被染成"灰色"以与各种色彩"搭配"的伟大思想家之"永不沉默"的精神光芒，仍然在历史的昏暗中烛照着人类摸索前行。

从解释学层面来回答"马克思为什么是对的"：他从青年时代开始，以精确的文本解读占有丰厚的历史思想资源，将"曲解"的历史普遍形式适用于从《圣经》到黑格尔、费尔巴哈、亚当·斯密等，从中提炼出思想精华为了通过实践达到解放全人类之目的。

七 马克思主义美学文艺学与普世价值

前文所说被当作马克思主义哲学的所谓"实践唯物主义"或"实践哲学"以主体性实践作为哲学一元本体论，因而与哲学人本主义或偏于伦理及价值理论上的人道主义有着紧密的关系。虽然关于马克思与恩格斯对德国当时所谓"真正的社会主义"的人道主义本质的批判已经众所周知，然而当代哲学对于这个问题的议论仍然没有止息，如海德格尔的《关于人道主义的通讯》、阿尔都塞的《马克思主义与人道主义》等。人道主义从哲学人本主义通过伦理学跨越到价值理论与实践相连接。人通过实践在改造世界过程中自我价值的实现体现为压倒一切的主体性，这种价值哲学与以实践一元论为主干的人道主义有着一体化关系，由于实践与人的自由之关系与人道主义联结可称为"自由人道主义"，这决定着它们向马克思主义哲学的挑战是联手的。

自由人道主义作为一种思想体系与作为一种价值观念包含着与人的存在的意义相关的许多内涵，既表现为宏大叙事，也体现为许多"小叙事"。在哲学上抽象为真善美，在伦理学集中体现为普遍正义问题，在政治制度上聚集于民主，在日常与个人幸福，如爱情、友谊等物质及精神、情感多种需要满足所带来"好的生活"相关。有关价值的哲学抽象问题笔者在《颠覆与重建——后批评中的价值体系》中已有较详研究。价值范畴有关多重层面，有经济学的价值范畴，哲学的价值范畴，还有日常生活实践的实用价值范畴以及与种种评价体系关联的价值范畴。普遍价值或普世价值是人类为实现最高理想长期实践中历史地形成的，带有一种超越界限的张力，其对于美学文艺学的重要性，比如人道主义问题虽属老生常谈，这里试以一个不同的角度加以探讨。如果说上述偏离辩证唯物主义与历史唯物主义的实践一元本体论与哲学人道主义有着不解之缘的话，是否意味着马克思主义与哲学人道主义自始至终水火不相容呢？

（一）自由人道主义与普世价值

社会生活的实践本性决定着人置身于一个巨大的价值体系网络之中。价值是一个实践问题，也有相应的观念问题，总汇着个体、群体与人类整体的价值选择，决定着"向何处去"之历史前进方向。人类价值观念既有历史总体决定之普遍性也有不同发展阶段之差异性，支配着实践的不同价值观念建立在不同的哲学基础之上。作为泛义"人学"之美学和文艺学都有各自的价值维度，产生于人的审美活动之美学学科要研究主体对于对象世界的一种独特的评价方式，文艺学的对象——文学和艺术——在绘制五光十色的生活图景的同时也以创建更美好的生活为目标对现实做出价值判断，因而美学和文艺学的学科性必定建立在一定的价值观念的体系之下。马克思主义关于人的解放的学说就是以人类共同价值目标为指引完成的思想体系。美学和文艺学的整个发展历史都离不开这个宏大叙事，由于后现代对现代性的反思表现为对启蒙与解放两大宏大叙事的质疑，普遍价值的存在与否成了问题。在当前语境下美学文艺学的学科性重建在一定意义上是对这一主题的回归。

当前在这样一种晚期资本主义进入自身否定的新语境下的多元文化对话中，人类普遍价值的问题再度提出并发生激辩。马克思晚年，在继续完成《资本论》第三卷写作的同时，对古代的原始社会产生了极大兴趣，他阅读了大量有关原始公社的文献，并研究了德国毛勒、俄国柯瓦列夫斯基、英国摩根等人类学家的著作，摘录了大量笔记，并在所摘文段加以批注。恩格斯的《家庭、私有制和国家的起源》一书正是根据马克思对摩根的《古代社会》所做的摘要和批语加以补充完成的重要历史唯物主义经典著作。在这本书中恩格斯以辩证唯物论与历史唯物主义的方法，根据大量的实证材料，揭示阐明了他与马克思的共同观念，即私有制不是人类社会固有的不变性质，而是随着社会生产力的发展而起源与改变的。恩格斯根据马克思所做的人类学笔记与批注认为："管理上的民主，社会中的博爱，权利的平等，普及的教育，将揭开社会的下一个更高的阶段，经验、理智和科学正在不断向这个阶段努力。这将是古代氏族的自由、平等和博爱的复活，但却是在更高级形式上的复活。"①这表明马克思与恩格斯虽然在一定的斗争形势下对资产阶级利用"自由、平等和博爱"作为旗帜的欺骗性多有揭露和批判，但他们没有否定在不同条件下这种人类普遍价值的历史

---

① 《马克思恩格斯选集》第 4 卷，人民出版社，1995，第 179 页。

性存在与历史性复活，并且表明这种"在更高级形式上的复活"正是人类最高理想的共产主义的实现。普遍价值或普世价值问题在历史各发展阶段不同的阶级斗争形势下强调的侧面有所不同，在冷战时期由于意识形态斗争的激化，围绕着这个问题的论争更被复杂化了。当前从对抗转为"对话"的后冷战时代特点出发，有必要把这种普世价值在新的历史高度重新加以思考，也是从另一个侧面"为马克思主义哲学一辩"，这对于作为马克思主义美学与文艺学的哲学基础是必要的。这个角度是把人类普世价值作为马克思主义辩证唯物主义与历史唯物主义哲学的终极指向，这同对实践一元论的批判在新语境下作为美学文艺学学科性重建的哲学基础占据同样重要的地位。

后现代作为对现代性的反思，在价值观念上以道德相对主义与普遍主义对峙，这样两种倾向与政治上"左"的和"右"的思潮关联。在后冷战格局下，世界后现代左翼以对启蒙现代性的质疑颠覆民主、正义、自由等普遍价值的同时，自由主义右翼同时向作为普遍价值的共产主义之平等观念发起猛攻。在这样一种世界思潮辐射下，我国学界 20 世纪后期在文学价值论上以有无普遍批评标准提出问题，从对"政治标准第一，艺术标准第二"的抵制引向无标准之相对主义批评，支持着去道德化写作。分歧更深远的思想史根源与全球化时代的差异政治及文化冲突紧密相关。

20 世纪初期，新康德主义、实用主义、存在主义等从不同侧面兴起了价值理论，如文德尔班等把真理分为"认识真理"与"价值真理"，实用主义以实践的有用性作为真理的唯一标准。这种真理与价值隔离的价值哲学共同指向认识论的取消等。这一哲学思想潮流于 20 世纪八九十年代照搬到中国与"实践哲学"并行，"实践"作为"检验真理的标准"被夸大为取消真理客观性的主体随意性行为。[①] 如果"只有价值才有价值"，真理便成了没有价值的东西，主体的实践不必遵循客观规律凭自由意志便可以能动地创造种种形态之价值。这种哲学思潮与经济和政治上的自由主义相呼应成为某种主流意识形态。新世纪第一个 10 年中期以来，情况又发生变化，长期"左"的教条主义以至"文革"思维方式以对自由主义及西方中心主义解毒的怀旧方式重新抬头，矛头直指普世价值。否认道德普遍性的相对主义与后现代主义把经济决定的历史进步观作为目的论与宿命论捆绑在一起。历史是否朝着一定目标前进？这个终极目标是否体现为普遍价值实现之人类最高理想？马克思主义的回答是肯定的，后现代主义则反之。在这个问题上形成了后现代主义与马克思主义在历史观上的基本分歧，也引起从"左"与

---

① 参见毛崇杰《颠覆与重建——后批评中的价值体系》，社会科学文献出版社，2002。

"右"的两方面对马克思主义真理与价值关系理念的颠覆。

价值的普遍性决定于作为人类社会核心价值体系真善美的客观性，它们分别对应着认知、伦理和审美领域。真理的客观性在于它所反映的客观世界的表象（内容）不以任何个人、群体和主体为转移，因此对作为普遍价值的善与美也有同样的客观性。辩证唯物主义指向非主体性的宇宙的客观的真，历史唯物主义指向主体间性的真，而主体间性对于个体主体也同样有不以主观意志转移的客观性。在真善美的普遍性上生发着整个人类社会的价值体系，它们是文学艺术审美地反映现实生活的价值选择依据，作为最高参照标准通过文学的批判性评价和改造社会的方向，也是社会文艺批评的客观标准。

不同于绝对化的普遍主义，辩证法的唯物史观认为，人类共同价值的普遍性不是绝对的和固定不变的，而是随着历史的发展而处于复杂变化的客观情境之中。恩格斯就伦理善的价值问题曾说："一切已往的道德论归根到底都是当时的社会经济状况的产物。……只有在不仅消灭了阶级对立，而且在实际生活中也忘却了这种对立的社会发展阶段上，超越阶级对立和超越对这种对立的回忆的、真正人的道德才成为可能"。[①] 这就是说，在不可能超越这一历史阶段的情境中，"真正人的道德"只是一种潜在的可能性，这并不意味着对"真正人的道德"之否定，只是不应给予这种"真正人"的道德评价以超历史的抽象意义。人追求道德完善之自我价值实现是历史的超越性目标，把这种超越的可能性当成现实性必定掩盖着许多道德上非人性的负面价值；而断然否定这种超越的可能性必将失去向着正面价值前进的历史方向与目标。所以对于历史发展的特定阶段，即阶级社会的历史阶段，没有适应于所有阶级和一切人的道德评价标准，然而从历史总体发展的线性规律来看，人类始终在为整体共享的普世价值的实现而奋斗。如果根本不存在这种价值的普遍性及其实现的可能性，那么这种奋斗便被驾虚凌空，任何社会运动乃成为无目的之历史乱流与无方向之盲动。

（二）普世价值与共产主义

与"真正人的道德"相关的人道主义在启蒙主义时代成为资产阶级推翻封建贵族专制主义政治革命的有力思想武器，这一思潮作为"宏大叙事"在后现代随着对现代性的反思与主体性一并遭到解构。然而，资本主

---

① 《马克思恩格斯选集》第3卷，人民出版社，1975，第134页。

义时代的优秀作家和作品并没有放弃启蒙人道主义,他们仍然以此为武器把矛头从封建主义转向对资本主义本身的斗争。路易·阿尔都塞于 1963 年的《马克思主义与人道主义》一文认为:"社会主义的'人道主义'已经提上日程。……这是一件具有历史意义的大事。人们甚至可以设想,有了社会主义人道主义这个既令人欣慰又令人神往的命题以后,共产党人就能同社会民主党人进行对话,或者更广泛地同一切反对战争和贫困的'善良'的人们交换意见"。这一命题"完成了资产阶级人道主义的'最崇高'的愿望……实现了人类几千年来的梦想"①。所谓"社会主义人道主义"这个命题是从苏联那里撷取的,冷战时期的"对抗"粉碎了"对话"之幻想,卡廷惨案、"古拉格群岛"和波尔布特的共产主义试验等血腥的事实表明"社会主义人道主义"在继承了资产阶级人道主义的同时,并不比它更少欺骗性。作为一个后结构主义马克思主义理论家,阿尔都塞同时也不无深刻地指出:"人在想象中体验着人类共同体的生活。因此,革命将不仅是政治的(国家的合理的开明改革),而且是'人道的'('共产主义的'),从而把不可思议地被异化成为金钱、政权和上帝的人性重新交给人。"② 人道主义作为一种道德决定论与关于异化的思辨哲学纠缠在一起。马克思主义经典作家对之既有早期的信奉、中期的批判,又有后期的重拾,这在后来的马克思主义者那里成为喋喋不休的争议话题。实际上从上面所引恩格斯的话来看,人不仅是在"想象中体验着人类共同体的生活",也曾经实在地体验过这种共同体的生活。阿尔都塞强调的"异化"与"复归"问题,在黑格尔式的思辨哲学中是关于人的固定不变的本质的异化与复归的辩证法;马克思的《1844 年经济学哲学手稿》在费尔巴哈的影响下对这种唯心主义辩证法进行了改造,并同时超越了费尔巴哈的自然主义人本主义,从人的本质的宗教异化上升到现实的经济领域,把古典经济学的劳动异化引入批判之中,形成一种社会批判的历史观。后来,在《德意志意识形态》与《关于费尔巴哈的提纲》中,马克思等进一步批判了费尔巴哈的"直观的唯物主义"强调了实践在认识世界与改变世界中的作用,也批判了青年黑格尔派对人的本质异化观念的滥用,使这种历史观成熟为历史唯物主义——"一种新的世界观的萌芽"。此后马克思一度在论著中放弃了异化概念,在后期政治经济学批判中重新恢复使用这个概念。这一过程对应着马克思对人道主义作为人类普遍价值既批判又认肯的曲折思想路

---

① 路易·阿尔都塞:《保卫马克思》,顾良译,商务印书馆,2007,第 215~218 页。
② 路易·阿尔都塞:《保卫马克思》,第 222 页。

径。在马克思思想发展的后期对人类学研究所做的笔记中，关于人类历史最高发展阶段向早期低级形态的"复归"，他同时申论资本主义对资本最大限度的追求以极限超越方式带来自身否定。这里可概括出三个要点：（1）人类社会发展的历史模式是否可能超越资本主义这一"卡夫丁峡谷"问题上有着两种可能性，其现实性不是逻辑设定的而是由各国历史发展本身决定的；（2）资本主义的最后发展阶段的特点以自身否定，即资本的自我扬弃方式；（3）自由、平等、博爱作为人类社会普遍价值的实现历史发展的终极形态就是共产主义。①

众所周知，马克思和恩格斯一方面曾批判费尔巴哈信奉的"抽象的人的本质"和关于"爱"的说教，并且从当时哲学思想和政治形势出发对"真正的社会主义"以"美文学"宣扬的人道主义进行过不懈的斗争。与此同时，在另一方面他们都高度赞扬了巴尔扎克的《人间喜剧》，正是由于人道主义世界观克服了作家政治上的保皇党立场在文学上达到"伟大现实主义"。所以，人道主义问题必须结合当时社会阶级和阶层结构以及政治思想斗争的具体情况分析其批判性与虚幻性两个侧面的作用，并且在文学艺术作品中艺术家人道主义思想作为以善为内容的美学理想的感性形式与附于一定政治目之抽象的道德口号又有所区别。不能因为"自由、平等、博爱"这些口号曾起过欺骗作用而否定它曾在人类社会的低级形态中真实地存在着，并以在更高级的历史阶段再现之可能而具有实践上的可追求性；正如不可能杜绝"共产主义"也可能被新的权贵阶层为了少数人利益用来欺骗，而否定其作为人类的普世价值。

恩格斯在为《英国工人阶级状况》一书1892年德文第二版的序言中写道："共产主义不是一种单纯的工人阶级的党派性学说，而是一种目的在于把连同资本家阶级在内的整个社会从现存关系的狭小范围中解放出来的理论。这在抽象的意义上是正确的，然而在实践中却是绝对无益的，有时还要更坏。"有人截取这段话后面的句子以为恩格斯晚年放弃了共产主义学说，这是曲解。恩格斯的意思是，共产主义作为一种"解放"的思想不是从工人阶级的单个阶级利益出发的"党派性学说"，而带有把资本家阶级包括在内的全人类解放的普遍性。但是这种普遍价值在阶级社会的实践中不可能实现而表现为超越性的价值理想，恩格斯继续写道："只要有产阶级不但自己不感到有任何解放的需要，而且还全力反对工人阶级的自

---

① 参见毛崇杰《走出后现代——历史的必然要求》，河南大学出版社，2009。

我解放，工人阶级就应当单独地准备和实现社会革命。"① 在"单独"进行的社会革命中，工人阶级的价值与有产阶级的价值是截然相反的，而从人类解放的普世价值来看，这种革命对于"全力反对工人阶级的自我解放"的资产阶级也是"解放"。

同其他人类普世价值一样，在"抽象意义上正确"的共产主义之所以在实践中"却是绝对无益的，有时还要更坏"在于，在阶级社会普遍价值总是被统治的强势话语利用致使手段与目的错位。因此马克思主义创始人从不笼统地对待任何抽象价值范畴，而是立足于历史的具体际遇分析它们在差异政治下的现实的利益关系。关键在于分辨如正义、公正、民主、自由、以人为本、和谐等普遍价值，在怎样的情境下这些口号成为欺骗，怎样的转机又使之顺应历史前进的步伐，并通过为普遍价值的局部实现的斗争接近解放之终极目标。就拿资产阶级革命利用过的"自由、平等、博爱"这些人类古代社会存在过的抽象价值范畴而言，它们与共产主义同样作为普遍价值的关系何在呢？

自由是人类社会区别于自然界的一个重要范畴，康德在三大批判中把自由领域之人类社会与自然领域区分开来。黑格尔关于自由的定义是"对必然的认识"，这个自由观是建立在人与必然之主客体关系上的。马克思指出："哲学家们只是用不同的方式解释世界，而问题在于改变世界"，这就把自由从认识提升到实践观念上，人正是通过改变世界实现自由。对世界的改变根本在于消除人剥削人、人压迫人以及使人屈辱的社会关系，而这种改变的根本途径则在于消除体力劳动与脑力劳动、城市与乡村以及工农之间的差别，从而彻底消除阶级差别，这就是人与人平等关系的社会基础，使得"每个人的自由发展"成为"一切人的自由发展的条件"。自由与平等就这样连接起来，只有在这样的社会条件下才谈得上人与人之间的博爱。孟子对这种博爱描述为："老吾老以及人之老，幼吾幼以及人之幼"，这种描述的历史依据是《礼记》中所记载的"天下为公"之"大同"。当然，人类从必然王国向自由王国的飞跃是一个历史的终极目标，人类通过每一脚步向这个目标走去。马克思把古代社会低级阶段的自由、平等、博爱，经过资产阶级革命抽象化的口号，提高到具有充实、丰富内涵的共产主义学说，使人类普遍价值真正得到科学阐明，而有了实现之可能。

在对普世价值从马克思主义思想史上的简略回顾与反思之下，再次提

① 《马克思恩格斯选集》第4卷，人民出版社，1995，第423页。

出这个问题必须置于当前人类向历史所迈出新的一步语境的清醒。

（1）资本主义统治四百多年的世界殖民主义体系以民族国家方式对弱小地区的残酷压迫和掠夺，是人类历史上最痛的伤，以两次世界大战的牺牲为代价，世界殖民主义体系的崩解标志着一个新的世界历史时代的开始。摆脱异族宗主统治的人民同样不能再忍受本民族独裁专制主义的统治，为争取民主、平等而奋起反抗。这标志着新世纪人民对普世价值的觉悟提到一个新的高度。

（2）前社会主义阵营对斯大林和毛泽东错误的批判以及由此引起苏东体系的崩解和市场经济转型，证实了恩格斯预见的抽象化的共产主义在实践中的虚假性与欺骗作用导致的恶果，以及人们对它的识别。从一种虚伪的普世价值之破灭到对另一种普世价值欺骗性之识别，在这些梦幻醒来之后的虚无中，人们上升到更切实的普世价值的追求。

（3）信息产业作为新的生产力导致世界性社会结构与生产关系的一系列变化，如中产阶级对金字塔形结构的改变，由新的知识资本产生的超富阶层改变着剩余价值的生产，并且其中一些先行的觉悟者以放弃遗产方式变私有资产为社会财富，等等，应了恩格斯对于有产阶级在世界革命中自我解放之预见，以及证实了马克思对资本的自我扬弃的思想。这些资本主义自身的否定性把世界推向一种质变性的新格局。

（4）经过20世纪两次世界大战，以及冷战的惨痛教训使世界人民觉悟上升到一个新的高度，他们从"史前"式的噩梦中醒来，认识到不同阶级、种族和民族之间偏见、仇恨、歧视和隔离是导致人类各种灾难的根源，而加以唾弃，更多的知识分子和开明的政治家和企业家自觉地认同平民身份，为维护广大的弱势者的利益与人权做出奉献。

（三）晚期资本主义状况与普世价值

这样一种新的世界状况把人类对普遍价值的追求提到一个新的历史高度，由于不同民族、不同文化传统对于人类普遍公正与正义的理论更接近了，为摩根、马克思和恩格斯设想的"古代氏族的自由、平等和博爱在更高级形式上的复活"带来了新的希望。自由主义的"自由、平等、博爱"与共产主义的"公有""大同"经历了各自的负面阶段后必将重新整合为一种新的人类共同价值理想，并对其实现充满着新的信心。这一普世价值与中国古代的"天下为公，是为大同"在后现代语境下的整合将走出后现代，实现非资本主义全球化。

然而，后现代主义出现一种从极"左"方面否定普遍价值存在的思潮，其焦点集中在普选制与民主的关系上，即认为民主是西方的价值观念，不适合于第三世界国家，民主改革的要求是把西方的价值观念强加于这些国家。马丁·雅克的《当中国统治世界》① 一书是有代表性的，作者认为当前西方体系正在渐趋衰落，中国不仅在经济上也在政治文化上将成为世界"冠军"，甚至将在东亚地区恢复当年中央帝国的"朝贡体系"。作者认为，西方以"普选权和多党制"为标准来评价一个国家政体的好坏，但是，民主制度决定于"本土文化根基"，"如果民主只是外来物，这强加的民主所造成的代价比它带来的好处则要高昂得多"，如伊拉克等。他指出中国的现实状况缺少民主的根源在于是"儒家思想和体系的发源地"，而如日本和韩国"更容易接纳民主思想"在于儒家思想是外来物。中国有些人也认为，对于政治民主的要求是要把改革开放引上"美国化"的邪路上去，并声称这样一种看法是以马克思主义为依据的。让我们来看看，马克思主义经典作家是怎样论民主与普选制的。巴黎公社的失败导致欧洲革命重心从法国向德国转移的情况下，恩格斯高度肯定了德国工人利用普选权取得的胜利："他们给了世界各国同志一件新的武器——最锐利的武器中的一件武器，向他们表明了应该怎样使用普选权。"② 俄国十月革命之前，1905 年，列宁也曾提出："社会民主党领导下的革命无产阶级要求政权完全转归立宪会议，为了实现这个目的，不仅力争普选权，不仅力争完全的鼓动自由，并且要立刻推翻沙皇政府，而代之以临时革命政府。"③ 马克思从巴黎公社总结出一条"永存的原则"，就是通过打碎旧的国家机器建立起的公社是"由巴黎各区通过普选选出的市政委员组成的。这些委员是负责的，随时可以罢免……从公社委员起自上至下一切公职人员，都只能领取相当于工人工资的报酬"④。

笔者在《走出后现代——历史的必然要求》一书对先秦儒家思想中的民主精神已有论述，充分反驳了民主对于儒家思想传统文化是外来物之荒谬不经，这里不再重复。马克思曾把腐朽没落的中国清王朝看做世界上"最反动最保守的堡垒"，但他当时并没有把罪过的思想根源归为儒家学说。马克思认识世界改变世界的实践观点与孔子所言"观乎人文以化成天下"在人类普世价值上取得整合。改变天下的标准和依据之"人文"既为社会客观的规

---

① 马丁·雅克：《当中国统治世界——中国的崛起与西方世界的衰落》，张莉译，中信出版社，2010。
② 《马克思恩格斯选集》第 4 卷，第 516 页。
③ 《列宁选集》第 1 卷，人民出版社，1975，第 515 页。
① 《马克思恩格斯选集》第 3 卷，第 55 页。

律，亦为对于主体认识这种规律完善自身和外在世界的普遍价值。

1851 年当马克思得到有关太平天国在金田起义的消息后，认为："世界上最古老的帝国，八年来在英国资产者印花布的影响下，已经处于社会变革的前夕，而这次变革，必将给这个国家带来极其重要的结果"。他当然知道农民战争决无直接导向社会主义的可能，但他仍然相信世界共产主义最终必将同时在这个反动的封建王朝统治的国家实现，于是奋笔疾书："如果我们欧洲的反动分子不久的将来会逃奔亚洲，最后到达万里长城，到达这个最反动最保守的堡垒的大门，那末他们说不定就会看到这样的字样：中华共和国——自由，平等，博爱。"① 这就是"改变世界、化成天下"的"人文"标准，其普适性既没有西方、东方的界限，也没有美国、中国的区分。

综上所述，可见当前把民主、自由、平等、博爱这些人类普遍价值归于西方资产阶级的思潮完全是从"左"的方面对马克思主义的严重曲解。有些人从极端民族主义出发，抵制马克思主义关于实现普遍价值的人类最高理想。马克思主义美学文艺学怎么能在这样的价值观念下来重建与创新呢？人文包括但不限于文学艺术，它涵盖着精神层面上与物质层面上一切合乎人的内容。如果我们说马克思主义人文主义或人道主义是不同的思想体系和意识形态，那是因为唯此方能识别在这种普遍价值名义下的虚伪，以防被剥削被压迫者争取自由解放的斗争被甜美的言辞所取消；我们又说马克思主义认肯精神层面上的人文主义与现实的人道主义同样是为了人类的自由解放同一切暴政的反人类罪行进行斗争。

（四）普世价值与美学文艺学

普世价值问题决定马克思主义在后现代多元文化中与不同学派的对抗与对话关系。不同的理论体系只有对普遍价值的某种认同方有可能在歧义中通过对话寻求更多的共识。20 世纪以来价值理论对马克思主义的挑战，美国的实用主义哲学首当其冲。实用主义也是当代政治自由主义的哲学支持，在上述新的世界格局语境下实用主义与马克思主义的关系也发生了从"对抗"向"对话"的转机。比如哈贝马斯以"交往/共识"理论与罗蒂的主体间性观点的对话，以及他与罗尔斯关于普遍正义论的对话。阿尔布劳的"全球时代"理论与乌尔利希·贝尔的世界主义都为

---

① 马克思、恩格斯：《国际述评（一）》，《马克思恩格斯全集》第 7 卷，人民出版社 1959。

人类价值从相对主义走向某种新的普遍性共识作出铺垫（参见笔者《走出后现代》一书）。

关于后现代实用主义与马克思主义在哲学、美学与文艺学等方面的关系问题笔者在《实用主义的三副面孔——杜威、罗蒂、舒斯特曼的哲学、美学和文化政治学》（2009）一书中有所展开。后现代主义在伦理学上的道德相对主义分别从法国的解构理论与美国的实用主义取得理论与方法上的支持。这种相对主义与后结构主义消解大叙事带来的虚无主义以及新实用主义者罗蒂的张扬"小哲学"的后哲学文化相关。这种情境在20世纪90年代发生了微妙的变化，解构学派的德里达与实用主义的罗蒂几乎同时转向马克思。德里达重拾马克思的解放的大叙事，罗蒂也把《共产党宣言》与其他马克思著作奉为当今必读之经典。这种外部的学派向马克思主义的靠拢而从对抗转向对话不同于"实践哲学"在内部的销蚀。这种政治转向使重新思考人类普遍价值取得一定的话语基础。在这种新格局下，马克思主义与实用主义的关系发生重大调整。从美学文艺学重建问题看，马克思主义与实用主义可就以下几点搭建对话之平台：

（1）"文学是人学"。人类普遍价值必以共同的人性为基础，在这个问题上不同学派有着重大的思想分歧。一种是认为人性是固定不变的人的共同本性，文学人性论便建立在这种理论之上。马克思主义与实用主义主要代表人物如杜威等，在哲学上都反对抽象的、固定不变的人性论，坚持人与环境和社会相互作用相互改造中变化的一致性。普遍人性与人类的普遍价值观念都在历史的发展中发生变化。以美的客观性为对象之不同阶级"共同美（美感）"与美的观念的差异，以及相应的不同文学艺术观念便建立在这种既有之普遍人性随历史发展变化的人性观上。（2）在艺术观上杜威反对少数上层贵族精英垄断的"为艺术而艺术"的观念，主张文艺走出博物馆，走向大众。这一点与马克思主义的文艺观有所共识。（3）杜威坚持文学艺术内部规律（自律）与社会历史规律（他律）的统一，再现与表现的统一，在这一点上与马克思主义文艺理论相当接近。（4）杜威与一些马克思主义文艺理论家同样主张历史和社会的进步发展的观点，认为文艺起着改造社会的作用，成为一种担负着人类文明和解放使命的力量。（5）杜威在以下美学观点上与马克思主义的辩证唯物主义接近：即认为人的审美经验和艺术的根源在客观环境本身的对象属性，自然事物之所以能引起审美经验的原因与它们的自然成因是同一原因。艺术美具有与自然美同样的客观性，其美的根源同样在于作为环境之自然对象，而其艺术美的性质在于作为审美客体之艺术本身，而不在于审美主体。（6）在文化政治学的意义上，罗蒂后期对资本主义不平等有所批判，同时舒斯特曼对文化消费主义以及"消极自由主义"倾向也有所批判，这些文化批评与马克思主义的社会批判可以携手并行。①

杜威的实用主义的自然主义和经验主义具有唯物主义成分，同时也汲取了黑格尔的辩证法，在自然科学上受达尔文主义及现代物理学的影响，这使其文艺观上接近马克思主义，因而冷战时期在美国本土遭到漠视。同时由于杜威、罗蒂对斯大林主义的抵制一度被认为是马克思主义的凶恶敌人，他们的这些观点长期没有受到马克思主义文艺理论的应有重视，只是新近得以开发并重新崛起。两者的这些"靠近"提供了一个从"对抗"转向对话的"平台"，并不等于全面认同，比如说有关"人性"的问题，人是在怎样的历史条件下得到怎样的本质规定，又是怎样变化发展的呢？实用主义与马克思主义的共识是局部性而非整合性的，实用主义从自然主义、经验主义和人本主义来看待人性问题，马克思主义从经济决定的人们的现实关系分析人性问题。在真理与价值问题上两者的分歧也是带有根本性的。此为我们思考美学文艺学的学科性重建不可忽视的当下语境。

新一代实用主义美学家舒斯特曼从实用主义与中国古代哲学文化传统的一致性出发，认为："我们人类（包括哲学家）在活着最初并不是为真理，而是为感性的和情感的满足"。

笔者在《实用主义的三副面孔》中指出，"朝闻道，夕死可也"的意思不是说一旦"闻道"（掌握真理）就可以去死，而是把"道"摆在人生最高价值和终极价值的地位。因为，孔子没有把作为最高真理之"道"充当更好的生活的工具，而是活得有最高价值和意义的目的。马克思也把为真理的斗争作为人生最大幸福。这既是实用主义与孔子的分歧，也是其他与马克思主义的异质性。如果舒斯特曼所谓"有益于人的生活"本身就是属于"纯粹的真理"的一个部分，而不是外在于"哲学自身"的原因的话，如果"为真理活着也是愉快"而非"为愉快而愉快"才是愉快的话，那也就是所有个人、群体、集团、阶级、阶层的利益都整合到全人类利益之中，为这个真理活着，是最有意义和最有价值的人生（当然也是不缺愉

---

①   a. John Dewey, *Art as Experience*, The Berkley Publishing Group a division of Penguin Putnam Inc. 1980.

    b. Richard Shusterman, *Pragmatist Aesthetics*：*Living Beauty*, *Rethinking Art*, Roman & Littlefield Publishers, 2000.

快的生活），也就是舒斯特曼强调的"为感觉和情感的满意"而活着。我们是"为真理而活着"，也就是在"天下为公，是为大同"这个"大道"行走着，到了那个终点，天下所有人都为活着而感到"感性和情感的满足"，脱离这种"满足"的真理就失去了意义，那就是价值与真理的真正整合，也就是真善美的整合。

众所周知，马克思主义哲学是从对旧哲学的批判中诞生的，在前进的道路上充满坎坷、曲折。作为美学和文艺学重建的哲学基础，在当前语境下，没有任何一种哲学思想体系能够制止众声喧哗，马克思主义哲学也不可能一元独白。这样一种多元对话的平台作为哲学基础对于美学和文艺学学科性重建的重要性不容置疑。对话的根本目的在于异中求同，同归之途指向求真。"真"是普世价值中最根本、最高普遍，也是最为核心的东西。

真善美作为文艺学美学的普遍价值的意义在于：文艺学美学以对必然的认识求真。这个必然即以自然与社会的客观规律为真理的内容在主体认识上达到审美形式在个体个别的丰富多样性上的完成。主体认识到的真通过改变世界之主体实践，以批判的理性对假恶丑的否定完成人在历史中个体与整体统一的自由。这就是在文艺中以美的形式呈现的真与善，通过实践对客观的美的规律外在独特形式的认识取得自由，指向以感性与理性、物质与精神、灵与肉、个体与整体统一为基础的人的全面发展。

美 学 篇

一 美、审美与美学的发生

——从哲学、文化与自然科学方面考察

美学与其他学科同样，以自身特有的对象划定其学科性边界，确定其研究领域。美、审美、艺术的存在决定了美学作为一门人文社会科学学科的存在。发生学从根本上说就是以研究对象从无到有的机理为主要任务。对象确定性与边界划分的严格与细密程度决定该学科成熟的程度，德国古典美学在这方面起着决定性的作用，人们将之作为美学学科性成熟的阶段。鲍姆加登以感性在审美中的认识作用突破了莱布尼茨、沃尔夫理性主义学派神学目的论之"完善"美学理念的片面和局限，以 aesthetics 为美学命名，在美学史上立下一道重要的学科性界碑。接着便是康德更全面地为美学划界：他在鲍姆加登感性的基础上强调美不是抽象概念，形式的外观美与对象实际存在所决定的利益无关，并且阐明对于道德之善而言，美只是形式和目的之象征。他对形式的重视也曾被形式主义片面利用。直到黑格尔在美学中加入了深厚的历史感：美作为绝对精神从自然到主体理想在社会现实生活中得到规定，由此展开为艺术的历史。他以绝对理念封闭了这个历史，将之纳入他的哲学全书。自此之后，美学如朱光潜所说，乃"蔚为大国"。这些美学学科界限的划定是以对美学的主要对象的本质之确认为前提的，即认为包括自然、生活与艺术中美的事物有着其之所以为美的质的规定性，以及相应的主体感受之质的规定性。在这之前美学家们也谈美与艺术，而在柏拉图"美是难的"一言蔽之下，长期以来没有全面地展开这样的细致的学科划分工作。美学学科性的成熟与科学及理性作为现代性是联系在一起的，这个问题本书"总论"部分已有论述。研究对象的本质的确认决定着美学作为一门成熟学科的存在的这种情况，从现代以来发生了变化，那就是反本质主义与虚无主义思潮的影响。这里所论美、审美与美学的发生正是以这样一种新的语境为背景，前文对此也有描述。

（一）反本质主义与对美的"无"之思

现代分析哲学认为有些事物是有本质的，科学认识到的"真"即对这些事物本质的揭示，这是自亚里士多德把定义语言视为对于对象本质属性的表述以来，在现代科学主义兴起下进而以逻辑的语义和语法关系对实在世界的经验证实。然而在审美领域中分析哲学则认为像美和艺术这样一些

与主体的主观感觉及心情紧密相关的事物是不可定义的，也就是没有本质可言的，从而使美和艺术处于"必须定义"与"不可定义"之尴尬境地。与此同时，存在主义哲学家萨特提出了"存在先于本质"的著名命题，这意味着事物在得到一个本质的规定之前就"存在"着，那就是无本质的存在，他把这个命题推向"人学"得出"人是不可规定的"结论。存在主义根于海德格尔的本体论，这种本体论对作为存在的本体之思考和追问要求达到更深的一步，深入到人与世界万物缺席状况下的"在"。这样的"在"也就是实体性有本质事物的"不在场（缺席）"，因而这样的"在"也就是与"无"联系在一起的。这股思潮对美学的影响从现代一直延续到后现代，其间并无明显的断裂。

综上所述，我们看到作为科学主义的分析哲学与作为人本主义的存在哲学从两个相对的侧面展开了反本质主义的思潮。这种反本质主义思潮到了后现代更一发而不可收，一是解构主义，一是新实用主义。作为后现代主义思想支柱的解构学派是一种激进的反本质主义思潮。解构主义的反本质主义是从语言的所指与能指的二元对应关系的解除开始的，语言文字的形与声与其所指涉的意义关系被分裂了，语言被作为一种游戏是"所指的无限性"（德里达）与"能指的海洋"（罗兰·巴特）。这样，亚里士多德定义语言中谓词对主词本质属性的描述被根本动摇了。深受解构理论影响的新实用主义者罗蒂更认为，萨特不应该说"人的本质就在于没有本质"，而应该说"人类同其他任何东西一样不再有本质"。①

从叔本华、尼采开始的现代虚无主义是对反本质主义的诗意表达，这些相关思潮于 20 世纪末到本世纪初对我国学界发生了广泛的影响。我国美学界历经了 20 世纪 80 年代再度围绕着美的本质论争议掀起的"美学热"之后，于 90 年代遽然降温并笼罩在反本质主义氛围之下。其间出现了一篇题为《美即虚无》的文章，其作者声称要从现象学、怀疑论的视界，对美的存在本质进行形而上的新话语和新思维的追询与回答，其中最为关键的一句话为："虚无是精神最本己的存在……以虚无来言说美也许最低程度让美蒙上知性的灰尘。美是精神的欢乐，是虚无的最高存在。"②

该文涉及一些重大哲学问题，诸如虚无在什么意义上并怎样成为"精神最本己的存在"，美为什么是"虚无的最高存在"等，对之，笔者在

---

① 里查德·罗蒂：《后哲学文化》，第 88 页。
② 颜翔林：《美即虚无》，《湖南师范大学》（社会科学版）1995 年第 6 期。

《颠覆与重建——后批评中的价值体系》一书中曾有过一番辨析，① 现在重新提起这个话题，集中关注关键语"美即虚无"以及"以虚无来言说美也许最低程度让美蒙上知性的灰尘"，变换角度探讨美与虚无的界限作为对"美、审美与美学的发生"问题的起点，然后附加一些实例，从自然科学等加以分析说明。

这个问题与美学学科性显然的联系在于：如果一门学科的主要对象及其本质是"子虚乌有"的话，这门学科还有存在的合法性吗？关于美学的所有话题，包括《美即虚无》的有关论说均可休矣。然而对于这个问题如果追溯到元理论作一番哲学思考，这就是把封闭在"有"中的美学打开一个出口，回到对美之"不在场状态"的追思。这好比海德格尔所说，哲学总是思考"有存在"，为什么不思考"无存在"呢？他在方法上自谓是得力于胡塞尔的"现象学之路"，也就是"清洗经验，还原本质"。其所谓"本质"不是对象的内在的规定性，而是与"无"联系着的"在"。这样一种哲思是可能与中国古代哲学贯通起来的。迄今以来的美学问题建立在美的存在（或客观或主观）这个当然的前提之下，如果借助海德格尔的本体论以及我国的老庄的道家哲学，试从"美不存在"来反思美将得出怎样的结果呢？至于这是不是"让美蒙上知性的灰尘"，有待学界同仁赐教。

不过，这里"无"的美学之思不折回虚无主义，也不是物理学真空，而是将美置于哲学时空观之无限。"宇宙从何而来，又将向何处去？宇宙有开端吗？如果有的话，在这开端之前发生了什么？时间的本质是什么？它会有一个终点吗？"（霍金：《时间简史》）哲学和天体物理学所面对如此之永恒提问，美学同样也不应逃避：美在"开端之前发生了什么"，美之不在场状态与宇宙以及人类的"从无到有"是什么关系？

发生学的追问使美学的立足点从人类中心主义切换到一种宇宙论的自然哲学上，中国古代哲学中有其源头。庄子说："泰初有无，无有无名"（《天地》）。这个"泰初有无"之"无"就是宇宙开端之前的时空无限，那么是不是也包含着"美即虚无"的那个"美"呢？

我们以下对美、审美和美学的发生论考察主要依据中国古代道家哲学的资源，结合语源学并综合有关自然现象与经验的实际的科学知识。

（二）美学之学科性基于美的存在

对于美学的基本对象——美、审美、艺术，美是始基之点。美学之

---

① 毛崇杰：《颠覆与重建 后批评中的价值体系》，社会科学文献出版社，2002。

学科性存在基于美的存在，对于美的"无有"之思仍然基于美之"有"。从"美即虚无"这个命题来看，其之设定与提出本身已经基于其主语"美"之"有"。把"泰初有无"与"美即虚无"两个命题合并就得出"泰初有美"这样一个反题。只不过这个"泰初"之美"无言，无名"。

列宁对黑格尔的《逻辑学》的批注指出："在自然界和生活中，是有着'发展到无'的运动。不过'从无开始'的运动，倒是没有的。运动问题总得是从什么东西开始的。"① 如果把"美即虚无"这个命题中的主词"美"去掉，那么除了虚无还是虚无，成为"无即虚无"。从庄子的"泰初有无，无有无名"命题来看，也是如此，不是绝对真空之"无"，泰初所"有"的那个东西，因为没有一个今天的名称，只能设定为"无"。所以泰初之"无"是与我们今天所命名东西不同的另一种"有"。在人出场之前，在人为美命名之前，美作为无名物无言地存在着，然而它不是作为人所观赏、审视、思考、言说的对象之存在。这就是庄子所说"天地有大美而不言"（《知北游》）。庄子的这句话非常简单（它后面还有话，下面再论），但对于美、审美与美学的发生论却极其重要，以往只是引用它，缺少论析这个话就显得很空。但这个话包含着美学最基本的命题，即首先肯定了美的存在——"有大美"，这只是一个关于美的哲学本体论命题，而不是一个美论命题，因为它没有说出美的任何外在形式特征与内在本质规定，也不是具体指涉一个美的事物，从这一点来看这个话确实也是空。"大美"之"大"也不是从量的角度言其"大"，而是从美的总体存在之本体论角度来看的。"天地"的界线到哪里，美的边缘也划到哪里。这才堪言"大美"。更重要的是，庄子说出了天地之大美是一个无言的存在。因为人之缺席，大美没有言说的对象，也没有命名者——无名而无言，但是它存在着，这个话把美的存在与虚无统一起来了，有如"无名，天地之始"亦为"大美之始"。在虚无中存在着，美也就是无边无垠虚无中的一个虚无。之所以说这个虚无不是物理学真空，因为"泰初"充满着宇宙物质空间之"有"，大美同样也是这个无边无垠之"有"中的一个存在物，一个无名无言之"有"，具备物理学物质实体之有。在那样一个泰初之"无"中，美处于无言状态，当然也没有今天用以给予之"美名"，既没有审美，更谈不上什么作为学科之美学，可以用上面所引的话来说："以虚无来言说美也许最低程度让美蒙上知性的灰尘。"因为天地间没有人这

① 列宁：《哲学笔记》，人民出版社，1974，第 138 页。

种具有知性的"在者",与其说"最低程度让美蒙上知性的灰尘",莫如说那个虚无的美"没蒙上丝毫知性的灰尘"之美,不仅纯净到没有丝毫"知性的灰尘",也纯净到没有一点"感性的灰尘"。这个意思就是对一种不了然的东西什么也不说,也就什么也不会错,物理真空中的物体是真正"一尘不染"的。

"美即虚无"对于美的在场形而上学是一种颠覆,对于美的人类学非在场性倒是说出了实在论,即美虽无名无言却有实,而美名之下则往往"其实难副"。之所以"其实难副"正是因为大美走出虚无进入与人的对话之中,从"有大美无言"到"言(无言)大美之'有(存在)'","大美"固然解除了寂寞,却常常为知性蒙上厚厚的"灰尘"。

美的发生是宇宙学的事,审美发生与美的命名却是人类学的事,然后才是美学的事。"有物混成,先天地生。寂兮,寥兮,独立而不改,周行而不殆;可以为天地母。吾不知其名,强字之曰道,强为之名曰大"。(《道德经》)这段话是老子从宇宙发生论与物事命名学对"道"的本性之描绘。这个"混成"之"物"即"道"。先天地生、为天地母的"道"不同于柏拉图—黑格尔式的绝对精神,而是"周行而不殆"的物质运动,由于这种物质运动在有限的认识空间之外(不知其名),属于尚未认识之无限性。"为天地母"表达了已知有限性的物质运动寓于未知无限性的物质运动之中。"常道"是什么?一种权威性的解释为:"常道即恒常之道"。那种无限、永恒之道,是不可说的,因为它与人的知性无碍。笔者对"常道"作一种补充理解:人们通常说来说去的"道",不是"可道之道"。那就是说,人们把"道"说得天花乱坠,而真正的"道"根本不是那么回事。美亦有其道,那就是"美之所以为美"之道,即美的本质,美学家们争论了上千年根本没有说出个道道来。

"美之道"亦即"美的规律",混成于万物之起源生成规律之中。"大美"同所有事物之道一样"先天地生",无名且不言。所谓"道""大"与"美"都不是那个混成之物为天地母的名,而是人"强"加的名。其美之所以"大"在于,混成于天地母之中,循其道"独立而不改,周行而不殆","先天地生"并为天地所有。美学所研究的那个对象——美、美的本质、美的规律,正如"可道"之"道",是人类命名之后,与之言说、对话的对象。美之"常道"也常常被蒙上知性的灰尘。

老子曰:"人法地,地法天,天法道,道法自然。"这里所说的"自然"(nature)包括人之外的原生自然界,但不限于这种狭义的自然界,是指事物的本性与本质。"道法自然",任继愈译为:"道以它自己本来的样子为法则。"① 道就是自然，自然就是道，也就是本质。王安石道："本者，出之自然，故不假乎人力而万物以生也。"② 美之道亦法自然。自然美如刘勰所说，从客观方面看，"云霞雕色，有逾画工之妙；草木贲华，无待锦匠之奇；夫其外饰，盖自然耳"；再从主观方面看，"人禀七情，应物斯感，感物吟志，莫非自然"。（《文心雕龙》）

杜威在《艺术即经验》中把审美经验的根源归于对象的客观性质，指出："审美形式的一般条件是客体性，意思是，它属于物理的物质与能量的世界；尽管这不是审美经验的充分条件，却是它的必要条件……我们周围世界，使艺术形式的存在可能的第一个特征就是节奏。在诗歌、绘画、建筑的音乐存在之前，在自然中就有节奏存在。"③ 他的说法与刘勰如出一辙，他把美的存在分为两段：一是物理的物质与能量的世界的存在，美是无名无言之客体的存在，但不是审美经验的充分条件的存在，为其必要条件之存在，自然界本身的节律，亦如庄子所说"天籁"；二是作为审美经验充分条件的存在，在诗歌、绘画、建筑的音乐中的存在，是为有名有言的存在。

"地籁"乃地面上各种自然形成的洞穴（众窍），在庄子看来这可与乐器之竹笛作为"人籁"相比（"似鼻，似口，似耳"），两者都属于天籁，缘自"大块噫气，其名为风"。"（天）风"有如人的"吹"和"噫气"，各种大地形态不同的洞穴与竹笛或箫的不同发音孔吹出不同音调是同样的道理。用现代美学的话来说，人籁是对天籁的模仿或反映，天籁是对地籁与人籁的"齐同"。这里面哪有什么最高的主宰，"咸其自取"（《齐物论》），"自取"也就是自然。自然为"道"的根本大法。"天地大美"之道亦法自然。

"有物混成"于泰初"无"之中，"道"亦本无。无限乃相对宇宙起源，或生命起源，这样一些有限过程而言。如果宇宙起源于大爆炸，那么大爆炸起源于什么？这就是哲学时空无限。霍金指出，这个问题在教会则归于上帝，无神论哲学将之归于非实证的时空无限论。霍金申明他的宇宙创生论基于实证，而截去了哲学上的时空无限。正如庄子所言："六合之外，圣人存而不论"，无论怎样的"圣人"总有他言说不了的宇宙，那个宇宙中也总会有无言之大美存在。这也就是老子所说的，被人们说来说去

---

① 任继愈：《老子今译》，上海古籍出版社，1985，第 114 页。

② 《临川先生文集》，中华书局，1959。

③ 参见笔者《实用主义的三副面孔——杜威、罗蒂、舒斯特曼的哲学、美学与文化政治学》，社会科学文献出版社，2009。

总也说不明白的，那个不可道的"真道"，我们不可言说它，视之为无；然而我们却可推想它为"有"，"无在有中"，为与许多说来说去之"有"不同的另种之"有"。

（三）"原天地之美"与"知性的灰尘"

无名无言之美，不是审美对象，亦不在美学学科视野之内，正如天体物理学不探讨宇宙起源前的时空问题。但是"无名，天地之始"是哲学应该确定的前提，无名美之实在性也是审美作为主体美感的实有前提，也是美学作为学科存在的哲学之形而上前提。"道生一，一生二，二生三，三生万物"（《道德经》），这个"万物"包括丰富多样的具体美的事物。人作为万物命名者对被自己称作为"美"的那种东西"强为之名曰'美'"。实有之美，"充实"之为美（《孟子》），孟子的"充实之为美"从另一个角度说出了无垠无界，充满整个自然界的"大美"之"有（存在）"。"大美"为真美，本美，这与人叫不叫它做"美"无关。人类起源于"无名无序"之大美中，人之初对大美无知，大美也还没有"蒙上知性的灰尘"。泰初无为，而人本有为。"有名万物之母"，万物有名，系人之所为。人来到世间要有所作为，包括为万物命名。以"道"作为这个"混成之物"的"字"（"字之曰道"）。"强名"就是把命名当作实体的起源，命名者之大糊涂就在总是把"无名"当作"无实"，此乃知性最厚重的灰尘。

人所命名的所有非幻想实体，包括美，都先于其名存在着，而它们对于人的意义和价值则随着其命名乃成为主体的对象而具备。人的认识—感知这种美始自人成为"自为"之物，自然成为"为他（有名）"之物。人不仅要为万物定名还要为万物定义定论（揭示其本质，发现其规律），"圣人者，原天地之美而达万物之理"（《庄子·知北游》）。"原天地之美"并不是说的审美，而是对美的本原的追问和追思，"达万物之理"，就美学而言乃其作为人文社会科学的最原初研究起点。这里涉及另一相关学案，庄子另在《天下》篇中还说过："判天地之美，析万物之理，察古人之全。寡能备于天地之美，称神明之容"，此句中"判""析""察"三动词有全然相反的解释，李泽厚等在《中国美学史》中将之与《知北游》中"原天地之美"等同，解为"人通过对自然的观察去了解美，寻求美"①。这仅仅是望文生义从字面上的解释。曹础基的《庄子浅注》按照该句上下文段

---

① 李泽厚等主编《中国美学史》（上卷），中国社会科学出版社，1984，第242页。

将"判""析""察"释为"割裂、肢解、分散",是对"天下大乱,圣贤不明,道德不一"时代的反面描述。① 从庄子的"弃圣绝智"思想来看,他认为圣人"原天地之美而达万物之理"在这样一个"道术交为天下裂"的时代,所谓"万物之理""古人之全"都取为反义。庄生从宇宙论之虚无——"虚静恬淡,寂寞无为者,万物之本"跨入知识与真理的不可知论与虚无主义,不过从这种"无"也可反其意见出"有"来。这是对庄子文本的"曲解"式利用。

"自然"有包括人与不包括人之两层含义。所以老子又说:"功成事遂,百姓皆谓'我自然'"(十七章),说的就是人(成功)之自然。"功成事遂"是实践("为")的结果,人的一切实践活动也在不同级次自然之内。因此实践成为"外(非我)自然"与"内(我)自然"之分界。人的功成事遂也包括为万物命名。"文明以止,人文也。观乎天文以察时变,观乎人文以化成天下。"(《易传·贲》)观、化,主体是人。"化成天下"以"人文"为标准,人要把自己的本质外化到对象世界上去,"人化自然",通过实践把世界变得合乎人。这个"化"包括"我自然"。刘勰也说:"心生而言立,言立而文明,自然之道也。"由此可见,在宇宙史与文明史的发展中,自然不断有原生与次生(第二自然)的分化,然而,无论文明发展到何种程度,人都不能以"我自然"无视"外自然",自然无论"次生"到何种程度,原生自然仍然存在。这个自然是作为"道"的创生者和立法者("道法自然"),是天地万物的主宰。人只有懂得"万物也是人的尺度('懂得按照任何物种的尺度来进行生产''随时随地都能用内在固有的尺度来衡量对象')",才能成为"万物的尺度"。"按照美的规律来塑造物体"就是"法自然"。创造的自由本于法自然。

《生命的曲线》一书的作者库克,从宇宙自然中无处不在的螺旋曲线出发,试图把自然科学与美学结合起来,写道:"有人可能认为,努力从科学的分析方法来总结美的规律是过分遵循事物的客观性。……在无处不在的造物主及其行为(对此,我们称之为客观)面前,我们无所逃避,一定要触及思维活动。在头脑中发生的过程(虽然人们往往把主观这个词拉进来)和山脉的形成以及钢铁的生锈等自然界的不可改变的性质相似。两者都受控于法则,虽然我们不可能轻而易举地发现,甚至永远不可能发现这种法则。"②

---

① 曹础基:《庄子浅注》,中华书局,1982,第494页。
② 特·安·库克:《生命的曲线》,吉林人民出版社,1979,第6页。

　　总之，正是由于人的干预，美、审美与美学，从"无言"到蒙上各种"知性的灰尘"，这些灰尘都被言说方式拂扬而起，从而有了"审美主义"与"反审美"，有了形形色色的美学流派，千百年来争论不休。在人类中心主义与种种实践本体论美学那里，天地本有之大美被剥夺了，成了依赖于人的"知性的灰尘"和感性的灰尘而存在的"人化"之物，岂止如此，美还要依赖所谓"情本体"之情感而存在。人和人的实践成了宇宙中唯一鸣响的一架"钢琴"，太阳、蓝天、白云、草地、森林都要围着人这个中心转，因实践着的人看上一眼而美。这就是上面所言："美虽无名无言却有实；美名美言之下，其实难副"，知性扬尘飞灰莫过于此。自从天地大美摆脱无言状态以来，美学家们就在主观与客观之间做着西绪弗斯式无休止的思考和争议。

　　"道大，天大，地大，人亦大。域中有四大，而人居其一焉。"（《道德经》）原本无名的"混成"之物，有了人之后便有了"道"这个字，这就是人之"大"（"强为之名曰大"）。人之"大"就在于劳动实践（有为），但人不是万物的创造者与立法者，而是万物的命名者，定义者和论说者。把对万物的命名当做万物的创生，就有了创世说和造物主。由于灰尘遮蔽了知性的明亮，人往往不见"道大，天大，地大"而陷于"唯我独大"，以至"美名美言之下，其实难副"。

　　以上我们主要依据道家哲学对美从无到有的发生做了形而上的考察，下面我们再换一个角度来探讨这个问题——为美物命名的"美"字究竟是怎样来的。

（四）审美发生与"美"字的结构

　　美学的对象与命名，从美这个字缘起以来就充满争议。黑格尔指出，鲍姆加登以 aesthetics 来为美学命名并不完全恰当；而有人以希腊字美 kallos 把美学名为 kallistik 也不尽贴切，这是因为黑格尔把艺术作为美学的主要对象，主张美学应该是艺术哲学。[①] kallos（Καλλοζ）这个词在希腊文中意思是美的本质，通常所说的美字为 kalon（Καλоη），区别于具体事物的美 kalos（Καλоζ）。在柏拉图有关美的对话中，苏格拉底所说"美自身（auto to kalon）"的"美"就是 kalon。[②] 进一步追索，希腊词的美的事物

---

① 黑格尔：《美学》第 1 卷，商务印书馆，1979，第 3 页。[笔者在《知识论与价值论上的日常生活审美化》中说："黑格尔从希腊'美（kallos）'字把美学精到地命名为 kal-listik。"应纠正并致歉。该文见《文学评论》2005 年第 5 期。]
② 柏拉图：《文艺对话集》，朱光潜译，商务印书馆，1980，第 181 页。

kalon 一词与花 daylilies 词有关。Hemerocallis 是由 hemelos（一日）与 kallos 构成，它相当于英语 daylily 黄花菜，每天只开花一次。这里意思就越来越显豁了，美自花而来。英语可译为美的词通常为 fineness 与 beauty，根据韦氏大词典 fineness 相关与美的词义为超凡绝伦的感觉，beauty 也是指引起愉快感觉的性质，层次较低于 fineness。从西方语源以上的考察可以找到美学命名在 kallistik 与 aesthetics 之间的区分实际上仍发生在主观与客观二分上。

下面我们着重从汉字美来考察。汉字与西方文字的区别在于象形。有一种说法认为美字的结构为人在头上饰以花草，这种说法从希腊"美"（kallos）一词与"花（daylilies）"有关似乎很是一致，不过希腊词美是从自然物而来（美自花而来），汉字美的以上解释是以人为中心（花因人而美），两者有着自然主义与人本主义之分。

由于人本主义附会于人类中心主义，以上的汉字美的解说失之牵强，并没有汉字语源学根据。任何一本汉语字典上美的部首为"羊"而非"草"，这种根据古汉字基本结构的编排反映了审美的发生。从甲骨文来看，美字由"羊"与"人"构成，后来渐渐演变为"羊/大"结构。汉代许慎的《说文解字》谓："美，甘也，从羊，从大。羊在六畜，从给膳也，美与善同义。"美与善都是从羊字构成，而花草的"草"字头，在甲骨文、金文到小篆和楷书都为"艸"。所以许慎的说法是正确的，汉字美的构成不是花草与人，而是羊与大。笠原仲二在《古代中国人的美意识》中对之进行了精细的考察，根据段玉裁的"羊"从"大"，笠原认为："本义不是指对那样的羊的姿态的感受，而是指肥大的羊的肉对人们来说，是'甘'这样的味觉美的感受性。"

人类生产开始于狩猎，后来有了畜牧，羊为人的美食之一。随着取火、熟食，人们渐渐发现肥羊肉比瘦羊肉味美。这种生活习性的改变反映在美字由甲骨文到金文、从"羊人"到"羊大"的变化之中。总之，如笠原所说："对中国人原初的美意识的内容或本质，我们可以一言蔽之，主要是从某种对象所给予的肉体的、官能的愉乐感。"[1]

荀子指出："及至其致好之也，目好之五色，耳好之五声，口好之五味。"（《劝学》）一个"好"字概括了一切感官快悦。熟食对人类生活质量的飞跃式改变带来感官上的强烈快悦，原始人类以"美（大羊）"和善作为最高价值评语。源自口腹之欲的"美感"一直保留在"脍炙人口"这个成语上，孟子也称"脍炙"为"美"。而今天这不是在烧烤摊边的一句

赞语，而成为一个诗学修辞。这种转喻追随着感觉和活动上的转移，"美"从味觉之到视觉，从好五味，到好五声、五色，是人的内部自然五官感觉"人化"／"诗化"的过程。

羊 部

①	②	③	④
甲骨文	金文	小篆	楷书

①	②	③	④
甲骨文	金文	小篆	楷书

（引自《细说汉字》，九州出版社 2002 年版）

这个过程是审美／美感发生，然而不幸的是，它与美之命名一起被混为实美的从无到有。美感是一种决定于美的观念之认识现象，因此是美的对象决定美感。然而，正如人们一开始凭日出日落的直觉判断太阳围绕着地球旋转，人一开始就因自己的主观性以口腹之欲为美命名。"大羊"即肥羊，以其味之甘令人大快朵颐。以大羊为"无名"之美者命名是因为先民"以食为天"，而羊"给膳"。

孟子说："口之于味，有同耆……目之于色也，有同美焉。至于心，独无所同然乎？故义理之悦我心，犹刍豢之悦我口。"这里所说"义理之悦我心"系泛指形而上之精神满足。所谓"科学美"即"义理"之悦，而"义理"与"刍豢"之"悦"都不是审美快感。这就是美学唯心主义之人类学根源：第一步把食的快感转化为美感；第二步把主体美感化为对象美。正如"地心说"已为哥白尼纠正，而代表着一种形而上自觉性的美学唯心主义仍然深深地移植于人类中心主义之中。

以美的命名与审美／美感发生代替实美发生，造成"名""实"相乖。古今中外，无论文献上的"美"字还是日常生活语言中，被指称或评价为"美"的东西往往并不是在审美经验中引起美感的东西，也往往非美学所论之美。我们的现实生活中美丑颠倒、文学观念、艺术观念、文艺观念和思潮上的争斗和冲突皆根源于这种审美关系上的主客分裂，此不仅为艺术史，也为日常生活审美所证实。如果在审美风尚中没有差异与争斗，我们今天的女性还会以缠足为美。艺术批评之所以可能和必要就在于社会存在着客观真善美之价值体系，因而有灰尘就会有尘掸。

孔子说："君子成人之美，不成人之恶。"这同大羊为美一样也是一种美名之泛化说法。正如一种正面评价之如善，美之命名一开始就存在"泛化"倾向，一切"及致其至好"均可谓"美"，柏拉图的《大希庇阿斯》充分议论了这个问题。美之难，分析美学"美不可定义"论均由此而来。"美无本质"论与后现代反本质主义走在一条道上。技术理性及日常生活实践之消费文化使这种泛化在后现代达到新的极端。然而，那个无名无言之大美始终"自在"那里，不为"成人之美"与人"成"之美而变其本，不为美学家们喋喋之争而易其实。

从以上的中国古代哲学、西方语源与汉字语源的考察，我们可以得出美从"无（无名无言）"到"有"，从客观到主观——实在到感知，从口腹的感觉到形态外观的视觉，其间的界限关系归根到底是人类学本体论与宇宙学本体论的关系。美从无到有，也就是从无名无言之实有，到有名有言之无实，美学的作为学科的存在也随之起伏，从无到有，从以 kallistik 到以 aesthetics 来为美学命名。这就是从美的发生到审美作为人认为美与创造美的活动和美学作为一门人文社会科学学科以前二者为研究对象的大致过程。

（五）美学与自然科学

"天地有大美而不言，四时有明法而不议，万物有成理而不说"，句中有几个对应的层次："天地""四时""万物"是一个层次；"大美""明法""成理"是一个层次；"不言""不议""不说"又是一个层次。第一层次中的"天地"指的是宇宙和自然，"四时"是在时间中宇宙和自然物质运动引起的气候与气象变化现象，"万物"即处于宇宙和自然之中多种多样的事物。第二层次所说"明法"与"成理"是指宇宙和自然中的万物运动变化有着一定的规律；大美与四时、万物同样是依照宇宙的一定规律变化运动的，这就是美的规律。第三层次的"言、议、说"指的是与人的语言文字有关的表达、表述、论说，进一步展开为科学知识和理论，它们的对象就是"天地大美""四时明法"与"万物成理"。这就是美和宇宙及自然之中运动着千变万化的多种多样事物同样是客观存在的有着自身规律性的东西，"不言、不议、不说"即表明其存在的客观性与运动规律的客观性在于不以我们作为主体的人对它们的认识与言说。这里的"天"即天地，它不会像人那样说话的，而天地间"四时""万物"自有其运动规律。这里的意思与孔子所说"天何言哉？四时行焉，百物生焉。天何言哉？"（《论语·阳货》）乃异曲同工，当然这并不完全是庄子本来的意思，我们对之进行了辩证唯物主义的发挥，庄子的原意是什么我们后面再论。

这个意思也把美学与自然科学的关系揭示出来，科学与美学的关系恰恰不是所谓"科学美"把美感向科学认识愉快之挪用，而是自然事物在科学成因论上就"天地大美"与"四时明法""万物成理"的关系从自然成因论上为美学提供了本质论上的依据。杜威认为："天文学、地质学、力学与运动学记录了各种各样的节奏，它们是不同种类变化的秩序。"① 自然事物的成因论与外在形式美的内在本质论密切相关。问题在于，那种客观自在无名之美怎样必然地在主体引起一种审美快感。蔡仪的"美在典型"假说是对这个"哥德巴赫猜想"的较好解答。蔡仪所提出的"美在典型"说认为，决定一个事物美或不美根本原因在于该事物个别性是否体现了其所在类别的普遍性，以及这种个别性是否鲜明，其所体现的普遍性是否充分。个体的生成和发育在生存竞争中与自然选择之优生性有关。在 20 世纪 80 年代的美学争论中，有人把蔡仪的美论引向自然物种的美在"生殖器官"，加以揶揄。这一"恶搞"倒也歪打正着地说出了一定的本质。个体的生成和发育在生存竞争中与自然选择之优生性有关。生物的形体之美与生长发育的关系在人体就是通常所谓"性感"。任何事物，包括人在内的自然界物种，生长发育之充分为"法自然"之道。马克思所说，古代希腊的神话史诗的"不朽魅力"是与人类"童年"时代作为"正常"的儿童的想象力相适应的。所谓"正常"是指成长发育合乎自然，既不早熟也不晚熟。人体发育健全，比例匀称之"正常"是人体美的根由。男性阳刚女性阴柔都为性成熟之正常。现在已经有自然科学家研究得出所谓"性感"即女性胸、腰、臀（三围）比例之匀称体型与利于生育有关的结论。人生各个阶段都有岁月刻下的"正常"发展状态之分级典型美。下面一节我们将谈到，自然山水也都有其地质年龄所标志的"正常"生成发育形态，如黄山之于花岗岩、桂林山水之于石灰岩、张家界之于石英砂岩等。这些"天地大美"的成因及存在与人对它们的感知和认识无关，正如它们的地质成因与地质学家们是否得出相应的研究结论无关。

美学与文艺学在各自对象方面的主要区别在于，美学的研究对象包

---

① 约翰·杜威：《艺术即经验》，第 165 页。

括自然美，而文艺学不直接研究自然美问题只研究文本化的自然，也就是艺术中的自然，即艺术所反映、描绘、表现的自然。自然美在学科性上表现为美学与自然科学的关系，始自毕达哥拉斯的数学和谐到莱布尼茨、沃尔夫所论自然万物的陈陈相因的秩序与规律，这些解释难免借助于自然的神创成因论。从古典古代直到黑格尔，列宁指出："黑格尔雄辩地说明，一味赞美自然现象的丰富多彩和变化多端是无济于事的，必须要……进一步去更确切地理解自然界的内部谐和及规律性……（接近于唯物主义）"①

"进一步去更确切地理解自然界的内部谐和及规律性"以阐明自然之所以美的工作留给了自然科学和唯物主义美学。现代科学的发达带来了达尔文进化论美学，20 世纪初还有库克把贝类的螺旋的"生命的曲线"作为美的本质和现象，② 他们所循都是美学的自然科学思路。80 年代法国学者曼德勃罗又提出"分形美学（fractal aesthetics）"。"分形"与格式塔主观心理上的"完形"相对，主要指自然界的非欧几里得几何图形，可以说明许多自然美的现象，如蜿蜒美、破碎美、迷幻美等，如曲折蜿蜒的海岸线，跌宕起伏的山峦，残存粗糙的岩层破裂面，变幻的浮云，弯弯的河流，还有人体纵横交错的血管等。分形理论现已广泛应用于各个方面。美学，作为一门人文社会科学，本有多边缘和多生长点之综合特性。它在探讨艺术美时离不开艺术各分支学科的理论知识，在揭示自然美的本质时自然科学的一般知识和原理亦可助之一臂。

18 世纪后半叶到 19 世纪上半叶，自然科学革命性的巨大成就推动了哲学的革命变革，辩证唯物主义的自然观根据自然科学的成果揭示出自然界的一切事物无不按照物质运动的一定规律发生、发展、变化，直至消亡，这样一种自然观为自然美的本质的科学探讨提供了根本的依据和方法。地质地理学的成果从自然景观的成因论上为自然美的本质揭示累积了大量的丰富资料，成为研究自然美不可缺少的科学途径。我国古代的许多珍贵文献，如《山海经》《水经注》《徐霞客游记》《梦溪笔谈》等，不乏从地质地理上探讨自然景观美的传统。知性是人类生存之路的光照，问题在于必须常常打扫蒙在它上面的灰尘。

自然景观既是地质地理学的对象，也是美学的对象。前者的任务是从自然规律的角度探明自然景观的地貌特点，揭示其地质成因与地形地貌特

---

① 列宁：《哲学笔记》，第 166 页。
② 特·安·库克：《生命的曲线》，周秋麟等译，吉林人民出版社，1979。

征；后者则从美的规律出发，把自然景观作为自然美的一种，探知其美的本质。在这同一对象上把两者结合起来便有可能形成美学与自然科学边缘上生长出来的新的学科，如"地质美学"等。

下面我们再降到形而下的一个层面，试以湘西张家界为例，结合自然景观的地貌特征与地质成因探讨其之所以美的本质。

2010年美国好莱坞推出的科幻大片《阿凡达》中有一组奇幻的悬浮山镜头，其中把张家界的山景也收罗了进去……

（六）自然景观成因与美之生成的一个实例

山景在自然美中占有一个重要地位。"山，快马加鞭未下鞍，惊回首，离天三尺三"。山之为山，高为其最基本最普遍的特性。山经过地球岩石圈表层地壳两种类型的运动而形成：一是地壳垂直的造陆运动使海洋上升为陆地；二是地壳水平的褶皱造山运动使地层倾斜成山。高，仅仅代表了所有山的普遍性。高度作为山的一种自然属性与其美的属性并非全然整合的。达不到相当高度无山景之美，但并不是所有高山都是同等美的，或同等高度的山之美的程度都是同等的。丘陵地貌不具备山的高度而可以以和缓起伏构成大地自然的曲线之美的另一种景观。高度与坡度相配合赋予山某些雄伟与险峻的形态，便通过独特的个别性表现出其普遍性，从而更向美走近了一步。在具备了同等程度的高的普遍性，雄、险、奇、秀等形象特征，加之地表植被生长分布的状况，便代表着不同个别性，使得山之美的程度发生了由量到质的变化，以张家界为例。

张家界景区位于张家界、桑植、慈利三市县交界的武陵山脉地段，就其最高峰海拔仅1334米言，相比黄山（1873米）、泰山（1524米）、峨眉山（3099米），乃"小巫见大巫"，张家界之美只能以其个别性特点取胜。

当相对高度确定，山之险由坡度决定。这里有普遍性是否充分，个别性是否鲜明突出的问题。同样是美，美的程度如何就决定普遍性与个别性两者相统一的关系。黄山天都峰鲤鱼脊、华山千尺瞳、庐山仙人洞、泰山南天门都既高又险，却不雷同，都堪为山景美的极致。张家界几乎无峰不险，峭壁直上直下，有些超过了90度，像是比萨斜塔的形态，其险至极，美也至极。

画家曰："搜尽奇峰打草稿。"峰之奇，在于个别性的级次上又登上了一层楼。雄、险的程度都非比一般，可称为奇。人们往往对个别形态的特殊性山形有各种拟神、拟人、拟物的比喻，如黄山"猴子观海""松鼠跳天都"等。张家界之奇亦在于它的个别性——峰林——而这种个别性是由它的地质成因所决定的。我们今天所见到的张家界基本形态形成于约三亿八千万年前中晚泥盆纪。当时那里还是一片汪洋大海,其大洋底部接受了大量氧化硅(石英)的物质沉积形成石英砂,与其他一些山地不同,张家界地区的岩层形成后并没有经过剧烈的水平褶皱运动,层面和缓几近水平,但其石英砂岩地层的纵向断裂节理系统发育得非常充分。在燕山期地壳上升的造山运动期间,地面的流水就像大自然这位"艺术家"手中的一把锋利而精细的刻刀,沿着张家界石英砂岩地层的三组裂隙面进行着机械的与化学的侵蚀切割作用,加之大气与生物的风化作用与物理重力的崩塌、坠落、滑坡,某些裂隙面形成了悬崖峭壁与纵横交错的沟壑峡谷,把岩层切成两千多座拔地而起,状如斧劈刀削的柱状峰林。这些峰林相对高度不过100~200米,但由于集中而规模浩大,便形成了没有任何其他自然景观可比的独特个性,其气势非云南10~20米的石灰岩"石林"可比。这种个别性以"奇"为首,结合着雄、险、秀、幽,与高的普遍性统一。

自然美的规律就在于自然物质运动过程中所形成以特定形态所表现出的事物的本质的关系。当这种关系达到高度的统一时,即鲜明、独特而生动的个别性表现出高度的普遍性时,也就是典型,为决定事物之所以美的本质。山之高、雄、险、奇、秀为地壳褶皱运动造成地层上升幅度以及地层断裂、流水侵蚀、切割等综合地质作用因素所决定。造成这些地貌的某一因素发育得不够充分,或各种运动没有相互配合到恰到好处,或不足以形成山之为山的足够高度,不具备山之高的普遍性,或不足以形成雄、险、奇、秀各异形态,不具备独特的个别性,便谈不上山之美。

此山之美非彼山,虽有"登泰山小天下","黄山归来不观山"之说,也还有"踏遍青山人未老"的诗句。石灰岩地层质地较软,其山多浑圆而对称,少有棱角,其谷也不那么幽深,崖壁也不那么刚直险峭,如桂林,山间分布着相对开阔的田地,别是一番景致。再拿黄山来说,其中粗粒花岗岩不具沉积岩那样分明的层理,也没有如张家界石英砂岩那样垂直裂隙体系,而发育着花岗岩所特有的"球状节理",所以其自然景观美的特点为浑圆而峥嵘雄踞的山势。

宇宙在时空上是无限的,而宇宙间万物都是有限的,每一事物都有生成、发展、变化和消亡的过程。张家界山体岩石形成的时间中晚泥盆纪距今约三亿八千万年,岩层经过长达约一亿五千多万年的地壳的燕山运动而形成基本形态,在这些地质年代之前,在没有今天我们所见到的张家界这个样子之前,那里有没有美呢?同样的问题可以提向黄山、泰山、桂林等所有自然景观。我们也知道，"张家界""黄山"等都是人对它们的命名，在人类诞生之前它们是无名的，然而却存在着。不同于早就闻名于世的众多名山，张家界没有古代名人墨客留下的摩崖石刻、铭文碑碣等人文遗迹。柳宗元曾有"南州之美莫如澧"句，而澧水之源虽可追溯至张家界境，但并非直指张家界，此外，古代几乎没有任何文献提到它，既无名士留下的足迹，亦无诗词、画卷为之添彩；没有镇山古刹的晨钟暮鼓，也没有大雄宝殿之香烟缭绕，更无亭台楼阁为它装点增色，只有稀少的当地土著居民世代封闭山中与之朝夕相伴，但不识其真面目，故被称"养在深闺人未识""天生丽质难自弃"。随着旅游事业的发展，1982年终于有了"张家界国家森林公园"之名，此后迅速发展成为驰名中外的旅游胜地，被誉为"一颗失而复得的风景明珠"。1992年12月张家界被联合国列入《世界自然遗产名录》，2004年2月被列入世界地质公园。于是乎，"一朝选在君王侧……六宫粉黛无颜色"，直至2010年上镜美国电影《阿凡达》。

那么出场之前的张家界是不是"天地之大美"呢？回答是肯定的。再者，在地壳褶皱运动隆起为山体之前是泥盆纪的海洋的无名无言之"张家界"，那里没有山景之美但是不是有海景之美呢？回答也是肯定的。在泥盆纪海中成岩之前的张家界是什么样子呢？有没有美呢？这就回到本章开篇谈到的话题上面——美本于虚无，没有今天所见张家界峰林之美也可能会有别种形态的美，所以这个虚无也就是"大美"之"有"，只不过无名无言，"寂兮，寥兮"。这个问题已经由太空旅行者给出了一般性的总体回答。再往前追的话，就到了霍金所提"宇宙从何而来"的问题了。

（七）人化自然美与本真自然美若干实例之比较（上）

"人化自然"或"自然的人化"命题本于马克思《1844年经济学哲学手稿》，与之相关的是"人的本质对象化"，都是有关人与对象世界的物质交换关系的诸命题。它们的核心以人的劳动作为主体区别于动物的"自由自觉的活动"在人类学意义上对人的本质规定。从这一基本命题出发，青年马克思以黑格尔的辩证方法从费尔巴哈的人本主义宗教批判中导出了"异化劳动"与人的本质异化的批判性命题，从人类学上升为社会历史层面，从人合乎人的本质理念逻辑起点，生发出私有制下劳动和人的本质异化之历史过程，最终归结为私有财产的扬弃与人性复归——共产主义的实现。马克思当时虽然在自然观上已经超越了费尔巴哈的自然主义人本主义，在辩证法上也超越了黑格尔的唯心主义体系，由于这个理论框架在人的本质问题上没有后来从"社会关系总和"层面上发现并揭示人的本质的现实规定，从而也没有进一步展开生产力与生产关系之唯物史观范畴，并且尚未在经济学上引发出价值的二重性与剩余价值等命题，这些都标志着1844年马克思的这个手稿还没有达到1845年春《关于费尔巴哈的提纲》所代表的历史唯物主义成熟的程度。关于这个问题我国哲学界与美学界在20世纪80年代有过激烈的论争，在美学上聚焦于关于"人化自然"或"人的本质对象化"之美的本质论争议。由于"人化自然"本带有人本主义色彩，进而展开为主体性扩张的人类中心主义，新世纪以来在后现代批评语境下这个问题与反人类中心主义联系到了一起。在这里我们且把历史的争议搁在一边，立足于人与自然的关系，从美/审美/美学的发生重新来看"人化自然"命题的意义，其出发点在于人与自然在生存论意义上和物质交换关系上的对立与统一。

前面所论归于"天地大美"的自然是一个"不言""不议""不说"的实有本体，可称为自在的自然，在通常意义上被视为未经人改造过的与人的活动无关的"原始的自然"，在美学上归属于自然美。20世纪50年代以来，我国从苏联"社会派"美学移植而来的美的本质论以"人化自然"或"人的本质对象化"来规定自然美，在80年代展开建立在前述为"人类学本体论的实践哲学"上的"实践美学"认为人作为实践的本体，人把实践带入自然，与自然存在于一个实践的共同体，便把整个自然人化了，所有的自然都成为"人化自然"，自然本身的"大美"以这种人化而存在，而转移，这是实践哲学和实践美学的基本论旨。从这样一种观点出发必然导致自然本身美的否定，即非人化的原始自然美的客观存在，从而给美从无到有的生发过程蒙上了一道"知性的灰尘"。

然而，不从艺术创造的角度，单从人与自然以物质交换为基点之互动关系的角度来看"人化自然"与美学关于自然美问题究竟是怎样的一种关系呢？

人之所以能够"化（改造）自然"在于人能够劳动。劳动是一种区别于动物本能的有目的的活动，人能够在对象上实现自己的目的。由此从"人化自然"引出了"劳动创造美"的命题，然而正如"人化自然"之美的本质论遭到驳诘的那样，一方面劳动创造的东西并非都是美的，另一方面，从马克思的异化理论出发，异化劳动一方面为富人创造了宫殿，而给劳动者本身带来的非但不是美而是身体的畸形，在今天反人类中心主义的声浪中，我们看到"人化自然"对生态与自然环境的破坏，给自然带来的同样不是美而是相反。这些是就人的本质对象化的负面——异化劳动——

提出的问题。那么在异化劳动状况下，"人化自然"或人的本质对象化在美学究竟有没有正面效应，以及怎样看待这相异的一面呢？这就是在异化劳动负面状况下，仍然包含着人的本质对象化的正面意义，这也是马克思在手稿中论述过的"异化与人化走在同一条路上"。在美学上，一方面"人化自然"并无自然美的发生意义，某些"人化自然"产物可能为自然事物附加上某种美的形式。反对论者提出并非所有"人化自然"物都带有美的形式，也并不意味着可以简单地导出"不存在人化自然美"这样的反题。人是可以通过劳动创造出异于原生态自在自然并异于艺术之"人化自然"之美的。在这里不妨以一个"人化自然美"的实例加以分析。2011年春笔者赴云南元阳对当地的梯田景观进行了观察和思考。

"哈尼族的梯田是真正的大地艺术，是真正的大地雕塑，而哈尼族就是真正的大地艺术家！"这是1995年，法国人类学家欧也纳博士来到云南元阳，面对脚下万亩梯田，久久不忍离去而发出的感叹。

梯田是我国独有的一种山地水稻耕作形态，它在中国南方的广泛分布标志着我国古代在自然经济基础上所达到的农业文明高度。这是人在战天斗地的生存斗争中，一方面"靠天吃饭"一方面向荒山夺粮形成的人与自然一体化平衡之和谐。这是在人与自然物质交换之互化之文明关系中，人给自然以独特的审美形式所建立的一种生态文化景观。

元阳是我国哈尼族为主的少数民族聚居地区，当地的劳动者千百年来以世世代代的艰辛，在哀牢山区依山垦荒，开辟打造出约17万亩梯田，创造出世界绝无仅有的奇观。这种以"人化自然"创造的"奇迹"吸引着世界各地成千上万的中外游客前来参观考察，每年入春前后达到高潮。网站上已经载有2万余帧元阳梯田的精美图片，无论图片还是实景，观者无不为其美所震撼。

元阳梯田不是什么"大地艺术"或"大地雕塑"，欧也纳明知道哈尼族也不是什么"大地艺术家"，他的赞辞是一种诗意的比喻。开山造田的哈尼族祖先绝不是为了供人欣赏，他们付出如此艰辛的唯一目的是生存。先民们世世代代日出而作，日没而息，弯腰曲背，"面朝黄土，背朝天"，"锄禾日当午，汗滴禾下土"，可不是像西方先锋艺术家那样别出心裁地在搞什么"大地艺术""大地雕塑"，春种是为了秋收，多打点粮食好过冬。

然而这种源于始祖的生存的动机已经不是动物式的本能，既有改造自然的原始朴实的自觉意识，又有与自然一体化的生存意识。先民们对于生存和劳动有了自觉的意识，然而在生存压力下的耕者一方面在可能给自己身体造成畸形的繁重体力劳动下对于自己所创造的梯田之景观美很难产生普遍的审美自觉，甚至熟视无睹，这正是异化劳动使主体丧失了作为人的本质力量之一的对形式美的审美感知能力。元阳梯田的美既不是原始的未经人改造的自然美，又不是艺术美，而是人化给自然添加了一种非艺术亦非自然的纯形式的东西，这种东西正是"人化自然"之美。原始的荒野山坡被人工切割，层层叠叠，盘旋起伏，蜿蜒曲折。元阳梯田景观的最基本形态以一个位居朝东的坡地上地名为"多依树"的村落所见为代表。冬春梯田蓄水之后，日出时分，田埂尚显黑色，其基本线条为曲线，也有间断的直线或折线，线条间基本上呈平行关系，主要为不平行或近似平行，或疏或密，在旭光之下为群山环抱的大地间勾勒出一块块相连依之"非欧"（非欧几里得）几何图形，即所谓"分形几何"图形，基本上遵从杂乱与有序、变化与规则统一之美学形式法规。水波粼粼、霞光点点，构成一幅奇特、壮观、美丽的大地图画。其间或以云遮雾罩，轻纱缭绕，村舍树梢掩映点缀，更增加着这幅图画之奇幻情境，平添了一份虚无缥缈出世入仙的妙趣。另处，一个向西适于午后观赏叫"老虎嘴"的景点所见又是一番景象。该处梯田位置距离观景地点较远。从面西的山坡上观之，在斜阳下梯田的更大面积的曲线，线条更细密，面积更宏阔，加上秧田的绿、水映天光之蓝、所衬晚霞之红，有如万花筒般又是一番奇幻……不同的时间地点，你可以看到，镶着黑边的碎银、金锭、玛瑙，镶着白边的蓝宝石、黄边的翡翠，还有你无法用语言描述的色彩和形态，斑斓若电脑屏幕上的卡通制作，一些色彩单一的图案像是版画，又使人联想到抽象主义的作品。在用眼球或通过镜头争相捕捉美的瞬间，你不会去琢磨这一个个山坡上浸透着多少汗水，也不关心秋天颗粒归仓时面对收成的喜悦，这就是与审美非功利化联系之对象的"纯形式"。

（八）人化自然美与本真自然美若干实例之比较（下）

迥异于张家界那种纯自然（非人化）的形式，没有原始自然所具备的野性美，梯田这种纯形式是自然本身所不可能具有的，不是大自然的鬼斧神工，而是人的体力、汗水和智慧所为。正如马克思、恩格斯在谈到人类实践对自然的作用时所说："周围的感性世界决不是某种开天辟地以来就直接存在的、始终如一的东西，而是工业和社会状况的产物，是历史的产物，是世世代代活动的结果……"① 这里所说的"周围的感性世界"并不

---

① 《马克思恩格斯选集》第 1 卷，人民出版社，1995，第 76 页。

包括未人化的原始自然。梯田的营造虽不是工业的产物，却是人类历史的产物。梯田不同于一般工业产品之处在于，除没有机械动力与传送系统外，它也不会有整体的设计，也不可能有严格的测量、图式，因山势制宜，整体成型带有相当的随机性，但有一点可以肯定的是所有大小田块必须保持水平，否则无法保存均等灌水。这种人化的纯形式的最原始基本要素，山体、土地、水分、植被等，仍是自然的。从作为一种文化的角度来看元阳梯田，系人的生存斗争中"人定胜天"与"靠天吃饭"达到的一种平衡，成为在物质交换关系生成的人与自然和谐共处的生态文化，既是一种物质文化又是一种非物质（形式外观）文化。从没有全然脱离内容的"纯"形式观点来看，与梯田形式美统一的内容即在于人与自然统一关系中的自然物质属性。这是自然经济状况下人与自然一体化中人化自然的一种构造。从人也是自然的宏观视野来看，它仍未脱离"天地大美"。然而这种"生态文化"迥异于那种以工业文明为基础把绿树也用灯珠装点起来的都市文化。诚然，人化自然美在形态上与原生态自然美在某种程度上同样是多种多样的，梯田景观不同于另外意义上的"人化自然"如园艺等，是农业自然经济以田园风光出现的一种独特的生态文化，再如我国各地春季的油菜花景观也是人化自然美的另一种样态，不同于梯田，那是一种单一色彩的美，或无边无垠，其间也有与梯田相结合之奇特的线条，如云南罗平，或与人文环境相映成趣、相得益彰，如江西婺源等，如此这般的实例可以举出很多。

由于梯田是一种半原始的自然经济的产物，在现代化的今天遭遇到危机，一方面梯田面积小而不规整，不可能使用机械，无法减轻人的体力劳动的艰苦；另一方面，改革开放使地区的封闭性发生变化，年青一代纷纷外出打工，劳动力的匮缺在水管理与田间管理等问题上使梯田面临着整体性危机，这又是另一种"自然人化"给这种"自然人化"带来的威胁。这种奇异而独特的人化自然美的形态会不会随进一步"人化"而消失？科学技术生产力的进一步发展会不会有效解决这个问题，比如用灵巧的机器人来进行梯田水管理并代替繁重的体力耕作？总之，这是一个悬而未决令人忧心的问题。

诚然，这样的忧思已经远离美学，然而学科性边界毕竟不是像柏林墙那样。如果前面一节，张家界的实例是从自然科学视角对原生态自然美的证明的话，元阳梯田则是在人与自然的共生共存关系上，从人类学、社会学的侧面对人化自然美透析的一个实例。

"人化自然"可以带来美，也可以破坏美、带来丑，总之这不是一个美的本质之普适性科学命题。

有一种与梯田相似的景观不是人为的，而是本真的自然形态，其代表性的实例是四川西部松潘地区岷山山脉北中段的黄龙沟景区。该景观依山沿坡分布着系列阶梯式水系（当地称为"海子"），包括 8 万平方米面积沙钙华流滩（有的已形成瀑布）、34000 多个天然华泉彩池，然而这种"阶梯"式形态是由距今约 265 万年以上的第四纪的冰川作用形成的。黄龙山沟的地层由五亿多万年前的古生代到两亿五千万年前的中生代的石灰岩组成，其化学成分为碳酸钙。在冰川切割与雪山融水侵蚀之物理与化学双重作用下，沿着相对平缓山坡形成了大大小小的水洼，凝固的石灰石（钙华）在这些水池平台边缘形成了高出水面的石坝好似梯田田埂，逐级下降。黄龙景观不是人的历代艰辛劳作的结果而是地球的地质作用造成的，它不是"人化自然"的美而是本原的真实的自然（本真自然）的美。在分类上，这种主要由地质作用造成的景观被称作"地质公园"。1999 年 4 月联合国教科文组织提出了在全球建立 500 个世界地质公园的计划，并确定中国为建立世界地质公园计划试点国之一。截至 2011 年 11 月，我国国土资源部一共公布 6 批共 218 家国家地质公园，其中包括黄龙沟。美国专门从事地质景观研究的学者舍伍德·D. 退特特已著有《美国国家公园地质》（上、下册），其中考察了美国 50 多处国家公园的地质状况，该书已译成汉文。我国地质工作者也于 20 世纪 80 年代建立中国地质学会旅游地学与地质公园研究分会，逐年召开学术会议，已逾 25 届，发表大量论文，出版了"旅游地学论文集"十多册。

本真的自然美景观除地质公园外还有"森林公园"，如美国著名的约瑟密迪森林公园（熊谷）、我国的张家界森林公园等。名称皆乃"人言"天地之"大美"，地质公园与森林公园实为一而二、二而一的自然景观。森林公园无不有其独特的地质成因，地质公园缺少良好的植被也难以成为自然美之景观。由于梯田与石灰华池景观成因的不同，二者除了阶梯式山坡水系形态相似之处外，有着根本的区别，梯田是由可以种植水稻的土壤为基底与边缘；钙华池的边坝与基底皆为石质。由此生发它们的审美情趣也有所不同，梯田是由其田埂的曲线图形及其中稻田注水在不同时间的气象作用反射的光与色给人以美感；而"五彩池"是因为钙华的黄色与白色相间，以及池中之水藻、水草与苔藓青绿加之蓝天白云的反射，以及对阳光不同波长的散射与吸收作用所呈现之斑斓绚丽色彩。前者使我们在审美感受的同时感叹劳动者的辛劳与创造，后者使人惊异大自然的鬼斧神工。梯田与石灰华池景观的比较带来了一个问题，那就是为什么同样石灰岩地层的地区所形成的景观有些共同之处，如喀斯特溶洞、石林等，而有些又有较大的区别，如桂林与九寨沟/黄龙。从根本上讲，这些异同都是不同地质年代不同的自然条件——气候与地理环境——造成的。桂林处于北纬25°～26°，平均海拔150米，具有亚热带气候特点；而九寨沟/黄龙位于北纬32°～33°，海拔3000～4000米，当属高原寒冷气候。这种气候差异大致始于它们各自形成的新生代第四纪，从地层与地貌发育程度来看，桂林较早，故喀斯特地貌较为完备。地理位置上的差异造成两地气候条件迥然不同。桂林地区的地层从海底上升后没有经受九寨沟与黄龙那样的冰川与雪山的作用，而是常年较高温度下雨水的溶蚀作用，形成大量溶洞，其中石笋、钟乳石、石柱发育充分。黄龙虽也发现5处溶洞，但其发育程度无法与桂林相比，未成景观特点，而以多彩小型水池傲世。桂林地区的山系皆孤立成峰，海拔与相对高度无法与黄龙相比无以形成冰川雪水下的钙池及瀑布群。就九寨沟与黄龙相较而言，虽然它们地理位置、地层岩石成分与气候条件相近，但由于九寨沟海拔高度略低，坡度缓于黄龙，故其水系较平坦少见阶梯式钙华池景观，较多堰塞湖，其"海子"面积略宽于黄龙。

以上比较进一步表明自然美的本质在于自然界本身的物质构成及其运动差异造成不同的典型性。

（九）大美有言——知性可不可以不是灰尘

无论何种奇特的自然景观无不经过人类在场之前的一个无名无言漫长的"自在"之"有"阶段并作为"大美"与无限连接。人类，就其自然本性或族类本质来说是自然界发展的最高阶段，也正如列宁所说："在人面前是自然现象之网。本能人，即野蛮人没有把自己同自然区分开来。自觉的人则区分开来了。"①自然景观同"本能的人"的关系仍是这一自然事物同另一自然事物的关系，在这种关系中自然景观美并没有改变其无名无言状态。人"亮相"于宇宙，从"本能"状态到"自觉的人"的转变又经历了几十万年。这几十万年对自然只是"弹指一挥间"，对于人却发生了"人猿相揖别"的质的变化。人对于自然成了"他者"。人与自然产生了主体与对象的区分。天地之大美从此有了对话之对象与言说的主人，主客双方都成了在场之"在者"（海德格尔语）。

我们在前面把庄子的"天地有大美"做了辩证唯物主义的理解和阐发，庄子的"圣人者，原天地之美而达万物之理"也可以理解为：人们，

---

① 列宁：《哲学笔记》，第90页。

后来的美学家、科学家们通过人的审美研究美的原理并研究自然创建了各种自然科学的理论。但这不是庄子的本意，而是"六经注我"，庄子的原意究竟为何呢，且看他紧接着的话："是故至人无为，大圣不作"。达到"无为"境界是由于"至人""圣人""观于天地之谓也"。这就是庄子的根本思想——齐物论。他追求人与天地的绝对同一之无限与自由，这种同一不是物（自然）的人化（通过实践），而是人的物化（通过"无为"）——达到"天地与我并生，而万物与我为一"之境。这就是庄子"法"与"理"的本意。虽然他不否定"四时明法""万物成理"之存在，然而其"不言，不说，不议"既包含着自然本体客体自在的理念，也包含主体不可知的意思。

马克思指出，动物的生产只需要吃、住，以维持它的个体肉体生命的延续和物种的繁衍而"生产"，这是片面的生产；而"人的生产"是"全面的"。人的生产的全面来自人的需要的全面。人则摆脱了"肉体需要"这种片面性来进行生产。"动物的产品直接同它的肉体相联系，而人则自由地与自己的产品相对立"。这就是说动物与其产品是完全同一的，其自身是自然，其产品也是自然，二者没有"对立"。人却能与这种"自身的生产"相对立，特别是摆脱与"直接同肉体联系"的产品之生产，"生产整个自然界"。"生产整个自然界"是指人的生产涉及自然界的一切方面，可以概括为"天、地、生"也包括"人"本身。所以，马克思说，人"懂得按照任何物种的尺度来进行生产"并"随时随地都能用内在固有的尺度来衡量对象"。"人也按照美的规律制造"，并认为人摆脱了肉体的需要"才真正地进行生产"。"真正的生产""全面的生产"与"按照美的规律制造"是同义的，都是对肉体的需要的片面性的摆脱。在全面生产与片面生产区分中，人类渐渐与自然建立了审美关系，懂得欣赏自然的美，自然成为人类社会的景观。在同自觉人的关系之中，自然之所以是"为他之物"，原因在于：人有意识，自然无意识；人能思考自然，自然不能思考人；人"有为"而自然"无为"（或者说人自觉而为，自然无知无觉而为）。人的知性来自意识，最初是对自然之非我的意识，同时也有了自我意识。因而，知性本身是洞照不是灰尘，然而它常常因"无自知"蒙上灰尘失去明净在昏暗中摸索。

"天地大美"的成因及存在无关乎人的存在以及人对它们的感知，它们对人的意义和价值却决定于人的存在，"画工之妙""锦匠之奇"则是人的产物、人的艺术创造与自然美的一致性，在杜威看来，在于自然与人在节奏上的联系，实际上这种联系远不止于节奏。

自然美不过是"自在之物"的一种独特属性。诚然，自然物之美的属性不简单等于物的一般个别属性，如物理化学的个别属性，硬度、酸碱性等。自然美的本质在于关系，物质不仅有一般个别属性，还有这些个别属性之间的相互决定的关系属性，决定于普遍性与个别性关系之典型正是这种属性，也就是美的本质规定。而这种美的本质在外部显现为可感的形态特征，如山之高、雄、险、奇、幽等。这些形态特征也并不等于物质的一般个别性质，如地层的物质构成、褶皱类型等。自然景观之所以美的因由在于地质的造山运动、地层构造、岩石的成分，以及风化作用形成的地貌特征，这一切自然规律决定的因素形成了自然界千姿百态的美的外观和风貌。

不同于自然主义或机械论，蔡仪美学建立在辩证唯物主义与历史唯物主义基础上的人本精神还在于肯定了人之"美的观念"作为通过实践活动对客观美的认识，产生美感之主体能动作用。个体内在的性质与外在形式的特征，以独特的个性代表着其种类之共性。人对任何对象的认知都是从个体上升到种和类的普遍性的过程，与此相应是认知从现象上升到本质，这种认知的能力是从劳动中产生的。这种认识带来一种求知欲和好奇心满足的快感，因此，我们才能说美感是一种感性对事物外在形式的满足，也包含着一种对普遍性与本质认识的知性的满足，不过作为美感与科学认知的快感之不同主要在于，主体的感性在客观上始终与个体感性形式结合着。杜威指出："眼睛具有一种对光与色的饥饿；为这饥饿提供了食粮，就会有一种独特的满足感。"主体感官本于对自然事物运动、变化、发展秩序中的形式捕捉是美感的内在形式。自然界以光、色、形等可感的外在和谐之形式来自种种自然物质运动的秩序。

自然界的秩序被某些物理学家看做一种减熵过程。熵是热力学的概念，指热能除以温度，化出"增熵"与"减熵"两种相反的热力学过程与效应。前者表示能量通过做功消耗，后者则是能量聚集。热力学第一定律即能量守恒定律，认为不同的能量是相互转换的过程，其总量既不能增加也不会减少。热力学第二定律，则认为增熵是一个不可逆过程，能量的消耗指向一种"热寂"状态。其实两者所言系设定系统条件之差，前者涉及一个开放的宇宙系统，后者关乎封闭系统。在一个系统的热力学过程中两者是无序与有序向着平衡的方向转化。它被应用于社会学认为人类社会对能量的不断消耗将导致无序的混乱状态，并引向美学得出自然的"秩序"说。控制论创始人维纳说："美，就像秩序一样，会在这个世界上的许多地方出现，但它只是局部和暂时的战斗，用以反对熵增的尼亚加拉。"① 而开放与封闭皆相对，并牵涉系统之宏观与微观问题。就宇宙开放系统宏观而论没有绝对"增熵"或"减熵"。而在一个开放的宏观系统中又可能有无数相对封闭的微观子系统。在美学上，美作为自然之"秩序"对立物为"无序"。尼亚加拉瀑布以其发生、发展、变化，给人以"反对熵增"的快感，这是就地球作为一个相对封闭的系统而言。也正如杜威指出："自然变化的秩序的再造与对这种秩序的感知，在最初是联系在一起的。"②如果在尼亚加拉上建立一发电站，使能能转换为电力最终化为能量而消耗，这正是尼亚加拉瀑布作为自然在"人化"过程中，在这个相对封闭的系统中从秩序向无序的消失。

"大羊"能给人产生热量，吃掉大羊后，口腹之欲满足的快感，取消了"大羊"之为美的快感。在热力学与美学之反效应上使美学与日常生活区分开来。然而这个变化是由人的劳动实践所带来的。在这个变化过程中，自然的物质属性没有因人的活动而发生改变，而人对自然从现象到本质的规律却从不知到知，从知之不多到知之甚多。对美的认识是这个知的过程之中的一个部分，知性的本质不是"灰尘"，然而常常使美蒙上灰尘。

到这里我们可以再对"天地有大美无言"到"言大美之有"与"原天地之大美"这样发生论过程做一个形而上的总结。"无言"可以阐发出多层意义，一是自然原生态的美在人类起源之前是寂寞的。人类起源之后，"言"作为主体与天地大美对话之审美，即上文所说"言天地之美"也不是通过语言文字描述，而是作为审美器官之视觉听觉的直接感受；其中包含着另一层意思，通过"言"把这种从自然直接感受的美通过诗歌、绘画等艺术手段再现出来，那么这个"言"就有了"按照美的规律"创作之内涵，自然美也就通过这种"言"化为艺术美了。当思考把主体带到科学之中，要说出大美之所以美的原因，那么这样的"言"就提升到"原天地之美"，于是就有了美学研究美与美感的本质，以及自然科学考察自然景观形成的原因与过程。这就是美、审美及美学从无到有的发生过程。

（十）全球化时代的人与自然——生态美学与美学的学科间性

由于人走出了自然的"现象之网"成为海德格尔所说"此在"——一个自知在场的"在者"，"天地有大美而不言，四时有明法而不议，万物有

---

① N. 维纳：《人有人的用处》，商务印书馆，1978，第109页。
② 约翰·杜威：《艺术即经验》，第165页。

成理而不说"便成为"言天地之大美""议四时之明法""说万物之成理"。"有"与"无","有为"与"无为"区分之要点在于人的实践。舒斯特曼说,中国哲学与实用主义"最基本的共同点是,哲学在根本上是实践的"①。此话有理,实践问题前面多所论及,由于其重要性,这里有必要再补充并强调一点。就马克思言,实践范畴可分以下几种:(1)"卑污的犹太人的"活动,"掠夺之手"的"实践";(2)一种区别于理论总体的、宗教和艺术的掌握方式与日常生活联系在一起的世界"掌握方式";(3)黑格尔式的"精神劳动",绝对理念的自足式自生发运动;(4)"环境的改变和人的活动或自我改变的一致"。唯后者为马克思主义精义的"革命的实践"。

实践对人有本体论意义,而这种本体论与认识论是统一的,因为知性对于人也有同样的本体论意义,人类中心主义是将人的实践无限夸大外移于非知性之宇宙本体。只有在资本主义制度下"自然才只不过是人的对象,不过是有用物;它不再被认为是自为的力量;而对自然界的独立规律的理论认识本身不过表现为狡猾,其目的是使自然界(不管是作为消费品,还是作为生产资料)服从于人的需要"②。马克思的这句话,它揭示了人不仅在整个历史中作为一个类本质的整体与自然有着主客之物质交换关系,更表现出阶级社会不同群体主体在对待自然界问题上的阶级本性。在资本主义发展的历史阶段,人对人的掠夺是建立在一切以"人的需要"为转移而掠夺自然资源并威胁人类本身与其他物种生存之上的。随着资本的全球化、世界市场的拓展,人对自然界的掠夺达到空前的程度,温室效应引发着越来越严重和频繁的灾害,就像自然界对整个人类的"恐怖主义",其毁灭性威胁远远超过了"基地"组织。在中国,对自然和对人的掠夺正随着 GDP 崇拜走向极限。城市化已经过热到威胁人的生存(目前中国人均城市建设占地面积为发达国家的 1.5 倍,人均住房面积为日本的 2 倍,而痛苦指数却为日本的 4 倍。从卫星照片来看,中国周边以一片绿色包围一片黄色)。这种"自然人化"也就是"自然的非人化",不仅可供审美的自然愈来愈少,可供汽车烧的油愈来愈少,而可供呼吸的洁净空气、可供人畜饮用与农田灌溉的水以及可供种植的土地也愈来愈少,而人类以及"人化自然"的主体欲望却愈来愈膨胀,这架以为"宇宙的全部和谐都发生在

---

① Shusterman, Richard: *Practicing Philosophy*: *Pragmatism and the Philosophical Life*, Routlege, New York and London, 1997, p.2.

② 《马克思恩格斯全集》第 46 卷(上),第 393~394 页。

它身上"的钢琴的鸣响愈来愈疯狂。"增熵"的快感剥夺的"反增熵"之美感愈演愈烈。不破哲三指出,现在"人类能否持续存在已成为一个焦点问题,这比经济增长能力更重要"。人类对自然环境的破坏最终威胁到自身的存在状况,人们付出了多少沉痛的代价之后才对此渐渐有所醒悟,开始制定野生动物禁杀令,开发可再生自然资源,控制二氧化碳排放量,等等。

由于"天人合一"关系之中充满着自然界以及人与人之间的弱肉强食之不和谐,所以老子曰:"常善救物,故无弃物","常善救人,故无弃人"(《道德经》第二十七章)。在人与人的社会关系中唯有放弃掠夺,善待人自身,方能避免在人与人的斗争中同归于尽;同样,在与自然的斗争中,人类要避免自我覆灭,就要放弃掠夺,善待自然。在世界和谐有着空前希望的当下,我们应有一个空前的危机感和忧患意识,并将之带到美学中来。在这种语境下,生态美学与环境美学生长起来了,与此同时在这个新的学科生长点上边界冲突也展开了。

生态美学是生态学与美学"杂交"的新兴交叉边缘学科。生态学的研究对象是以生物为中心的有机自然界物种之间的各自生存状况与相互制衡关系,表现为在生存竞争中物种对各自生存环境——空气、阳光、水分、食物和空间在适应性要求下建立的相互之间此消彼长的平衡体系。人是自然界大家庭中的一员,人与其他物种之间也存在着同样的生态关系。在人与自然关系遭到空前挑战,濒临绝境,又带有绝地逢生希望的语境之下,生态美学以"生态美"为核心范畴,对抗人类中心主义,以达到人与自然的整体和谐为使命。生态美学的否定者认为,作为以物理、生物现象为研究对象的自然学科之生态学与作为以人类精神现象为研究对象的人文学科美学,"在性质上具有根本的不同之处,两者之间也存在明显的不可通约性。正是这两门学科在性质上的异质性,就决定了由生态学与美学相结合而产生的生态美学学科性质的不确定性。这种缺陷必然使生态美学既不能解决美学本身存在的问题,又不能为现实生态问题的解决提供某种行之有效的途径,反而将美学置于一种与自身基本特性相矛盾的尴尬境地。因此,所谓的生态美学实际上是一个时髦的伪命题,充其量它只是一种有学无美的致用之学"。①

从严格的学科性界限而言,以上看法是有道理的。生态美学不仅挑战

---

① 王梦湖:《生态美学——一个时髦的伪命题》,《西北师大学报》(社会科学版)2010 年第 2 期。

了人类中心主义对传统美学是一种挑战和颠覆，生态美学及其核心范畴"生态美"在界定上确实极其模糊。生态美并不是指一般常识或传统观念上的自然美，而是以整体的自然为美的对象，并反对把自然仅仅作为"景观"，也不讲究对象的一般审美外观形式之感性特点，甚至认为自然中衰败腐朽的东西也属于这种整体的"生态美"。如生态美学家贾森·希姆斯认为，自然地发生与发展是一个整体的进程，"野火、气候变化、风沙和土地的侵蚀等侵扰因素，并不是在消极意义上扰乱了脆弱的自然平衡，而是促进了其连续的流变"。因而"审美欣赏应该关注自然进程，而非仅仅是自然的事物"[①]。生态主义本身有"天人合一"及"反人类中心主义"等生态保护的合理思想与科学因素，然而作为一种"主义"也有片面批判现代技术与文明的偏激。在生态主义影响下，实际上处于前学科状态的生态美学对以特定的审美形式呈现的自然景观客观审美属性的颠覆也是一种美学上的片面性过激，导致学科边界消解之泛化形态"非美学化"。其实这样的边界冲突何限于生态美学，关于文艺美学在其学科性界定上未尝不是长期争论不定。美学本身的学科性边界与生态美学、文艺美学等边缘交叉科学的边界总是处于划定—突破—重新划定—再突破之中，这就是在最广泛意义上的学科重建。这是美从无到有，从不被言说到众说纷纭，从无名有实到名实相乖，从"美是难的"到种种美的定义，从本质主义到反本质主义，这就是美从无名无言到美名美言以来，既被知性照亮，又被蒙上种种灰尘之不可避免的命运。

回到庄子的"天地有大美而无言"来看，这种"天地与我并生，而万物与我为一"整体与混沌之"泰初"状态之中，既无外观形式，又无内在规定之"大美"是可以与生态美学以整个自然为美的对象之生态美比拟的，实为"天地大美"与"万物成理"之整合。天地万物有美也有非美，就山而言有的山是美的，许多已成著名风景区。这些作为自然美一种的名山都有着山之普遍性与个别性高度统一的典型特点，许多一般的山或徒有高度，没有其他特色，不具典型性，便谈不上美，其他自然物也是如此。所以生态美把整个自然作为整体的美的对象确实是超离了美学研究的特定对象。再者，生态美笼统地在本体论上肯定了美的客观存在，同时也以混沌的整体性掩盖了自然本身非美乃至丑与恶的存在，如腐朽、霉烂的有机自然界，以及可怕的自然灾害，如地震、海啸、泥石流、山体滑坡对山景

---

① 贾森·希姆斯：《生态学新范式中的美学意蕴》，李庆本主编《国外生态美学读本》，长春出版社，2009，第 187 ~ 188 页。

美的毁灭，水涝干旱对地面植被的破坏，等等，虽然它们都是自然本身发展变化中的一种不可避免的作用，但并不能因此认为它们与自然处于整体美之中。自然界中这些非美的因素的存在与美的本质存在同样与人无关。自然一切皆美与人的日常生活一切皆美（审美泛化）也是可以比拟的，正如自然一切皆美等于自然一切非美，同样，日常生活一切皆美等于一切非美。

在庄子齐物论的混沌中，正是"天地大美""四时明法"与"万物成理"的存在本体论在"言天地大美"的美学与"议四时明法"及"说万物成理"之地质学与生态学等自然科学之间划一道学科性界限。由学科间性之边界冲突导致的边缘学科、交叉学科与种种前学科状态之模糊学科是学科发展过程中不可避免的现象，这一方面导致我们更严密地思考学科界限的合理性，另一方面借边界的冲击力又可从反面起到加固边界的作用，并谋求沿着边界开拓学科新的发展方向。自然科学以其对自然本有的规律的揭示尊重真理的客观性动摇了美学以"人文""人本"等名义强化根深蒂固的人类中心主义，正如生物学对生物个体美、地质学对自然景观美从客观的成因论之论证，以及生态美学对美学人类中心主义之逆动，这些学科间性一方面在学科性上将"美学置于一种与自身基本特性相矛盾的尴尬境地"，另一方面又维护了美学与其他学科共同作为宇宙根本大法之辩证唯物主义自然观，也就更加夯实了美学的哲学基础，从而加强了学科赖以合理合法化之根本的科学性。至于笔者引用地质学的知识来描述张家界美景的科学成因，并类推其他自然美的科学成因论，这并不等于缺乏相关的专门科学知识就不能欣赏相应的自然美。这就是面对一个美的对象当即产生美感之审美活动不同于对美的对象之所以美的本质论思索，这种差异正是抹去审美快感边界之"科学美"不能成立的根据（这个问题后面还要讨论）。至于以地质学知识科学地论证某些自然美的地质成因是否由此可以得出"地质美学"甚至"旅游地质美学"存在的科学上的合法性呢？或者从生态学原理论证对自然界保护对于人类生存环境的重要性并从而表明自然美存在的"非人化"之本质，是否应将之命名为"生态美学"呢？这些新生长点的分支美学是否有学科意义上的合理性？这些是可以进一步展开研究并有待实践解决的问题。然而，无论在学科的发展中生长出多少新的边缘学科，美学以特有的对象确立的元学科边界不应遭到动摇而致消失，恰恰因为这些边界的存在与清晰，才有学科间性的产生，并在其他学科的边缘关系上生成种种新的分支学科。

总之，"有"与"无"之间存在着界限，美与非美有界限，无名无言之美与有名有言之美有界限——人类之前的美与人类诞生后的美有界限，非审美的日常生活与日常生活中的审美有界限，艺术与非艺术有界限……正是这些对象的界限决定着美学在学科性上与非美学之人文社会科学及自然科学的界限。也正是这些界限的存在决定着美、审美作为美学研究的对象以及美学作为学科存在之合法性。

文艺美学、生态美学、旅游地质美学、技术美学、广告美学等学科名目的建构或将之判为伪命题都是对天地大美的不同言说，是美从无名有实，到蒙上种种知性灰尘后，"盛名之下"出现"其实难副"的问题。究竟是"生态美学"蒙上了知性的灰尘，还是"生态美学是伪命题"的说法蒙上知性的灰尘，正是需要美学作为学科存在去解决的问题之一，"知性的灰尘"最终还是需要知性之光来掸拂，待扫尽所有灰尘，落得"白茫茫一片真干净"时，天地大美也就该复归于寂寥无言了。

二 美学，应对复兴与学科性危机

从 20 世纪五六十年代美学大讨论以来，中国当代美学在政治风云中起起落落，这些情况美学界尽人皆知。80 年代早中期有过一阵"美学热"，但很快降温。"热也匆匆；冷也匆匆"，在 90 年代早中期的冷落中，后期渐渐又出现了"美学复兴"的话题。但是，"美学复兴"的话题与前几次的美学热有所不同，研究兴趣与讨论焦点不是在美学学科性内，到底"复兴"从何而来，从何谈起，诸多论者语焉不详，使这个问题或明或暗，朦朦胧胧……试看几次国内美学热的不同特点，第一次美学大讨论是在苏联"自然派"与"社会派"美学争论的外来投影下发生的，在理论上与 20 世纪 30 年代以来马克思《1844 年经济学哲学手稿》的发现、研究、翻译相关。20 世纪 80 年代以来的第二次美学热潮是对第一次美学大讨论的重温，其新语境是改革开放初步打破了一些理论禁区。在大量西方思潮涌入，来不及消化的情况下，美学增温过急，很快冷下去了。当前的美学复兴又是以与文化研究有关的"后学科"与"后理论"为背景。这种语境迁移给三次美学升温在不同问题意识上带来较大理论形态与关注焦点差异。

2009 年，高建平与金惠敏分别在同一期《艺术百家》上议论这个同一话题，前者题为《"美学的复兴"与新的做美学的方式——兼论新中国 60 年美学的发展与未来》，后者题为《文化研究与美学复兴——20 世纪西方美学的"文化研究转向"与美学研究的前景》。① 这两篇文章使当前美学复兴中问题的症结浮出水面。从后者可看出，美学复兴的话题恰恰是出现在"文化研究转向"大语境之下。我们前面已经论过，这个大语境正是文化研究作为对学科的不满之"后学科"以及文化理论进入困境之"后理论"状况。2009 年，刘成纪在《郑州大学学报》第 6 期主持了一个关于美学边界的笔谈，参与者包括本人对"美学复兴"的不同描绘与不同价值判断中显出一种对美学与其他学科同样存在不同程度与不同方式学科性危机，"复兴"与"焦虑"相伴。

(一)"美学复兴"的兴奋点

高建平分别梳理了中国美学界围绕着"无功利"之"非政治化"两次大的起落，以及西方的心理学、语言学与文化研究三次转向，认为在当前的一次转向中，"当西方学者走出分析美学，中国学者走出主客二分的思辨美学之后，美学向何处去，就成了一个问题。不过，这时的美学所面临的，不是无路可循的彷徨，而是生机勃勃的创造和探索。旧的枷锁被打破后，迎来的是新的美学的生长。复兴的意思，主要指的就是这种方式的转换。没有创新，就没有复兴"。他指出，这种创新之路在于一种"介入"的态度，"美学要介入到艺术的创作和欣赏，介入到艺术的发展之中，介入到城市、乡村的再造和环境的保护之中。所谓的日常生活审美化，就要从这里做起"。

金惠敏从现代到后现代的文化研究概述了审美主义的转向，即消费社会的图像化与符号化，判断美学将步入一个后现代的"泛美学"时代。这个泛美学时代的特征在于："第一，将审美对象的变化即'艺术'的'文化'化、'大众'化或日常生活化作为理解 20 世纪西方美学的一个有益的透视角度；第二，从这样一个世纪西方美学的发展轨迹看，我们似乎可以期待：美学的复兴将取决于它对文化研究问题的回应，这不只是对文化研究的理论，而且也是对此理论所指涉的新的文化现实的回应。"

他们对美学复兴的描绘有一个共同点，即打破某些传统美学的学科性封闭，使美学的路子走得更宽。但"什么是更宽的美学之路"，这种"宽"有没有边界，其边界何在？他们的回答却是截然相反的，虽然两篇文章没

---

① 高建平：《"美学的复兴"与新的做美学的方式——兼论新中国 60 年美学的发展与未来》，《艺术百家》2009 年第 3 期；金惠敏：《文化研究与美学复兴——20 世纪西方美学的"文化研究转向"与美学研究的前景》，《艺术百家》2009 年第 3 期。

有直接交锋。高建平在文章中强调了审美经验和艺术对于美学复兴的重要性。他说，美学研究的道路，从"这是不是一部好的作品？"开始，到"为什么是一部好的作品"，"如果审美经验在批评和理论中没有地位，如果问这方面的问题不合法，如果是不是一部好的作品不需要问，如果说这方面的问题已经过时了，那么美学也就过时了，这就是所谓'美学的终结'。如果审美批评被'超越'，经验对于艺术批评来说不再重要，审美经验不成为一个可以研究的对象，那么美学这个学科也就'终结'了。如果审美批评被'超越'后就缺了点什么，如果审美批评还能在新的语境中重新获得意义，那么，'终结'后的美学就有复兴的理由"。他以"审美经验"作为美学复兴的关键语，显然包含着审美经验以审美对象——艺术作品的存在这个前提。

金惠敏提出的"艺术的'文化'化""日常生活化"恰恰隐含着"艺术终结"的命题，并在描述中透露着特定的价值态度。如果艺术本来就包含在"文化"及"日常生活"之中的话，它就是文化与日常生活的一部分，没有必要再"'文化'化"和"日常生活化"。这两种"化"恰恰都是文化"去审美化"之"非艺术化"。日常生活与艺术的区别在于"日常生活"以审美形式反映成为艺术，而艺术反倒被"'日常生活'化"恰恰是一种非审美的物化还原。金惠敏所张扬的"美学复兴"恰恰是高建平所担心的"美学的终结"。从他们的论述可以见出在"美学复兴"现象中的两种截然相反的描述和兴奋，在当前这是有相当代表性的"问题意识"。

而我们应该注意到更早提到"美学复苏"的是弗·杰姆逊，主要是他在2002年来访中国时在《当前时代的倒退》的演讲中谈到这个问题（笔者在另文有所涉及）。[①] 他所谓"倒退"指当前对"现代性"作为传统有所回归。杰逊姆于新世纪在许多文章中从不同侧面涉及这一主题，如《单一的现代性》《现代性的幽灵》等。从启蒙思想准备、资本主义工业革命、政治革命到文化革命起始的现代性作为一个历史的长时间段来看，杰姆逊所谓"单一的现代性"实质上是把后现代性作为一种现代性的自身颠覆，从颠覆的颠覆带来的返回来看，后现代性是被包含在单一的现代性之中的一种否定性异质现象。后现代不可能把作为传统的现代性彻底清除，在后现代对启蒙话语的反思中，一个"现代性的幽灵"仍然徘徊在世界史中。现代性的回归也称为"传统回归"在哲学、政治、经济、文化、美学多方

---

① 弗·杰姆逊：《当前时代的倒退》，《中华读书报》2002年8月12日。

面展开，包括对马克思主义传统与古代传统在消解中的再次确认。1993 年德里达的《马克思的幽灵》的出台，紧接着是罗蒂为《共产党宣言》发表150 周年写的《失败的预言与光荣的希望》等都涵盖在这种回归现象之中。杰姆逊将这些回归中的"美学复苏"描绘为："一方面是纯粹的装饰和令人愉悦的平庸化；另一方面是审美判断中的各种意识形态的感伤的理想主义"。显然，前者所描绘的是与后现代以大众文化出现的文化消费主义，在美学上即"日常生活审美化"；后者主要是指某些艺术作品中与传统复归意向相连的怀旧情绪，即对一个理想化的传统现代寄托怀乡式伤感，反映着某种意识形态。由此可见，杰姆逊所谓"美学复苏"与高建平及金惠敏不同之处在于描述中隐含着批判，他在《政治无意识》中表示过对美与艺术的本质论问题不感兴趣，热衷于结合着社会批判的文化阐释。他所说的美学复苏瞄准的是 20 世纪中后期的审美文化现象，一方面是以日常生活审美化面貌出现的后现代文化消费主义久盛未衰；另一方面出现了对碎片化、平面化、反深度模式等后现代精神分裂式写作逆向的通俗流行文学艺术作品。如锡德尼·希尔顿等畅销小说家纷纷走俏，小说、电影并进的《廊桥遗梦》《马语者》，以全球文化霸权造成"万人空巷"的电视剧《豪门恩怨》《鹰冠庄园》《钻石王朝》等，这些节目虽然不都是文化垃圾，但也不都属可以进入史册的文艺精品。杰姆逊把美学复苏作为一个泛文化现象加以阐释，没有把艺术"化"掉，用 regression 这个明显含有贬义的词来看待"当前时代倒退"中的"美学复兴"现象失去了那种乐观与欣喜感。不能以此反推杰姆逊认为后现代就可简单视为进步，从他的"单一的现代性"来看，后现代性与现代性都包含在资本主义的文化逻辑之中，作为相应意识形态的不同表现都反映着这一时代的经济基础与上层建筑，都是可投以冷眼而不值得兴奋的事，简单的是非优劣判断均难以解决这样复杂的文化问题。他的对策是把现象充分提示出来，发现某些本质的方面，将之作为批判整个资本主义消费文化的材料，将这种他称之为"认知绘图"的阐释与批判纳入历史的轨道，以乌托邦的方式期待更好的"未来文化"。显然他占据了一个更高的文化与美学制高点。

刘成纪从美学的学科性来看当前"美学复兴"现象，他这样描述："首先是理论杂乱，缺乏共同问题。像生态美学、后实践美学和日常生活审美化的研究者们，大多自说自话、互不交集。其次是研究领域各执一隅，缺乏普遍解释能力。像生态美学解释了自然而遗忘了社会和艺术，后实践美学和关于日常生活审美化的讨论则相反。第三，对西方美学的译介呈现新的繁荣，但理论原创性严重不足。所谓的美学讨论或争鸣，大多沦为西方美学在中国的代理人之间的战争。"① 是不是可以认为，刘成纪全然否认"美学复兴"现象的存在呢？他在同年的一篇文章《自然的"人化"与新中国自然美理论的逻辑进展》中认为："传统曾被斥为机械唯物主义的美学，其实在当代具有重新复活的重大契机，即只要将传统的机械自然观置换为有机自然观，承认自然是有机生命体，那么，包括蔡仪在内的客观论美学就与当代生态美学产生了完美的理论对接。……在当代美学中，生态美学一方面在观念层面反'自然的人化'，另一方面也并不意味着引人复归于野蛮和蒙昧，而是以人类的审美生存为最终目的。"② 诚然，当代生态美学对客观的自然美论的"重新复活"不可能被排除于"美学复兴"之外。但是，在上一章我们简略谈到，生态美学强调的自然的整体性的"美"又包含着对传统美学的自然美观念的学科性颠覆。再者，客观的自然美充满不以人为转移的生生不息陈陈相因之辩证法，蔡仪的"美在典型"说正是自然美以个体表现种类之群体的辩证关系不是"机械唯物主义"而是辩证唯物主义（见本篇末节）。由此可见，对美学复兴所开拓之"更宽路子"上岔道不少，甚至方向全然相背。我们要究其缘由，以利前行。

（二）当代中国美学的简略回顾

"复兴"既是一种相对于衰落而发的历史叙事，又是对某种现状包含一定价值色彩的描绘。我们首先着眼于国内的美学几次冷热起落的变化，而后再把视野放大到西方古代美学史以及当前带有全球性特点的关于学科性的后现代语境之中。

前几年有人在一次美学会议上把我国美学发展的三个阶段生动地概括为："50～60年代谁也不让谁；80年代谁也不怕谁；90年代以来谁也不知道谁是谁。"之所以"谁也不知道谁是谁"就是大家都戴上新的面具出场。文化史上一些"复兴"现象常常是戴上过去的面具和服饰演出现时的剧目，或相反戴上时髦的面具和服饰扮演着从前的角色。美学的"庐山真面目"仍然在种种后学被"化"成"谁也不知道谁是谁"的面具下面依然是"谁也不让谁；谁也不怕谁"。美学的元理论元命题虽然被罩在括弧里面却依然存在，前两次美学热潮作为走过来的路，哪怕是弯路，仍然是中国美学当代发展中不可抹去的一笔，从中可以找到其冷落与复兴的因由。

---

① 刘成纪等：《美学的边界（笔谈）》，《郑州大学学报》2009年第6期。
② 刘成纪：《自然的"人化"与新中国自然美理论的逻辑进展》，《学术月刊》2009年第9期。

　　高建平的上述文章对我国两次美学热潮与争论有较详描述，这里略作一点补充。20世纪50～60年代我国聚焦于"美的根源是主观还是客观的，美的本质是什么"的那场争论与苏联美学界的关系是很密切的，那就是关于决定自然美的本质属性是自然本身的自然性还是自然事物之外的人加之于自然的"社会性"。后者认为自然美也属于意识形态，也有阶级性，这显然与当时弥漫式的"左"的教条主义相联系的"政治正确"有关，并带有本质主义特征。紧接着这场美学争论之后是声势浩大的反右派运动，知识界中文学界遭受的冲击极为猛烈，作家和文艺理论家被打成右派的人数占很大比例，相比之下因为学术观点被扣上右派帽子的美学家并不很多。美学的形而上特点为美学家们砌上了一道学科性保护墙，或许美学界正是托了康德的福躲过一劫，有意思的是以"政治正确"对形式主义的批判的最后的根子就落于康德。由于消除了"无功利"之美学观，把社会性与意识形态注入自然美的本质的"社会派"当然也享尽胜者风光。这种自然美的社会性到80年代转化为美的本质之"自然的人化"说。

　　越过了"文革"的美学沉寂，80年代美学突然火了起来，形成我国美学界第二次争论的高潮。这次争论继续着50年代把美的本质问题称为"美学上的哥德巴赫猜想"。高建平把促成这次美学热的一个重要因素归为"非政治化"的要求，并指出这种"非政治化"正是当时的一种政治。美学与文艺学围绕着一个更为深层的共同核心是"人性/主体性"，李泽厚的宣言式论文为《康德哲学与主体性论纲》，刘再复以《文学的主体性》呼应，在美学文学界被奉为思想解放的旗帜。他们张扬的主体性是人道主义或人本主义所张扬的带有思想解放姿态的主体性。马克思《1844年哲学经济学手稿》的重新阅读为有关"人化"与"异化"为核心的争论提供了理论依据。这一次美学的热潮大致持续到80年代中后期渐渐凉了下去，对这个下滑态势可作以下概括：

　　（1）80年代末以来我国思想界经历了一次最为重大的"体/用"转换，从改革开放初期的西方化转向国粹化。第二次美学热与大量引进西方美学文献有关，其之沉寂也与新一波"西学东渐"热潮降温有关，这仅仅是一个外层的原因。

　　（2）第二次关于美的本质之争到一定限度深入不下去了，各家各派坚持原有的观点，较多对60年代争论之重申，难以有新的发展，必然导致理论疲劳。当时的强势话语"自然人化"说渐渐受到反人类中心主义的冲击，而主体性话语霸权又被后结构主义的"主体消失"削弱，"人是出发点与归宿"这个普遍命题被"人死了"消解，因此这种建立在"唯我独大"之人类中心主义上的主体性美学从一种压倒性普遍话语在多元化中被缩小到"实践美学"的有限群体的圈子，失去原有的主导地位。而实践美学本身又"内爆"出"后实践美学""新实践美学""情本体论"等，这也是后话。

（3）我国美学由热变冷还有一个世界性原因，那就是后现代的反本质主义与消解学科的文化研究的引进使关于本质论探讨处于窘迫境地，美学两次热潮的一些本质主义与本质论话题成为"陈词滥调"。特里·伊格尔顿在《理论之后》中指出："20世纪60年代末的学生运动结束了，而高等教育虽并未更多地摆脱暴力和产业剥削结构，却以人文科学驱动的方式提出了挑战。这种挑战的成果之一就是文化理论。"① 文化研究本身带有消解学科化要求，这就是金惠敏所说美学被文化所"泛化"。由此来看90年代后期的"美学复兴"恰恰与美学学科性本身消解相连。80年代美学热潮一开始是对"文革"政治封闭之突破，但其学科性自身的封闭性却抵挡不住被称为"后学科"的文化研究的冲击。文化研究就世界性主潮来看，仍然是一种以"左"的倾向为主的文化政治学思潮。文化理论的政治化及"后学"话语的陌生化与沉浸在抽象思辨中的美学形成强烈反差。文化研究对美学既是使之消亡的挑战又是使之复兴的机遇，这种挑战带来的机遇在中国由于批判锋芒钝化而串味，张扬消费主义的日常生活审美化之泡沫成为美学泛化之主要形态，于是引发了2003～2005年间美学界关于"日常生活审美化"的论争。高建平与金惠敏对"美学复兴"的不同价值态度正折射着这场论争的余波。

在我国第一波的美学热中有这样一段值得回顾的插曲，1958年姚文元对"从概念到概念"的美学争论看不下去了，写了一篇《照相馆里出美学——建议美学界来一场马克思主义的革命》（简称《照相馆》）的文章鼓吹"美学界来一场马克思主义的革命"。他说："老是停留在概念上不行了。应当有人出来勇敢地放下架子，面向生活，从无限丰富的社会生活中的美学问题出发……从而打开一条创造性地发展的无限广阔的道路。""请美学家到这里来做文章吧！无数新鲜有趣的问题在等待着你们解答！"② 当时就有人指出姚文元的这篇文章是把美学庸俗化了，"四人帮"被粉碎后，李泽厚接连写了两篇批判文章《实用主义的破烂货——斥姚文元的所谓

---

① Terry Eagleton, *After Theory*, p. 27.
② 姚文元：《照相馆里出美学——建议美学界来一场马克思主义的革命》，《文汇报》1958年5月3日。

"革命"美学》《美学的丑剧——评姚文元的〈美学笔记〉》①。把姚文元从"杜威的实用主义""地地道道的经验主义"最后上纲"为篡党夺权,全面复辟资本主义"。这两篇批判文章除了"政治正确",其学术含量和理论说服力还不及《照相馆》。美学无论怎样"介入"政治,离"篡党夺权,全面复辟资本主义"还有相当远的距离,看来其人当年搞"斗争哲学"劲头并不逊于当前批判"斗争哲学"。排除一些虚夸的"革命"词句,就《照相馆》所提出的作为美学"创造性地发展的无限广阔道路"即"研究环境布置、生活趣味、衣裳打扮、公园设计、节日游行、艺术创造、风景欣赏以至挑选爱人",虽然浅薄,却与美学之"'文化'化"与"'日常生活'化"并没有什么根本的区别。这并不表明姚文元在半个世纪之前就领了后现代风气之先。从理论与实践、抽象与具体、研究与应用、学院与社会区隔层面来看,不同时代都有可能重新提出这个问题。任何科学领域总是有一些人在实验室图书馆里做学问,另一些人忙于把他们在科学上的新发现推广应用于新技术开发。居里夫人在实验室里发现了放射性物质铀元素,爱因斯坦在理论上提出了"质能相当"之相对论,而依据他们的发现和原理建立人类第一个核反应堆并开发制造出原子弹的则是费米、吉拉德等人。"图书馆里出美学"与"照相馆里出美学"代表着美学形而上与形而下的两条路径,这两条路径分别以美学学术思想史与审美经验史得以体现。姚文元当年提出的问题今天又在新的语境与历史的新高度以理论前沿姿态提了出来,当然在理论上比当年笼罩在"左"的教条主义之下要开放活跃得多。但是作为人文社会科学的美学是依赖图书馆与学院讲台而存在的,正如没有居里夫人与爱因斯坦的发现和理论就不会有核能的开发与利用。

国内第一次美学热是在思想禁锢状态之下由形而上的学科式封闭所形成的;第二次则在国门开放到进入全球化新语境之中;当下的"美学复兴"又与学科性危机共生,所以我们必须把视野放大到后现代学科状况来看问题。

(三)美学的几道学科性边界

当前美学复兴与它的学科性危机同时成为热门话题有着更广泛的人文社会科学语境。在这一语境下近几年笔者提出了一些有关"后学科"状况下美学学科性重建的问题,有些已经写到了本书里,这里简略概括为以下

---

① 李泽厚:《美学论集》,上海文艺出版社,1980,第529~534页。

几个主要方面。

第一，关于日常生活审美化这个问题笔者的《走出后现代——历史的必然要求》等论著均有所论及，现在整理出几个要点概述如下：（1）尼采"把自己做成一件艺术品"的思路为福柯充实到他的"生存美学"之中，舒斯特曼将之纳入他的"哲学实践/生活美学"的实用主义体系。这几股线索拧成日常生活审美化的主要现代—后现代思想资源。（2）后现代文化研究把属于一种文化消费主义现象的日常生活审美化作为批判的靶子与上述思想资源有所错位。（3）新世纪初年我国一些人以"新的美学原则"提出"日常生活审美化"张扬消费主义而与西方的文化研究批判性主流背道而驰。（4）对于以上这一系列有着强烈时代感之理论前沿问题，美学不应封闭在传统学科边界之内不加关注。怎样从学科性来看这些问题，将之纳入美学的问题意识之中作为在后现代不容回避的现象，研究它们以"复兴"出现的语境，这样一种探讨与以"'文化'化""日常生活化"来模糊和消解美学的学科性是完全不同的路向。超学科的"日常生活"带有超历史的非科学形态，它回避了"谁的日常生活"之提问，不回答是原始人类的日常生活，还是未来大同世界人们的日常生活。这种"日常生活审美化"无论对于挥金如土者作为美化人生之修饰，还是对于充满生存忧虑者作为天国之抽象，同样都与美学无缘。（5）人类历史中的审美维度始终存在着美化自己日常生活的普遍倾向，并与人类解放这一历史总体的宏大主题相关联。这是以异化形态阶段性呈现的人的本质对象化道路上的美学使命，其异化形态即不同样式的文化消费主义所物化的日常生活审美化。就拿马克思和恩格斯所设想的共产主义社会来看，"任何人都没有特殊的活动范围，而是都可以在任何部门内发展，社会调节着整个生产，因而使我有可能随自己的兴趣今天干这事，明天干那事，上午打猎，下午捕鱼，傍晚从事畜牧，晚饭后从事批判，这样就不会使我老是一个猎人、渔夫、牧人或批判者……"。① 所说"任何人没有特殊的活动范围"意思是指任何人不会被外在的强迫限制在"特殊的活动范围"之内，不同活动范围的"部门"之"这事""那事"之间因对象性关系不同而划定的界限并没有取消。打猎、捕鱼、放牧、批判……我们再可以加上写诗、绘画、唱歌、弹琴……即使在设想的共产主义社会，这些活动本身的区别仍然没有消失，并不是说打猎＝捕鱼＝放牧＝批判＝写诗＝绘画＝唱歌＝弹琴＝……相反，这些等号仍然应该改为不等号。

---

① 《马克思恩格斯选集》第 1 卷，人民出版社，1995，第 85 页。

本书总论涉及这个问题，人类摆脱异化意味着没有一种外在的力量来强制我们去从事某种特殊的活动或被限制在某种特殊的活动范围之内。人的解放和全面发展使我们可以摆脱分工和职业作为谋生手段的束缚，而不等于我们可以取消这些活动本身的差异。在不同活动范围内还有个体性差异，包括个人兴趣、知识和能力等差别，如果这些活动本身的范围差异与个体性差异也可以因为主体选择的自由而消失的话，那也就不需要"社会调节"整个生产了。那么所有的活动都化为同一种活动，所有的人都从事同一种活动，人与对象世界的关系化为一种关系——生活本身变成了审美，所有的活动都化为审美活动，也就等于取消了审美活动……那么这样的世界变得多么贫乏，人的"全面发展"又多么苍白啊，这种"人的解放"是多么荒谬呀！

人们之所以可以"随自己的兴趣今天干这事，明天干那事"，不仅表明主体的"兴趣"在"这事"与"那事"上有所不同，它们同样不能相互替代，打猎的感受不同于捕鱼的感受；放牧的愉快不能替代写诗的愉快。即使同属于审美愉快，也有因对象性不同引起的差异，绘画的审美快感不同于唱歌，写诗的愉快不能替代弹琴之乐趣……只有在多样性和丰富性中的选择的充分自由人的全面发展方能真正充分地得到展开。所谓"生活本身被做了艺术品"，艺术品也就被取消了。还有所谓"生活美学"，"生活本身变成了审美，所有的活动都化为审美活动"，实际上是对审美活动本身的取消，打猎是审美，捕鱼是审美，批判也是审美，吃饭、睡觉也是审美，唯有审美不是审美。只有"打猎、捕鱼、放牧、批判"，还有"纺织、制造"，当然还有"烧饭做菜、吃饭睡觉、性交生小孩"……而没有"写诗、绘画、唱歌、弹琴、旅行、赏风景……"，那样的"共产主义"谁愿意要，他就要，反正我是不要。有关"日常生活审美化"命题在彻底摆脱文化消费主义之后，它的意义仍然是伦理的，一旦劳动摆脱了作为谋生手段而成为生活第一需要，分工再不是对人的限制，审美作为另外一种需要而成日常生活的一个部分，人随时可以从这方面得到不同其他的特殊的快感之满足。

第二，关于身体美学的问题，笔者在《实用主义的三副面孔》一书中有所论及，舒斯特曼的身体美学是以反低俗的"身体学"时尚作为一个"学科的提议"出现的。但是舒斯特曼为身体美学所做界定尚有许多含混不清之处，使其"科学提议"本身包含着"解学科化"的悖论。他自谓无法在形而上层面解决身体美学怎样纳入哲学范畴之困惑；在形而下的层面身体美学与体育健身、医疗卫生、身体修炼方法等怎样划界也不清晰。对福柯以身体作为存在美学的试验向包含吸毒、性虐、同性恋等人生极限体验挑战，舒斯特曼既有批判又含着赞赏。这样一种与学科性相悖的"学科提议"怎样规范地纳入美学是他自己也感到困惑的事。①

第三，舒斯特曼身体美学在界定上的学科含混性，导致他进而把审美经验与性经验之间的区别界限加以取消。2006～2007年他连续发表的两篇文章提出了"实用主义'性'美学"。他从审美经验在"审美"与"经验"两大范畴的不确定性出发，在批判康德的审美"无功利"的同时却把"性经验"加以纯化，使之与"传宗接代"等功利性脱钩，等同于审美经验。于是审美由外观转化为欲望的实体性满足之快感。诚然，性生活关系到人的生活质量，性解放/性道德观念的提升是人的全面解放的一个组成部分，并且性与审美确实不是没有关系，如"性感"属于人本身作为自然美的一个重要方面，但是直接的性活动与审美活动（包括由性征引起的美感）仍然有着不同规定性，属于人类多种多样社会生活中的两个不同方面。以性经验替代审美经验也就是用性学取消了美学，以性教育代替审美教育，这是后现代实用主义传承了古典实用主义对传统形而上学的颠覆，以解构与文化研究对美学的去学科化。舒斯特曼从生活美学、身体美学到性美学是实用主义在后现代合乎逻辑的美学展开。当然，舒斯特曼美学思想还有"复兴杜威"的学科倾向，如坚持艺术再现与表现、自律与他律、精英与大众问题上的有机统一。这种不肯舍弃学科性美学，又要突破美学边界的独特"做美学"方式，既反映着当前带有普遍性的倾向，又包含着舒斯特曼个人独创，给美学学科性带来很多危机式问题，却又引起"复兴"的兴奋。

第四，由许多中外著名自然科学家提出的"科学美"在后学科状况下越来越得到美学界呼应。笔者在《走出后现代》中对"科学美"加以否定，认为许多科学家谈到"科学美"不是在美学的学科使用的语汇，而是以日常语言如"美梦""美差""美事"等"美"字来表达自身学科体验。史忠义在为该书写的"代序"中提出不同的看法，写道：

> ……客观美和主观美，自然美和社会美都是存在的。这即是说，美既是形式，也是判断和体验。大千世界里有美，科学领域是大千世界的组成部分，自然也有美，科学家们既能从科学领域中看到形式美，

① 参见笔者《实用主义的三副面孔——杜威、罗蒂、舒斯特曼的哲学美学和文化政治学》，社会科学文献出版社，2009，第222页。

也完成着判断美和体验美的过程……从古希腊的毕达哥拉斯到当代的杨振宁、丘成桐以及8月份刚刚接受中央电视台第十频道"大家论坛"栏目访谈的数学家王元等许多科学家，都谈到"科学美"这种现象，不能不引起我们的认真思考。我个人以为，在很多情况下（不是所有情况下），自然科学研究和人文社会科学研究都体现了真理价值取向和审美价值取向的统一……我未被说服的另一原因是，我个人即常有这种混合体验。近二十年来，几乎每当我在诗学研究和文学批评研究中有新发现时，我都既感受到了取得真知的喜悦，同时也感受到了深刻的审美喜悦：我把自己的发现对象视作审美对象，从中看到了形式美，把这种发现过程和研究过程视为审美体验过程，并感到由衷的喜悦。我曾说过，这种喜悦超过了聆听音乐和欣赏绘画带来的美感，且久久萦绕胸怀。这种现象多次发生，那是一种陷入获得真知兼审美享受的痴迷状态。相信毛先生也有很多这样的体验。其二，自从人类有了自主意识和清醒的精神活动以来，审美现象就发生在各种职业、各种人群以及社会生活和日常生活的方方面面，包括农民耕耘土地和打土坯这样的活动中，都有审美感受。审美的普遍化是客观存在。这里当然要把以丑为美、以俗为美和以恶为美的价值异化和审美异化现象排除在外。作者一方面肯定这种普遍现象，一方面又数次用学科意义上的美学理念规范它们并限定它们。这样实际上就把许多生活中正常的审美现象排除在美学学科的范畴以外。上述两点都说明，鲍姆加登以来建立的学院式的美学科学出了问题，它的范畴太狭窄了，不少理念过于学究气，不能涵盖人类的所有审美活动，特别是普通老百姓的审美活动和审美体验，应该大大拓展。这与眼下时尚的"日常生活审美化"和"身体美学"是两回事。

"大千世界里有美，科学领域是大千世界的组成部分，自然也有美，科学家们既能从科学领域中看到形式美，也完成着判断美和体验美的过程。"① 所说"大千世界里有美"这个前提，并不能引出"科学领域是大千世界的组成部分，自然也有美"的结论，就是说并不是组成大千世界的所有东西都美。史忠义还说"审美现象就发生在各种职业、各种人群以及社会生活和日常生活的方方面面"，此话失之笼统，所谓"方方面面"而不是"审美发生在这些域限的每一方面"。美学的学科性任务就在于"方方

---

① 参见毛崇杰《走出后现代——历史的必然要求》第1、271页。

面面"中区分出哪些方面是（或非）"审美的"并回答"为什么"，他说的
"美既是形式，也是判断和体验"这个话不错，不过"美既是形式"一语
表明，"美"要满足的条件，一个是质料或内容，另一个就是"形式"。这
正是"美"不同于其他可以给出人以愉悦的东西之处。这也就是说，内容
上同一的东西，必须带有美的形式方能成为主体的审美对象，古典美学的
"美是外观"和"感性显现"不能舍弃，而是要重新纳入与特定审美对象
的关系之中。在人与对象世界复杂多样又丰富的关系中，能够成为人的审
美对象进入人与对象的审美关系之中，必须满足一个基本的条件，那就是
对象无论带有怎样不同的质的规定性，它必须以美的可感的形式外观呈现
于主体的审美感官之前。美"也是判断和体验"不同于其他领域对象之
"判断和体验"正在于"判断和体验"中所包含的形式感有所不同。至于
史忠义所说"科学家们既能从科学领域中看到形式美，也完成着判断美和
体验美的过程"，这个结论是需要学科性的语言和术语论证或证伪的。笔
者引过蔡仪生前说过"美学不美"这个话。蔡仪作为一位人文社会科学的
"科学家"并没有从他从事研究的"科学领域中看到形式美"，但是这绝不
表明他没有从自己工作的卓越成就中感受到喜悦。同样，史忠义在自己的
理论工作中有过不少"取得真知的喜悦"，他说，"这种喜悦超过了聆听音
乐和欣赏绘画带来的美感，且久久萦绕胸怀"。"超过"这一说法本身就否
定了科学理论研究给人带来的愉快可以与审美愉快等同。如果这两种"快
感"是同一种快感的话就谈不上"超过"，1 只能等于（＝）不能超过
（＞）1，1.1 或者 1.01 方谈得上超过（＞）1，但 1.1 或者 1.01 与 1 已经
不是同量了，其实审美快悦与非审美快悦所差也就只是 0.1 或 0.01。之所
以有"超过"的感觉正在于两种不同的愉快是不能相互替代的。我们在科
学的理论研究中有所发现时得到的喜悦是其他任何喜悦所不能提供的，如
牛顿在工作中曾"以乌有为食"就是超于一切的痴迷，但任何最高喜悦总
不可能在这一高度状态上长久持续而不疲劳。当不满足于已经取得的成就
想要超越自我，而又疲于无计时，打开音响，为一曲美妙的旋律感动，或
步入庭院看看花开得怎样……这些又会使我们感到这种审美快感"超过"
了其他包括科学思考所得真知的喜悦。这超出于 1 的 0.1 或 0.01，作为
"聆听音乐和欣赏绘画带来的美感"在其对于人的审美需求而言之不可代
替性上就是美学学科性所论美感之全部。

　　杨振宁以虹与霓为例，把"科学美"分为三个层次：第一层次，通过
实验把虹与霓的折射角算出来，他称之为"实验的美"；第二层次，能解
释虹与霓现象产生的原因，是"唯象理论美"；但"为什么水能够有它的

折射和反射的现象呢？这是唯象理论所不能解释的，要用到理论架构"，那就上升到第三层次之"麦克斯韦方程式"之美。在这些美之上，还有更高的美，那就是与"初窥宇宙奥秘和畏惧感"相联系的"崇高美、灵魂美、宗教美，最终极的美"。① 确实，一旦窥破一个宇宙奥秘是多么激动人心的了不起的事，无论用怎样的语言来形容这种难以言表的体验都不为过。然而，进入美学的学科之内他所说的几种"美"都不是"行话"，只有在他所说的这几个层次的"美"之外，非物理学家的普通人们一眼望去都能直接感受并惊叹的七色霓虹之美才是美学所说的"美"。许多哲学家从毕达哥拉斯到莱布尼茨谈到宇宙和谐与美的关系，由此得出一个最高抽象的美的本质，或者为"数"，或者就是"和谐"（如我国当代美学家周来祥），这种超感性的体验与审美体验仍然隔着自然本身的感性形式与主体体验，也就是说这种"天地"本有的"大美"必定以个别自然事物在形式上把数的抽象与和谐表现为可感的形式传达到主体方能够成为一个审美的事实，归于美学范畴。以黄金分割显现为和谐之美不是 $1:0.618$ 这个比例数字而是具体的图形，同样圆形的美不是圆周率传达的而是自然现象中的日落日出的太阳或喻为"白玉盘"的满月，如此等等。

诚然，真理不等同于审美并不意味着真理的价值低于美与艺术，恰恰相反正因为真理的价值可能比审美略高（如史忠义所言"超出"），或略低，它才区别于美与艺术，两者在内在本质与外在形式上都是有差异的。严格说来，两者没有可比性，而这种非可比性基于两者不能相互代替。所以"此一领域体验到的愉悦超过彼一领域"只是日常语言的说法，而非科学语言。真理审美化的途径是对现实生活的真理性认识取得一种审美的形式，如科普或科幻艺术作品等。这也就是审美的艺术的真实性问题。它与沃尔夫冈·韦尔施所说的整体性的"认识论的审美化"不是一回事。取得审美形式的真理性认识已不是科学逻辑以抽象思维所表达的作为"科学美"之赤裸形态的真理。

第五，美与善的关系在哲学学科层面属伦理学与美学问题，这在美学史上就是一笔糊涂账，康德说过"美是道德的象征"，维特根斯坦在《哲学逻辑论》中说过"伦理学和美学是一个东西"，还有高尔基说的"美学是未来的伦理学"，这些话被广泛征引，但包括他们自己却并没有对这些话认真展开论述或论证过。席勒的《秀美与尊严》一书涉及有关人的社会美问题，但他也没有把这个问题说清楚。在后现代语境下，舒斯特曼以

---

① 李政道等：《学术报告厅：科学之美》，中国青年出版社，2002，第 42～44 页。

"伦理的审美生活"以及韦尔施以"伦理/美学"伸张"审美公正"不约而同地把这个问题重新提了出来，表现为对美学学科性解构与建构的双重姿态。伦理学问题之所以在后现代突出有其种种原因，后现代作为晚期资本主义带来资本在地理空间上全球化扩张之时代性变更以及社会转型引起的道德相对主义，即对在价值上的普遍道德标准的质疑使伦理学向美学靠近。作为"后学科"之文化研究的兴盛使美学边界被各种非学科因素的消解导致的危机也迫使它向伦理学求援。舒斯特曼对"伦理的审美生活"的界定是很模糊的，这既与大学校园内教授与学生的文化政治有关，又与他以身体美学为中心的审美的哲学生活实践有联系。这些相关范畴都是模糊概念，笔者在《实用主义的三副面孔》有所论及。这个问题在下面"'内美'不是美"一节将展开专论。

如果舒斯特曼的"伦理的审美的生活"这个提法的两个附加语不能化为一个，并且韦尔施的"伦理/美学"中间把两者分开的那一道"/"不能取消的话，那么美学与伦理学，乃至其他领域的合法合理边界究竟何在呢？康德所说"美是道德的象征"，美怎样象征道德呢？如果仍然是以道德的外在形式来显示其内容，即道德在内容与形式上是完全整合的，康德这个话就是多余的。美就是善，善就是美，不存在谁象征谁的问题。所以，只有通过美的形式区别于道德的形式，美才是道德（内容）的象征。这里不仅贯穿着美与善的辩证法还有内容与形式对立统一的关系，即认为美与善的区别在于外在形式，善偏重内容，美偏重形式。善带有美的形式就成为美的，但善并不一定只能带有美的形式，种种善行也可以有自身形式，所以善不一定就是美，具有美的形式之对象也可以偏离善的内容。这就要研究在实际生活与哲学范畴上善与美为什么不可能无条件地相互替代而取消一方，以及在怎样的条件下它们双方又可以发生相互转换。

"科学美"属于"真"的范畴，科学探求对真理的认识和发现带来的愉快属于求知求真欲望满足的快感，是认识论上的满足。"社会美"属于"善"的范畴，人在社会生活的实践活动和行为中对善的追求和实现所带来的快感属于道德完善的满足（关于这个问题笔者有另文专论）。区别于前两者，美学范畴"美"的对象是指自然美与艺术美以及由此派生的许多日常生活中的审美对象，与之有关的主体对形式感满足的愉悦属美学上的美感。这正是真善美的基本区分界限。

在这样一种宏观人文知识背景下，学科边界之突破一方面给美学带来打破封闭的生机，与此同时也隐伏着美学边界消失的学科性危机。面对这样一种悖论式学科性状况，美学要有一个艰难的应对。后现代语境总的特点，一是多元化，二是过渡性。多元化极大宽度的包容性决定着在价值判断上的审慎，避免简单化的"非此即彼"。过渡性即指向"走出后现代"之历史线性目标，要求明确的价值取向。又由于这种过渡性是在多元性中对未来方向的显示，所以这种目的性又有一定的模糊性，其中包含着现代、前现代的以传统存在的东西，又有"后'后现代'"以创新出现的东西，既要维护、再现传统东西，又要扶持、弘扬萌芽状态的东西。又因为多元化中包含着过渡性，因而多元性不归结为非批判的多元主义，在文化理论的多元对话中包含着社会批判，这也正是杰姆逊、伊格尔顿等新一代马克思主义批评家值得赞赏的原因，但他们也存在自身的问题，并面临后理论中的"知识左派危机"。所以我们要适应多种选择，包括在美学学科内做"小美学"的方式与跨出学科边界美学之外做广义的"大美学"的方式。在左派圈子之外，舒斯特曼以"杜威复兴"名义在新实用主义美学以及在生活实践美学中搞得热火朝天。韦尔施的"美学无为"之名对美学的学科性超越也不无独树一帜的地方。

在学科内做美学与学科外做美学两种方式不仅在学术资源与规范以及论证方式上有着显然的区别，也影响到文体、语言与文风。如伊格尔顿在学科界限内的一些著作，《批评与意识形态》《文学原理导论》《审美意识形态》等，思想清晰，逻辑严谨，条理分明，写作规范，而他的一些文化理论如《历史中的政治、哲学、爱欲》等，直到《理论之后》，这些批判机动灵活，有着可圈可点的闪光思想，正是这两种做学问方式在学科内外的进出使他成为后现代新马克思主义中卓有影响的一位。但他的某些超学科写作在修辞上过多的转喻、反讽在一定程度上掩盖了思想的明晰，松散调侃的文风淡化了理论的逻辑，某些文段甚至使人不堪卒读。在美学边界之外，后结构主义、解构学派诸大师有他们的做法，杰姆逊的文化政治阐释也是一种不可替代的方式。如果不放弃美学学科性，那么应该对美学的边界有所守护，要重新审视并划定美学的学科性界限，把那些被现代与后现代消解掉而不该消解的边界重新确立起来，无论来自亚里士多德、柏拉图，还是"回到"康德、黑格尔，都不是意味着要退回到他们历史地划定的美学边界内，而是要重新审视他们划定的边界。美学边界的确定与其他学科同样，不是要使之僵化，并非提倡死守在里面，而要时时准备走出去，介入美学学科之外的学科、文化及日常生活实践中去，在学科性问题与其他社会发展问题同样，后现代之路走得更宽是为了走出后现代。

（四）美学边界的限制与思想自由之无限

一门学科是与其他学科在对象、方法与范畴等方面的差异历史地创建起来的。美学的边界并不是少数几位对美学感兴趣的美学家一时兴致勃发划定的，而是在各流派的争论中历史地动态形成的。比如鲍姆加登因 1735～1750 年间为美学命名而被称为"美学之父"，但在他为美学命名前，1725～1744 年间意大利维柯写出了《新科学》被克罗齐称为"美学科学的发现者"。扬·维柯这本书的全名是《关于各民族的共同性质的新科学的原则》，它以意大利文艺复兴式博大的人文性，从始自希腊神话人类文化史涉及的社会的法律、伦理、政治、经济制度来描述人的"诗性智慧"与文明历史的关系，[1] 它与鲍姆加登直接以《美学》命名的划界性著作迥然不同。也正如克罗齐所说，《新科学》中"有关美学理论的章节比起这部令人惊奇的著作的其余部分是不大为人所知和缺乏影响的"，因为他"把美学的概念放到一边，以一种新方法理解幻想，洞察诗和艺术的真正本性"。而在克罗齐看来，在鲍姆加登的美学里，"除了标题和最初的定义之外，其余的都是陈旧的和一般的东西"[2]。然而，一些美学通史类著作并没有把维柯的这本书纳入其中，如鲍桑葵、比厄斯利等人的美学史著作。而正如朱光潜所说，在维柯与鲍姆加登之间"'美学奠基人'的争执是无聊的。美学是由许多工作者日积月累的贡献发展起来的，不可能指出某一个人来说他是'美学的奠基人'，鲍姆加登够不上这个资格，维柯也够不上这个资格。克罗齐对维柯的估价是偏高的。要衡量一个科学家的价值，只能看他对那一门科学的发展有没有作出新的贡献。从这个角度来看，我们也不把维柯的地位摆得过低"[3]。这个话说得非常好，既坚守着学科的严格性又不失走出学科之公正。

韦尔施提出"超越美学的美学"，因为"美学太需要超越美学了"，这种学科性的超越指向一种"学科新形式的探讨"[4]。他所讲的一些东西确实不在美学学科性边界之内，因此德国美学协会把他排除在外，而国际美学协会却接纳了他（我们下一节将专门讨论他）。[5] 这正说明美学学科性与

---

① 扬·维柯：《新科学》，人民文学出版社，1986。

② 贝·克罗齐：《美学的历史》，王天清译，中国社会科学出版社，1984，第64、78、62页。

③ 朱光潜：《西方美学史》（上），人民文学出版社，1964，第328～329页。

④ 沃·韦尔施：《重构美学》，第104页。

⑤ 参见王卓斐《拓展美学疆域 关注日常生活——沃尔夫冈·韦尔施访谈录》，《文艺研究》2009年第10期。

开放性之龃龉，就好像当年维柯与鲍姆加登谁是美学的奠基者之争那样。从学科性来看，追求超越限制的自由意志来自人本性所具备的潜质。在各种不同领域的探索是以通识方式发展自身的知性智慧实现潜价值的努力。然而这种自由也不能彻底摆脱现实状况的种种分工带来的束缚，学科对思想的束缚便是一种。美学的学科边界在其母体学科哲学之中有些地段相对稳定而比较清晰，在与邻近学科，如文学与各门类艺术学的边界关系上有些地段则较模糊，因此容易引起边界争议，对于这种"设"而"不僵"的边界状况，介入到边界之外是不可避免的。走出边界做美学的方式是多种多样的，通常的跨学科研究，边缘学科生长，进入文化研究天地后更为广阔。之所以可以在学科内外进进出出正表明边界的存在，一个没有任何边界的空间没有进出的问题，那才是绝对虚空。从学科性考量"某种做美学的方式是怎样发生的"，并把这种提问纳入社会批判，这就是一种走出学科性边界做美学的方式。这样一种"走出"已经不是看看边界之外的"风景多么好"，而是美学以其独有的学科性所担负的人的全面发展和解放的使命放大提升到包括文化批评在内的社会批判的高度。韦尔施指出，处于时代制高点的美学家都是思想家。无论在物质生活中还是在精神生活中，人的超越的自由也是戴着镣铐的舞蹈，在束缚中为摆脱束缚的自由而奋争，这是一个对时代能提出一点有益见地的思想家与"胡思乱想家"的根本区别。美学家能提升为思想家固然是一种较高境界，然而对美学之外的其他人文学科以及现实的社会生活不屑一顾而独对美学有所建树者不能被剥夺美学家称号；对美学从来不置一词也不能阻碍一位学者成为有影响的思想家。实际上，称得上思想家的美学家毕竟很少，而有影响的思想家中兼美学家者也并不多见。

对于美学研究的道路，从高建平所说"这是不是一部好的作品？"的提问开始，到"为什么是一部好的作品？"这还不够，我们还可以补充，美学除了要回答以上的问题，还要超越"是否好"的审美判断，要回答既不好又不坏的作品"为什么能成为艺术品"，如许多先锋艺术家的作品。回答这样的提问单靠某种封闭的学院美学是不够的，它们作为"哲学对艺术的剥夺"（丹托）不仅要借助哲学，作为对社会反叛之反审美现象还要从社会政治经济状况追寻答案。然而，如果没有作为原点的审美活动参照就不会有这种"去审美化"的现象作为逆动。审美活动从原始时代的岩画开始，即使到人类社会实现了理想境界那一天，人们不会被外在的强迫限制在"特殊的活动范围"之内，"有可能随自己的兴趣今天干这事，明天干那事，上午打猎……"，那也并不意味着"这事""那事"之间的界限可以取消。"捕鱼"不能代替"打猎",同样它们不能代替歌舞、写诗、观景等多样审美活动。缺少审美的生活不美好,然而再美好的生活也有非审美的日常内容,日常生活在任何时候都不能与审美生活"化"为"零距离"。只要人类没有放弃审美活动,若真如当前某文化理论者所说"审美没有意义",由审美经验的对象和主体为核心构成的美学就会有以这些特定活动与对象所构成的边界,美学就不会从人文社会科学中被抹去。

如前所述,学科区分的合理性在于客观存在着的对象性差异所产生的社会分工的需要。社会分工推动了生产力的发展,并增强了对专门人才的需求从而以学科把书面知识与劳动技能的训练"限制在特殊范围"。学人不是学科的囚徒而有可能具有超越学科之上的驾驭力量。闻一多把写诗比喻为"戴着脚镣的跳舞",凡是"诗"即便是"新诗"也总是有一定形式性规定的,他说:"棋不能废除规矩,诗也就不能废除格律。"做学问同写诗也有共同之处,任何学科总是在一定规范与界限内做研究。在思想要求开拓自由空间时,突破学科边界的束缚是创新,当学科界限模糊不清或需要新的界定时,划定出新的边界,确立新的规范,厘定新的概念,不能说就不是创新。鲍姆加登对于美学从理性主义经过康德、席勒到黑格尔完成了理性与感性的统一,成为一门独立的学科,起着举足轻重的作用,他是在美学学科里面创新。维柯则是在美学门外创新,对于走出学科性封闭,开拓历史文化视野作出了创新贡献。学术创新之关键在于有没有走在前人没有走过的路上,说出一些前人没有说过的话。

美学如何像自然科学那样如马克思所说在"实践上进入人的生活,改造人的生活,并为人的解放做好准备"呢?"形而上者谓之道;形而下者谓之器",美学之道与审美之器总是有这样的区分。美学之复兴与学科性危机应对也是如此,美学只有超越学科性束缚广泛介入社会批判才能与人的解放相关联,而美学要超越自身就越是要把自身限制在严格科学的学科性之内,保持自身独有的"行话"。"美学不美",美学是对自身对象——人的审美活动的对象与主体关系中真理的发现与认知,那就是要在学科性对自身使命的限定中,在后现代消费社会对被万物商品化淹没的人的审美生活的合法性捍卫中,在过渡性的多元文化中进行社会批判,与其他人文社会科学一起为走出后现代迎接一个新的时代,向人的解放这一终极目标接近。

三 美学"学科新形式的探讨"

——韦尔施的美学悖论及思想进路

在美学篇的前面几章，我们多次提及当代西方美学的两个活跃人物，一是美国的舒斯特曼，一是德国的沃尔夫冈·韦尔施，关于前者在《实用主义的三副面孔》一书中笔者专有论述，这里着重研究后者。

韦尔施是一位颇有世界影响的后现代主义学者，不同于那些原创性的后现代主义者，正如他的代表作《我们的后现代的现代》所标示的，他徘徊于现代与后现代悖论式的张力之间，一方面为后现代新的思维方式的活力感到兴奋，为"后现代"这一概念正名；另一方面也对其荒谬深怀焦虑并提出了尖锐的批判，把"后现代"视为泛滥成灾的"病毒"。这也正是作为新一代的美学家在他的美学著作 *Undoing Esthetics* 这个标题所包含的意义。Undoing（撤销）这个词的意义并不是要取消整个美学，有如我们在电脑键盘上按错某个键位 Undo 到前一个操作，他想要在后现代语境下改造传统美学，重建一种新的美学，正如他在这本书第一编第四节标题所示"超越美学的美学：学科新形式的探讨"。20 世纪 90 年代初他提出"拓展美学疆界"并呼吁对日常生活的审美现象给予足够重视，这种呼声当即遭到德国美学协会同行们的强烈抵制而被排斥于该协会之外，而 20 年后德国美学协会第七届年会的主题便是"美学与日常经验"，彰显出他超前的眼光。但是，他在 *Undoing Esthetics* 这本书中设想一种"听觉文化"将代替"视觉文化"的未来前景，预言"人类和我们星球的继续存在，只有当我们的文化将来以听觉为基本模式，方有希望"。但是这是一种凭空臆测，后现代大众文化中的"视图转向"与他 20 年前的预见恰恰相反，近年他在对中国学者的访谈中坦然承认："视觉文化的地位得到了进一步的巩固，而迈向听觉文化的转变未曾出现"。如此种种奔突使他陷入了后现代美学解构与重建之悖论中，他竭力主张开拓，却又被学界视为持"原教旨主义立场"。[①] *Undoing Esthetics* 这个书名比较充分地表达了他这种充满悖论的美学困境。汉译本把它译为《重构美学》只反映出这本书的一个侧面，其另一面带有解构美学的意思，关于这种情况汉译者在前言中已有充分论述。这本书富于张力的前沿性不在于前景判断上的某些失误，而在于对美学"复

---

① 沃尔夫冈·韦尔施等：《拓展美学疆界　关注日常生活》，《文艺研究》2009 年第 10 期。

兴"及其学科性危机的描绘,在于对传统美学颠覆与新美学重建境况的展示,正如作者本人作为一位跨越人文社会科学各学科的研究者,美学的越界只是其后现代主义思想的一个方面,该书所提出需要思考的问题的启示远远多于它所给予的答案。这本书于新世纪初介绍到中国旋即在美学界产生了巨大的影响,然而种种"食而不化"之阐释盲点叠加于韦尔施本人的思想悖论之上,起着加倍的催化效应。该书译者前言以及译者之一陆扬新近的文章《韦尔施论两种"审美化"》对此一再有所提醒①,但远未引起中国美学界足够的注意,一些挤上文化研究"末班车"的美学家对以"审美化—图视转向"出现的文化消费主义兴奋不已,似乎从韦尔施那里得到某种最新的思想资源。2010 年笔者见到陶东风一篇论文学理论"反思性建构"的文章,从该文注释标明对韦尔施该书的引述达 17 处,② 足见该书译介到我国十来年间影响未衰。陶文对韦尔施"认识论审美化"的阐发是到位的,缺席的是 Undoing。韦尔施在 Undoing 美学上取得重构主动权,并不意味着他对美学的 Undoing 作为一种"学科新形式的探讨"本身是不需要Undoing 的,其"认识论审美化"是特别需要 Undoing 的。

事隔多年,在这里对这本书的细读可作为《美学:应对复兴与学科性危机》之个案剖析,研究韦尔施在美学之"新的学科形式"探索中的得失,追踪其思想进路,对于真正的美学重构应为一种不可或缺的参照。在学科际间关系上后现代美学的基本特点表现为,美学与其他学科的边界遭到拆卸;在学科内部审美与非审美的差异被消除。这种解构的形态又以建构的方式表现,如"日常生活审美化""身体美学""政治美学乌托邦""伦理的审美生活""性美学"等命题的提出。在这种后现代悖论中,提出以上相关命题以及为之提供理论支持的主要哲学美学学派是分析哲学及美学与新实用主义哲学及美学。其主要代表人物如分析美学的维特根斯坦、迪基、丹托、卡罗尔等,新实用主义的罗蒂与舒斯特曼等。分析美学从早期维特根斯坦的艺术与美之非定义性转向对艺术定义的探讨,而这两大学派在方法论上都在更广泛的后结构主义与后现代主义的影响之下。震荡于本质主义与反本质主义之间,在美学上主要路向是围绕着艺术是否以审美为本质及美学是否该以美为主要对象之论争。

韦尔施的理论是一种广纳百川式多学科混合形态的后现代主义,其中包含着维特根斯坦、解构主义和实用主义,也没有剔尽德国美学的古典传

① 陆扬:《韦尔施论两种"审美化"》,《辽宁大学学报》2009 年第 6 期。
② 陶东风:《文学理论:为何与何为》,《文艺研究》2010 年第 9 期。

统。这本书集中提出的问题可概括为三个方面：（1）审美的日常生活化；
（2）审美的认识论化；（3）美学的伦理学化。这些问题都在后现代与现代
及古典传统对峙的张力语境中充分展开。对前者他基本持批判否定的态度，
对后二者他是肯定的。

（一）"审美化"及其语义分析

韦尔施在《重构美学》一书中对"审美"一词在"日常生活审美化"
的背景下进行了细密的语义分析，首先提出的问题是"审美"一词的"含
混不清"与"不可用"。追溯到美学史上的源头，作者指出，鲍姆加登将
美学定为"感性认知的科学"，"美学要处理的并非是艺术，而是认识论的
一个分支"。对鲍姆加登的美学归于认识论基本正确但并不充分；鲍姆加
登以"感性学"（aesthetics）对美定义为"感性认识到的完善"，"感性"
是美学的逻辑起点，"完善"为其终点。从"完善"来看，在达到这个终
极目标之前，单独的"感性"不完善，也就不是"美"，感性并不是"审
美"的核心范畴。那么怎样使片面的感性完善呢？必须由理性对感性进行
提升，这才是"完善"的精义。从欧洲美学史来看，这正是鲍姆加登对莱
布尼茨—沃尔夫的理性主义美学与经验主义感觉论的综合，通过席勒的
"游戏冲动"与康德的判断力批判最终到达黑格尔的"理念的感性显现"。
这样来看以"感性学"（aesthetics）对美学的命名本身是有缺陷的，正如
后来黑格尔在《美学讲演录》中指出的那样。虽然鲍姆加登通过美的定义
修正了这个美学学科命名的缺陷，而如我们今天所见到的那样，其遗留下
来的"后患"是无穷无尽的，它在后现代如涌泉般发作起来。不去说那些
肤浅地片面取其"感性"字义并加以夸大张扬文化消费主义对审美的庸俗
化，这个后患在韦尔施的这本书与舒斯特曼的《实用主义美学》[①] 不约而
同地表达得淋漓尽致。

韦尔施从"审美"语义进而追踪至"审美化"问题，他写道："从集
合的角度来看审美化的结果的一般条件，'审美化'基本上是指将非审美
的东西变成、或理解为美。"

这个表述以及书中的相关提问可以析出两个要素：第一，原在的美
（书中表述为美的"本然的客观所指"）作为"非审美的东西"之参照；第
二，相对于原在的美是一种次生的，通过审美"化"而生成的美，其中含

---

① 详见毛崇杰《实用主义的三副面孔——杜威、罗蒂、舒斯特曼的哲学、美学与文化政
治学》，社会科学文献出版社，2009。

有非审美东西的转化形态。"审美化"正是以原在的美与次生的美为两端，这也是客体的美主体化的过程。这种审美的主客关系，恰恰是后现代主义颠覆的二元结构。这被后现代主义的韦尔施视为忌讳，于是他以"悬置状态"避开"对立统一"，但这只是后现代主义普遍采取的掩耳盗铃做法，美的"本然的客观所指"与被审美"化"成的次生之美仍然作为二元关系不可或缺地存在着，并不因为其"悬置"而消失。这个问题我们在这里点到为止，且放在一边，继续追踪他对"审美"所作的语义分析。

韦尔施对"审美"所作分析的方法论依据主要来自维特根斯坦，即把"审美"作为一个以"家族相似"为特征的语词，认为这可以解释"审美"这类概念的"一贯性和有效性"。指出审美具有感性与知性双重性质，对应着"享乐主义"与"理论上的意义"，由此他从"审美"这个词分裂出高端与平俗两种不同倾向，也以"肤浅的审美化"与"深层审美化"来表述这两种倾向。

这里不能不指出，aesthetics 与 aesthetic 或 aesthetical 词性的区别决定着它们语义上的差异。aesthetics 是名词，如同物理学、化学、生物学、经济学、社会学一样，在作为人文社会科学的一门学科，它是理论上专有的指涉。美学作为学科所研究的实际生活中的对象"美"与作为动名词审美 aesthetic 所指一种特定的实际活动并不是一回事。而形容词 aesthetical 是作为"美学的（学科上的规定性）"还是"审美的（实际活动的限定性）"在意义上是含混的。而在行文中作为由同一词根派生的形容词、副词以及动词则须依据上下文确定其语义。

由于这样的词语上的四分五裂，韦尔施得出以下的结论："既不存在'审美'这个词的某一单纯的必然用法，也不存在某一语义因素可适用于它所有的不同意义——由此而表征类似审美基本要素的东西，或组成一条延绵不断的通贯它所有意义的东西"。"审美"的语义因素"并非在严格意义上表征根本的东西，相反是展示了一种复杂的结构"。韦尔施所说"审美"语义缺乏严格意义是对的，而其"展示了一种复杂的结构"恰恰在于人与对象的审美关系"组成一条延绵不断的通贯它所有意义的东西"，因而否定审美的"基本要素"的存在与表征也是欠妥当的。

由"审美"的语义分析进而引出"审美化"问题，韦尔施对"审美化"简要概括为"化'非审美'为美"，那么问题是："非审美"的东西是在怎样的境况和机理下"化"而为"美"的呢？在这个"化"的过程中起决定作用的因素是什么呢？对此，答案可以是很多的，诸如美的艺术是人的创造，人把美带到自己生活的方方面面，人的审美文化就是人通过审美化所创造的文化，还有更思辨的说法，人的本质对象化，人按照美的规律造型，如此等等，这些回答的一个共同关键语为"人"。这些正是"审美化"在审美的语义下"组成一条延绵不断的通贯它所有意义的东西"。这种绵延不断的索链"通贯"到眼下便有了后现代语境下的"审美化"。

韦尔施在对这种审美化当下性的描述中充分展现了自己的带着兴奋的焦虑。"日常生活审美化"的命题包含着"全面审美化"的内涵。韦尔施认为："全面的审美化会导致它自身的反面"，即"万事万物皆为美，什么东西也不复为美"。这种"连续不断的激动导致冷漠。审美化剧变为非审美化"。这又是一个 从属于"二元对立"之效应——美，走向自身的反面。韦尔施这样来描述："恰恰是审美的更改在呼吁打破审美的混乱。审美思考反对审美化的喧嚣，也反对某种'经验社会的伪情感化'"。对应于他所说的"肤浅的审美化"与"深层审美化"，而与"审美化"相背，"非审美化"也分为低级与高级两个层次，低级的"非审美化"主要表现为以审美方式出现的消费主义文化；高级"非审美化"恰恰是他作为"深层审美化"以"认识论审美化"与"伦理审美化"作为该书重心展开论述的。在以上意义分层中，韦尔施提出重构美学的主张，即以深层的审美化作为基础批评表层审美化的一些形态，采取寻求某种"理性化的原则"，即避免不加审度之简单化肯定或否定，而对某些审美化的形式的"有的放矢的批评"，并通过其"情感化效应，干预社会过程"。他所说的"情感效应"是一种联系着政治的社会伦理情感，必然以审美的形式出现，"干预社会过程"。在这种"理性化原则"中可以窥见古典美学的影子，以消费文化批判出现的"干预社会过程"透露出文化研究的路向。

（二）来自康德的"认识论审美化"依据

"认识论审美化"是韦尔施这本书中的核心命题之一。由于 aesthetics 一词包含着"审美"与"感性"之双义，用这两个词汉释这同一个词都没有错。如果用以理解"认识论感性化"应该没有什么问题，也没有什么新意，韦尔施的意思是"认识论审美化"，而在"感性化"之歧义上使意思含混不清了，这种含混性贯穿于这一论述的自始至终。认识论的核心是关于真理的问题。这个问题在"科学美"范畴笔者另有专论，这里专对韦尔施的"认识论审美化"做些论析。从"真"与"美"的关系来看，所谓认识论的审美化的要义也就是真理是否包含的审美因素的问题。由此出发，韦尔施把"审美"一语的标准语义归为"艺术的、感知的"和"美—崇高的"，从而进一步把认识论的审美化归为两大要点：（1）我们认知的基本结构在很大程度上包含着"审美成分",这种"审美成分"在认知的基本结构中以"直觉的基本形式""主导隐喻""特定的虚构"三种形式。因此,科学或哲学的分析总是在特定的层面上"发现审美观念作为主导意象的功能"。(2)现实的存在模式,从它的界定形式说起,是一种"将由审美来设计的模式"。因为相关的支撑结构是特殊地而不是普遍地造就的。一类构造是审美现象独有的,被经典地描述为"审美的状态属性,来命名诸如形相、多重性、无根基或悬搁之类"。

其一,"直觉、隐喻、虚构"三个要素指的完全是主体的主观方面的东西;其二,"形相、多重性、无根基或悬搁之类"是客观的现实存在。就主观方面来看,(1)"直觉"为感觉上升到理性认识过程中的快速的飞跃式现象,或称为"顿悟",即从现象直接即时地把握本质的东西。这种本质的东西包括美的本质,但不限于美,许多事物的本质都有可能通过直觉把握,缺失了审美现象中的自觉的特指性不足以概括"认识论审美化"。(2)"隐喻"是修辞范畴,是语言或言谈所暗含的类比性指涉,这种修辞现象多半带有文学性,但也包含哲理性的机智,如禅语,它属于文学性的语言现象,不足以上升为"认识论审美化"。(3)再说"虚构",既有艺术虚构也有可能非艺术虚构,比如某种推理需要的假定性,再说现实中的欺骗、伪装都属于虚构范畴,甚至伪科学与科学学术中的作假弄虚都可纳入"虚构"范畴,但不都属于审美的艺术虚构,以此得出"认识论审美化"理由不足。从"认识论审美化"的第二大因素,韦尔施所说作为"审美状态属性"之"形相、多重性、无根基或悬搁之类"客观的现实存在来看,其所谓"形相"大概也就是事物最表层的外观与整体形象的结合。"外观"固然是美区别于实在或实体赖以"显现"于主体感官的形式的东西,然而并不是非审美的东西就没有这种关系,任何功用性的利益的东西都以某种外观呈现,否则不仅人的感官,连动物都无法把不同的实物区分开来,而形象的东西也并非皆美,这一点无须赘言。至于认识论的不同层次中可能包含的"多重性、无根基或悬搁之类"与美的变化多样等或许能扯上关系,但实在看不出它们与"认识论审美化"有什么关系。所以韦尔施以上列举的认识论审美化的主观方面的因素,都不是唯一决定性的审美本质属性,而是审美与非审美之间似是而非的主观状况。

为了使"认识论审美化"取得美学史资源的支持,韦尔施从鲍姆加登、康德开始,到尼采、理查·罗蒂及维特根斯坦那里广征博引。他认为:"某种趋向真理、形式和认知的审美阐释代表了过去二百年间的基本的哲学过程"。他把这种"认识论审美化"称之为"原型美学",那就是"审美正愈来愈逼入认知的基础层面"。他说："自从尼采对认知作了审美的和虚构的阐释以来，20世纪的科学哲学和科学实践以多种多样的形式在科学史中发现了审美成分，而真理、认知和现实已经揭示它们自身的突出特征就是审美"。韦尔施指出，理性首先关涉的是基础上面的结构，审美关涉的是基础本身，这就是认知的结构。"认识论审美化是现代性的遗产。今日没有什么论点可以同它分庭抗礼。人们不仅有必要，而且有义务在真理、知识和现实的核心中思考审美因素。如果要谈论当代的美学立场，就必须牢记这一原型美学，直面它的判断"。在这种历史的阐述中，我们发现古典与现代的界限在"二百年间"的时间段里被模糊了，那就是从康德到尼采都被划归"原型美学"，都有同样的"认识论审美化"的问题。我们且把这个问题提出来搁置一旁，先看看他对康德的阐释。

韦尔施在康德那里的依据主要来自《纯粹理性批判》中"先验感性"一节，从中引出"我们首先（对象）是美学的规定：空间与时间的直觉形式"。因此得出"我们对现实的认知都包含了基本的审美组成部分"。这里有一个极其易于混淆的问题，《纯粹理性批判》中"先验感性"一语在汉译本《重构美学》中译为"先验审美"，有人批评此为误译，正是aesthetic这个字引起的麻烦。这个词在希腊文中意思固然是"感性"，自鲍姆加登之后在美学中便理解为"审美"而区别于西文中的感性（sensation或perception），问题在于韦尔施的这本书讲的aesthetic这个词恰恰不是引自康德的《判断力批判》而是引自《纯粹理性批判》，所以更确切地应该译成"先验感性"，恰恰韦尔施对《纯粹理性批判》"先验感性"理解上的讹错误导了汉译。康德的"先验感性"恰恰属于三大批判中的"纯粹理性"，是对象主体直观"通过知性而被思维"的起点，[①]而"认识论的审美化"应该确切地理解为"认识论的感性阶段"，而感性在上升为抽象概念与具象观念两条道路上把科学思维与艺术的形象思维分开。在康德的第三批判中，esthetic这同一个词便从"感性"化为"审美"。韦尔施以此来论证他的"认识论审美化"是对康德"先验感性"在第一批判与第三批判中不同内涵的理解偏差。康德是划定纯粹理性与判断力的界限，而韦尔施恰恰反其道以"认识论审美化"消除这道界限，这就等于让康德把《纯粹理性批判》与《判断力批判》合二而一。因此韦尔施断言："传统形而上学的根本错误，恰恰在于没有认识到我们的认知对于感性的依赖性"。从而"没有感性，就没有认知"便成了启发现代美学的一条普遍规律。这里的"感

---

① 康德：《纯粹理性批判》，邓晓芒译，人民出版社，2004，第25页。

性"仍然可理解为"审美"，"没有感性，就没有认知"就成为"没有审美就没有认知"。语义上的双义导致美学"审美"与认识论"感性（sensation 或 perception）"相互替代错位，一片混乱。

除了"感性"一语在纯粹理性与判断力之间理解的错位，韦尔施还在"先验"的问题上展开"认识论审美化"，他认为"先验理性"中包含着想象力，是为"启发式虚构"。注意到康德所说"先验感性"之"先验"一词，他认为人的认识能力有一种"先天统觉的支配"，关键在于"审美"能否脱离"经验"成为"先验"的东西。支持"认识论审美化"的东西恰恰是康德体验中最为脆弱的部分——先验主义。这样，对康德，如果需要批判的话，对其先验主义的批判就远不限于"先验感性"，而首先是"先验的认知"体系，包括时间范畴和空间范畴在内的先天知性十二范畴。正如把道德行为的动因归之于来自上帝的"绝对命令"那样，他把主体知识的来源与能力作为"先验"的东西，至于知识是怎样超越经验的，既然超越经验，知识又是从哪里来的，"纯粹理性"为什么是"纯粹的"，"超越经验的审美"是从哪里来的……对这样一些问题康德的回答是"不可知"。实际上，所谓"先验审美（感性）"就是"美的观念"，一个审美的主体面对一个美的对象，为什么能产生愉悦之精神满足呢？根本的原因在于：对象存在着的美的属性与审美主体的美的观念之统一。这种统一在本质上是主体对美的认识。康德在《判断力批判》中出现过"美的观念"一语，这是他保留美感与认知关系的重要途径，但在审美与认识的关系上康德的二律背反在于：一方面他提出美不涉及抽象概念，另一方面又提出了"美的观念"作为解决审美判断力与认识论关系的途径。这就是说，美，在客体不仅仅是形式的合目的性问题；在主体也不仅仅是趣味和愉悦的问题，主体离开直接的美的对象，仍然存留有该对象之观念。这种观念当然不是抽象的，而是保留着感性的记忆，正如我们远离一位老友时，他的音容笑貌仍然保存在脑海里面并时时浮现于眼前。正是这个原理所决定，当我们再次面对一个美的对象时，主观上预先存在之"美的观念"对于审美起着认知性功能的作用，就像我们遇见一个很长时间不见的熟人时，说"我认得出你"。康德提出"美的观念"而不能回答它是从哪里来的，他不懂得这是人类长期审美活动的经验与实践累积的结果，如同我们通过多次"打交道"使一位陌生者成为"熟人"那样，故笼统地将之归于"先验的审美"。这正是康德体系的致命伤，而韦尔施却认为康德恰恰是在"阐述审美特性是超验的"这一点上，比鲍姆加登"迈出了一步"——韦尔施认为，鲍姆加登仅仅使美学停留在"经验的人类学领域"，"在康德看来，审美不仅仅是一种人类理想,它一并构成了我们对世界的认知和我们在世界中的行为"。鲍姆加登"可能还未及将审美理解为超验的",但是他强调,对于我们人类来说,"每一种真理——不仅仅在它的感性起源阶段,而且在它的全部过程,都拥有一种审美的因素或成分"。此说是否确实符合鲍姆加登的思想,姑且不论,单看由此引出的结论,韦尔施认为:"从这里出发,离科学从整体上言应当审美地重构自身这一不可思议的要求,也就相距不远了"。科学怎样"审美地重构自身",不是靠一两句美学空话,而是必须通过实践加以科学论证的道理。

(三)来自尼采的"认识论审美化"依据

韦尔施"认识论审美化"的另一美学史资源来自尼采,他认为:"尼采的观点在 20 世纪正在日益成为人们的共识。即便这个世纪的科学哲学,也渐渐变成了'尼采的'哲学……现实的审美构成不仅仅是某些美学家的观点,而是 20 世纪所有反思现实和科学的理论家的看法"。诚然,我们不可低估尼采对后现代主义的影响,不过把尼采的观点说成 20 世纪人们的"共识"显然无视对尼采已有的批判,并有强加于"20 世纪所有反思现实和科学的理论家"之嫌。

他断言康德奠定的认识论审美化的基础 100 年以后被尼采所复现,而且"从此以后使人深信不疑,鲜有什么观点可以来同它抗衡了"。这话说得过于武断。"认识论审美化"首先遇到的追问在于"审美化"建立在怎样的认识论之上,而认识论的核心是真理的问题。尼采在真理观上集中到一点是对"绝对真理"的否定,韦尔施把尼采的美学思想说成"从此以后使人深信不疑……鲜有什么观点可以来同它抗衡"。不容怀疑的东西只能是绝对真理,这本身就是反尼采的。当然尼采从这个正确的出发点走到怀疑一定真理的客观性,为现代哲学虚无主义开创了先河。其"上帝死了""重估一切价值"的命题就建立在这一理念之上。这且不论,韦尔施对尼采不是简单地停留在一般地评价上,他把尼采的审美化归纳为以下要点。

尼采表明现实整个地(而不仅仅是它的先验结构)是被"造就"的:某种眼前的事实是对过去的事实改造的结果。在尼采看来,"现实的产生是通过虚构的方式进行的":这种虚构是"凭借直觉、基本意象、主导隐喻、幻想"等形式发生的。

对此需要进一步辨析,尼采则认为"现实整个地(而不仅仅是它的先验结构)是被'造就'的",那么以"神创之神——上帝——已经死了"为前提,"造就了"整个的现实的就只能是非神灵之肉身主体,在尼采是

"超人""强力意志"。在这个问题上西方传统古典哲学与现代哲学有一道基本界限，即古典哲学以对此岸世界的实在性肯定作为对彼岸神灵世界的否定，而包括尼采在内的现代到后现代哲学又出现了反实在论倾向。韦尔施对尼采的阐发是根据尼采说过的，真理是"一些活动的隐喻、转喻和拟人法"。尼采正是由此得出了"真理不可知"的结论，但是尼采与康德的"不可知论"的最大区别在于对"物自体"的相反态度，这一点恰恰在韦尔施的视野与阐释之外。韦尔施根据尼采的观点得出结论：

> 人类是"会建构的运动"。"我们的认知就其根本特征而言，是审美地构成的"。现实的构造总体上驻足于最初的审美或形构工程上面，它的基础是"自由创造"的人为活动所以是一种审美关系。但是，我们平常恰恰就是不肯承认这一点，相反宁可"忘记和压抑"，尼采通过"知识和现实的审美——虚构性质"，也就是"认识论的审美化"让我们意识到了对基础审美过程的这一压抑的是尼采。

这个表述中可商榷之处在于：（1）把人的"认知的根本特征"说成"审美地构成的"，并认为其基础即在"自由创造"的人为活动"是一种审美关系"。而审美只能构成人的认知结构的根本特征的一个方面，而不是全部；（2）同样，美的创造是人的创造的自由活动的一种而不是全部。以韦尔施的"万事万物皆为美，什么东西也不复为美"恰恰是"子之矛攻子之盾"。

如果以上所引这段文字中所有的"审美"一词换译成"感性"，那就无可指责，因为"感性"可为一切认识的起点，而"审美"只是审美活动中的感性认识。

尼采认识论审美化是建立在于他以上所说的真理观之上的，所以要考察这一命题仍然从尼采的真理观上着手。尼采对真理，特别是现代文明标志的科学认识真理采取的是否定的态度。这种态度对于批判绝对真理，特别是以绝对真理出面的欺骗，以及抵制科技文明的负面作用是有积极意义的，比如他说"真理是传教士的谎言"。但是尼采没有划分出真理与谬误之间最基本的区分底线，甚至极端地认为："真理比谬误和无知更富灾难性，因为它禁阻了人们赖以从事启蒙和认识的那些力量。"[①] 他在这里所说的"真理"并不是指以极端方式绝对化了的"伪真理"，而是他所说"对立于谬误与无知的真理"，这样一来，谬误与无知倒成了"人们赖以从事

---

① 尼采：《权力意志》，商务印书馆，2007，第1188页。

启蒙和认识的那些力量",真理则反其道而行。这使他从对真理的相对主义有限否定化为绝对否定,他的这种从相对主义走向绝对的虚无主义的态度同样用之于道德和信仰问题上,将这些东西都视为谎言与欺骗,于是在他的价值重估中所剩唯一正面肯定的东西就是审美—艺术,他认为,"艺术是生命的最高使命和生命本来的形而上学活动"。艺术作为对抗基督教伦理和现代科技文明的救赎之道,尼采把人的审美冲动和能力与其哲学最高范畴"强力意志"联系在一起作为其"悲剧诞生"所认肯的"唯一价值","我们的最高尊严就在作为艺术作品的价值之中——因为只有作为审美对象,生存和世界才是永远有充分理由的"。① 尼采把艺术的地位抬得如此的高度,同时又把真理贬为谎言,导致他把可以肯定的非欺骗性真理看成是一种"隐喻的""拟人化"的积极的幻想和虚构,实际上也就是以艺术替代了真理(而且是"绝对化"的真理)。这就是他"认识论审美化"的基本机理。而韦尔施给予尼采的这一套至高评价,并将之作为后现代启蒙的审美力量推崇为绝对真理。这使人们以"隐喻"与"虚构"的美学幻想替代了审美之外其他社会实践对世界的改造与创建。

真理不可能审美化并不意味着真理的价值低于美与艺术,恰恰相反正因为真理的价值可能比审美略高,某些具体局部的真理也可能比审美略低,因此真理才不是美与艺术的等价物,两者在内在本质与外在形式上都是有差异的。真理审美化的唯一途径是对现实生活的真理性认识取得一种审美的形式,这种审美化一旦实现,真理就转化为艺术。这也就是审美的艺术的真实性问题。它与韦尔施所说的"认识论的审美化"完全不是一回事。取得审美形式的真理性认识已不是科学逻辑以抽象思维所表达的赤裸裸的真理,那种真理的审美化也被表达为"科学美",正如韦尔施所援引的物理学家们所说他们在自己的研究和实验工作中感到的美,因此,他声称:"科学只在相当程度上变成了美学史"。关于"科学美"的问题我们另有所论,这里不再赘述。

(四)审美泛化之悖论

韦尔施把他所归结的美学的以上发展趋势说成某种"审美转向",并称"我们的'第一哲学'在极大的程度上变成了审美的哲学"。既然"认识论的审美化"是人类的认知的深层结构所决定的,并且作为一种"原型美学"在康德的"超验理性"那里已经取得地位,那么怎样又有"转向",

---

① 尼采:《悲剧的诞生》,三联书店,1986,第6、21页。

这种"审美转向"是从哪里"转"到哪里呢？所以我们可以认为，韦尔施断言200年来的美学史都支持他所以为的"认识论的审美化"过于武断。他似是而非的论证，以及论述的绝对化方式彰显出一种新的后现代的不容置疑的绝对主义专断。虽然他的以一种深度方式展开论述，但是我们仍然能看出其在知识论上的阐释盲点及价值判断失误，这与我国某些审美泛化两者在绝对主义专断上是共通的。

但是正如前文指出的，韦尔施并非只有绝对主义的一面性，也有后现代相对主义的悖论性。前者表现在他对尼采审美主义的传承以及后现代审美泛化的认同上；后者表现于他对审美泛化的批判。这种批判与后现代文化批判相接，使他把对当今美学的失望归纳为三点：第一，使每样东西都变为美的做法破坏了美的本质，普遍存在的美已失去了其特性而仅仅堕落成为漂亮，或干脆变得毫无意义。第二，全球化的审美化策略成了它自己的牺牲品，并以麻木不仁告终。第三，代之而起的是对非美学的需要，这是一种对中断、破碎的渴求，对冲破装饰的渴求。从"在现实的贸易中美学成了新的主要硬通货"到"如果说哪里有'存在之轻'的话，它就在电子王国中"，然而，出于后现代对现代性的颠覆，他把当今美学的所有问题统统归之于传统美学，认为"传统美学梦想美化世界"，美学的眼下性失望在于"当代社会对这一梦想的回归"，并认为传统美学"对美不加区分，一味赞美"，"拔高了美而忽视了其他审美价值"；因而"传统美学部分地要为审美化的进程负责"。于是他从以下三个层面对传统美学问责：第一，他指责传统美学"对美不加区分，一味赞美"；第二，"传统美学拔高了美而忽视了其他价值"；第三，对"我们文化信仰和欲望领域里的传统美学的效能需要认真质询"。

各个时代有各个时代的在美学上提出的疑难问题，把后现代出现的种种"审美化"问题归咎于传统美学恐怕很难解决现实的弊病，从他提出的三个层面的问题本身并不能说是有的放矢的。第一，传统美学真是像所说那样"对美不加区分，一味赞美"的吗？其实，从亚里士多德开始就把悲剧作为美学的一个独特的范畴。"崇高""滑稽"等美学范畴在传统美学中一直与"美"相并而行。除此之外，席勒还提出过"秀美""优美""尊严"等这条线索一直贯穿到黑格尔，到现代主义的艺术实践中方有种种"反悲剧"的创作宣言，随之出现后现代"荒诞""黑色幽默""幽默混浊""身体直接性"等"去审美化"问题。第二，"传统美学拔高了美而忽视了其他价值"也是一个不实的指责。这里面一个严重的悖论在于，传统美学是否要为他所首肯的"二百年来的认识论审美化"负责呢？是否康德的

"先验审美（感性）"范畴也要对此负责呢？在这些问题上韦尔施恐怕很难自洽。第三，指责"传统美学拔高了美而忽视了其他价值"，是否意味着要把美与非美在价值上扯平呢？这与"每样东西都变为美的做法破坏了美的本质"是否又形成一种悖论呢？对"失去了普遍存在的美堕落成为漂亮，或变得毫无意义的东西"的谴责是否也"拔高了美而忽视了其他价值"呢？……韦尔施对这些悖论式问题试图以"审美公正"——审美的伦理化的方式加以解决。

（五）"审美公正"——审美的伦理化

韦尔施把"感觉"与"感知"加以区分，指出感觉处于感官低级阶段，感知步入认知阶段，由此出发他把"趣味"分为"下层的感官趣味层"与"上层的反思趣味层"，认为"感知"具有与"审美需要"及"伦理/美学"相连之双重特征。他号召人们"不要只留意于基本的生理愉悦，也去体验一下那更高级的、由深思之乐带来的独特审美愉悦"。这就是他称之为"升华的需要"之"伦理/美学"之需要。他的"认识论审美化"在美学史上是对康德的"超验审美"与尼采的审美主义无保留地吸收，而在"伦理/美学"的提倡则是建立在对席勒作为"传统美学"代表的批判上。他把这种"传统美学"归为三种"独断主义"——"反感性的独断主义""剔除世界的独断主义"和"唯审美合法之独断主义"。他写道：

> 所有这些由席勒的理论而来的审美需要绝对化倾向，常常地植根于整个传统美学中，总体上说，它指向的不是审美的和谐统一性，而是指向了三层面的审美独断主义：导向原始感性、世界，及与美学比肩而立的其他方式。这里潜伏着传统美学的三重弊病。

他把席勒与阿多诺捆绑在一起，最终归结为传统美学"对直觉感性的否定与形式的强制性"，认为："古典美学的客观矛盾，存在于其对感性实施的暴政之中，因为它没有把感觉的多样性本身理解为智性的东西并加以尊重，而是错误地将其当作粗鄙之物了。"

为避免枝蔓，韦尔施对席勒为代表的传统美学的批判在知识论与价值论是否准确这里就不做辨析了（后面会涉及一些），以直接指向他的正面建构——"公正地对待异质性"。韦尔施把这个伦理命题作为"伦理/美学"的核心论旨。这在根本上是政治自由主义的道德原则，在美学上是从阿多诺来的，这表明韦尔施并没有一棍子把阿多诺打死。他从阿多诺的《美学原理》引来的关于"审美统一"的一句话写道："（审美统一）在自身的多元化中找到了尊严。它让公正降落到异味质性上面"。韦尔施指出：

> 这种美学，即公正对待异质性的美学，同样有着伦理/美学的结构。与这一新的理想相伴而生的艺术，同样也能具有伦理道德的光辉。这种艺术不再提倡征服的伦理学，它提倡的是公正的伦理学。

在韦尔施对阿多诺的引述中，值得注意的是"审美公正"与"政治公正"的关系，韦尔施认为阿多诺的审美公正概念包含着对"政治法律形式的尖锐批判"，但在韦尔施看来，政治公正依据的是"形式等值的原则"，它导致了差异的消失，而对公正施加了"真正的暴力"。美学公正认识到了差异的存在，因此在政治中，公正概念是无以实现的，只有在美学中公正才能被完整地表述。在这种对美学公正与政治公正的表述中，我们可以见出韦尔施通过阿多诺又回到被他全盘摒弃的席勒为代表的传统美学那里。这是从法国启蒙主义到德国狂飙运动贯穿下来以美学来改造包括政治在内的现有社会秩序的现代审美主义思路，这一思想潮流被尼采发挥到极致，即以美学和艺术为克制异化的唯一救赎之路，如韦尔施所说，"只有审美公正才能走出一条路来"；也如席勒早就说过的，只有审美游戏的自由才能达到理想政治的自由。

审美主义作为审美现代性思潮对解放个性，反抗工具理性与实用理性，批判资本主义商品拜物教有着一定的历史作用，韦尔施以"伦理/美学"伸张"审美公正"为的是突出后现代多元主义。韦尔施无意把异质性的宽容限制在审美的多元化，他进一步提出了"非美学"与"超越美学"的问题，认为多元化与"美学与非美学"构成了现代审美意识的基本法则，总的精神是给予每一种审美形态以公平的关注，防止偏好，特别注意其中边缘化的，甚至是"虚无"的东西。"关注那些我们感觉不到，想象不出任何东西的地方，或我们以为碰到毫无价值、不足挂齿的东西的地方……"因为，知觉总是引导着注意力，"导向对不可见、不可听、前所未闻的事物的认可……"这样一种漫无边际的美学超越，如韦尔施自己所说"最终导向以美学命名的这个学科的挑战"，以使他的"伦理/美学"成为一种"文化发酵素"对广泛的社会生活发生作用。这种"挑战"并非指向美学的重构，而是引向其解体——在无边的"非美学"异质物进入其边界下美学的解体，不只是传统美学的解体，而是美学作为一门学科的科学的解体。当然，处于悖论中的韦尔施并未自觉意识到这一点，他认为这种"超越美学的美学"指向一种"学科新形式的探讨"。

（六）美学对艺术的超越

韦尔施对"学科新形式的探讨"的关键在于美学对艺术的超越，设问："超越美学的美学"是什么呢？他回答道："必须超越艺术论，超越这一限于艺术的美学的理解"。然而，究竟是谁使美学"限于艺术论"的呢？韦尔施引述了许多工具书得出一个共同点，那就是"美学意味着艺术性，解释艺术的概念，且特别关注美"。在这个问题上韦尔施表现出不可克服的矛盾，他一方面把美学学科性"不十分关注感觉，而是主要关注艺术"的倾向归之于传统美学与当代美学对传统的因袭，同时又引用鲍姆加登作为相反的倾向，指责在其所命名的 aesthetics 内"艺术甚至都未被提及"。这种说法似乎意味着鲍姆加登是对传统美学的背离。实际上，传统美学从古代希腊开始，艺术的关注仅仅是美学一个部分，在总体上美学从来没有把艺术之外的审美现象排除在外，而艺术作为创造性的审美活动是对艺术之外的现实世界美的对象之反映与强化，其之成为较多美学家研究的重点也是很自然的。韦尔施要在这个意义上超越传统美学所以未免流露出某些偏执与矛盾。而他在认识论上把艺术与感性看成对立的并将艺术的审美移植到鲍姆加登的"感性学"的命名中陷入了悖谬，一方面"认识论审美（感性）化"实际上是混淆了抽象思维与感性认知，另一方面又把感性（审美）与艺术割裂开来。这一倾向是与后现代把感性泛化之同时宣称"艺术终结"有关。然而这一倾向恰恰与后现代"去精英"的消费主义"大众文化"相联系。而悖论恰恰又出现在韦尔施对消费文化的批判上，即他认为以"全球审美化"与"万物审美化"出现的后现代美学泛化导致的结果是，"使每样东西都变为美的做法破坏了美的本质"，"全球审美化的策略成了它自己的牺牲品，并以麻木不仁告终"，"代之而起的是对非美学的需要，这是一种对中断、破碎的渴求，对冲破装饰的渴求"。这种"非美学需要"恰恰是与"艺术终结"关联的"审美化"所表现的特征，韦尔施的"新学科形式探讨"深陷于这种悖论旋涡之中。这正是后现代主义矛盾的两面性之反映。后现代主义一方面以颠覆传统的姿态通过大众文化消解精英艺术，与对现代性的反思相关联；另一方面后现代主义对资本主义的反抗表现为对消费主义的否定，而这种文化消费主义却主要是借助大众审美文化，如韦尔施所说"通过购买使自己进入某种审美的生活方式，而广告策略已将之与产品联系在一起了"。说到底，这种后现代主义的矛盾也正是后现代时代作为晚期资本主义本身矛盾的反映——资本以无限增长的方式带来自身否定。韦尔施身处这张否定之网内，企图向着未来超越，但又处处受到其限制，所以在知识论和价值论以及在传统与后现代的张性关系上处处捉襟见肘。

韦尔施对美学向未来超越的设想是从"现实的非现实化"的批判出发的，意思是现实的审美化在今天是通过传媒传达的，深深为这一类媒介所影响。导致"现实的重力正趋于丧失，其强制性变成了游戏性，它经历着持续的失重过程"。所谓"失重"可以理解为真实的现实之上漂浮着一个审美虚拟的"非现实"。这个"非现实"的特性归因于传媒美学，它们一般说来喜爱形体与形象的自由流动和曼妙舞姿。每样东西都是电子操作的可能对象。"一进入电视的王国"，就由稳固的世界迈入了变形的王国。如果"说哪里有存在之轻的话，它就在电子王国中"。电子传媒造成的结果是它想让我们看什么，我们就看什么，任何真实经过电子传媒的"操作"，"你根本不能确定你的所见是现实所赐还是频道的礼物。虽然我们知道这些画面可能说谎，我们仍然在挑选频道"。这就是"改变我们对现实的理解，走上非现实化之路"的结果。"真实日渐失去其操守、本真和严肃性，它似乎变得越来越轻，强制性和必然性都在减少"。"这使我们产生对现实的冷漠"。"我们不再认真对待现实，或者努力求真"。

在后现代工业文明中重建美学学科的新形式，韦尔施认为，"对当代美学理解来说，对传媒美学进行思考，是势在必然的。"这一思考导向对"视觉中心主义"的批判，视觉不再是"接触真实世界的可靠感官"，其他的感官引起了新的重视，听觉得到了新的重视，触觉也以同样方式得以提倡。这种感觉器官的"重新洗牌"，对美学的重建带来了"非电子经验的再确认"，即强调那些"无法被传媒经验模仿和替代的特征"。

韦尔施的美学重建思路是从"现实的非现实化"——感觉器官的"重新洗牌"——"非电子经验的再确认"，回归自然美本身的原在性，非"人化"性。他指出，今天我们正在"学会重新估价自然的抵抗性与不变性，以对抗传媒世界的普遍流动性和可变性；估价具体事物的执著性以对抗信息的自由游戏；估计物质的厚重性以别于形象的漂浮性"。他的这种"后自然主义"宣言可以说切中自然美问题上的"人类中心主义"的要害，但他没有把"抵抗性与不变性"为特点之自在自然提到自然美层面上展开——还原自然自在美的本质。在精确的意义上，什么是"自然的抵抗性与不变性"？自然对谁"抵抗"——"抵抗"的意义是在生存竞争的层面上理解，还是在"人化自然"的层面上理解？在什么意义上自然是"不变"的，是从进化论，从生态学层面，还是从人类社会的历史抑或是从哲学辩证法上来看这个问题，这一系列问题分别都有许多需要澄清的地方，韦尔施却给了一个极其模糊的回答——去视觉中心主义，实现听觉中心文化。然而艺术本身就是以虚拟达到"非现实化"之审美目的，不管这种审美信息所赖以承载的媒介是纸张、亚麻、颜料还是大理石；是管弦乐器的空气柱的震动还是琴弦，抑或是电子发生的震波，最后都是以审美器官——视觉和听觉共同传达到审美接收器——感知美的器官那里。片面废除视觉或听觉都将造成审美器官残缺不全，这正是消费主义所谓"视图转向"导致的片面化。然而，批判这种"电子经验"走向以听觉为中心的"非电子经验"之"后自然主义"也不是什么"去路"。这个悖论韦尔施已经觉察到，"电子经验与非电子经验有着明显的联系。有时，自然经验恰也是虚拟世界爱好者们追逐的东西"。诚然，无论视觉、听觉、嗅觉还是触觉，它们的模拟仿真效果总还可能遗留下足以乱真的一块。因此，韦尔施采取了对"感知"双重性认可的"审美公正"对策，"既追逐传媒的魔力，也追逐非传媒化的目标，这种二元性没有什么错"，他特别举例说明这正是"硅谷那些电子怪才"们的生活方式。

以上我们理解了韦尔施在思想悖论中重构美学新的学科形式之得失，更应关注他近年的思想进路。他在2008年与我国博士生王卓斐的访谈中有以下几点值得我们特别注意。

（1）重申美的客观性。韦尔施发展了他在《重构美学》一书中"原生的美——美的本然的客观所指"的理念，进而认为美是通过宇宙"自组织方式"发生的。这是宇宙最为内在的运作规律，宇宙系统，大至银河系，小至花草树木，都遵循着两项规则，因此，与此相关的美的类型明显的客观性特征。这种宇宙自组织的过程决定着美的多种多样形态发生的客观性。这与我们前文所论述的美的发生是一致的。

（2）韦尔施提出"反审美"的多种内涵，一方面具有重大意义的东西不是仅凭感官刺激的审美活动就可以获得的；另一方面在对日常生活审美泛化的基础上进一步提出，通过"反审美"抵制"伪审美"。他指出，在日常生活中我们所经验的审美现象大多是出于经济目的而出现的，谈不上有多高的美学价值，甚至是低级庸俗的。对此，一个明智的做法便是，通过"反审美"，拒绝关注，拒绝参与，拒绝体验，从这种伪审美潮流的种种纠缠中脱身而出。作为一种"生存策略"，反审美在当今社会具有"超审美"的积极意义。这似乎给了他在《重构美学》中提出"超越美学"的一种新的意义。

（3）韦尔施提出"超越人类中心主义（transhuman）"与"人道主义"及"非人类（in‑human）"区别。"超越人类中心主义"主张将注意力从以人类为中心转向人与世界的关联，要求适当超越以人类为主的立场，从世界的角度审视人类。这一启发性理念有着重要的理论意义与现实价值，有待进一步展开。

韦尔施一方面从美学的学科性与科学性上坚持美的客观性；同时重视美学对社会生活实践的文化批评性格，从而越过学科性封闭的界限上升到人文社会科学为人的解放做准备的高度。从韦尔施美学思想近年的进路应视为他在种种悖论中的提升。这在他个人是一种自我超越，由此可窥见带有普遍意义之后现代美学在悖论中的裂变，这种裂变从属于"走出后现代"总体历史进程。

四　"内美"不是美

—— 对"社会美"问题的重新思考

前面一些章节对美学与伦理学的关系多有涉及，这里把问题提到作为伦理之"社会美"以及与人品道德有关的"内美"上面，专门在学科性上进行探讨。

"纷吾既有此内美兮，又重之以修能"。此句所谓"内美"在《离骚》中是诗人对自我人格一种正面的道德评价。"内在美"已经成为关于人的品格、心灵美社会道德教育之广泛用语。这里所说"'内美'不是美"并不意味"内美"不是人所禀赋的好的品质，而是就诗句中的"美"字不属于美学学科范畴所指的"美"而言，"内美"属于伦理学范畴之善。文学语言从日常生活中挪用的"美"这个字与美学学科性范围内的"美"字含义的差异正是伦理学与美学之间学科性界限所决定的。如果"内美"是一种伦理意义上的道德价值，也就是"善"，那么诗人为什么不说"纷吾既有此内善"呢？这个问题在哲学层面属于美与善的关系；从美学学科性范畴的角度来看属于"社会美"问题；从学科性界面来看，又属于伦理学与美学的关系。这些问题在学术史上并没有得到过彻底清理。

伦理学问题之所以在后现代突出有其种种原因，由于后现代作为晚期资本主义带来资本在地理空间上全球化之时代性变更，以及前面说过，由于社会转型引起的道德相对主义，即对在价值上的普遍道德标准的质疑使伦理学向美学靠近。作为"后学科"之文化研究的兴盛使美学边界被各种学科外因素消解导致的危机也迫使它向伦理学求援。舒斯特曼与沃尔夫冈·韦尔施不约而同以解构与建构的双重姿态提出了这个问题。前者提出了"伦理的审美生活"以及大众文化的"审美合法性"问题；后者以"伦理/美学"伸张"审美公正"以适应后现代多元化。既是"伦理的"又是"审美的"这样一种美好的社会生活情境当然是由伦理学美学共同打造的，问题在于这种学科联手的共同性是双边的还是单边的，也就是说伦理学与美学是在各自学科的边界内为了一个美好生活与社会共同目标而奋力，还是它们已经在没有边界相隔的共同体内部来做这件事，如果是后一种情况的话，就谈不上"联手"。亦如前所述，如果舒斯特曼的"伦理的审美的生活"这个提法的两个附加语不能化为一个，并且韦尔施的"伦理/美学"中间把两者分开的那一道"/"不能取消的话，那么美学与伦理学，乃至其他领域的合法合理边界究竟何在呢？本节下面拟从社会美所关涉之美与善的关系来探讨这个问题。

（一）"社会美"范畴与命题的由来

1984 年，钱竞在《美学知识丛书：社会美》中对美学的历史作了一个简略的回顾，写道："前人对于社会美问题除少数掉头不顾之外，已经陆续做了一些不很自觉的探讨，但没有从根本上解决问题，甚至也没有把社会美明确列为自觉研究的对象。……社会美作为客观存在的社会现象尽管历史悠久，但是作为美学的范畴还是新近的事。"①

1990 年，李泽厚、汝信主编的《美学百科全书》有关词条写道："社会美为存在于人类社会生活中的美"，"社会生活的多层次、多侧面形成了丰富多彩的社会美。社会美首先表现在人类改造自然和社会的实践过程中，其次表现在实践活动的产品中，人的美是社会美的核心"。②

我国较早提出社会美并论述得比较周全的是出版于 1948 年蔡仪所著的《新美学》一书。其中第四章"美的种类论"第二节"自然美、社会美和艺术美"从"人的社会关系"出发指出："以种类的一般性为优势的社会事物的美就是我们所说的社会美"，并明确提出"社会美就是善"，"我们一般所说的美人，就是一方面要具备美貌，另一方面又要具备着美德，而她的美德就是社会美"。"美的虽未必是善的，而善的一定是美的。善便是一种美，即社会美"。在谈到社会美的特性时，蔡仪指出，社会美是社会关系决定的"综合美"，因此"主要不是事物的实体美，而是事物的规律

---

① 钱竞：《社会美》，漓江出版社，1984，第 7 页。
② 李泽厚、汝信主编《美学百科全书》，社会科学文献出版社，1990，第 389 页。

美。就社会的体现者人来说，不是肉体美，而是性格美，或者说是人格美"。"前进的阶级的一般性所决定的社会事物，则是历史的必然显现，是最高级的社会美"。"社会美不仅显现着必然，而且显现着人的意志自由"①。在1985年的《新美学》（改写本）中蔡仪维持原本的基本观点并有所发展，"社会美论"扩展为第一卷中单独的第八章，分为四节："社会美总论、行为美论、性格美论与环境美论"。总论指出："社会的人就是由自然的人发展而来的，是以自然的人为基础的，实际上人是自然美和社会美的桥梁"。他把人的语言的美归并于行为美之中，人的思想、心灵、情感可归并到性格之中，并指出行为美与性格美的密切关系，都是对于社会美与善的关系，认为："由正确的善的社会事物，如人的行为若是善的，因为它是具体的行动，同时也就是美的。"②《新美学》（改写本）除增补了一些社会美实例的描述外，与旧本的区别一个最重要的发展在于把旧本中所说社会美"事物的规律美"改为社会事物"符合美的规律才是美的"。③这一改动的重要性在于，"事物的规律"是看不见摸不着的，而"符合美的规律"包含着外在的形式感性显现的问题，所以"改写本"又相应地强调了社会美"发于内而见于外"。④然而这里又带出来一个问题，虽然"事物的规律"是看不见摸不着的，但它也是可以通过人们的社会（符合规律）的行为"见之于外"，它与"符合美的规律"的"见之于外"区别何在呢？这就把问题带到美与善的边界关系上面。

康德把道德规范看成一种来自绝对命令的至善，这种"绝对命令"虽然来自上帝，但已经化为人自身内在的"善良意志"就不是外在的力量对人的强制。人接受道德规范的约束并没有失去自由，所以善属于实践理性的自由意志范畴，"善良意志"就是"自由意志"。在目的论上，康德把"人是自然的目的"与人心向善统一起来了。命令人们向善的上帝是人们心中的上帝。从早期《宇宙天体通论》的唯物主义观点出发，康德承认物自体并非上帝创造。而自然事物在外在形式处处显出一种目的式的秩序，这种客体"形式上的合目的性"被主体判断力接受为美，使人普遍感到愉悦。所以美是自由的合目的之形式，也就是说美是在形式上显出有目的式的自由。这种自由并不是绝对的，在内容上对善还有一种依附关系，所以康德在"纯粹美"之下设立了一个"依附美"，并把美视为"道德的象

① 《蔡仪文集》，中国文联出版社，2001，第329～343页。
② 蔡仪：《新美学》（改写本）第1卷，中国社会科学出版社，1985，第285～330页。
③ 蔡仪：《新美学》（改写本）第1卷，第292页。
④ 蔡仪：《新美学》（改写本）第1卷，第99页。

征"。在善与美的关系上，它们各自都有非功利的问题，都与利害无关，并与抽象的概念无关，也不关乎人的爱好兴趣，美与善之间却有着一道由形式划定的界限。

席勒一开始接受了康德的这种观念，后来渐渐产生不满，在他看来绝对命令统辖下的道德理念仍然有一种对人的感性之压迫，他要追求由理性与感性的统一升起的自由。他把人分为"秀美"（die Grazie）与"尊严"（die Würde）两种基本范式，"秀美是美的心灵的显现；尊严是崇高思想的表现"。它们大致对应于我们今天所说"社会美"之不同表现形态。席勒意在通过这两种范式把美与善以及理性与感性在人身上统一起来。席勒认为，人的风格与气质之秀美不仅仅是人的外在的美，也是人的心灵美的外在表现。尊严涉及人的社会道德品格，席勒将之归为道德力量对本能的克制达到的自由，并在外部显现出来归之于崇高。与康德不同在于，在席勒看来，秀美作为人的精神美的外在显现与尊严作为心灵善的外在显现是可以统一的，"它们不是相互隔绝的，它们可以在同一个人，甚至同一人的同一状态中结合起来。进而言之，一个人唯有保证并接受尊严才能成其为秀美，而尊严也只能给秀美以价值"。①

西方美学史上相当于我们所说社会美范畴的理解都基于哲学人本主义，在德国带有思辨气息，在俄罗斯更富于现实意蕴。车尔尼雪夫斯基的"美即生活"的命题表达了革命的民主主义并带有民粹主义倾向的社会美的观念。他对美的"生活"之内涵的规定不限于一般的存在意义上的日常生活，而是理想化（心中想要的）的生活，并带有费尔巴哈式自然人本主义特点，"生活"一语与"生命"同义，把合乎自然的生命与合乎民主主义精神的生活统一起来，反映了俄国农民对农奴制废弃之民主要求。

蔡仪汲取了西方美学的精粹，将之纳入历史唯物主义轨道，在社会美的问题上贯穿着的核心为：（1）必然与自由的关系；（2）美与善的关系。蔡仪所说社会美"发之于内而见之于外"的特点，堪与康德"美是道德的象征"比较。从必然与自由的关系上来看，社会美即为人对必然认识通过世界的改造达到自由的外在显现。

维特根斯坦认为："伦理学和美学是一个东西"。这个话被舒斯特曼反复引用来说明他的"伦理的审美生活的艺术"。他认为，这个话"给出了我们后现代时代美学和伦理学理论二者的重要见解和问题的敏锐表达。它否定了现代主义诗歌与造型艺术的形式主义和抽象运动的纯粹主义审美意

---

① 《席勒选集》第8卷，柏林"建设"出版社，1955，第282、285页。

识形态"。从维氏这句话的上下文来看并不是把伦理学与美学在学科上看成一个东西。他是在谈伦理学时偶尔与美学作比较。因为在他看来，"伦理学是超验的"，是在"世界之外"的，"伦理学的担当者的意志是我们不能谈的"。① 美学之不能定义，即有着不可言说的东西。道德只需要身体力行，美学只需要观照，它们都有一种似乎"超验的东西"规范着，在伦理学上是康德式绝对命令，在美学则为"美的理念"或"美的法则"。正是在这一点上两者似乎是一回事。在维氏的那么一句简单的话中能挖出的东西也就这么多了。舒斯特曼阐发了维氏的命题，特别强调伦理学与美学"在根本上都关注幸福"，"像艺术观看事物的方式那样，［伦理学］用一种愉快的眼光观看世界"，据此，他提出了后现代的"趣味伦理"的审美生活，指出："善的社会应该使其组成的每个成员都确保，在审美上可能拥有令人满意的生活的社会。"②

沃·韦尔施则认为："这种美学，即公正对待异质性的美学，同样有着伦理/美学的结构。与这一新的理想相伴而生的艺术，同样也能具有伦理道德的光辉。这种艺术不再提倡征服的伦理学，它提倡的是公正的伦理学。"③

"公正的伦理学"，我们似乎又看见了一个后现代的康德，把道德的绝对命令从"征服的伦理学"那里拆解开来，公平地分配到每种"异质性"之中，这样，每个人都开心，上帝也满意，"每个成员都确保，在审美上可能拥有令人满意的生活的社会"。这样的生活也就是车尔尼雪夫斯基所说的"依照我们的理解应当如此的生活"。

（二）从美学与伦理学之学科性关系来看

这里一个根本问题在于，从美学与伦理学之学科性关系析出美与善关系，两者是完全整合（即无差异之同一）的关系，还是局部整合（即在差异中的统一关系）。如果是前者，美就是善，善就是美，那么善与美就可以相互无条件替代，可以取消其一，没有必要让这两个范畴同时存在，避免扯不清的边界关系问题；如果在另一个极端，只强调美与善的差异，否定两者之间的统一，那么就导致有美无善、有善则无美，两者不可能同时存在，效果同样是取消其一。美怎样象征道德呢？如果仍然是以道德的外

① 维特根斯坦：《逻辑哲学论》，郭英译，商务印书馆，1985，第95页。

② Richard Shusterman, *Pragmatist Aesthetics*：*Living Beauty*，*Rethinking Art*，Roman & Littlefield Publishers，2000，pp. 236－239.

③ 沃·韦尔施：《重构美学》，陆川等译，上海译文出版社，2002，第96页。

在形式来显示其内容，即道德在内容与形式上是完全整合的，康德"美是道德的象征"这个话就是多余的。只有通过区别于道德的形式，即美的形式，方是道德（内容）的象征。如前所述这里不仅贯穿着美与善的辩证法还有内容与形式对立统一的关系。辩证统一的关系则认为美与善的区别在于外在形式，善偏重内容，美偏重形式，善带有美的形式就成为美的，但善并不必定带有美的形式，所以善不一定就是美，善可以有自身"非美"的形式，具有美的形式之对象也可以偏离善的内容。这就要研究它们在实际生活与哲学范畴上善与美为什么不可能无条件地相互替代而取消一方，以及在怎样的条件下它们双方发生相互转换。这是理论上搞清社会美的关键所在，从学科性上来看，这个问题也就是伦理学与美学的关系。

"科学美"属于"真"的范畴，由科学探求对真理的认识和发现带来的愉快属于求知求真欲望满足的快感，是认识论上的满足。"社会美"属于"善"的范畴，人在社会生活的实践活动和行为对善的追求，由此带来的快感属于道德完善之伦理满足。区别于前两者，美学范畴"美"的对象是指自然美与艺术美以及由此派生的许多审美对象，与之有关的主体满足的愉悦属美学上的美感。这正是真善美的基本区分界限。关于科学美，笔者已另有论述，① 这里专论社会美的问题。人本身的美分为屈原所说的"内美"与外在的美，由生物学决定的人的外在美（单就形体与容貌而言）属于自然，由社会关系决定的人的内在美（品格）属于社会，但后者已经超出了美学归属于伦理学，而综合外在与内在作为人的美的反映之艺术美仍属美学范畴。

"发于内见于外"社会美"见于外"的东西即"善行"，如乐善好施、急公好义、见义勇为、舍己救人等等。这样一些经常为人们称道的行为"美不美"？当然"美"，不过这里所说的"美"是道德评价，属伦理学之学科范畴，在日常生活中更多以"好"来概括，称之为"好人"而不称为"美人"。由此可见，日常生活用语中在评价人时"好"与"善"相通可互换并用，而以"美人"连接则偏于指人的自然美与美学范畴关联。屈原《离骚》中的"美人"为"好人（善人）"之诗意象征。他之所以不说"纷吾既有此内善"是因为善本来就是化为美的内容之内在的东西，唯通过善行方外在化。美剥离外在形式内在化便成为善，故"内美"即是善，在诗中说"内善"犯修辞重复之忌。伦理学及美学学科上的专门用语与日

---

① 参见毛崇杰《走出后现代——历史的必然要求》，河南大学出版社，2009，第271页。

常用语的界限不确定反映了学科界限的模糊。

作为社会美的主体，人之"内美"怎样"见之于外"呢？人本身包含着由自然性与社会性两大规定性因素。因此社会美表现为双外分流于外的形态，一是外向自然美分流，二是外向艺术美分流。人的肢体、五官等自然赋予的外在的东西，是人的内在生物属性向外在自然性的分流，在这种分流中人的社会性已经被撇开了；而人的性格、心智、道德操守，通过社会实践实现，而其成为美的形态则是以艺术形式为中介，得以传达为美感。人的自然美分流的形式比较好理解，非自然的社会的东西怎样"见于外"，人的行为本身或者说体现人与人之间关系（经济的、政治的、阶级阶层、民族家庭等）的东西本身的外在体现便是社会美的形式么？

《美学百科全书》"社会美"条目写道："在人类征服自然、改造自然和变革社会的伟大实践中，集中地体现了人的本质力量……社会美也就首先体现在人的劳动过程中……"所举例子为"神话传说中的夸父追日、大禹治水、愚公移山、女娲补天"，这些"便是对人类征服自然的意志和力量的赞美与讴歌"。这些神话传说中的例子当然生动地反映着原始人类与自然的斗争，然而它们是以艺术的形式传达到我们的审美器官的。没有人直接见过作为"体现了人的本质力量"之"劳动过程"中的"夸父追日"等，这些给人以美感的神话已不属于社会美而属于艺术美范畴。现实生活中的劳动场面往往与自然环境综合构成一幅幅美的图画，但对其中个别劳动者我们只能评价劳动者的动作是否正确，技术是否熟练，而并不能成为"社会美"单独地向审美主体传达美的信息。而某些描绘劳动场面、动作或姿态的舞蹈使人感到美，已经转化为艺术美了。"集中地体现了人的本质力量"的那些神话故事也属艺术美。

该书还告诉我们："人类的劳动活动本身必然更加显示出美的光彩"，即使人类在劳动异化状况下，"劳动者仍然创造出大量表现出社会美的事物，雄伟壮丽的万里长城、巍峨庄严的金字塔，至今仍肯定着劳动的实践的力量"。然而万里长城、金字塔给我们的审美感受主要属于建筑艺术的美，"雄伟壮丽""巍峨庄严"是它们的建筑艺术的外在形式所体现和传达的审美效应。当然由此人们可以感受古代劳动人民的力量和智慧，但是这种感受已经不是直接来自对象的形式之审美感受，而是审美之后的思考带来的效应。如我们登临长城，常常感叹，当年民夫怎样把一块块巨砖搬运上去构建起如此工程浩大的建筑的呢？然而，这样一些思想和情感活动是伴随着长城的审美形象而发的，构成我们的审美要素的东西是传达到感觉中的形式外观……此外就万里长城、金字塔之类古迹而言，其中还蕴含着的古代文化信息也是通过特定的建筑形式，甚至包含着败落、残破、锈迹所透露的"时间性"造成的"古趣"，使人的美感中包含着深邃的思古幽情。这些文化的审美效应不是无需借助思想只凭形式感的直觉，而是由知识累积的审美素养在面对高度美学价值的建筑形式的瞬时激发。在形式激发美感之余，我们常常不由得感叹：当年在如此险峻的山势中艰巨的施工耗费了多少劳动者的血汗，美的形式下掩埋着多少白骨呀！这是审美感性伴随着非审美的理性沉思。

席勒在《秀美与尊严》中指出："理性怎样严格地要求道德，眼睛同样严格地要求美"，意思是道德通过理性规范，而美是视知觉感性地把握，因此他说："道德修养应该通过秀美显现。"他也论及"美的心灵"，而"在一个美的心灵中，感性和理性，义务和爱好是和谐相处的，而秀美就是美的心灵在现象中的表现"。所谓"现象的表现"也就是形式的外在审美显现。

《美学百科全书》写道，"那些代表社会发展趋势、符合历史发展规律和大多数人利益的杰出人物和正义力量同落后、反动的腐朽势力的斗争，谱写了一曲曲可歌可泣的正气歌，这是社会美中最壮丽、崇高的美"。例如，文天祥、岳飞，以及"历史上无数次的农民起义、解放战争中百万雄师过大江……"以上提到的国内美学界论及社会美的文献都列举了不同历史时代许多社会道德行为范例，大多是文学艺术作品——传记文学、诗歌、戏剧、小说、电影与绘画、雕塑等，英烈们谱写的"正气歌"是艺术的概括。艺术以社会美实施的审美教育实质上是艺术形式所承载之道德内涵的审美教育。这正是蔡仪《新美学》"改写本"把社会美作为"事物规律美"改为社会事物"符合美的规律才是美的"的重要契机。

然而，问题更为复杂的是，这种审美形式承载着以历史的英雄人物为政治道德榜样一体化的美育与德育，往往随着历史的改写而变化，比如说我国历史学中对岳飞对君主所代表的民族国家的忠诚与奉献能不能算作"美德"之至高境界，以至于他能不能算"民族英雄"的问题有所争议。由于善较美更注重内容，在价值体系中级次高于美，对善的判断比美需要更多的思考与理性，从而导致善在历史评价的稳定性中却不如美，如对长城的建筑美的形式从无任何异议；而修建长城的工程启动者秦始皇的功过始终在争议之中。而无论对岳飞的评价发生怎样的变化，他那首荡气回肠的《满江红》在诗歌艺术上的高度是不容贬低的。

（三）回到屈原来看"内美"

回到屈原来看"'内美'不是美"的命题，怎样在美学上评价与分析这位诗人呢？如果没有那些诗作，屈原到底美不美？那么进而产生的问题是，在美的分类上，屈原的美是不是社会美之范式呢？

历史上存在过的实体之屈原所作所为已经成为过去式，而以文本存在的屈原依然如在眼前。屈原这个历史人物为人们赞赏的"内美"当时通过他的"上朝""进谏""招谗""致谤""被逐""骚愤"……直到"投江"的经历使他忧国忧民的品格"见之于外"，然而这一系列政治道德行为即在当时也不是直接以"审美"形式东西感染人们，后来又是通过司马迁的《屈原贾生列传》得以流传，读者从中窥见诗人的品格从而得到一定审美感受。"屈平疾王听之不聪也，谗谄之蔽明也，邪曲之害公也，方正之不容也，故忧愁忧思而作《离骚》……"。在这段叙述中，从"疾王听之不聪"到"方正之不容"这些"忧愁忧思"即使在当时也必须以"见之于外"的《离骚》传达为美。

"文如其人"，正是屈原的诗作所塑造的形象，所抒发的情感，所创造的诗意语言使他的"发之内"的善"见之于外"。而恰恰在《离骚》中诗人以"内美"提出了我们在美学科学之社会美/人之美中遇到的问题。如前所述，诗人之所以不把品格修养与心灵的美表达为"纷吾既有此内善兮"在于，这些内向的东西与外在的东西是紧密结合在一起的，如诗中大量出现"奇服""高冠""长剑"以及更外在的修饰点缀如"奇花""香草""美玉"等，都带有浓重的象征意义，验证了康德所说"美是道德的象征"。诗中的"美人"并不是指"漂亮女人"，而是道德意义上的"善者"，它超越世俗日常的审美也超越了美学形式的范畴。诗人以修辞达到诗学的审美比兴效果，所烘托的思想内容是以道德善为中心的。然而共约3600字的《离骚》全篇，"美"字出现12处，"善"字仅出现4处。这就是善作为整个诗篇的中心主题并不直接出现却在形式上以美为烘托，为象征。这种统一着美的善又是与真不可分割地结合在一起的。诗人的远行与漫游，主要不是游山玩水，而是象征着真理的追求，"上下而求索"，漫漫长路终极目标是达到真善美之统一。其真不是抽象的，其善不是空泛的，其美也并非唯形式的，这种统一在于诗人"九死未悔"之人格力量而有着现实的基础与历史的内涵："长太息以掩涕兮，哀民生之多艰"，"彼尧、舜之耿介兮，既遵道而得路"。诗人执著的政治理想化为一种政治道德人格（鸷鸟），在受到压抑（荃不揆）时，所抒发的强烈感情（九死未悔），从而在"溷浊不分，蔽美嫉妒"的现实中，最后投江自绝，塑造了伟大的悲剧典型形象。这一形象既是文学的也是实际人格的，通过艺术再现传达给我们这种悲剧人格美超越了楚国与楚怀王时代之时空界限而具有不朽的审美价值和意义。如果屈原不是诗人，没有诗作传世，后来也没有描绘歌颂他的艺术作品，那么这样一种人格的美永远只是我们现时的审美意趣遥不可及的善。

司马迁写道："余读《离骚》、《天问》、《招魂》、《哀郢》，悲其志。适长沙，观屈原所自沉渊，未尝不垂涕，想见其为人"。"悲其志"，是通过屈原的诗作等得来的美感效应，这是艺术美的美感；"垂涕"是通过"适长沙，观屈原所自沉渊"，"想见其为人"，对人格美之感受则是以前者为预知前提的。而司马迁的《屈原贾生列传》作为史传文类又区别于郭沫若的剧作《屈原》或香港电影《屈原》。为了强化屈原作为诗人之审美感性，司马迁在列传中全文引入了其《怀沙》一诗，这也反映了《史记》之历史叙事带有文学性之审美附加值特点。

再让我们从历史人物回到身边发生的一件小小例子来看，媒体报道，2009年"五一"劳动节期间河南洛阳伊川旅游风景区发生这样一个故事：一群新婚男女在拍婚纱照，恰巧旁边路过一位拾荒老妇，其中一位新娘发现这位老妇上坡时表现行动困难，便立即上前搀扶她……有游客即时把这个瞬间拍摄下来，在网上发表，称这位新娘是"最美的新娘"。有的博客文章说："娶这位新娘为妻的，是世界上最幸福的男人"……

此事给我们的美学启示是什么呢？人们对帮助老弱者这种行为给予"最美的新娘"的评价究竟是伦理评价还是审美评价呢？人们最初在这个美丽的风景地看到一群美丽的新娘拍摄照片得到的是审美观感，当这位新娘发现拾荒老妇有困难立即给予帮助使人感动发出"最美的新娘"的赞叹已经超出了审美感动，上升为道德感动，以学科的语言来说，应该是"最善的新娘"，加上新娘的衣着外貌的美应该是"最美又最善的新娘"。在日常语言中"善"字往往被"美"替代，正如屈原把"内善"说成"内美"。与一般人做这件事所不同的是，新娘的外观美与这一助弱道德的行为善得到了统一；与垃圾打交道之"脏"与清洁环境之善的强烈反差又与风景地及新人之服饰华丽形成对比。这种强烈的伦理与美学交织的效果被拍摄下来登在网上，使人从影像中得到一种审美感受，然而这已经不是事实的道德行为，而是其"见之于外"的"外观"。不过此事若作为素材被搬到影视上去，在艺术上可能成功也可能不成功。其在内容上已经确定为善的前提下，在艺术上是否成功的标准是审美的，但在艺术上是否取得审美形式与在现实中之为美德无干。人们行善、做好事并不是为了给别人看的，而人唱歌或奏乐时却强烈要求知音。

（四）美与善的外在形式差别

车尔尼雪夫斯基在《生活与美学》中写道："美的领域不包含抽象的

思想，而只有个别的事物——我们只能在现实的、活生生的事物中看到生活，而抽象的、一般的思想并不包括在生活领域之内。"

怎样的生活被他描述为美呢？他写道：上流社会的美人，"她的历代祖先都是不靠双手劳动而生活过来的，由于无所事事的生活——社会的上层阶级觉得唯一值得过的生活"。然而无论是生活的善还是恶，它们都"见于外"——"血液很少流到四肢去；手足的筋肉一代弱似一代，骨骼也愈来愈小；而其必然的结果是纤细的手足"是为"没有体力劳动的标志"；"农家少女体格强壮，长得很结实，——这也是乡下美人的必要条件"。[①]在车氏看来，一种实际的生活，不同于抽象的思想，必然通过人的外在自然，体型与气色表现为审美的形式。所以，这种审美"外在性"与道德伦理之善行的外在性仍然有所不同。

从劳动创造人来看，劳动本质上是人的社会行为，人的社会属性比自然属性具有更现实的本质规定性。但人的体貌容颜这些外在的东西比思想、精神、品质等更易可感可见。而内在的东西总是要通过人的行为和言谈举止"见于外"，只不过比体貌容颜需要通过更仔细与长期地观察加以发现。在生活中常常有这样的情形，某人外表长得很"帅"，但是深入接触，便发现表里不一，感到"金玉其外，败絮其中"，那外表的美貌也不那么吸引人了，甚至是可憎的。相反的情况是，某人乍看并不觉得有多美，而相处的时间长了愈来愈觉得可爱，这是因为其内在的吸引力外显出来了。因此人的美是自然与社会、外在与内在的统一，并且内在的东西比外在的东西更重要，正如《美学百科全书》所说："社会美作为人的本质力量的直接显现更偏重于内容美。"[②] 不过"外在的东西"虽然没有"内在东西"重要，不表明"外在的东西"是可要可不要的。人之美的内容为善，其显现的外在形式是人们的道德行为，无论是英雄还是普通人物，无论是在关键时刻还是在日常生活，它们所显现的形式是直接生活现实的，我们认为这种感性显现是善的形式。善与美同样都必须"发于内见于外"方能感人，善与美同样也要有感性的外在形式，然而善的感性外在形式与美的外在感性形式又有所不同，前者给人以道德感动，后者除了道德感之外还有审美的形式感。在这个界限上普遍存在对美的形式的忽略与长期以来对形式主义的批判之准确性欠缺与过度有关。康德美学中的"形式的合目的性"以及"纯粹美"长期被作为形式主义美学的鼻祖，这里有很大的误

---

① 车尔尼雪夫斯基：《生活与美学》，人民出版社，1958，第7，12 页。
② 李泽厚、汝信主编《美学百科全书》，社会科学文献出版社，1990，第389 页。

会，其实康德更重视内容，只不过他没有把各种区分的要素辩证地统一起来。席勒后来也提出了"美是自由的形式""形式的形式""给物质以形式""形式决定一切"……这些强调形式的命题都是以人的自由为目的性前提的。那时的启蒙式的古典人本主义美学是以形式服从内容的，真正的形式主义是由现代的"为艺术而艺术"的审美主义到结构主义的特点。对形式的忽略一方面与意识形态上"左"的教条主义有关，另一方面与后结构主义对结构主义形式的决裂以及后现代主义对审美现代性之审美主义的形式批判相联系。

审美的形式从根本上来自马克思所说的"美的规律"，而"美的规律"既包含内容上质的规定性也包含形式上的规定，是两者的辩证统一，形式的规定虽属对象非核心之外层本质，但对美的事物而言也不是可有可无的。黑格尔所说"美是理念的感性显现"这个话很含糊，我们看到、听到、嗅出或触摸到的任何东西都是"感性显现"。当然，黑格尔所说的"理念"是"美的理念"，其"感性显现"也就不是一般的可感形式的显现，区别于"真"的感性显现或善的感性显现，而是有着审美的形式规定的感性外观——在自然是形态与色彩决定的对称、和谐、秩序、变化中的统一、黄金分割等，在文学是语言的修辞、韵律、叙事结构、情节等，在音乐是旋律、节奏等，在绘画是构图、光线、色彩等。所以席勒所说"美是形式的一种形式"①的意思在于，任何事物都有其存在的形式，真理有真理的形式，善有善的形式，它们各自以特定的形式表明自身之所以是自身在于与其他事物的（外在的）区别。"真"之显现，必通过事物实体存在的形式，或宇宙物质的存在，或社会事物的存在，或以人的主观的思想与理论所反映真理的形式；"善"之显现，也必须通过外在的形式，如人的善行，或人与人关系的友善，然而不是所有善的形式都可以被审美。真理与善在本质上是美的内容，但这一切形式如果没有进一步取得美的形式尚不能成为审美对象。"美德"所说的"美"是在伦理学或是在日常生活的道德层面上的语言，而不是在美学的严格科学意义与美学的学科界限之内说的语言。这正如说"科学美"，那只是日常语言，不是美学的学科性语言。

在日常生活的普遍意义上，人们不作以上的区分，所以这样的区分在日常生活中一位美学家听见"美食""美味""美事""美德""美梦"……这样一些说法时，他即正告："这样说在美学上是错的，如此这

---

① "美不是别的，只是形式的一种形式，而那称为质料的东西，必须是有形式的质料。"（席勒《论美书简》）；见毛崇杰《席勒的人本主义美学》，湖南人民出版社，1985，第59页。

般所说的'美'不是美学范畴的'美'……"在日常生活中这种学究气显得如何迂腐，近乎笑话。而正是要使美学成为一门人文社会科学的学科，方有这种理论上加以区分的必要性，除非取消美学这门学科。

（五）作为社会美的环境

蔡仪把社会美分为性格美（或人格美）、行为美与环境美三大类。性格美与行为美都与人的个体相联系，而环境美则与人的群体相关，他说："环境美是人的集体关系的美"，由于环境对人的关系是"相互规定"的，所以环境有"一定的独自性"，能以"特定的或特殊的历史形式，充分体现社会的根本性质和发展倾向，因而可以是美的"。他侧重于人与人的关系把环境美的决定要素分为三种，指出："在环境中人们和谐一致、共同前进"，"环境美作为人们同心协力抗敌的根据地"，"作为众人共同奋战创新的试练场"。①

《美学百科全书》把环境美归为"技术美学与建筑美学"之栏目之下，认为，环境美是"人对环境的审美功能做出的一种主观评价，自然因素、人工环境、人文景观及文化遗产是环境美的构成要素"。该书社会美条目没有专门谈环境的美，不过其中有一段话："社会美还表现在人类生活的其它方面……处在一种和谐、健康、有利于人类和进化、发展和完善的关系的基础上，便是美的"。②

一般所谓"环境"是指人的环境，是以人为中心放射出的多种关系决定的状况与条件。因此环境有多重意义，有大环境与小环境之分。大的方面分自然环境与人文环境或社会环境；自然环境又分出人与生物之间关系的生态环境，还有与其他各种自然关系的环境，如天文气象的、地理地质的等，社会环境包括家庭环境、生活环境、工作环境、社区环境等。环境美学属于美学与环境学杂交的新生分支学科。环境美的研究现在已经脱离对社会美的从属有独立成为美学分支学科的倾向，我们在这里仍然将之置于社会美范畴来讨论。

作为社会美的环境美当然主要是指社会环境，自然环境的美学问题归属自然美与生态美学的交叉边缘范畴。然而人类社会并不是全然与自然隔绝的孤立整体。所谓"天人合一"与"人化自然"，实际上指的就是与社会环境一体化的自然环境。人为了自身的环境对自然的利用和改造，如农

---

① 蔡仪：《新美学》（改写本），第1卷，第319~320页。
② 李泽厚、汝信主编《美学百科全书》，第199、389页。

村庄稼的种植，森林、草地的管理，城市的绿化与园林建设，社区环境的绿化与装点等。就社会环境美的主要内容而言，应为人与人的关系所决定的环境，这种关系是综合性的，是复杂多重的，决定性的因素是物质生活的生产与分配的生产关系，由此社会构成阶级、阶层、民族、职业、家族、家庭、朋友、夫妇等关系，这些关系产生出阶级情谊、同志友情、两性爱情与家族亲情，它们综合成为人的社会情感环境。所以环境美可分为三个层次：（1）人周围的自然环境的美属于自然美范畴，由未经人改造过的原生态自然，或是人改造或美化过的自然构成；（2）由建筑所营造的环境，包括人的工作与居住环境的美，为一种综合的美（建筑、装饰艺术之综合）；（3）人与人的关系的和谐，应该属于善的社会伦理范畴。

无论从人与自然的关系，还是从人与人的关系来看，宜人环境之核心与自然的秩序同样是和谐。和谐这个词英语 harmony 也汉译为"大同"。社会和谐或大同的基础是人与人之间的平等——把他人与自己同等看待和对待，并加以关爱，如孔子所说："己所不欲，勿施于人"，这样，人与人在社会上的相处就会有一种亲和力与亲近感。对于这样一种关系我们不妨以两例相比较，《礼记·礼运》写道："大道之行也，天下为公……是谓大同"来描述上古原始公社人与人关系："选贤与能，讲信修睦，故人不独亲其亲，不独子其子，使老有所终，壮有所用，幼有所长，鳏寡孤独废疾者，皆有所养。男有分，女有归。货恶其弃于地也，不必藏于己；力恶其不出于身也，不必为己。是故谋闭而不兴，盗窃乱贼而不作，故外户而不闭，是谓大同"。如前所引恩格斯的话，"社会的利益绝对地高于个人的利益，必须使这两者处于一种公正而和谐的关系之中……"这样一种古代氏族的自由、平等和博爱的社会环境美不美呢？没有人会说否。但就美学学科性而言，要进行个体的审美体验的分析，在一种政治、经济、道德良好的社会中，人们最切身的幸福生活集中为人与人的关系善之体验，审美则又是一种区别于善的美感体验。"选贤与能，讲信修睦"的美好社会体验并不能替代审美体验。缺少审美的生活不美好，然而再美好的生活也有非审美的内容。美与日常生活中一般的"好""幸福"还是有一条界线。

综上所述，我们在处理"人格美""心灵美"等"社会美"相关范畴时必须明确"发之于内"的善与"见之于外"的审美形式是有界限的，没有以审美形式显现"见之于外"的"内美"不是美学学科的美。

"'内美'是超乎一切之上的美"，此话是从伦理学的角度来说的；"'内美'不是美"乃就美学的学科性而言。

五　美学与文艺学之本体论与本质论

这一部分拟通过本体与本质、本体论与本质论问题把美学与文艺学连接起来，故也可以置于文艺篇，此章内容又与哲学篇的关系非常密切，对于哲学、美学与文艺有承启关系，集中于哲学、美学与文艺学的本体论与本质论问题。

世上万事万物总有现象与本质的区分，尽管从现代主义到后现代主义都有一些学派与学者否认这一点。简单事物的本质属性及其与现象的关系也简单，复杂的事物往往不是单一的本质属性规定的。文艺多重本质之"一"与"多"的关系是哲学本质论问题上的辩证法在文艺学上的贯彻。由于独断主义与多元主义和其他等等原因，这一课题并没有在哲学与文艺领域充分展开，致使古今中外在文学与艺术（简称"文艺"）的本质论问题上，各家各派执于一词，分歧多端。从审美——审美形式或审美经验与从意识形态或意识形态的形式来界定文艺代表着两种不同的路径，把两者整合起来是一种路向，相反的是把它们拆裂开来。本体论、模仿再现（镜子）论、表现论、游戏论、生产论、工具论等话语表达的定义单一的规定性都不可能充分揭示文艺在历史和经验整体上的丰富内涵。带有独断一元论倾向的关于"文艺是什么"的话语在本质论上失败的原因莫不在于以历史上某一时期某些作家和作品的个案特点普适于整个文艺。用巴尔扎克《人间喜剧》为例说明文学是什么，就无法适合于卡夫卡；库尔贝范式不能说明毕加索的创作。对杜尚的《泉》（一只尿斗）作为艺术品的确认，意味着对以前历史上一切艺术品的否定。肯尼克1958年提出的"传统美学是否基于一个错误"确实抓住了传统美学在艺术定义上一元独断论上的问题。分析美学从早期维特根斯坦的艺术与美之非定义性转向对艺术定义的探讨，震荡于本质主义与反本质主义、科学主义与人文主义、语言本体论与认识论之间，其主要路向一是围绕着艺术是否以审美为本质的论争，二是从艺术在空间（习俗或惯例）与时间（艺术史）上的变化追索其定义。直到近期分析美学开始从社会批判切入一种历史主义，从语言走向社会、现实与文化。如丹托、卡罗尔等从对资本主义的反叛来看待艺术形式去审美化现象，前者把现代主义的"麻烦艺术"的根源归于"麻烦的现实"；后者把"观念艺术"等前卫现象看作对"商品拜物教的摒弃"。这种转型促成了分析美学"走出语言牢笼"的势头。分析美学以科学主义发端提出问题，虽然不等于给出"艺术是什么"令人信服的回答，其禁闭在语言牢笼里的逻辑实证主义也并不是真正科学，却在方法上激发出对文艺既有一切定义的重新思考。黑格尔的"艺术终结"论并不等于艺术的死亡，那么"艺术是什么"仍然是回避不了的问题。然而，分析哲学的科学主义掠转并没有径直转向文艺的多重本质，与此同时后结构主义与解构理论则从反本质主义思路又引出一股新的"文学死了""文学理论终结"话语。此外，教条主义思维方式不顾审美经验在历史中的发展变化，从定义出发以定义为目的，同样不利于这个问题之探讨。这种多元分裂状况几乎使文学艺术本质论危机四伏，濒临绝地。

迄今为止，艺术定义的一再失败不等于表明实际存在的艺术只是现象没有本质。建立于一元本体论基地上的文艺多重本质构造式关系是在单一文艺本质论面临学科性危机下对"文论何为"之对应。文艺多重本质的形成有着时代的原因，它们在人们的文艺活动中都得到不同程度的验证与论证，并随历史语境转换发展变化。各种文艺本质论之间有时相容互补，经常更紧张地相互排斥，比如模仿（再现）论与（情感）表现论之争，又如以本体论、价值论等挑战认识论。文艺多重本质的规定不是多元分裂的，也不是简单整合的，而是有机统一的，它们之间的横向关系决定于各自与认识论纵向关系的远近，也造成多重本质层级差异。制约着这种构造式关系的基本要素是文艺内部的审美形式规律与外部的非审美规律之间的相互作用。审美主义和形式主义不论经济政治等社会因素对文艺本质规定的作用，机械唯物主义与庸俗社会学等教条主义思维方式又无视文艺的审美性的本质意义与审美形式的重要作用。理论面对的任务不仅仅是要探明文艺多重本质的实际存在，更要面对它们形成的历史条件，在"文学是这个""文学是那个"之分裂性话语下析解那些带有本质性东西之间的互动关系。所谓"构造式"是指纵横交错之多重本质相互勾连榫接支撑构建成整体之有机统一的关系。这种互动关系的多重本质构造式关系的哲学与美学基础是本体论。

（一）所谓"本体论转向"

本体论就是存在论，关于存在的思考势必深入到宇宙人生的复杂状况的本源及本质。这种追问并非始于 17 世纪 ontology（本体论）这个词的出现，在人类哲学思想史上本体论的关注常常以不同形态搅拌或隐蔽于不同问题中，虽时有起伏而无间断，更无终止。现代哲学本体论一方面认为，对于存在，本质并不比现象更值得关注，因此本体论表现为对本质论和认识论的超越；另一方面受现象学的影响，本体论又要去追问更深度的存在本质，此为从现象学到存在主义的思想线路，现代价值理论又遮蔽了本质论问题。19 世纪末以来直到 20 世纪后半期，安放在这样一种哲学根基上的文艺本体论与美学都从人的生存基本状态和意义出发来看文艺之本质及有关的问题。在这种哲学氛围中，19 世纪末到整个 20 世纪的文艺思想潮流，无论是结构主义还是人本主义，无论是"语言转向"还是"人类学转向"在其深处都或显或隐地贯穿一个"本体论转向"问题。生命哲学、意志论哲学、存在主义都是本体论哲学的具体学派形态，从"语言转向"而来的语言本体论带有相当的普遍性。本质在存在中与复杂的现象缠结在一起常常处于被隐蔽状态，其裸露又常常以简单一元论遮掩着多重本质的关系。

柏格森和狄尔泰的生命哲学把文艺作为生命流动发射出的一种本能冲动。尼采所谓酒神与日神之冲动也根于生命本能。此外还有福柯建立在尼采"把自己做成一件艺术品"审美主义基地上的"存在美学"，以个体自我作为实验品以生存意义与价值挑战生命的极限体验。这些带有哲学本体论特征的文艺观对"存在"的分析各有千秋，并都有多少带有忽视人作为社会存在之现实关系规定的倾向。文学在语言形式上的本体论问题是美国新批评派理论家兰色姆、韦勒克等提出的文学绝缘于社会存在之内部规律自律论。形式主义与"新批评"把文学与作品外部东西区分开来表现为语言本体论倾向。另外还有一条本体论的路线，那就是从费尔巴哈的自然人本主义到车尔尼雪夫斯基"美是生活"的美学文艺本体论路线。西方持续了一个多世纪的文艺本体论于 20 世纪 80 年代初次进入我国扬起一股强劲的新潮。

20 世纪八九十年代之交，我国文学理论与美学界纷纷从主体论、方法论、观念论转向本体论。1994 年王岳川推出了我国第一部《艺术本体论》专著，以史论结合方法，突破新批评语言本体论的对文学自律性的局限，立足于本体论与认识论、价值论的统一，展开论述了艺术的审美体验对生命超越的意义和人类精神上的价值。[①]

这可以说代表着我国文艺本体论研究的一个台阶，但是我国文论界的本体论转向在哲学思想准备上并不能算充足，于是问题又从文艺学折回到哲学。

1996 年，朱立元对 80 年代以来的本体论转向进行了概括，试图在哲

---

① 王岳川：《艺术本体论》，上海三联书店，1994。

学上从"本体论"与文本及"本性论""本源论"的关系总结性地清理这一"转向"在中国所带来诸多概念的"误译""误用",特别强调"本体的含义不是本源本质",夯实了其"实践美学"的"实践本体论"之哲学基础。① 但是朱立元对于本体论哲学资源的清理并不到位,1998 年,高建平撰文与朱文商榷,他从西方哲学史清理了本体与根源、本体论与逻辑学的关系,特别是从朱文对海德格尔的现代本体论与传统形而上学的关系上的"误解"和"误导"澄清了许多哲学知识和概念上的混乱。② 确实,不首先在哲学史上弄清楚相关的基本概念范畴,匆促将文学理论安放在被误读了的哲学本体论上,肯定难免捉襟见肘,甚至陷入一片混乱。本体论研究不可避免地要追问到有关世界作为统一性存在的本源与本质。在文艺学美学界发生的这场哲学本体论的讨论对于文艺本体论更上一个台阶是有益和必要的。

文学界本体论上的种种讨论往往返回到哲学问题,但是"存在是什么"的形而上思考又并不能完全解决文艺的问题。在朱立元与高建平讨论之后约 10 年间有关论著不断涌现,在文学本体论上立论者各陈其词,相当多的文章只是在既有的文艺学问题中注入一些本体论词句,要迈上一个新的台阶并非易事。

2004 年王元骧的《评我国新时期的"文艺本体论"研究》也对有关的问题进行了综述评论,并在一系列相关文章中试图吸纳从德国古典到现代有关的历史思想资源,将文艺本体论问题纳入马克思主义文艺学轨道。他对王岳川的观点基本持肯定态度,认为其中一些正确的东西未得到应有的注意,也批评了我国文艺本体论中的"形式自律论"倾向。在自然本体论、人类本体论和生命本体论之区分上,王元骧以审美意识形态论为核心强调文艺本体论提供了文艺批评的"客观真理标准",这就把本体论对认识论的隔离解除了,并且立足于人的解放与全面发展之美学本体论与"日常生活审美化"的文化消费主义对峙。③ 有人认为这不仅是对文艺本体论的新拓展,同时也是"新马克思主义文艺学"的工作。④ 这可不可以说是我国文艺本体论研究的又一个台阶呢?

---

① 朱立元:《当代文学、美学研究中对"本体论"的误释》,《文学评论》1996 年第 6 期。
② 高建平:《关于"本体论"的本体性说明——兼与朱立元先生商榷》《文学评论》1998 年第 1 期。
③ 王元骧:《评我国新时期的"文艺本体论"研究》,《文学评论》2004 年第 5 期;《当今文学理论研究中的三个问题》,《文学评论》2008 年第 1 期 。
④ 张艺声:《新马克思主义文艺学:本体论的新拓展——王元骧文学原理》,《枣庄学院学报》2006 年第 1 期。

冯宪光从 20 世纪国外马克思主义文艺理论本身的学术发展史视角，把马克思主义文艺理论分为四大"本体论生长点"：人类学审美本体论、意识形态本体论、艺术生产本体论和政治本体论形态，在他主持下分别由四位作者写出了四部著作。冯宪光撰总导论认为："四种马克思主义文艺理论本体论形态在个别理论家身上以及整个国外马克思主义文论中，都存在交叉、融合、整合的特征。从整体上说，整合的最后走向是政治学文论"。① 这样的思想资源系统清理对于马克思主义文艺学的发展作出了有益的贡献，虽然似乎还没有立即与国内所讨论的文艺本体论问题搭上界，但对本体论与其他文艺本质的关系在思考方法上提供了西方马克思主义的理论资源。其所说"交叉、融合、整合"正是我们认为的多重本质的构造式关系，我们在下面将要论到，马克思的艺术生产论正是在人类学与意识形态理论两个层面上展开的，而其"政治学文论"涉及文艺在本体论自由上目的性与工具性关系。

尽管关于我国 20 多年来对于文学艺术本体论的研究从学术史上已被反复陈述，这个话题至今未有衰竭迹象，据 2009 年不完全统计就有多篇以本体论为题的文艺理论文章见诸各学刊。如张伟的《认识论·实践论·本体论——当代中国美学研究思维方式的嬗变与发展》、② 邓晓芒的《文学的现象学本体论》、③ 李西建的《解构之后：重审当代文艺学的本体论问题》、④ 董学文的《"实践存在论"美学何以可能》、⑤ 董学文、陈斌的《超越"二元对立"与"存在论"思维模式——马克思主义实践观与文学、美学本体论》、⑥ 刘阳的《在后形而上学意义上重建文学本体论——新世纪文学本体论研究的理据分析》⑦ 等。值得注意的是其中两篇文章对我国文艺本体论不约而同进行了总体评价性概括。

---

① 参见冯宪光《当代马克思主义文艺理论本体论形态问题》，《二十世纪国外政治学文艺理论研究》等，巴蜀书社，2008。

② 张伟：《认识论·实践论·本体论——当代中国美学研究思维方式的嬗变与发展》，《社会科学辑刊》2009 年第 5 期。

③ 邓晓芒：《文学的现象学本体论》，《浙江大学学报》2009 年第 1 期。

④ 李西建：《解构之后：重审当代文艺学的本体论问题》，《陕西大学学报》2009 年第 1 期。

⑤ 董学文：《"实践存在论"美学何以可能》，《北京联合大学学报》2009 年第 2 期。

⑥ 董学文、陈斌：《超越"二元对立"与"存在论"思维模式——马克思主义实践观与文学、美学本体论》，《杭州师范大学学报》2011 年第 3 期。

⑦ 刘阳：《在后形而上学意义上重建文学本体论——新世纪文学本体论研究的理据分析》，《学术月刊》2009 年第 8 期。

李西建认为，20 世纪 90 年代后，当代文艺学发展面临着一系列的悖论与困境"无一不是与本体论研究空场有关"。邓晓芒也把"什么是文学"这个问题在理论上的混乱与困惑归咎于"批评家和理论家对于真正切合文艺现实的文学本体论的忽视"。这两位论者的两句话就够让人纳闷，20 多年来文艺本体论上的大量论著到头来还是一个"空场"；已经"热"到这种程度还是"忽视"，究竟是论者对我国文艺本体论研究缺少必要的学术史清理，还是……究竟如何是好呢？难怪有人喊出"文学理论死了"！如果避免陷入虚无的话，这里可以引出三个值得思考的要点：第一，两位论者的文章确实没有提供他们各自得出以上概括的学术史根据；第二，文章中没有列出相关学术史文献并不等于他们提出的问题是"空穴来风"，或许他们做过必要的工作只是没有在文章中提及，他们的结论似乎也表明 20 年来文艺本体论的研究没有在根本上对文艺学的发展做出革命性的推动；第三，两位论者并非否定文艺本体论本身，而是建设性地强调文艺本体论的重要性，然而他们本身是否对文艺本体论做出"空前"的突破，目前尚看不出，那么这是否表明文艺本体论本身就是一个明知为"空场"还要往里钻的理论"怪圈"呢？

（二）海德格尔热与文艺本体论

看来，问题不在于有关本体论的话语够不够多，"热度"持续得够不够长，而在于究竟怎样说的。首先是各种论说在哲学本体论上的根据是否站得住脚；其次论者在文艺学上说出什么新东西来没有？至今出现的种种文学本体论，是否彻底解决了"文学为何"与"文学何为"的出路？

刘阳的文章进行"新世纪文学本体论研究的理据分析"并在此基础上提出"在后形而上学意义上重建文学本体论"，最终张扬的仍然是在后现代语境中返回海德格尔。

海德格尔堪称现代哲学本体论之集大成者，他在美学上的影响从现代向后现代贯穿。20 世纪 80 年代他的哲学论著在我国的引进对"本体论转向"起着举足轻重的作用，可以说我国哲学美学和文艺学的"本体论热"在相当程度上也就是"海德格尔热"。一个时期，"此在""人诗意地存在""语言是存在的家园"之类海德格尔语录在汉语中被重复书写了不知多少，这种热度至今未退尽。欧洲于 20 世纪 30～40 年代出现过类似的"海德格尔热"。阿多诺批评说，海德格尔的这些"行话"从哲学、神学中扩展到教学法中、夜校和青年组织中，甚至扩展到了商业和行政管理代表的措辞中，"当行话泛滥时，它变得标准化起来"。①

阿多诺当年描绘的情景在十多二十年后的中国重现。刘阳一文所谓"后形而上学"之要义在于，语言不再行使记录思想的功能，而"具有了使世界存在的意义"。其超越形而上学之"后学"的意义就是"超越客体与主体的二元对立"，"人们不再企图通过语言去认识世界的本质和本原，是语言使世界存在"。这种"重建"陷入了一种难以自拔的悖论之中，因为论者声称这种"后形而上学"的文学本体论重建的基础为"文学对哲学优越地位的逆转"，然而这种"逆转"仍然被安放在语言本体论之上，即使不论这种语言本体论的悖谬，难道这种语言本体论不正是一种哲学吗？文学能对这种哲学"逆转"或"超越"吗？这种哲学本体论把世界的存在归结为语言，难道非人类语言的生物世界与有机与无机世界都为非存在吗？并且论者把语言本体的意义仅仅归结为"文学与存在对话"的方式，难道人类社会的非文学语言方面都可视为非存在吗？实际上，由于人与对象世界关系的多样和复杂，作为对世界掌握的不同方式，语言本身除日常生活中琐细的用语之外还有各种不同知识的艰深繁难的学科语言、不同生产劳动技术与各行各业的专用语言以及哲学抽象语言、政治套话、外交辞令等等。综合社会多种语言现象加以修辞考究从而极富创造张力的文学诗性语言也仅仅是文学形态的一个方面，对于再现典型环境中的典型人物形象，创造审美意象和意境，传达人的丰富复杂的思想感情，以及表现意识流、荒诞、精神分裂症、痞气等，语言本体的符号性无论如何不可能摆脱工具性。从审美艺术范畴来看，音乐与绘画等造型艺术都以不同方式在本体论上超越了文字中心的符号本体，以更直接的方式传达着不同的审美信息与人的生存共在。语言文字作为符号仅仅是人类存在的方式与形态之一，这种后形而上学本体论无非是后现代颠覆传统的一种姿态与尝试。

海德格尔自称比一般的本体论更深一度的"基本本体论"从"存在"深入到"存在缺席状况"，即追问到与"无"相连的"在"，认为这个"在"才是摆脱了工具（技术）理性困扰之"本真的在"。这种"本真"是对一般科学认识的真理的超越，使人从作为技术理性驱使的世界的"改造者"上升为思考"在"之真理的"看守者"。深度的"诗意存在"承载着这样的使真理敞开之"思"之语言为"存在的家园"。海德格尔的语言

---

①　Adorno, Theodor W., The Jargon of Authenticity, trans., Knut Tarnowski and Frederic Will, Northewestern University Press, 1973, p. 6, 转引自张静静《艺术与真理——阿多诺与海德格尔艺术观之比较》，《文学评论》2007年第6期。

本体论从属于他的基本本体论，虽然他后来似乎不再提"基本本体论"，但作为他的哲学思想基本点的这种深度本体论理念没有改变。这正如他后期的著作《关于人道主义的信》中认为，通常的人道主义把人的位置放得不够"高"一样，总的说来，他是要超越传统认识论与伦理学，从这一点来看，他的深度的"基本本体论"也就是其高度的"人本主义伦理学"，他的存在诗学正是建立在这两者之上。他把人作为"诗意的存在"无可厚非，问题在于这种"诗意存在"与人的"非人化"的现状是怎样的关系。文艺怎样面对这种非人化？是认识、揭露和批判，还是逃避到"无"之中，或把异化的根源从生产关系转移到单一的技术从而遮蔽了生产资料占有与分配问题。海德格尔使艺术在本体论上回到真理论的同时，又使之超离了认识论。他把人的存在的物质性——生产/生产力/科学技术——作为异化的东西，一方面无视科技力量作为人的本质对象化之积极方面；另一方面不是面对这种异化，实践地改造现状，而是在对"虚无"之诗意玄思中追求超离。虽然文艺无须直接面对经济学问题，然而文艺整体之反拜物本性是建立在现实的这种（不合理）经济关系之上的。在"走出后现代"中"重建"这种后形而上学意义上文学本体论虽然不再满足于对海德格尔片言只语之引述和阐发，然而对于深入到"在"的超人本主义的"基础"之下，已经穷尽了本体论的深度之所有形而上学可能性，重申这种"后形而上学"很难走出什么新路。

（三）本体与本质/本体论与本质论

在高建平与朱立元这场哲学上关于本体论的争论过去约 20 年之后，2009 年，张伟的《认识论·实践论·本体论——当代中国美学研究思维方式的嬗变与发展》一文把 20 世纪中国从 50、60 年代到当前美学研究的发展途径概括为"从认识论到实践论再到本体论为三种思维方式"的嬗变，以勾画中国半个多世纪美学发展变化。[①] 论者对这三种美学模式评价上不是简单肯定或否定，认为："50～60 年代的美学大讨论以认识论美学开创了当代美学的新格局"；80 年代以来"实践论美学推动中国当代美学走向新阶段"；90 年代"本体论美学成为当代中国美学不同学派的共同走向"。以这样三种思维方式进阶描述中国当代美学的发展并不很准确。实际上 50～60 年代美学讨论中，以"自然人化"和"人的本质对象化"为理论核

---

① 张伟：《认识论·实践论·本体论——当代中国美学研究思维方式的嬗变与发展》，《社会科学辑刊》2009 年第 5 期。

心的实践美学在基本理念上已初具规模，所谓"实践美学"与"认识论美学"那时已处于争论之中，并且实践美学的主要代表李泽厚于 1982 年就把实践美学建立在他的"人类学本体论的实践哲学"（自称为"历史唯物主义"）的基础之上，所以在中国美学界实践论与本体论从来就不是两种思维方式；认识论也不是离得开实践论的独立思维方式。

张伟还指出："无论观点有多么不同，一定要站在当代思维的高度。站在时代的前沿，去面对所研究的美学问题"，他将"当代思维的高度，时代的前沿"定位在"当代本体论美学的视野"也是成问题的。对之我们必须从哲学源头上清理本体与本质、本体论与本质论的关系。

认识论、实践论及本体论问题无论在哲学、美学或文艺学上都离不开"本体"与"本质"这两个带有关键性的哲学范畴。张伟认为，"'本体'体现了'生成'的动态性，以区别'已成'的本质规定性"。"'本体'没有本质，只有意义，其意义出现在'本体'的敞开的过程之中"。如此界说准确吗？本体论对物的存在状态的追问始于某存在物"是什么"，而对"X 是什么"的回答在语法上的基本结构正如亚里士多德所表明，就在于以谓语来提示主语 X 的本质属性。同时，本质不是如张伟想象的那样为"已成"之不变的属性，如果说本体体现了"生成的动态性"的话，本质则随着这种动态性从局部质变到整体质变（本质性改变）展示本体。

在词义上西文对 essence 这个词的释义是指"一些事物的规定或属性，它们是在确定的分类或名分上规定该物是什么的规定或属性——the properties or attributes by means of which something can be placed in its proper class or identified as being what it is"（《韦伯斯特英语辞典》）。这个定义基本上是以亚里士多德为依据，释义上主要有两个参照对比：一是带有稳定不变意义的要素与变化着的偶然的东西对比（the permanent as contrasted with accidental element of being）。这里极堪注意的是《韦氏辞典》在该词的第二义上说明：本质是"存在着的事物的实体性（something that exists：ENTITY）"。从辞典的释义来看，本质"恒定"的意义系相对于"偶然因素"而言，这种偶然性就是存在（本体）之现象属性。本质与"存在"对比，是特定事物的单一的、实在的、终极的属性（the individual, real, or ultimate nature of a thing esp. as opposed to its existence）。再者，从这种释义可以看出本质不是旧唯心主义哲学所说的某种虚幻的形而上东西，而是实体（实存）性的事物的规定与属性。黑格尔的《逻辑学》与《小逻辑学》对"本质"有过大量论述，他指出："本质就是规定性"。列宁在《哲学笔记》中对之进行了许多精细的摘引和点评。这里还有通常汉译为"质"的 quality 这个词与 essence 的关系。在《韦氏辞典》上 quality 首义解为 peculiar and essential character，为本质之近义词，它与"量（quantity）"相对应，如从"量变到质变"。有人认为："在质的研究中，重要的不是'透过现象看本质'，而是针对再现现象本身的'质'。事物的'质'与'本质'的主要区别在于：后者是某种假定普遍地存在于事物之中的、抽象的属性；而前者本身就是一个整体的集合，其存在取决于当时当地的情境，而不是一个抽空了时空内容的概念。"① 笔者以为"本质"与"质"最重要的区别不在于前者的抽象性，恰恰相反，而是"本质"之整体性较"质"之局部性为事物相对稳定的属性，在"质变"过程中本质可能随之变化；本质也可能保持不变的相对稳定性，但这种相对稳定性并不是张伟所理解的那种"不变性"。这就是局部的质变并不一定引起整体本质属性的改变。因此"本质"不是假定性存在，而是与"质"同样真实地存在于事物之中的属性，也不是恒定不变，而是随着量变到质变发生变化。

辞典上可同译为汉语"存在"的 being 和 existence，前者说的 accidental element of being 中的 being 一词是指具体存在的物；its（a thing）existence 意含物的存在。在海德格尔以用 the being（Das sien）与 beings（siens）区分，前者汉译为"此在"；后者为"在者"（熊伟译）。

中国古代传统哲学中没有对"本质"作过专门的讨论，有关的思想渗透于真、理与道的论述中。汉字"本质"较早出现在晋代人刘智《论天》一文："言阘虚者，以为当日之冲，地体之荫，日光不至，谓之阘虚。凡光之所照，光体小于蔽，则大于本质。"在这里"本质"与"蔽"对比，决定于光照，虽然并没有 essence 以上的直接意义，却使人想起海德格尔的"遮蔽"与"去蔽"。后者源自希腊词"真理"，这样就在深层上把本质与真理联系起来的。当然海德格尔的"真理"是"去认识论"化的，不是或主要不是对客观世界规律的认识，而从根本上（"基本本体论"意义上）是对与"无"联系在一起的"在（Be，德 Sien）"的"去遮蔽"。排开海德格尔，刘智的"本质"意谓光照之"大"是可以把 essence 涵盖的那些意义包容进去的，其之"蔽"堪与遮蔽本质之"现象（阘虚）"相比，在"现象（阘虚）"中的本质是不可见的，只有在光照下它方敞开，可见。所言"日光"可为洞察本质之真理性认识的转喻。由此可见本质范畴可以在中西哲学上找到某些通义，其语义之区别在于综合与分析、归纳与演绎思维方式之不同。

---

① 陈向明：《质的研究方法与社会科学研究》，教育科学出版社，2000，第 22 页。

　　"本体"这个词的西文意义已经被说得够多的了，本体就是存在，本体论就是存在论。张伟还认为"本质"与"本体"的区分在于，"本体"是"从人的生存出发的一种目的论的思维假定，是逻辑的承诺和建构"。本体对于人而言，就是包括人的一切之生命、生活与生存。"人的生存"就是海德格尔意谓的"此在"，我来在于此，没有"从什么什么出发"到"什么什么"之"目的论的思维假定"，也并不是什么"逻辑的承诺和建构"。就海氏基本本体论言，从"此在"出发，就是从立于地面之上的一个个体主体到其扎根之地下之"在"。以诗性语言作为"存在的家园"找到的"本原的真"就是对这个"在"的敞开，此或可谓"一种目的论的思维假定"、"逻辑的承诺和建构"？实在是很勉强，姑悬置于此，下面再论。

　　目前编订的《辞源》查不到"本体"一字。《后汉书·应劭传》记："《汉书》二十五，《汉记》四，皆删叙润色，以全本体。"所说"本体"指的是文本的全体，没有哲学"存在—本体"的意义。《北史·魏彭城王勰传》记："帝曰：'虽瑂琢一字，犹是玉之本体'"。说的是"瑂琢"一词来源于"玉"，在这里"本体"一词就是"本"字的意义，指"来源"或"根源"。

　　这里又要返回朱立元与高建平的有关争论，前者断言："本体的含义不是本源本质"。就以上所述中西方"本质"与"本体"的意义区别而言，这样说还是可以的，但朱立元把这种区别绝对化了，没有看到两者的真正关系之所在。正如高建平从西方哲学史的资源得出结论："如果我们把这些'本体论'像朱立元那样视为与世界的'本质'或'本源'无关而仅仅是纯逻辑方法进行的范畴的推演，恐怕是说不通的。"在高建平与朱立元这场哲学上关于本体论的争论过去约 20 年之后，张伟还认为，"'本体'体现了'生成'的动态性，以区别'已成'的本质规定性"，就说不过去了。实体存在之本质作为"已成"的规定性不是如《韦氏辞典》所解那样一成不变的，本质仅仅相对于现象的偶然性有一定的稳定性，而在本质所在的本体中通过量变不断生成具有新的规定性之"新质"中就包含新的本质的颗粒。张伟文章还以为"'本体'没有本质，只有意义，其意义出现在'本体'的敞开的过程之中"。这令人费解的意思实际上是重复了朱立元把"本体"与"本质"对立起来，并且把两者的区分进一步绝对化了，而把"本体"仅仅看成"是纯逻辑方法进行的范畴的推演"。

　　美国逻辑实用主义哲学家奎因在 1943 年的《略论存在和必然性》一书提出一个"本体论承诺"命题，认为以语言逻辑表达的关于事物存在与否的理论与事物的实际存在是两回事。张伟对高建平与朱立元的本体论讨论置于不顾,端出奎因的核心论点,断言:本体为"语言承诺与逻辑建构",而"本体论承诺就不是一个与事实有关的问题,而是一个与语言有关的问题"。从这个话来看,似乎人的语言与其所面对的事实是根本无关的两回事:语言不是说出某(日常的,或科学的)事实,而对于人,事实也无须语言来描绘与传达。事实上存在的东西,本体论不与承诺,它就不存在;事实上不存在的东西,只要有本体论承诺与逻辑建构,它就存在。所谓"本体论承诺",在通常意义上理解就是人的存在或生存以信仰或信念来传达其所认肯的东西,这种东西若与人存在世界的事实"无关",那么又是什么把它们同语言关联起来的呢?其所谓与事实无关的语言如果不是什么神启的彼岸语言,必定要在此岸之事实与彼岸之神启间找出间际性东西。遗憾的是作者并没有告诉我们这是什么东西。

张伟把本体论美学作为"当代美学不同学派的共同走向"。然而在这个过程中本体论美学本身却发生了"内爆"。亦如张伟所论,朱立元申明其实践本身就包含有存在维度;王德胜等又在实践中掺入"个体感性价值";李泽厚又提出"情本体"来修正他的实践本体论……对此张伟也不得不承认:"他们都在坚持本体论,但是论点却大相径庭",于是张伟蹊径另辟,把语言本体论作为"当代思维的高度"的契机。这就从实际存在的本体,通过奎因绕回到海德格尔的"存在的家园"去了,把实在本体论转换为语言本体论。关于语言本体论笔者曾多处展开过论述,这里不再重复。从20世纪40年代的奎因回到20、30年代海德格尔,将之移植到中国美学中来,并不能说这就是当代美学的"思维高度和时代前沿"。诚然,这里有实在本体论、语言本体论还有实践本体论之区分,张伟放弃了实在本体论,从语言本体论跃为实践本体论。

关键在于:如何在新的思想高度和时代前沿阐明认识论、实践论、本体论三者各自的问题,以及它们之间在哲学、美学和文艺学上是怎样的关系,并找出这些问题如何呈现为当前这种状况,怎样在实在论基础上统一这三者,进而探索我国美学在整体上的进路。

张伟的这篇文章在文艺本体论问题上是最有代表性的看法,如其标题所示,把我国新时期以来文艺学从认识论到实践论,再到本体论看成进阶式转向,似乎只有本体论方使文艺到达最高层次,只有本体论方揭露文艺的真正本质,使之找到安身的最终归宿。如上所述,这种观点在我国很普遍,很有影响。其实,我国文艺学和美学从认识论、实践论到本体论只是"打一枪换一个地方",而并不是一步一个台阶地向理论的顶峰攀登。之所以有以上这种看法，根本在于，如其把本体与本质的区分绝对化那样，把认识论、实践论与本体论割裂开来，看成三个东西。其实，认识是人的带有本质性存在的作用，实践也是人的带有本质性的存在本体的功能，人离开了认识，离开了实践，还有什么"属人"的"存在"呢？再说，认识与实践也是不可分割的，没有实践人的认识从哪里来，没有认识怎样去实践呢？

从西方古代哲学史入门知识来看，关于本体论与本质的思考与争论在希腊早期的米利都学派与泰利亚学派表现为关于宇宙本原的探讨，带有本质论与本体论结合的一元化特点，如泰勒斯的诸水说与赫拉克利特的诸火说以及德谟克利特的原子说。与之对立的是柏拉图的《巴门尼德斯篇》关于"在（汉译为'是'）"的讨论。前者提出的本质论问题为"存在是什么"；后者讨论的问题为"存在中的'一'与'多'"。我们可以把前者归为实在本体本质论，即对实际存在的世界的本原与本质的探讨。后者已经将这种离开存在的实体化为一元之本体与本质分裂而带上一种"玄学"的色彩。亚里士多德指出，有一门科学是研究"是"本身的。对"是"的追问，也就是对存在的追问，being 既可汉译为"是"也可译为"在"。而对"是什么"的追问就是一种本质的追问。本体总是在"已成（实在，或本在）"的基础上"生成（将在）"的，只要"已成"的存在有本质"生成"的存在也就有本质。正如黑格尔所说"本质是存在的真理，是自己过去了的或内在的存在"[1]。这种"内在"于量变到质变的过程中包含着"将在"。

这种一元本体论分裂在中世纪神学那里化为"此岸（存在）"与"彼岸（存在）"进而为"一神"与"多神"之分。德国理性主义者沃尔夫等最早使用 ontology 这个词，在他那时代已经有哲学家提出"存在的本体论"（existenital ontology）与"本质的本体论"（essential ontology）之别。笛卡儿以"思"为对"在"决定论之灵肉二元论，在康德那里相应是"物自体"与"人自身"。胡塞尔提出对存在的物质与精神本原问题的"悬置（存而不论）"。黑格尔的逻辑出发点之"存在（汉译为'有'）"被海德格尔从抽象上升到具体之"在者（物）"和"此在（人）"，其对"实在（或实存）"的剔出，使本体论深入到与"无"的追问联系着的"在"。海德格尔在《存在与时间》中也指出，"是（Be）"的追问充满着柏拉图的《巴门尼德斯篇》。萨特归结为"存在先于本质"之核心命题，"畏""烦"

---

① 黑格尔：《小逻辑》，贺麟译，商务印书馆，1983，第 242 页。

"恶心"之类情状在本体论中之突出使存在主义作为一个哲学流派崛起。到后现代主义则以反存在论、反本质主义、反二元对立颠覆传统与现代哲学的本体论，在德里达那里是以反海德格尔的"存在—神学"对"在场形而上学的动摇"。罗蒂提出"没有本质的（存在）"，走向了更彻底的本质论及本体论虚无，也混合着乌托邦美学式的语言本体论。奎因把分析哲学移植到实用主义之中，成为逻辑实用主义，是一种与海德格尔的诗意语言既有所区别又有所勾连的语言本体论。

正如前面所论，我国古代体系性的哲学本体论思想包含在老庄哲学之中。老庄哲学思想体系之所以被作为"道家"在于其对"道"的思考与阐发，亦可为一种"道论"。这种"道论"就是一种本体论，发之于对"泰初"之"无"的追思。在先秦道家创始者看来"道"本于"无"，这个问题我们已经在前文谈过。从"无中生有，生万物"来看，无论是"汉书"全本体，还是"玉"之"琱琢"本体也都可引出存在实体的意义。

艺术本体论与美学就是在这种世界哲学从现代到后现代大语境下出现的，如张伟所言"成为不同学派共同走向"，大有取代艺术和美学的本质论的势头。所以在这里我们有必要不惜笔墨厘清本体论与本质论的关系何在。

本质是决定本体（存在）的规定属性，就是说不具备特定的本质，单单以现象存在之本体就不是那个本体了。本体包含着该存在物之所以为该存在物而不是其他存在物的本质属性，然而本质与本体的主要区别不在于"已成"与"生成"，而在于文学艺术的本质不是赤裸裸的抽象而是与本体同在，兼容着存在物全部丰富性的东西，不止于包括外在的现象也包括内在的非本质东西。本质则要剔除那些内在的非本质与外在的现象的东西。问题在于，注重本质论的文艺理论并不一定意味着排除对艺术内在非本质东西与外在现象的关注和研究，特别是过去艺术本质论往往建立在单一化的本质基地上，忽视本质属性的多重与复杂构造与结构以及变化中多样的现象。本质与现象的对立在于：一是前者较之后者的稳定性；二是前者的内在性与后者的外在性；三是前者的真实性与后者的可能虚假性。然而这种对立不是绝对的，而是相对的，并包含在统一之中的。本质的稳定性的相对性在于事物在运动中的质变对绝对稳定性的打破；本质的内在性并非孤立于现象外在性，否则本质就是不可认识的。假象往往遮蔽着另一种本质，如一枝放在盛水的杯中的笔在我们眼中呈现的图像是折曲的，如果我们判断它是断的，那么我们就被这假象所欺骗，如果我们根据物理学原理指出这一现象是由于水与空气折光率所致，那么这种假象却是本质的曲折反映。所以不仅透过现象可以见出本质，通过复杂思考从假象中也能够揭示出特定的本质。人的认识正是通过各种假象、非本质现象以及与本质一致的现象，从初级本质通过多级本质到达高级本质逐步深入的。对于简单事物，这个过程相应较简单；复杂事物的认识过程复杂。文艺不是一个简单的对象，如果过去的文艺本质论在这些关系的复杂性方面多少有所欠缺的话，艺术本体论的提出及其深化研究对于文艺学是有益和必要的，而文艺本体论研究也不应该替代与取消其本质论。

之所以有张伟那种看法，根本在于过度夸大认识论/本质论、实践论与本体论三者之间微妙的区别，把它们割裂开来看成三种东西，以可替代性否定了它们之间更为根本性的统一性。其实，从笛卡儿的"我思故我在"与培根的"知识就是力量"来看，认识是人存在本体的本质力量；从马克思主义的实践观点来看，实践也是人的本质力量，人离开了认识，离开了实践，还有什么"属人"的"存在"呢？本体论不是美学"顶峰"而是一个巨大的哲学基座，人的物质性生存与精神性本体的一切现象的、本质及非本质的东西无不安放在它的上面。

（四）有关"实践美学"之争

从文艺与美学的关联来看，有一种文艺本体论与在我国持续较长影响较大的"实践美学"相关，前文已有所涉及。迄于今日，"实践美学"已经分裂出几种主要形态，一种是较早李泽厚提出的建立在"实践的人类学本体论"上的"实践美学"，后来朱立元等发展了蒋孔阳的"实践美学"，称为"实践存在论美学"，另一种是邓晓芒新近提出的"新实践美学"，还有一种以杨春时为代表的"后实践美学"。它们之间的区分不是那么泾渭分明的，尽管他们之间也"干仗"，有时似乎"火力"很猛，大体上都是以实践作为一元化之人的存在本体，后实践美学更强调审美对认识与实践的超越。

建立在"实践哲学/实践唯物主义"之上的文艺本体论，由于有关的美学争议极其热烈，这里不作专门论述。关于实践哲学/实践唯物主义问题在哲学篇已有较详论述。需要特别提出的是，这种美学文艺学以实践作为一元化的生命本体和本质，固然避免了海德格尔的玄思和技术理性批判的消极性，但由于这种文艺本体论赖以建立的"实践"观念没有上升到社会存在之生产力与生产关系范畴，在本体论与认识论的关系上是模糊的，并不是其自称的"历史唯物主义"。脱离了实践的物质性与革命性内涵，任何凭主观随意设定的"心造（审美）幻象"，甚至反人的"物化（'卑污的犹太人的活动')"也可纳入"实践"之中。这里有一个深层的哲学问题，那就是如前所述，辩证唯物主义与历史唯物主义的关系，这种文艺本体论声称的其"'实践唯物主义'即'历史唯物主义'"是建立在对辩证唯物主义的摒弃之上的，特别摒弃了其认识论和反映论。

近年来除其内部分裂带来的争论外实践哲学与实践美学不断遭到外部的质疑和和批判。马驰在《再论马克思的实践观———兼评实践美学论者的一些观点》一文中把马克思的实践观归结为"实践是革命的活动；实践是具有'批判意识'的活动；实践是'辩证的运动发展过程'"，指出实践美学所有理论建立其上的"实践"的内涵，把审美活动看成人类的基本活动和生存方式之一，看成人与世界的本己性交流，是最具个性化的精神活动，是"借助海德格尔的存在论既大大改造了传统实践观，也改变了马克思主义的实践观"。① 董学文的两篇文章针对朱立元的"实践美学"，立足于其与马克思主义"对象性、客观性"之实践观的根本区别，指出"实践美学"先是把马克思的实践观进行"歪曲、狭隘化"，然后又将之"无限扩大"，可以包容一切，走向海德格尔的"存在论"范畴，马克思主义的实践观"已基本上看不到踪影了"。这些批判基本上切中了"实践本体论美学"的要害，但是董文在申论辩证唯物主义一元论时，把"二元论"与"二元对立模式"混淆起来了。前者为本体论"二元并列模式"，即物质与精神之间没有决定论关系；后者是辩证唯物主义从世界的物质与精神、存在与意识对立统一关系中物质在决定论上的第一性出发，在认识论上区分出主体与客体、理论与实践等二元关系，这种关系在后现代遭到颠覆。

邓晓芒提出的"新实践美学"的基本路向是把马克思的实践范畴纳入从胡塞尔的"主体性自我之极"到海德格尔的"此在的形而上学，一种'有根的本体论'"之中。章辉指出其新实践美学所提出的都是实践美学提出的老问题，"满足于李泽厚等人不同的方式从实践推演出美，论证了美和美感的起源以及美的本质问题"，"没有关注现代的生存实践，没有关注当代艺术，没有关注全球化时代的美学和生存问题"。② 这也是一个比较到位的批评，建立在以实践为一元化本体的美学或文艺学在"实践"范畴上不回到历史唯物主义的原典是无法摆脱李泽厚的"人类学的本体论的实践哲学"设定的理论"怪圈"，也没有从海德格尔的阴影中走出来。

---

① 马驰：《再论马克思的实践观———兼评实践美学论者的一些观点》，《学习与探索》2009 年第 3 期。

② 章辉：《实践美学若干问题再探讨——兼与邓晓芒先生商榷》，《湖北大学学报》2009 年第 6 期。

　　一种强调生命本体的审美体验与超越的"后实践美学"的主要创建者杨春时近年也提出的"文艺多重本质论"认为，艺术从"性欲"与"攻击性"这两种作为"文化深层结构"的"原始欲望"出发，由此生成极度感性甚至无意识之"原型艺术"，进而生发出理性遮蔽之"现实型"的"严肃艺术"，以及审美升华之"纯艺术"三种本质。"文艺的多重本质"这个命题正是我们在此定论的，然而，究竟多重本质包括哪些方面却正是需要进一步展开研究的，但论者最大的问题在于把审美意识与意识形态割裂开来，认为审美意识作为"对历史和阶级意识及意识形态的超越"是"自由的意识"。论者以《安娜·卡列尼娜》为例，把托尔斯泰的原初创作意图与作品意义的矛盾说成"现实意义及意识形态与审美意义"的矛盾，认为作品体现后者对前者的"超越"，从而实现了"审美自由"。[1]

　　与此相似，新近一篇论文本与意识形态关系的文章认为，托尔斯泰"把现实的意识形态内容转化为审美形式，使他的作品完全超越了自己所属阶级的意识形态"，并"通过自己作品中的空白和沉默所生产出来的文本意识形态来挑战和对抗现实的统治阶级的意识形态。文本意识形态与现实意识形态之间的非同一性使文本成为一种离心结构，并生产着新的意识形态"。[2] 这是从马歇雷关于"文本里存在着文本和它的意识形态内容之间的冲突"观点引来的。

　　所谓"现实的意识形态"是什么意思呢？意识形态不同于经济基础和上层建筑，经济基础是以一定的生产力与生产关系的实体所构成，上层建筑则由经济基础所决定的体制机构化为种种可操作的具体部门组成，意识形态则属精神层面形而上的东西，必须通过文本化方成为现实存在的带有客体性的东西，虽然它也不可避免地向前二者渗透并起着反作用。从社会存在与社会意识的关系来看，经济基础与上层建筑属于社会存在范畴，而意识形态则属于社会意识范畴。所以论者所谓"现实的意识形态"与"文本意识形态"在"文本化"形态上完全是一个层面的东西，哪里来什么"离心结构"呢？"离心结构"说与新实践美学所说"审美形式对意识形态的超越"实际上是一个意思。当然，种种文本意识形态在表现形式上是不同的，但这种差异，第一，不同于意识形态与经济基础及上层建筑之间的区别；第二，审美形式所表现的文本意识形态并不能全然超离其他形式的

---

①　杨春时：《艺术的本质的多重性》，《艺术百家》2009 年第 1 期。
②　杨建刚：《文本与意识形态——马克思主义与形式主义对话中的一个关键问题》，《文艺研究》2010 年第 1 期。

意识形态。不同形式意识形态之间的差异与它们之间的超越式的"离心结构"不同，差异是指不同形式的意识形态都在意识形态总体范畴之内，而"超越"与"离心"则是意味着"审美形式"可以不属于意识形态。

我们认为，艺术家思想观念与审美意趣的矛盾，无论是从初始的主观创作意图与客观文本化的意义来看，还是从所谓"形象大于思维"来看，或从作家的世界观与创作的矛盾来看，再从一部具体作品诞生过程中多次修改、易稿来看，这种个体内部发生的"自我超越"或马歇雷所说"文本里存在着文本和它的意识形态内容之间的冲突"，即使如论者所说"生产着新的意识形态"，都不能在总体上脱离意识形态，发生审美对意识形态的游离。总的来说，审美超越的"自由"不能脱离现实社会关系对存在的本质规定。托尔斯泰无论在个人思想意识、道德观念与作品的审美意义上都没有超越俄国民主革命时期他所代表的农民的"公社"理想与人道主义局限的自由，不可能"完全超越了自己所属阶级的意识形态"。当然，对"所属阶级"不能以简单的标签化的方式来看，托翁是一个带有强烈人道主义关怀并追求自由民主的贵族，他对农民的同情使他把理想化的农村公社作为救赎之道。这种救赎之道反对靠暴力颠覆现有的社会秩序，而是要靠他这样的善良的知识分子的慈悲心肠把土地出让给农民形成"公社"。他的作品的"审美意义与意识形态"以审美形式所表现的、带有强烈宗教感情之"泛爱"幻想之"托尔斯泰主义"，是建立在当时俄国的现实社会关系之上的。在当时俄罗斯时代精神与社会生活中自由的人道主义与封建宗法制（所谓"现实的意识形态"）的冲突不可避免地折射到托翁的创作中，形成作者对安娜最初构想与最终艺术形象相背，反映了俄国民主革命中农民的保守性与资产阶级革命性的矛盾以及泛爱人道主义意识形态在解决现有社会矛盾问题上的软弱性。这也正是安娜的悲剧——她对封建宗法制反抗的合理与无力——之社会与思想根源。正如伊格尔顿所说："自由人道主义的软弱是它与现代资本主义矛盾关系的本质表现。因为，尽管它是这种社会的'官方'意识形态的一部分，并且'人文'就是其再生产，但它所存在的社会秩序在某种意义上说并无暇给它以关照。"① 托翁的"超越"是在这种社会矛盾状况下于自身内部矛盾包括意识形态矛盾中展现的，他的"软弱性"既是自由人道主义这种意识形态本身的软弱性，也是当时俄国不成熟的资本主义生产方式"矛盾关系的本质表现"，以审美形

---

① Terry Eagleton, *Literary Theory – An Introduction*, Minnesota University. press, 1983, p. 200.

式表现出来的其小说文本的"审美意义"没有游离于此的"自由"。人道主义作为人类始终未间断追求的普遍价值，在不同时代与地域有着不同的作用，也被利用作为欺骗的意识形态工具，在托尔斯泰时代与我们所处不同的语境有着不同的时代内涵，这个问题前面也反复展开过。

文艺无论作为"审美意识形态"还是"以诗语为载体的有意味审美意识形态的形式"，无论是"文本意识形态"还是"现实意识形态"，审美感性形式的东西在创作过程中已与意识形态融为一体，同上层建筑与经济基础的结构关系有所不同，不似铺在蛋糕上面的奶油，而像面粉、水、鸡蛋与糖的关系。

（五）原教旨实践美学与"后/新"实践美学

2011 年，王元骧把他前几年关注的文艺学本体论视野转移到美学，对"后实践美学"进行了细密的批判性审视。以"实践"概念为核心，从潘知常的"生命美学"、杨春时的"后实践美学"、朱立元的"实践存在论美学"追踪到易中天、邓晓芒的"新实践美学"，将它们统统归为"后实践美学"，认为这些后实践美学之间虽有这样那样的区别，也可从中综合出某些共同的特点。它们都以不同方式把"超越与自由作为美学的一个基本主题"，这具有一定的积极意义。但是它们的实践概念在不同方式和不同程度上都脱离了历史唯物主义的基本范畴，否认美的客观性和社会性，从而都以不同方式和不同程度颂扬了非理性主义。文章指出，这些后实践美学的根源来自狄尔泰与海德格尔，它们"对意识能动性的无限夸大使之堕入唯心主义，而且审美也成了对现实人生的一种逃避，一种完全没有实际意义的精神陶醉和抚慰"，并得出结论："就以审美经验论与美的认识论对立起来否定美的客观性这一点来说，朱立元的'实践存在论美学'与'生命美学'是完全一致的"。其主要差别在于："主观上似乎都力图维护'实践'的原则，但是从具体的论述来看，实际都已与马克思主义'实践'的原则分道扬镳，而向'生存美学'、'生命美学'投靠"。[①]

这些尖锐的批判都命中了这些后实践美学的要害，而且是恰如其分，合乎实际并充分说理的。其中有一个细微的区别也是值得注意的，一是排开马克思主义的实践美学，如潘知常、张伟等；一是自称为"马克思主义"的实践美学，如李泽厚、朱立元等。此中不仅有是非之争，还有虚实之辨。这种种"后实践美学"在中国的源头来自李泽厚，国外源头在苏联

---

① 王元骧：《"后实践美学"综论》，《学术月刊》2011 年第 9 期，第 88～99 页。

的"社会派"美学。

2005 年，李泽厚又对他的原教旨"人类学本体论的实践美学"作了新的修正，提出一个"情本体"来补充他的"实践本体"，曰："所谓'本体'不是康德所说与现象界区别的 noumenon，而只是'本根'、'根本'、'最后实在'的意思。所谓'情本体'，是以'情'为人生的最终实在、根本。"① 有人指出，这是对他以"自然人化"和"工具理性"为核心提出的"实践美学"的新的超越。这一新的"超越"把其麾下的原教旨实践美学、后实践美学以及新实践美学都抛到了一边而独领风骚了。然而这一"超越"究竟是前进还是倒退呢？可从两个方面来看，把"情"作为存在的人生的"最终实在、根本的"东西无非在本体论史上不知被重复了多少次的"唯情论"。无论在这个界限上如何"超越"、如何花样翻新，总归脱不出从"情"出发，以"情"为核心、为归宿。无论在本体论还是认识论或价值论意义上，人的情感都是伴随性和依附性的，也就是说情感不可能脱离对人存在的物质与精神的伴随和依附其他种种方面成为独立的存在。爱恨恩仇等等无不是主体对象性情感，都是在主体与对象的特定关系与境况下发生的。"情"虽然可以是生命中不能承受之"重"，即使医学表明，在某种情况下亲人的深情絮语可以重唤脑死亡者之觉醒与重生，但只要还没有羽化登仙，生命也不是可以脱离物质需求单靠输入情感营养液来延续的，总体上"情"终究不是维持人生存的"最终实在"。更就拿审美情感来说，孤立的喜怒哀乐并不具有审美的快感性，它们只有伴随、依附于一定的对象美的观念才成其为审美愉悦。日常生活中人的怒气并不是审美感情，只有写入岳飞的"怒发冲冠，凭栏处，潇潇雨歇"方成为审美的愤怒。再者人的存在有着统一的整体性，所谓感性与理性、灵与肉、物质与精神、生物性与社会性等，这些分裂都是在这个统一的生存被异化而发生的片面化状态。诸多定义，如"人是理性的动物""人是政治的动物""人是经济的动物""人是制造工具的动物""人是符号的动物"，包括"人是情感的动物"如此等等，都不过说出了人不可缺少的一个侧面，这些侧面在人的存在上相互联系成为一个不可切割之整体。这就是说，在最基本、最根本的层面上人在本体论上是统一的，自然界本体论的统一在于世界的物质性，人的本体论统一在"最终实在、根本的"意义上（如李泽厚的"吃饭哲学"所言）是人们之间的物质性关系，这就是以自然本体为基础的社会性。在这种社会性中实践范畴带有本质意义，情感是在种种实践状

---

① 李泽厚：《实用理性与感乐文化》，三联书店，2005，第 55 页。

况下产生的依附物。实践哲学与实践美学所失不在于对实践在人的本体论上本质意义的强调，而在对自然物质本体的遮蔽以及对实践范畴物质性的剔除。正是这种遮蔽和剔除，人的社会性核心之阶级性被挪到原生自然物上了。李泽厚，无论早期的把人归结为"实践本体"并以此"化"整个自然，还是近期的"情本体"被推向人的"最终实在"，都是对人在与自然关系上物质性的统一以及在人与人物质性社会关系上的本质之分割与拆裂。该论已经遭到学界更多恰当的反驳，这里没有必要再展开细论了。

王元骧在 2011 年发表的另一篇文章《李泽厚美学的思想基础还是历史唯物主义吗?》就是针对李泽厚的"情本体"进行的批判。王文指出，李泽厚不仅把生产力与生产关系分割，仅以"使用—制造工具"为人类生存发展的动力和社会存在的本体，进而以所谓"文化心理本体"来取代"工具—社会本体"，从而使得他以"情本体"为核心所建构起来的美学理论对一系列问题的论述都远离了历史唯物主义的基本精神。① 这一批判也是命中要害的，问题在于他把李泽厚分为前期的与后期的两种美学思想，因而出现了两个李泽厚，一个早期的"历史唯物主义"的李泽厚；一个后期的历史唯心主义的李泽厚。这样的分割是不恰当的，这里必须指出作为原教旨实践美学缔造者，其前期思想也不是历史唯物主义的，不存在两个李泽厚。

王文通过对那些"后实践美学"的否定旨在返回一种被认为是"历史唯物主义的"实践美学的基本立场，那就是前期的李泽厚的"实践美学"。关心过 20 世纪 50、60 年代美学大争论的学人也都知道，前期的李泽厚的美学是从苏联的万斯洛夫、斯托洛维奇的"社会派"美学那里转运来的，它们究竟是不是如王元骧所认为的"历史唯物主义"的呢? 不是的。

关于"社会派"美学与"自然派"美学之争到李泽厚的"实践本体论"美学，即原教旨"实践美学"的共同理论依据是马克思《1844 年经济学哲学手稿》（以下简称《手稿》），但是他们的解读有许多误区。青年马克思在这部《手稿》中有关美学的许多精辟论述，如"美的规律"，美不依赖于主体的自在性（音乐对非音乐的耳不是对象，没有意义）等，原教旨实践美学却对之置若罔闻，而对其中带有人本主义色彩并与美学无直接关系的命题，如"自然的人化""人的本质对象化"等被歪曲为美的定义。蔡仪曾发表关于《手稿》的"四探"等，对之有过深入详尽的阐发，在1984 年的《马克思究竟怎样论美》一文中蔡仪对以万斯洛夫、斯托洛维奇为代表的苏联"社会派"美学歪曲利用《手稿》及其他马克思论著有过深

---

① 王元骧：《李泽厚美学的思想基础还是历史唯物主义吗?》，《文艺研究》2011 年第 5 期。

入细致的分析批判。这样的批判在 50、60 年代（中苏分歧尚未公开化时）"一边倒"的状况下是不可能开展的，80 年代以后这些文章虽然发表了，但是在哲学和美学界如张伟所说共同走向"实践哲学—实践美学"的语境下，蔡仪的观点仍然没有引起足够的注意和重视，甚至仍然遭到歪曲和攻击。蔡仪指出了万斯洛夫对马克思有关著作三处引文的曲解，其中之一是马克思在《资本论》中所说"上衣、麻布等等使用价值，简言之，种种商品体，是自然物质和劳动这两种要素的结合"，蔡仪指出，马克思明明说的是商品，而万斯洛夫却将之扩大到"直接环绕着人的客观世界"，"按照这种逻辑来说，其中也得包括山陵川泽、草木鸟兽，甚至春风秋月……这些自然物都因为'人化'了才可能成为审美对象。这不也是公然篡改马克思的原话……"，等等。①

就自然界而言，自然美，包括未经过人改造过的原始自然事物美的所谓"社会性"是与自然美的客观性相反的东西，是实践美学主观强加于原始自然"人化"的东西。自然美的事物带上社会性就不是能成为脱离人与社会的客观存在的自然。早期的庸俗社会学的一大特点是把所有的事物贴上"社会性"标签，如前所述，所谓"社会派"美学的要害在于把历史唯物主义的文艺观对于艺术的社会性移植于自然界的美的事物，包括未经人类实践改造过的原始自然。在阶级社会的历史发展阶段，社会性的核心是人们在现实的社会生产中的经济关系所决定的阶级性，如果自然美也具有社会性那就意味着阶级性泛化到山水、鸟木、花草等美的原始自然物上了。人类的阶级划分被移植到无机和有机的自然分类学上，还有比此更荒唐的"实践"结果吗？这样的美学观点不是唯心主义的又是什么？

李泽厚将未经人改造（人化）过的原生态自然美解释为由于人作为主体与宇宙处于一个共同体，故而人的实践把整个自然都"人化"了，人看一眼太阳，从太阳那里得到美感于是太阳就被实践的人所"人化"，使太阳等原始自然物乃至宇宙界因为与社会的人处于一个整体便都带上了人类社会的"社会性"。

实践是马克思主义哲学极为重要的范畴，对此毫无疑义。问题在于，与以往哲学，如黑格尔的精神实践和庸俗唯物主义的日常生活实践不同，辩证唯物主义和历史唯物主义物质性的实践的本质是"改变世界"的革命性，因而人的实践在本质上是革命性的实践。人通过生产实践劳动局部地改变了自然，同时促使人剥削人、人压迫人的世界发生革命性的改变，这

---

① 参见《蔡仪论著初编》（下），上海文艺出版社，1982，第 910 页。

是马克思主义实践论的要义。

朱立元在同王元骧争论的文章认为实践包括"人的精神活动、精神劳动、审美活动、艺术活动",并说把这些活动排除在实践之外"既不符合西方思想传统对实践的理解,也不符合马克思以及后来的毛泽东的实践观"①。让我们先看看"西方传统",亚里士多德指出:"一切技术,一切规划以及一切实践和抉择,都以某种善为目标。由于实践是多种多样的,技术和科学是多种多样的,所以目的也有多种多样。"② 特别要注意的是,他所说实践的"多种多样"是以"某种善"为目的的,反过来说背离了这个目的活动就不能称为实践。康德在 1797 年的《人类是在不断朝着改善前进吗?》中更明确地写道:"并非每种活动都叫作实践,而是只有其目的的实现被设想为某种普遍规划过程的原则之后果的,才叫作实践。"③ 再看"马克思以及后来的毛泽东的实践观",朱文从马克思《关于费尔巴哈的提纲》中孤立地摘取了"全部社会生活在本质上是实践的"这样一句话来做他自己的实践观的依据,而不顾马克思在这篇文章多处强调人类的社会实践"革命"的"本质"。马克思批判费尔巴哈"对于实践则只是从它的卑污的犹太人的表现形式去理解和确定。因此,他不了解'革命的'、'实践批判的'活动的意义",并指出"环境的改变和人的活动或自我改变的一致,只能被看作是并合理地理解为革命的实践"④。这里的批判是否也适于朱立元先生呢? 我以为是的。众所周知,马克思在《1844 年经济学哲学手稿》中对黑格尔只知道并承认一种劳动,即"抽象的精神的劳动",也包含着对实践唯心主义的理解(精神活动)之批判。以善作为人类普遍价值,实践是向着这一目标的有目的的活动这一点上,亚里士多德、康德与马克思没有根本的区别(这个问题将在本书最后部分专论)。朱立元先生这样一种对西方传统与马克思实践观念的把握实在令人瞠目结舌。

恩格斯曾通俗地比拟物质实践说:"对布丁的检验在于吃"。中国人较少吃布丁,毛泽东则把实践比作"你要知道梨子的滋味,他就得变革梨子了,亲口吃一吃"。按照李泽厚、朱立元等"实践美学"的逻辑,"实践"不必如

---

① 朱立元:《"实践存在论美学"不是"后实践美学"——向王元骧先生请教》,《辽宁大学学报》2012 年第 3 期。
② 亚里士多德:《尼各马可伦理学》,苗力田主编《亚里士多德全集》第 8 卷,中国人民大学出版社,1997,第 8 页。
③ 康德:《历史理性批判文集》,何兆武译,商务印书馆,1997,第 158 页(此处页码指该书电子版)。
④ 《马克思恩格斯选集》第 1 卷,人民出版社,1995,第 54~55 页。

恩格斯所说"吃布丁"或毛泽东所说"吃梨子",与布丁或梨子由于处于一个"人类实践共同体"之中,只要看它们一眼,就是"实践",就能知道布丁或梨子的滋味了。从布丁或梨子也都能吃出"社会性(阶级性)"的滋味来。甚至从来没有吃过布丁而"想尝尝"这种精神活动也是实践。精神活动的成果"理论"也是实践,实践也是理论,"知"就是"行","行"就是"知",那还要区分什么理论与实践,声称人的所有活动都是实践,等于宣布根本没有什么实践。

物质性实践观点对于马克思主义的重要性在于它是历史唯物主义的起点,没有这个起点就不可能到达历史唯物主义。从这个起点出发,从哲学上升到政治经济学方能上升到生产力与生产关系以及相应经济基础上的上层建筑方能成为成熟的历史唯物主义。然而,停留在这个起点上止步不前,即使是唯物主义的实践观,就不可能到达历史唯物主义。实践美学家们把唯心主义实践观念作为历史唯物主义的核心范畴何等荒谬。这些问题笔者在其他文章多有论述,这里不再赘言。①

原教旨实践美学这种唯心主义主体论的基本理念与王元骧所批判的"后实践美学"及"情本体"美学全无二致。王文对"后实践美学"的所有批判均适于李泽厚的"实践美学",如其所说:"对意识能动性的无限夸大使之堕入唯心主义"等等。李泽厚所自称为"历史唯物主义"的"实践美学"的哲学基础——"人类学本体论的实践哲学"要害就是以主客不分而以人的主观意志吞没客体的"实践一元论",以唯心主义的"人类中心论"取消唯物主义的自然本体的客观实在。

亦如王元骧所说,实践美学与种种后实践美学,"在主观上似乎都力图维护'实践'的原则,但是从具体的论述来看,实际都已与马克思主义'实践'的原则分道扬镳"。正因为这种以"自然人化"为本质论的实践本体论美学受到许多质疑与批判,特别是后现代反人类中心主义的挑战,所以方出现那么多"后实践美学"包括后期李泽厚本人的"情本体"来为之打补丁、堵漏洞。这些形形色色的所谓"后实践美学"都是从李泽厚的原教旨"实践本体论"美学以及苏联的"社会学"美学演化而来并与之有着千丝万缕的联系。所以它们虽然都有"共同走向",却既非历史唯物主义更不代表着"当代思维的高度,站在时代的前沿"。

无论原教旨实践美学、实践存在论美学还是后实践美学与新实践美学,

----

① 毛崇杰:《怎样看待马克思主义的实践观点》,《马克思哲学美学思想论集》,山东人民出版社,1982。

它们与生命美学、存在主义美学都有一个共同的哲学基础，那就是对包括美感体验、艺术创造等审美范畴在内的作为人的生命存在的本体的诸相关范畴，如实践等，不是从人的实际存在的诸现实关系中最本质的关系——生产关系——出发，而是把这些范畴抽象化为脱离历史的"超越的自由"作为生命存在的本质。人在本体论上之"我在"既离不开"我吃""我欲""我爱""我观""我言"，也都离不开"我思"。面对客观存在的自然美与客体化艺术史之"自我"，"做（实践）"是要使"在"的人生变得更好，使"在"的世界"化"得更美。

（六）社会存在与本体论

卢卡奇晚年写了《关于社会存在的本体论》一书，他在书中写道："在马克思那里找不到对本体论问题的专门论述。对于规定本体论在思维中的地位，划清它和认识论、逻辑学的界限，马克思从未着手做出成体系的或者系统的表态。"① 马克思主义哲学认为，离开了存在与意识、社会存在与社会意识这种二元关系孤立地谈论存在是没有意义的，所以在马克思主义哲学体系那里找不到孤立的本体论，马克思从未做过诸如"在""有""是""无"之类的哲学玄思。但是，也诚如卢卡奇所说，这不等于马克思主义哲学拒绝有关本体论问题的思考，因为在社会存在之外还有一个非意识的自然存在问题。在与杜林的争论中，恩格斯批判了杜林关于"世界统一于存在"的说法，指出："世界的真正的统一性在于它的物质性，而这种物质性不是魔术师的三两句话所证明的，而是由哲学和自然科学长期的和持续的发展所证明的。"② 恩格斯晚年从对自然辩证法的进一步研究联系到自然存在的物质性本体论问题。如本书哲学篇所述，国内外许多人却把恩格斯的这种思想斥为"旧唯物主义"或"直观的唯物主义"。

马克思指出："人类史与自然史的区别在于，人类史是我们自己创造的，而自然史不是我们自己创造的。"③ 造成这种区别的原因在于，人是"自由自觉活动"的存在。作为社会存在的世界统一性不单单是物质性的问题，而是社会存在与社会意识的统一性关系。前者属于辩证唯物主义问题，后者属于历史唯物主义，两者统一构成铁板一块式完整的马克思主义哲学体系。

---

① 卢卡奇：《关于社会存在的本体论》（上卷），重庆出版社，1993，第637页。
② 恩格斯：《反杜林论》，《马克思恩格斯选集》第3卷，人民出版社，1995，第383页。
③ 《马克思恩格斯全集》第23卷，第409～410页。

卢卡奇 1922 年的《历史和阶级意识》是提出反对自然辩证法的代表作之一。他于晚年（1967 年）在为《历史和阶级意识》所写的"新版序"中对该书进行了总结式的自我检讨，指出这本书落入了 20 世纪流行的各种不同形式的马克思主义思潮之中，所有这些思潮：

> 不管它们是否喜欢，不管有什么样的哲学根据与政治效果，有一点是共同的，即它们都冲击了马克思的本体论根基……这种思潮只把马克思主义当作一种社会理论，因而忽视或否认马克思主义是一种关于自然的理论……正是唯物主义自然观造成了社会主义世界观和资产阶级世界观的真正的根本分歧。不把握这一点，就弄不清哲学上的争论，例如有碍于对马克思主义的实践观做出清晰的阐释……缺乏真正的实践的基础，缺乏具有本源形式和模式的劳动的基础，过度夸张实践概念也会走向其反面：陷入唯心主义的思辨之中。①

这些话正是在写作《关于社会存在的本体论》一书期间写的，所谓"真正的实践的基础"就是不同于"实践存在论"的唯物主义自然观的哲学基础。所以卢卡奇在《关于社会存在的本体论》中把本体论分为自然存在（也称为"第一自然"）本体论与社会存在（"第二自然"）本体论两大块，虽然他专门论述的是后者，但前者为后者的基础。所以在他看来，马克思主义哲学"在最终的意义上都是直接关于存在的论述"。卢卡奇写这本书的意图不在于建立马克思主义的本体论，而是从人的社会存在与精神的关系上把本体论问题置于历史唯物主义层面展开。卢卡奇试图把人的存在本体论安放在唯物主义反映论的基地上从哲学、伦理学和美学解决有关社会存在一系列根本问题，如"人的理想"与"理想的人"的实现这个问题同人作为社会存在的本质的关系等，这本书他最后没有完成，只写到下卷第四章"异化"问题，把异化作为一种社会现象纳入历史过程加以把握——在生产力的发展中人的个体的发展如何被牺牲掉。关于美学和艺术的问题在之前的《审美特性》一书中展开。值得注意的是，现代哲学特别是后现代解构了自然存在与社会存在、社会存在与社会意识之间的二元对立关系，古老的本体论问题以新的姿态作为对认识论的现代挑战和颠覆又孤立地突出出来。

高尔基的"文学是人学"可以视为对文学的一种本体论概括。这个命题表明无论作为现实生活的反映，还是情感的自我表现，或是艺术生产，

---

① 卢卡奇：《历史和阶级意识》，王伟光等译，华夏出版社，1989，第 8 ~ 10 页。

文学创作活动都是从人作为社会存在这一基点出发的。将这一命题套之于美学就得出"美学是人学与自然学",因为美学还包括人之外的自然存在本体论。

(七)本体论与文艺的多重本质构造式关系

本体论在哲学决定论上属文艺基底的一级本质层次,其上还有一些次级本质,比如模仿论、游戏论、巫术论等,所论都是从生存论生发带有起源论之本质性规定。这些活动本身并不都是艺术,正如从生命本体出发无法解释自然现象之莺歌燕舞与人类的文艺审美活动之间同样作为生命现象的本质性差异。然而作为人的本原性生存状态,游戏等活动与劳动同样都可以成为艺术的源头,并一直保持着与艺术不同程度的联系。比如从个体发生学看,艺术创作无论在儿童还是成人都从模仿性练习开始并与游戏关联。模仿与游戏的本体性在于它们都从愉快出发与求知欲相关,本能地保持着与前劳动起源的生物习性的联系。巫术与宗教艺术给原始艺术注入了对永恒的未知世界带有魅惑性的神秘感。情爱主题的艺术不仅把原欲之"性"提升了,也以独特的形式使这些与生俱在的带有本体性本能的东西审美化了,使之成为在价值论上有意义的"属人"的东西。

摒弃了古老的模仿论,倾向于消解"作者中心"的后现代主义以及反形式的后结构主义并不注重作为结果——文本存在的自身特质,更注重文学作为"行动"的过程。在德里达看来,文学"如果有本质这种东西的话",那只不过是"书写和阅读行为"从源头产生出来的一套"对象性的规则"。① 在"走出后现代"意向中,某种向"审美复兴"倾斜的新实用主义美学,在带有人本本体论特点的"审美的人"之论题中,甚至把这种作为"人的根本属性"的艺术审美本性的"做事方式"推向"生物性的必需品"。②

新近一篇文章从本体论之生命体验出发,把审美活动与艺术活动看成两种不同的生命现象,认为:"它们不仅不是同一层面上的生命活动的不同表现,而且在根本上就是对生命活动的不同层面之表现的描述。审美与艺术不仅不是等同的,而且存在着巨大的差异"。③ 该文以"庖丁解牛"作为高度审美活动的典型,说明审美体验的实质就是对"道"的领悟与体

---

① Jacques Derrida, *Post Car*, *From Socraters to Freud and Beyond*, trans. Alan Bass, Chicago Press, 1987, pp. 44 – 45.

② 埃伦·迪萨纳亚克:《审美的人》,卢晓辉译,商务印书馆,2004,第 65 页。

③ 董志强:《试论艺术与审美的差异》,《哲学研究》2010 年第 1 期,第 113 ~ 120 页。

验，又是"对生命存在本身的一种自我关涉的领悟"。这是把审美体验在本体论上拔到日常生活之真与善的体验来贬低艺术并否定艺术的审美本性，结果是既否定了审美体验的独特性，也取消了真与善的独特性。作者说传统美学把"审美活动仅仅归结为感性领域的现象，导致审美与认识的对立，美与真理的对立"。这是对传统美学不加任何知识论清理的一种简单而又笼统的武断，把自己的片面性理解加之于传统美学。就拿在文章中占了不少篇幅谈论的"庖丁解牛"而言，作者既没有对庄子寓言故事文本与生活本身的原型加以区分；又没有对庖丁与旁观的梁惠王加以区分。寓言故事本身就属于文学，人们阅读它当然会得到一种艺术的审美体验；而生活原型之"庖丁解牛"只是一种达到炉火纯青之熟练高超的劳动技巧，这种出神入化状态本身无论在其本人还是对旁观者并不就是一种审美活动。庖丁本人得到的劳动中人的本质力量对象化的体验是一种相当于马斯洛说的高峰体验，但有别于审美体验。庄子将"庖丁解牛"与"桑林之舞""《经首》（音乐）之会"加以比较，认为两者"相合"，而在旁观看庖丁解牛的梁惠王对庖丁的高超技艺欣赏与观看"桑林之舞"的观众也是有区别的，如果庖丁解牛等同于"桑林之舞"，庄子就不会说它"合于桑林之舞"了。但是，就解牛作为一种劳动技巧而言，艺术一词本身就源于技术，就劳动为艺术的源头而言，把论者的劳动中的生命体验说成就是审美活动在逻辑上也包含着自我悖论。而起源于劳动的审美与艺术随着生产力与人的感官能力的发展就使后者与劳动分离开来了。从庄子的文本来看，他把庖丁解牛的技艺比作"桑林之舞"与"《经首》之会"，这就说明解牛作为一种劳动与舞蹈（《桑林》）、音乐（《经首》）作为审美的艺术之区别。这之间不是艺术与审美的差异，而是劳动与艺术及审美的差异。论者在把劳动与审美、艺术之间区别抹去的同时又把艺术与审美之间的本质关系切开。

综上所述，本体论是一个巨大的底盘，这个基底本身又分为自然存在本体与社会存在本体两大亚层，它们合在一起几乎可以囊括人的生存之本质与现象中的一切：自然与社会、肉体与灵魂、认知、情感与意志、日常生活生实践与宏大历史叙事……迄于今日任何一种文艺本质论，如认识论、生产论、工具论等，无不安放在本体论这个巨大的"岩体"之上，并由之得以说明和阐发。正因为如此，这个大而无当的底座，似乎什么都可以说明，但是对于揭橥文艺的多重本质似乎只能得到一些似是而非的话语满足，许多文艺本体论只是在原来的文艺问题上，加上本体论哲学术语点缀。从存在与本质的哲学层面上看文艺本体论，既不是萨特所说"存在先于本质"，也不是张伟所说"本体没有本质"，更不是罗蒂所说"人类同其他任何东西一样不再有本质"①。本质在本体中有"一"与"多"的生发关系。文艺的多重本质有机地统一于本体论之上正是这种"一"与"多"之关系的体现。张伟的文章描述了20世纪中国美学研究从认识论到实践论最后为本体论的三大转向，认为："本体论美学成为当代美学不同学派的共同走向"。然而这个过程到达本体论作为"当代思维的高度"时，本体论本身却发生了"内爆"。从张伟的描述可以看出，朱立元申明其实践本身就包含有存在维度（那么，实践论到本体论的转向就可取消）；王德胜等又在实践中掺入"个体感性价值"（本体论又转向价值论）；李泽厚又提出"情本体"来修正他的实践本体论……对此张伟也不得不承认："他们都在坚持本体论，但是论点却大相径庭"，于是他从奎因的"语言承诺"来缓冲这些分歧，提出的理论预设是"本体承诺就不是一个与事实有关的问题，而是一个与语言有关的问题"②，这就意味着只要所说有关本体承诺，说什么都可以。确实如此，在文艺学本体论上尤为明显，我们不妨一试，选取某些文艺本体论文章（不是全部），将其中有关"本体论"的语句全部拿掉，看看对文章有什么损失没有，看看所论是不是还是那些问题，看看其论旨受到什么影响没有。再取一部分文艺本体论文章把其中半生不熟的海德格尔思想去掉，看看还剩下什么。这样看来，以上两位论者所言，文艺本体论的"忽视"与"空场"也不完全是无的放矢。不过这样说并不等于意味着本体论这个底座可以不要，取消了人的生存也就是取消了包括文艺在内的人的一切，既取消了"存在的诗意"，也取消了更大量存在的非诗意。没有诗意的存在不是人的存在，而人的存在中总是包含着许多非诗意的东西，文艺学的任务正是探讨文艺在人生中诗意东西对于非诗意东西的关系。所以我们看到相反的情况是，前面提到的杨春时的《艺术的本质的多重性》全文似乎没有提本体论，然而其所论艺术本质的多重性却是建立在人的"性欲"和"攻击性"以及审美超越有关的本体论之上的。正如不同的岩层的岩石性质决定着建立在其上建筑物的牢固程度；什么样的本体论就会有什么样的文艺学，精神分析学的性欲升华文学观念建立在弗洛伊德的原欲（本我）的本体论之上。然而，正如建筑物下面的岩石地层不等于大厦本身，根据精神分析学，原欲本身并不就是文学，文学表现为性欲

---

① 里查德·罗蒂：《后哲学文化》，上海译文出版社，1992，第88页。
② 张伟：《认识论·实践论·本体论——当代中国美学研究思维方式的嬗变与发展》，《社会科学辑刊》2009年第5期。

的"高尚化（sublimation'升华'）"。也正如马克思的辩证唯物主义和历史唯物主义及其政治经济学批判并不就是其文艺学美学，文学本体论并没有给出文艺的本质规定，理清本体论与文艺多重本质的构造式关系才是有关研究工作的出路。

本体论与文艺多重本质在"一"与"多"的关系中展开为层级。层级关系在总体上也属于构造式关系，但由于处于构造的最底层，本体论与文艺其他的本质相互勾连榫接支撑关系略有不同，它以超强承重性支撑着多重本质建造起的文艺大厦。本体论之作为"第一哲学"正表明了这种关系。文艺多重本质之间的有机统一，人的存在是这个有机统一关系的超自然基底（这里所谓"超自然"不是超离自然，而是在自然之上），而人作为社会存在决定其的本质是由现实的社会关系规定的。人的生命本体无论作为"体验""流射""冲动"，还是"超越"之自由，都不可能像拔着自己的头发离开地球那样脱离生存于其中的现实社会关系，正如地球上任何特定物种不能脱离其适宜生存的生态自然环境。多重本质不等于本体论上的多元化，多元化与一元论是就本体论上的决定论而言，也就是存在的多重本质最终是由什么决定这些多重性的，对于马克思主义而言，人作为社会存在归根到底是经济起着决定作用。人的本体论上的一元决定论与双重本性又有区别，那就是正如前面提到过的，人既有自然性又有社会性，两者对人的存在都有不同程度与不同侧面的决定作用，这是人的本体论上的双重本性，而在最终的决定论意义上仍然是一元的。比如说人的生老病死当然是自然因素决定的，然而人怎样生，怎样死，都渗透着社会的和经济的决定性因素。这种一元本体论并不等于本质上的一元化，以及本体论现象上的多样性。多重本质的多重规定性与本体论在现象上的多样性对应，它们都不能脱离一元决定本体论的基础，对于文艺学也是如此。社会一元决定论只是对于人类社会而言，它被限于人类社会的历史发展阶段，把这种一元决定论无限地扩展到宇宙，比如说未经人改造的原始自然也带有某种社会性，那就荒谬绝伦了。从自然的存在本体来看，决定因素是这在人的身体的生理构成与结构上体现的自然物质。所以说，一元决定本体论绝不是单一决定论，而是充满对立统一的辩证关系的复杂的决定论。

20 年来我国文艺本体论的转向所显示"一"与"多"之本质性关系，看上去似乎如某些描述认为的是从认识论、实践论到本体论的递进，实际上是人们对多重本质关系在认识上的理论转移。一个时期从认识论上看问题，另一时期又转移到另一视界，这种理论转移并不表明多重本质本身"非此即彼"的选择，其构造式关系在于不会因拆除某一构件而不影响其建筑整体结构。我国 20 年来文艺本体论研究有得有失，其"得"主要在于在文艺学中使本体问题从"存而不论"浮出水面，使人感到文艺问题还可以这样来讲；其"失"在于"讲"了 20 年，文艺问题还是原来那么多，仍然使人感到"忽视"与"空场"。"文学理论死了"，文学本体论似乎还要照常活下去。

综上所述，文艺的多重本质是从不同层面对文艺本质的多侧面揭示。在认识层面上，文艺是现实生活的反映。从创作作为个体"单子"式现象来看，文学也是主体的思想凝练，自我情感的抒发，人生体验的总汇。在社会经济政治结构层面上，文艺是意识形态的一种形式——审美的意识形态。在阶级斗争激化与战争时期文学又是打击敌人夺取胜利的有力武器与宣传工具。从哲学人类学来看，文艺是美的规律通过外在形式之创造。从经济生产与消费的关系来看，文艺是一种可以通过市场实现的精神形态的有价值东西的生产。从目的与手段的关系层面上来看，文艺是政治最高目的——人的解放——的手段……在这些复杂的多层结构中，选择的艰难游移在层状间隙之中。本质主义以一个唯一的简单定义来框定文学本质，将作为一种一成不变的公式或教条。反本质主义否定文学是有本质的东西，或是虚无主义地宣称"文学什么都不是"，或者折中主义地声称文学"既是这个又是那个"。我们所说文学多重本质既是多侧面、多层面、多级次对文学的内部规律与外部规律关系的审视与揭露，又要求文艺学对文学历史的发展的本体状况有一种整体结构的通盘把握。

六　蔡仪对马克思主义美学体系建设的重要贡献

蔡仪（1906~1993）是我国当代著名美学家。集中体现他的学术思想的两部代表作《新艺术论》与《新美学》是他在 20 世纪 40 年代抗日战争胜利之前相继完成，国内战争结束之前先后出版的。正如该书标题所示，蔡仪的美学思想标志着中国当代美学的一个新方向，对马克思主义美学体系建设做出了重要贡献。在哲学篇我们论及 20 世纪 80 年代以来蔡仪在马克思主义哲学问题上对实践哲学的批判，这使他把美学牢固地建立在早年确立的辩证唯物主义的哲学基础上，正是这样他的美学开拓着我国美学的一个马克思主义发展方向。在 20 世纪 80 年代的美学热中，美学家蒋孔阳先生曾在一篇美学述评文章中表明，"没有蔡仪，中国美学界不会这样热闹"，无论此话含贬义还是褒义，客观上却说明了蔡仪美学的影响，我们在关于美学与文艺学学科性与科学性重建上不可不再次回顾蔡仪的美学思想。关于"美是典型"之美论是蔡仪开创性的美学建树，这一独创性的美学建树不是从天上掉下来的，而是古代美学唯物主义传统的现代总括。

（一）蔡仪对西方美学传统的继承与批判

蔡仪与西方美学这个问题，包含着蔡仪对西方美学的研究与他本人创建的美学体系与西方美学的关系之相关思路。蔡仪对前人遗留下来的美学史思想资源是什么态度，这是我们首先要考察的。在1976年写的《论车尔尼雪夫斯基的美学思想》一文中蔡仪指出，车尔尼雪夫斯基是历史的人物，"自然应该按照他所处的历史时代来对待他；然而又是现在的我们来论他，也必然要表现出现在我们的观点。因此既不能不顾历史，也不能只为历史"。蔡仪对待美学史研究的基本态度和方法是历史主义与现实主义相结合，也就是历史唯物主义的态度。本章试从以下三个方面来分别论述蔡仪与西方美学的关系问题：一是蔡仪与亚里士多德、狄德罗、歌德及雷诺兹；二是蔡仪与黑格尔（以上两方面是他与西方古典美学的关系）；第三是蔡仪与西方现代美学的关系。

1. 蔡仪美学与西方唯物主义传统

先从狄德罗说起，蔡仪在他的文章中对狄德罗提到之处并不是太多。在1955年《批辨吕荧的美是观念之说》一文中蔡仪首次提到了"这位法国18世纪的唯物主义美学大师"，引用了狄德罗在《论美》一文中所说，"所谓的在我之外的美，就是一切包含在我的理解上可以引起关系这观念的东西"。在蔡仪所引文段可看作关于美的定义，其中狄德罗把美分为"外在于我的美"及"关系到我的美"，前者是指"能够唤起"我的悟性或理解力中的"关系"观念；后者是"已经"唤起我的关系观念的美。这也就是说，"外在于我的美"便是还没有（但"可能"）引起主体美感的美；"关系到我的美"便是已经被主体所审知、欣赏的美。蔡仪认为，狄德罗的这个美的定义的意义不在于它是否回答了"美是什么"，而在于它从美的根源论上开辟了美在客观事物本身的唯物主义途径。他在引述了狄德罗这段话之后指出："这里也说得很明白，美是客观事物的一种关系，美的观念就是客观事物的这种关系引起的一种关系的观念"，"总之，狄德罗认为美是客观的，反对美是主观的，这是没有疑问的"。①

"美在关系"说，作为一种美的根源论，狄德罗确定了美在客观事物

---

① 蔡仪：《美学论著初编》（下），上海文艺出版社，1982，第497页。

本身的唯物主义途径，但作为美的定义，它并没有回答"关系"究竟何指，美的本质规定性是什么等问题。而"美在关系"说对于蔡仪美学的重要性不仅在于它为其美的根源论提供了唯物论的历史论据，更可能为蔡仪美学思想的核心——美即典型说提供了重要的启示。关于这一点我们可以从蔡仪在1958年为他的《唯心主义美学批判集》一书所写的"序"中见出。在这个"序"中，蔡仪对自己过去的美学思想做了回顾、总结与检讨。他指出，在《新美学》中，当时为了批评朱光潜的"美在心不在物"之说，认为："美和红一样是物的属性"，但是，他指出，"这句话没有恰当说明客观事物的美和一般属性显然有所不同，所以这句话是片面的，可能引起不必要的误解，以为美就是事物的一般属性一样。"① 蔡仪把美作为事物固有的一种客观性质同事物的一般属性，如物理、化学、生物或社会属性加以区别，在《新美学》改写本第一卷中指出："美在于事物属性条件的统一"，并认为"这种统一是事物本身的关系"。他写道："现实事物的美，既是在于它的各种属性条件的统一的总体或整体，也就是在于它的本质的东西与现象的东西，在于它的种类的普遍性和个别的特殊性的统一关系。"这样事物的单纯的物的一般属性与美的规定性表现为属性条件的统一关系区别开来，也就具体而明确地解决了狄德罗提出的"美在关系"究竟是"什么样的关系"问题。

在1976年《马克思究竟怎样论美？》一文关于"美的规律"问题的部分，蔡仪写道："美的规律这个论点，在唯物主义美论的发展史是由狄德罗的美的关系论更进一步的崭新的论点，是美学史上划时代的一个标志。"他指出："所谓规律则是该事物和现象间或属性条件间的本质的必然的关系。"② 因为美的规律说，不但肯定了美在客观事物本身，而且揭示了规定事物之所以美的这种本质的必然的关系，所以说，美的规律说是狄德罗美的关系说之唯物论美学的新发展。

由于蔡仪美学思想与狄德罗的这种关系，蔡仪无论在他主编的《美学原理》中，还是在《新美学》改写本第一卷中，都增加了对狄德罗的论述。在后者第一章"美学史的回顾"中，在"美论史""美感论史""艺术论史"的回顾中都分别地论到了狄德罗。在"美感论史回顾"一节中，他指出："狄德罗认为美感虽因人而有很大的分歧，但美在事物的关系是确定的，并非虚妄的，而且不能认为感到愉快就是美，美要悟性来宣布，

---

① 蔡仪:《美学论著初编》（下），第465页。
② 蔡仪:《美学论著初编》（下），第966～967页。

不能靠感情来判断的。"这些说法"虽然仍有不圆满、不确定的地方，但总的倾向唯物主义的，是正确的"。在蔡仪看来，西方美学中唯物主义传统虽然没有居主要地位，但作为一种传统，不同时代的唯物主义精神总是有继承性的。蔡仪在对西方美学中的唯物主义传统的普遍关注中汲取营养，开创自己的美学思想体系。蔡仪对狄德罗美学思想的研究是他对西方美学中唯物主义传统传承关系的一个特例。这个传统是从希腊的亚里士多德开始的。蔡仪在《新美学》一书中特别注意到在亚里士多德《诗学》中关于普遍性与特殊性关系的论述，认为"这种思想，无论怎样朴素或不充分，但是最先也最正确地进入了美学上的中心问题，即所谓美的本质问题"①。

除了蔡仪论及的唯物主义美学家狄德罗、亚里士多德和雷诺兹的思想对于典型说美论有着传承关系，还有一位蔡仪未论及的美学家的思想中，也有着鲜明的典型说美论之思想雏形，他就是德国的伟大诗人歌德。

典型说的美论在唯物主义美学的艺术观中便是现实主义理论。这个理论在马克思、恩格斯的文艺观中发展成熟并完善。蔡仪正是从马克思、恩格斯的现实主义典型理论开始反溯古代唯物主义美学传统，创建起自己的美学思想体系的。正如他在《美学论著初编》"自述"中说，从马克思主义奠基者的现实主义典型论中，他"看到了一线光明，也就是这一线光明指引我长期奔向前进的道路"②。

我们了解了蔡仪怎样从马克思、恩格斯对现实主义美学传统的最高概括追溯西方古代唯物主义美学传统建立起自己以典型美论为核心以现实主义为重心的美学思想体系，便可以更深切地理解这一学术体系对马克思主义美学的重要贡献。

2. 蔡仪美学与西方的辩证法传统

蔡仪的美学思想历来被我国美学界某些人诟病，批成"机械唯物主义"，也有另外一些人将之看成"唯心论"。在后者看来，蔡仪美学与柏拉图、黑格尔很接近，便加之"客观唯心主义"帽子。在笔者看来，正是由于蔡仪吸收了唯心主义美学中的辩证法成分方引起这种攻击。蔡仪的美学思想坚决地从客观事物的美入手来研究美的本质，承认美是客观事物的一种固有属性，而不是人的观念、认识或某种心理因素所加之外物的属性。在这一点上他与西方美学中的唯心主义彻底地决裂了，但是在批判唯心主义的同时他没有放弃对其中合理成分的肯定与吸收。某些人批评蔡仪的美

---

① 蔡仪：《美学论著初编》（上），上海文艺出版社，1981，第239页。
② 蔡仪：《美学论著初编》（上），第4页。

在典型说是"黑格尔的翻版"，这从反面说出了二者在美的"客观论"上的一致，但却抹杀了客观的物质属性与客观的理念在"唯物"与"唯心"论上的根本区别。当然除了"客观论"之外，还有许多辩证的观点，二者也是一致的。

蔡仪本人也指出："曾经有人批评说，美是典型的理论是从黑格尔的美学中抄来的，是唯心主义的。然而我说，黑格尔的美论不是典型论，而是观念论"，不过，他同时承认："黑格尔的美论，如果得到唯物主义的改造，将它颠倒了的世界关系颠倒过来，使它立足在现实事物的基石上，是可以得出典型的理论的。"[①] 而马克思的辩证唯物主义也恰恰是黑格尔体系的头足颠倒，现在哲学界有人反对这一说法，不顾这正是马克思本人在《资本论》序言中说的。我们在哲学篇中已经指出过这一点。

因此，在某种意义上我们可以说，蔡仪美学的主要工作便体现在对黑格尔美论的"唯物主义改造"，即"将它颠倒了的世界关系颠倒过来，使它立足在现实事物的基石上"。

早在完成《新美学》之前的《新艺术论》中，蔡仪便给予黑格尔极大注意，主要在对艺术的真与艺术的美的关系上。黑格尔对艺术的真与艺术的美之间的辩证统一的思想显然给蔡仪以启发。蔡仪认为有两种真，"一种是当作规律、法则而存在的真；一种是当作具体形象而存在的真"。前者和美没有关系；后者和美有关系。蔡仪在这里引用黑格尔所说"美在它固有的存在上，它本身便是真理"[②] 来说明美是具体形象的真。蔡仪在该书中还指出，"若将他的所谓理念、真理的观念的东西，倒转过来看作是客观现实的真实、真理，我们便更能明白艺术的真和艺术的美的关系"。这种关系也就是黑格尔所说的"艺术是在感性的艺术形态的形式上呈示真"。

在《新美学》"美的本质"一节中，蔡仪专门论述了"黑格尔美论的背面"，称黑格尔美学思想中包含着"关于美的天才的卓见"。他进一步指出，黑格尔关于美的定义中就包含着美是典型的思想，"他所谓美就是有限的感觉境界中显现着理念，照我们的话说就是个别中具现着普遍，也就是说，美就是典型"。当然这就是把黑格尔的"理念"颠倒过来，从绝对精神倒转为客观事物的普遍性。

当然，整个问题不单单在于这个定义的如此倒转，而更在于以此为前

---

① 蔡仪：《美学论著初编》（下），第 975 页。
② 蔡仪：《美学论著初编》（上），第 108 页。

提对黑格尔整个美学思想中辩证法的唯物主义改造。这在美论问题便体现在普遍性与个别性关系上，黑格尔认为理念本身虽是绝对的、统一的，但"感性显现"于具体事物上则"常有差别"，"事物个性的差别愈显著，则所表现的理念愈显明"。蔡仪指出，黑格尔所说的"事物个性差别"就是指"因属性条件不同或属性条件构成形态而生的个体性"。"这样的个性和其他事物的差别愈著，也就是表现着种类的一般的东西愈著，也就是他所谓'表现的理念愈显明'。当然，这样的东西是典型的东西，也就是美的东西"。①

在《新美学》改写本第一卷"德国古典美学家黑格尔的美论"一节，蔡仪对西方美学史进行了总的回顾，认为黑格尔的美论"在某一特定的意义上来说，是对过去美论在客观唯心主义观点上的较为全面的总结"。他的美论"既是理性与感性的统一，也是对象的实质与形式的统一。因此，黑格尔的美论可以说是对过去有关理论作了一次全面的总结，也为后继者准备了前进的条件"。黑格尔的美论如果说与蔡仪的美在典型说表现为一种颠倒的关系，那么黑格尔的辩证法则对蔡仪的美学在方法论上有着更为重要的意义。

在这里值得特别提到的是美感论。德国古典美学的唯心主义精神使得它把人作为审美主体能动的方面抽象地发挥了。在这里"抽象地"意义就是说把人的主观美感，其能动作用夸大到成为决定客观美的规律性因素，如康德和席勒。但就美感本身而言，德国古典美学的成就是卓越的，在这方面也影响到蔡仪美学对美感的研究，或将之比较有明显接近之处。这方面我们不打算一一地去细致比较，就总体而言蔡仪的美感论与德国古典美学在以下几个方面是一致的或相当接近的。（1）美感与低级官能，欲求满足之快感的区别与联系；美感的感官是视觉与听觉，而不是嗅觉与触觉；（2）美感不单单是感觉或心理活动，而在总体上是认识作用；（3）美的观念不是决定美的存在的东西，而是决定美感的本质的东西；（4）美感是理性与感性的统一，因而在美的认识中伴随着丰富而复杂的感情的、感性的与心理的活动，这些因素包括顺受的与逆受的心理反应，或快感与痛感，等等。正是汲取了德国古典美学思想中的这些精粹使蔡仪的美感论充实和完备。

3. 蔡仪与西方现代美学

蔡仪对美学"新"与"旧"的划分不是就历史顺序而言，而是就"美

---

① 蔡仪:《美学论著初编》（上），第242～243页。

学的途径"而言。所以他的《新美学》第一章第一节"美学的途径"把许多西方现代美学家也归为"旧美学"的途径，可见他把方法论的区别突出在历史的顺序之上。这是原版《新美学》的情况，在《新美学》改写本第一卷第一篇叙论部分增加了"第一章美学史的回顾"，但其中没有对西方美学的论述，这部分内容渗透在以下各章节中。

蔡仪将西方美学视为"旧美学之途径"表明其批判态度。他把旧美学，即唯心主义美学分为两大把握美的本质之途径，"形而上学美学之途径"与"心理学的美学之途径"。前者也谓"自上而下的美学"，是指哲学思辨的美学。蔡仪指出，这种形而上学的美学在方法上的特殊之点，"即是完全由意识的自我反省去把握美的本质。这种途径既不同于从客观事物出发的唯物主义途径，又不同于依据主观经验的古典唯心主义途径，也不同于以客观理念为出发点的客观唯心主义途径"，这些途径"有的认为是由于感觉，有的认为是由于观念，有的认为是由于感情，有的认为是由于意志，于是把握美的本质的途径也不一致"。这里说的显然是指主观唯心主义。

与形而上学途径相反，所谓"自下而上"的美学途径也就是心理学的美学之途径。蔡仪指出，心理学的美学又分化为两个不同的流派，一是偏于美感的意识活动的考察，称为纯粹心理学的美学流派；二是偏于美的现象的考察，称为实验美学派。前者以里普斯"感情移入（即移情）说"为代表，后者以费希纳为代表。

作为主观唯心主义的美学，形而上学美学与心理学美学，蔡仪指出，它们相同的一点就是认为美在于意识。纯粹心理学的美学偏于美感意识活动的考察，虽是根据经验，但广义地说还是一种意识的反省。实验美学派不注重美感的意识活动的考察，只注重现象的认定。但其"实验"对象虽是意识之外的现象，而决定现象美不美的标准仍是参与实验者的主观意识。所以主观唯心主义美学，"不是追随形而上学的美学，便是追随纯粹心理学的美学"。①

除了以上两种主观唯心主义的美学途径之外，蔡仪还列举了"客观的美学之途径"，在《新美学》改写本第一卷中称之为"艺术学派美学的途径"。这里所说"客观的"是从"作为社会现象的艺术来考察美，从艺术的基础、从艺术创作的社会心理来考察美"，代表人物是法国的丹纳与德国的格罗塞。他们这种客观的美学途径与从客观理念出发的客观唯心主义

---

① 蔡仪：《美学论著初编》（上），第 192 页。

不同，与从客观事物出发的唯物主义途径也有所区别。丹纳从艺术的社会环境来考察艺术是为艺术社会学的方法。格罗塞是从原始民族的艺术考察艺术的原始形式和基本性质，是为人类学方法的美学。蔡仪指出，格罗塞研究了许多原始民族的艺术，著有《艺术的起源》，关于艺术的属性条件，尤其是艺术和生产样式的密切关系，他有着"非常正确的见解"。

这些"客观的"艺术美学在方法上是实证主义的，他们从考察事实出发，累积了很多社会学和考古学的材料，但是他们往往陷入庸俗社会学与社会达尔文主义，并不能真正认识作为社会现象的艺术，也就不能通过艺术去掌握美的本质。

西方现代美学除了主观唯心主义这一基本特征外。另一个特征便是非理性主义。非理性主义否认理性认识在审美中的作用，否认美感与艺术欣赏属于认识作用，片面夸大情感以及其他心理活动的作用。在这方面蔡仪提到叔本华、尼采的唯意志论的美学，克罗齐的直觉主义以及里普斯的"感情移入"说。由于后二者在时间上已经跨入 20 世纪而对当代美学影响很大，对 1949 年前的一些美学著作影响尤著，值得进一步探究。

对于"感情移入"说的美学，蔡仪有较多批判。他指出，里普斯把对象之所以美的本质说成是自我感情的外移显然是错误的。然而，里普斯也不得不承认，"某种感情的发生，是根据对象的某种刺激"，同时他也承认对象须有一定条件，即客体与主观感情变化的统一。蔡仪指出，如果承认"一定的美的感情的发生，是由于一定对象的属性那么使人产生美的感情的一定对象的属性，不就是客观事物的美的属性吗？"

在美感论问题上，蔡仪批判费希尔的"感情移入"说，对于美感的解释注重于"联想"，他指出："联想诚然能增强美感，但联想却不一定即成为美感；美感也诚然有联想，而美感却不以联想为特质。"关于美感与联想的关系，蔡仪进一步阐明：一是因对象引起美感后而生的联想，联想本身如为美感的，自可增进美感，否则不能增进美感。二是对象虽未引起美感，但由对象而联想到的经验是美感的，却可以追忆而发生美感，否则毫无美感。① 同样，里普斯用以说明"移情"的例子，也是类似于联想的一种精神活动。"这种精神活动不一定是美感的"。但由于联想与美感的上述关系，蔡仪也肯定"移情"说的"类似联想之说虽然朴素，却有片面的正确性"。

关于克罗齐的直觉即表现说，蔡仪指出，其所谓决定美与美感的直觉

---

① 蔡仪：《美学论著初编》（上），第 275 页。

"既非感性的东西，也非智性的东西，它将是一种什么东西呢？我们在新认识论上没有法子找到它的地位"。克罗齐既认为直觉不是认识而是表现，关乎形式；但又矛盾地认为直觉能够不借思维直观真理。蔡仪指出，这个矛盾只有一个解决方法，就是他所谓的形式"是和客观事物无关的形式，所谓真理也是和客观事物无关的真理，乃至他的所谓认识和表现，一切都是他特有的直觉的所产，是他特有的观念的游戏"。这当然是非理性主义的美学。

蔡仪对西方美学的批判大多是同国内美学现状的批判结合着，以上对"移情"说与"直觉"说的批判便是同对朱光潜的批判结合着，除此之外还着重批判了"心理距离"说。

朱光潜在《文艺心理学》中推崇的"心理距离"说来自英国现代美学布洛。这是对康德美学的"不关心"或"无利害"说的引申，是指事物的美决定于我们对之持美感态度，而美感态度又决定于我们对事物的实用关系保持一种"心理距离"。蔡仪一方面指出："美感不是和实际生活没有关系的；美感态度不是实用态度能够分离的。也就是说，美感态度是不能超脱实用的态度，倒是相反地以实用态度为基础的。"另一方面，他又指出："在美感时有心理状态的不同，也承认在美感时不须直接想到对象是否合乎我们的实用，也承认在鉴赏时我们的注意力完全集中于事物的美，于是就心理状态来说，是感到一种激动的精神满足，成为陶醉的愉快，因而一时和这美没有关系的日常生活经验或欲求便致遗忘，而和这美有关系的日常生活经验或欲求，不但不会遗忘，反而能增强美感的强度。换句话说，美感的愉快原也是一种欲求的满足，直接间接关系于实际生活的。"① 在这里蔡仪以"欲求的满足"来补充"认知的满足"，但他认为"认知的满足"是本质的。

蔡仪还认为，艺术是现实的改造，艺术内容与现实事物得有相当距离。所以艺术引起的美感和对现实事物的心理状态是有所不同的，这种心理状态的不同称作心理的距离固无不可，但是这种不同缘由是艺术内容的现实性相对减低，也就是"这心理的距离原是由于对象的距离"。

由此我们可以看出蔡仪对西方现代美学的批判也是有分析的、有说服力的，即不放弃对其中局部合理成分的肯定和汲取。在这方面不妨再举些例子加以说明，在谈到"美学的性格"时，蔡仪举出《美学与一般艺术学》的作者德索认为，在美学上，"一切的说明，同时都可以为一种规

---

① 蔡仪：《美学论著初编》（上），第271页。

范"，蔡仪认为："这意见是非常之对的"。对格罗塞关于艺术与生产劳动的考察蔡仪也赞扬备至。在阐述美论问题时，他也引用英国艺术批评家罗斯金的话："凡是美的线形性，都是从自然中最常见的线形抄袭来的。"①

西方现代美学在第二次世界大战后发生发很大的变化，特别是20世纪60、70年代以来表现出不断更新的特点。由于蔡仪的美学思想体系是在20世纪40年代形成的，所以他对这些新特点不可能给以全面注意，以上所论都是他与40年代以前西方现代美学的关系。20世纪70、80年代以来，蔡仪一方面致力于《新美学》的改写，同时丝毫没有放松当前的重大争论，这样也就必然涉及西方晚近的现代哲学与美学思潮，如在《新美学》改写本第一卷第三章"当前流行的所谓'马克思主义美学'述评"，就其内容来说，主要限于批判50、60年代苏联流行的所谓"马克思主义美学"观点，就其中主要焦点，如关于马克思《1844年经济学哲学手稿》与美学的关系，这部手稿中关于异化问题、人本主义问题、实践观点问题等，都是第二次世界大战之后世界思潮的中心问题。比如说，我们知道，西方马克思主义是西方现代主义到后现代主义的一股强大潮流，而西方马克思主义各派几乎都以上述问题为理论焦点。蔡仪在《新美学》改写本第一卷第三章第三节又着重批判了所谓"实践观点的美学"。如上所述，这种"实践观点的美学"便是以现代主义思潮的哲学"实践本体论"或"实践一元论"为基础的。蔡仪在1983年发表的《关于〈手稿〉讨论中的三个问题》一文中指出，在西方马克思主义中，较突出的就是"人道主义的马克思主义和实践一元论的马克思主义"，因为这两者在《手稿》中既有充分的根据，而其口号又较为引人注意，因此，"关系较广，影响较大，而在思想原则上又是与马克思主义直接相反的"，蔡仪列举了三个代表人物，萨特、列菲伏尔和葛兰西。他指出，列菲伏尔提倡的"真正的人道主义"，要把主体的能动性的原则当作马克思主义世界观的出发点。列菲伏尔还认为马克思早年的异化观念，表现他的辩证法在于主体和客体的相互作用，也就是在人和自然关系中，在实践中，这就是他的辩证法的基础。因此其"真正的人道主义"的思想实质是和"实践一元论"相通的。

实践一元论就是以人的"实践—主客体统一"的第一性来代替与取消物质的第一性。关于这个问题蔡仪在写于1960年发表于1982年的《论朱光潜美学的"实践观点"》一文中就已论及。在这篇文章中，蔡仪批判了朱光潜的所谓"就主客观的统一来看在实践中人与物的互相因依、相互改

---

① 蔡仪：《美学论著初编》（上），第244页。

变的全面发展过程"的唯心主义实质，及其对马克思《关于费尔巴哈的提纲》中的实践观点的歪曲解释与引用。① 相关的问题在本书哲学篇已有展开这里不再复述。

20 世纪 70、80 年代西方现代美学出现值得注意的新动向，如西方某些学者本身对现代美学思潮的检讨与批判，虽然这种倾向尚未占主流却透露出唯物主义观点，甚至带来马克思主义基本点"复归"的新生机。如法国现象学美学家杜夫莱纳的美学观点。再如西方的马克思主义中出现了所谓"新马克思主义"的代表人物，如美国批评家弗·杰姆逊对西方当代思潮，诸如弗洛伊德主义、存在主义、结构主义等，能以一种深邃的历史眼光加以分析、批判与汲取，他的方法基本上是马克思主义的，他的论著在西方引起广泛的兴趣与关注，产生了深刻的影响。

（二）蔡仪美学的方法论问题

蔡仪的美学已经走过将近半个世纪的路程。对于一门科学的学术理论，它的生命力究竟怎样，在这样长的时间并经历过多次论战的考验，是否已经可以说明一些问题了呢？我想，或许是可以的。在这半个世纪历程中，蔡仪的美学几番起落，一度陷于孤军奋战之境。就蔡仪美学的方法论在此发表几点认识。所谈问题分三个方面：探求美的本质的途径；从艺术典型掌握美的本质的逻辑；辩证的思想与研究方法。

1. 探求美的本质的途径

美学要研究美，揭示美的本质当然是美学的一个首要任务。20 世纪 80 年代我国有人把"美是什么"这个问题比作"美学哥德巴赫猜想"，不管这种比喻是否恰当，事实上围绕着美的本质问题唯物主义与唯心主义已经争论了两千多年。虽然现代西方美学很多流派对这个问题悬置起来存而不论，但不意味着美的本质已经解决或不存在了，这倒不失为一种暂时避开在同一水准上无谓重复争论的办法。还有一个原因，在这个问题上最容易直接暴露出唯心主义的立场，所以有些人想超脱，掩盖或回避它。不过，只要你涉足美学领域，对美的本质问题无论怎样也是回避不了的，或是直接正面明朗地对这个问题做出回答，或是透过其他方面迂回曲折并隐晦地显露出对这个问题的基本立场。比如在遇到艺术与现实的关系这个问题时，是把"艺术对世界的掌握"看成人通过艺术反映现实世界的美，还是把艺术创作仅仅看成主体情感的外化，并认为这种情感是没有现实根源的，从

---

① 蔡仪：《美学论著初编》（上），第 312 页。

而把艺术的本质仅仅归结为封闭单子式的"自我表现"。这两种艺术观区别的根子还在于对美的本质问题截然不同的回答。因此，美的本质问题看来是老生常谈，然而事关宏旨。

蔡仪在他的《新美学》第一章"美学方法论"就提出了"怎样去把握美的本质"的问题，他写道："怎样去把握美的本质呢？这是美学方法中重要的问题，也是第一个问题。……美的现象是属于客观事物的抑或主观精神的既成了问题，于是怎样把握美的本质也便成了问题。认为美的现象是属于客观事物的，便主张由客观事物去把握美的本质；而认为美的现象是属于主观精神的，便试行由主观精神去把握美的本质。当作对象的美的现象之根源既不同，而把握美的本质的途径也就分歧了。"① 蔡仪还说明从美的现象把握美的本质只是一般探寻美的本质的途径。美的现象是任何人都可以感知的，而美的本质却成为"哥德巴赫猜想"，就是说解开美的本质之谜是繁难的。这把钥匙藏在现象之网的后面，要找到它首先要解决途径问题。

把握美的本质之途径的分歧起源于美的现象之根源的不同看法，由此便区分出美学的这家那派。蔡仪在这里讲的是"美学方法论"，然而这既是方法论，又与美的本质论是不可分离的，归根到底决定于哲学世界观的立场。

蔡仪在1948年提出的"怎样把握美的本质"这个问题，10年之后又在我国美学界掀起了轩然大波。我国50年代后半期到60年代初美学界的一场大辩论正是以这个问题为轴心展开的。当时不是出现了美是主观观念的、美的根源在客观事物本身、美是主客观的统一以及美在客观的社会性这样几种观点吗？

从70年代末直到当前还在继续着的美学论争是上一场论争的延续，其实质仍然以"怎样把握美的本质"这个问题的回答为归宿。这几年美学争论的焦点（至1984年以前）在于美的本质是不是"人的本质的对象化"，或"自然的人化"等问题。在这些问题上的分歧同对马克思的早期著作《1844年经济学哲学手稿》的理解以及对马克思主义美学的哲学基础的看法有关。

蔡仪抓住了美的本质和美的现象辩证地统一于客观事物这个根本，就为科学地研究美学对象指出了唯物主义的途径。这是最高层次的方法论，不仅对于美学而且对于一切科学都有指导意义，并且解决美学其他具体问

---

① 蔡仪：《美学论著初编》（上），上海文艺出版社，1982，第185～186页。

题的研究方法莫不以此为转移。它的提出使一切从美的事物之外把握美的本质，如从客观观念、主观意志、精神、情感、经验等方面来把握美的本质的种种途径无论怎样迂回躲闪，花样翻新，最终难免现出其唯心主义尾巴，正因为如此，蔡仪美学便招致唯心主义最猛烈的攻击。

蔡仪写道："美既在客观事物，那么由客观事物入手便是美学的唯一正确的途径。"①

这个途径既是达到唯物主义美学的方法，也是科学地揭示美的本质的方法，即从客观存在的美的事物本身入手，通过美的现象把握其本质的方法。蔡仪认为这是美学的"唯一正确的途径"，就是说除此之外别无他途。这样的断言不是随意做出的，不是凭想象、印象、感情做出的。而是对古今美学史正反两个方面的教训作了精深的研究之后得出的。所以蔡仪把他的美学著作标题为"新美学"，这也不是为标新立异的冲动所驱使的。正如《新美学》这本书问世后，当即有人评论指出："这书有它的新体系，无论运用新的方法所阐发出来的路线正确抑或疵谬，但至少对于旧美学的若干矛盾问题是解决……"②

这是蔡仪从 20 世纪 40 年代初就确立的、贯彻至今的方法。这一方法虽然一向被某些人攻击为"机械唯物主义"而嗤之以鼻，但蔡仪始终坚持这个方法与观念毫不动摇。蔡仪曾表示自己关于"美的本质在于典型"的看法可以作为假说提出，就是说需要进一步论证、完善，方能使之成为科学的原理。然而对"由客观事物入手"把握美的本质这一途径是毫不含糊的。晚年蔡仪在文章中仍然一再强调："要研究美学就要朝着唯物主义的道路"，并指出这是"通向科学的道路"。

只要认真读一读《新美学》第一章中关于美学史的评述；读一读蔡仪在蔡仪《美学论著初编》中的"自述"，我们便可以了解，"走唯物主义道路"既是他对美学史钻研的结果，也是他于 30 年代在日本留学期间开始接触并学习、研究马克思主义哲学所得到的认识。他坚定不移地认为马克思主义哲学首先是唯物主义的，并捍卫这个观点。对于美学界个别人一方面反对唯物主义与唯心主义之分，另一方面又标榜自己所提倡的美学理论是"马克思主义"的，蔡仪一针见血地质问道："难道他认为马克思主义也不能说是唯物主义的？"③

---

① 蔡仪：《美学论著初编》（上），第 197 页。
② 《中央日报》1947 年 11 月 10 日，第 8 版《书林平话》，第 39 期。
③ 《蔡仪美学论文选》，湖南人民出版社，1982，第 3 页。

　　唯物主义在哲学史上的基本姿态是批判的、战斗的，因为它要在人们认识的种种狭隘的局限和习以为常的顽固偏见中保持自己的独立；要在同种种唯心主义谬误的斗争中开辟自己的道路；还要在历代剥削阶级统治者御用的官方或半官方哲学的窒息中维持自己的生存。蔡仪所选择的这条道路是荆棘丛生的，为要保持科学本身的严肃性，无意取悦于人，也难免招来白眼与斥骂。又正如上面所引的那篇 40 年前的评论文章所说："……这一册书是从破坏入手的，破坏了旧的美学系统，于是才建立新的系统，而处处可以发现破坏的一方面优于建设的一方面，这是任何新科学的必然途径、必然性质"。"从客观事物入手"的方法也就是认清美学史上从主观精神或客观理念出发的种种歧路，为科学地把握对象的本质扫清道路。

　　从客观事物入手，通过美的现象把握美的本质是唯一正确的科学的美学方法。这个方法保证了把美学研究建立在坚实的唯物主义世界观上，但这只是一个正确的出发点，从根本上说是一个抉择哲学立场的问题。作为理论掌握世界（对象）的高级层次方法论则是历史的和逻辑的方法。逻辑的方法便是"从抽象上升为具体"的方法，这是马克思在政治经济学的研究中所总结的黑格尔的辩证方法，是对于一切理论思维具有普遍指导意义的，因而也是最高层次上的方法论。马克思确立了唯物主义的基本立场，即从客观的美的事物入手，在这个研究工作的起点上，美的本质在头脑中还仅仅是空洞的抽象。我们往往充满着浩如烟海、千形万状的各种具体美的事物的感性印象，但还不能达到科学的抽象，不能给美的本质带来具体规定，因而它是空洞的，如马克思所说的"混沌的整体"。我们说某些事物是美的，也知道该事物之所以美的原因就在这一事物本身，但是我们仍然说不出该事物为什么是美的。

　　正确的路径敞开在面前，怎样去走呢？

2. 从艺术典型掌握美的本质的逻辑

　　蔡仪在 1942 年完成《新艺术论》一书的写作之后，从当年冬天开始到 1944 年写完《新美学》，他是从研究艺术开始解决美的本质问题的。在美的本质的空洞抽象中，艺术和艺术美已经有了具体规定了。蔡仪在《新艺术论》一书中首先揭示了艺术的各种本质规定，而在该书第八章第一节"艺术的真与艺术的美"中他已经建立了"美即典型"的基本论点，[①] 也就是说表露了艺术美的本质在于事物典型性的思想。那么我们便可以说艺术美是蔡仪美学的逻辑起点。从艺术美的本质到自然美的本质，从《新艺术

---

① 蔡仪：《美学论著初编》（上），第 169 页。

论》到《新美学》则可以说是蔡仪美学的逻辑顺序。我们可以注意到这个顺序与美的自然的历史顺序恰恰是颠倒的，但是在入手的第一步"从客观事物"把握美的本质，已经包含着历史的东西在逻辑东西前面这个辩证唯物主义立场，关于这个重要问题下面再进一步来谈。

　　要了解这个逻辑的起点与顺序的形成，必须简单考察一下蔡仪的思想成长道路。《新美学》是在抗日战争后期写成，1947 年问世，作者回忆当时的艰难情形时说："在我写时，手边仅有三数本简单的有关美学的书，虽然两三年来曾写信或跑腿到那些可能有这种书的地方去买，去借，但是都无所得。"在那样一种艰难的条件下究竟是什么推动作者完成《新美学》的呢？

　　蔡仪于 1929 年，正当 23 岁时，到日本留学，学的是哲学和文艺理论。据他回忆，30 年代初日本已经出版了一些马克思主义的理论著作，研究马克思主义哲学和文艺理论的风气在知识界也很盛行。单从哲学著作来说，由苏联翻译来的和日本学者自己所著就有多种。当时日本思想界空气非常活跃，对马克思主义哲学和文艺理论问题也有讨论与争议。蔡仪常常把不同论点的著作拿来对照，比较，从中得到启发。1933 年蔡仪得到初次出版的马克思、恩格斯关于文学艺术的理论著作的日译本，他如饥似渴地研读着，其中对他影响最深的是马克思、恩格斯关于现实主义典型的理论原则。这就是蔡仪从艺术到美学，从艺术的本质到揭示社会美与自然美的本质的思想逻辑路线。

　　蔡仪在《马克思主义究竟怎样论美？》一文中说："美是典型的说法，就我自己来说，是在《新艺术论》里首先提出来的。《新艺术论》是想试用马克思主义观点来论艺术，其中主要之点是学习恩格斯关于现实主义理论的一点体会，认为艺术的中心任务在于塑造典型；而艺术的塑造典型就是揭示形象的真，也就是创造艺术的美。恩格斯的现实主义定义说：'现实主义的意思是，除细节的真实外，还要真实地描写典型环境中的典型人物'。这样的作品，既有了艺术的真，也就有了艺术的美。经过简单的分析、比较和论证，于是断言：艺术的典型形象是美的，艺术的美就在于艺术的典型。由此进而在《新美学》里就更多方面地论述了美是典型的论点，总的提出'美是典型种类中的典型个别'，简单地说'美即典型'。"[1]

　　对于艺术美的本质在于典型这个观点，一般信奉现实主义艺术论原则者并不难接受。巴尔扎克的《人间喜剧》对于我们的魅力的秘密究竟何

---

[1]　蔡仪：《美学论著初编》（下），第 974 页。

在？不必去讲多少大道理，我们只要闭上眼睛，那些栩栩如生的人物，葛朗台、高里奥、高布赛克、拉斯蒂涅、邦斯、夏倍……这一串典型人物的画像便列队似地从我们眼前掠过，没有了这一切，就谈不上巴尔扎克作品的艺术美。当然问题远不是如此简单，承认艺术美的本质是典型的人也并不都能理解这条艺术美的本质抽象怎样适用于自然美，而成为具有高度普遍性的美的本质之科学概括。

只要正确地解决了艺术与真实（自然、社会）的关系，艺术美与现实美（自然美、社会美）的关系，便可以清理出蔡仪从艺术美起始到现实美的思路。也就是说，根据辩证唯物主义与历史唯物主义观点，艺术的本质是现实生活的生动反映与真实再现，而艺术美则是现实美的升华，那么根据马克思"人体解剖对于猴体解剖是一把钥匙"的政治经济学方法，便可得出从艺术美的本质的揭示到自然美的本质的思想逻辑顺序。

艺术美的本质在典型，而艺术的本质在于反映与再现现实，那么艺术美必然是现实美的反映，艺术美与现实美在本质上便是一致的。正如低级形态与高级形态的生命，作为蛋白质不断新陈代谢的存在方式这个本质是一致的。

唯物主义的辩证逻辑方法与思辨哲学的唯心主义逻辑方法的根本不同点在于，前者认为事物的本质不是先验的观念而是植根于客观事物之中，即"美的现象是属于客观事物的"。蔡仪在《新艺术论》中就提出了对美的考察应先着眼于"真与美"的关系上。这样，他指出，既避免了"单纯地提出美的性质作形而上学的规范的解释"；也避免了烦琐地"举出美的作用作无原则的经验的解释"。① 这样既堵住了通向客观唯心主义的漏洞；也堵住了通向庸俗唯物主义的漏洞。

美与真究竟是什么关系呢？蔡仪指出：美与真是统一的，它们统一于客观存在的事物本身，"一切客观现象是以真为基础的"，"唯其是真然后才能是美"，"艺术的塑造典型就是提示形象的真，也就是创造艺术的美"，② 塑造艺术典型，或艺术美的创造，并不是人在主观上凭空发挥的结果，而是以客观现实的"真"为依据的。

划清了思辨哲学的界限，再回到美的本质作抽象的思考，就不是先验的、凭空的抽象，而是以客观现实事物的真为基础的美的本质的抽象。再者，从艺术美这一美的高级形态出发是从根源于现实的艺术出发。由此，

---

① 蔡仪：《美学论著初编》（上），第168页。
② 蔡仪：《美学论著初编》（上），第167～168页。

我们可以见出蔡仪美学方法论上的唯物主义思想路线与辩证逻辑的思维方式是紧密地结合在一起的，即从客观事物入手考察与从美的高级形态概括美的本质的科学抽象是一致的。如上所述，这植根于马克思对黑格尔唯心主义体系的颠倒。

黑格尔认为美之所以美的本质在于客观的美的理念；理念与感性的具体个别统一起来便成为美的事物。然而他所谓的客观理念只不过是美的事物本身所固有的本质在我们头脑中的反映——作为逻辑的起点，这还是空洞的抽象，有待上升到具体的规定。这种美的事物本身所固有的本质，蔡仪认为只不过是我们能够通过具体个别的感性形式去把握的事物种类的普遍性。蔡仪告诉我们，这种普遍性是规定事物根本性质的"本质的必然属性条件"，对于该事物是有决定性的，失去了这种属性条件，该客观事物便不能存在。这种本质的必然的属性条件在"自然的事物是种属的属性条件所决定的"，在"社会的事物是阶级的属性条件所决定的"。① 除了这种本质的必然的属性之外，事物还有各种非本质属性，失去了这种偶然的属性条件该事物还能存在。前一种属性条件是为事物的普遍性或共性，后一种属性便是事物的个别性，在蔡仪看来，事物从美到不美、到丑，所表现出的不同美学层次在根本上是由普遍性与个别性的不同关系引起的量到质的变化。

因此，"一切的具体的形象的真不都是美"，那么，"怎样的具体的形象的真才是美呢?"对于这个问题，蔡仪找到的答案便是：一切的具体的形象的真的事物本身的普遍性与个别性的关系并不是千篇一律的，而是千变万化、千差万别，其中带有高度普遍性（概括的面广）体现于最鲜明、生动的个别的事物便可以说是真的事物中之"最（真）"的，就是典型的，也就是美的。

艺术中有典型，其根源在于现实生活中也有典型。这个问题早在现实主义大师的理论中已经解决了。如屠格涅夫在谈到他的名著《父与子》时说过："倘使我没有找到一个在他身上各种适当因素逐渐孕育，而且配合得很好的活人（而不是理想）来做依据，我绝不会想到去'创造形象'。"② "各种适当因素"，无非就是作为典型之共性的阶级性、阶层性、时代性、民族性，以及个性特征的性格、气质、教养、风度、举止等等；所谓"配合得很好"就是指共性与个性有机的统一。

① 蔡仪：《美学论著初编》（上），第 249～250 页。
② 《关于〈父与子〉》，《父与子》"附录"，人民文学出版社，1955。

世界上一切事物，无论是自然界或是人类社会，都不是孤立的、相互不发生联系的存在，而是处于错综复杂而有序不紊的类别关系的系统中。无论是宏观的如太阳系，微观的如微生物，都可以以某种普遍性把它们联系在一起，又以个别性相互区分开来。而作为美的本质的类普遍性本身不过是事物从自然到社会、到艺术，由低级向高级运动发展过程不同阶段所显示的形态。

蔡仪以高级形态艺术美作为一把钥匙，批判继承了美学史上由亚里士多德到黑格尔的宝贵遗产，根据马克思、恩格斯现实主义典型的原理，对争论了将近两千年的美的本质问题，作出了一个颇为清晰、明快的解答。蔡仪的这个理论是在 20 世纪 40 年代提出的，在时间的冲刷下它并没有失色，当他的这种观点受到抨击与责难，没有一个人同意他时，他并没有放弃它；当多一些人认为这种论点有道理时，他也没有认为这就是终极真理。他始终认为"美即典型"只是一个科学假说，有待进一步检验。

3. 辩证的思想与研究方法

在上一节我们已经谈到蔡仪考察美的本质的方法是从复杂形态的艺术美作为起点的逻辑的方法，也就是辩证逻辑的方法。因此这一节专门来谈蔡仪美学中的辩证法问题似乎显得重复而多余。但是我们知道蔡仪的"美即典型"说常常被攻击为"机械唯物主义"，如果此说成立当然更不可能掌握什么辩证法。为了澄清问题的真理，再专门谈谈这个问题也还是必要的。

上文说过，运用辩证的思想与研究方法的最高层次是从抽象上升到具体的方法。这个过程的起点是一个空洞的抽象，对于马克思的政治经济学批判是商品，对于一般美学即是美，而作为研究终点的"具体"，则如马克思所说，"是一个具有许多规定和关系的丰富的总体了"。① 因为辩证的逻辑只不过是历史的发展在头脑中的近乎正确的复现，所以作为研究结果的终点的具体所包含的"许多规定和关系"正如它们在现实中一样是辩证的，即对立统一的关系。

《新美学》中充满这种关系的论述，如关于美学与哲学、艺术学、心理学之间既联系又区别的关系，关于真、美、美的对立统一关系，关于典型作为美的本质之共性与个性的对立统一关系，关于现实丑在艺术中转化为美的关系，关于美与美感的关系，关于美感愉快与其他伴随感情及心理反应之间的关系，以及关于典型在事物发展由低级到高级之系列中的相对

---

① 《马克思恩格斯选集》第 2 卷，人民出版社，1972，第 103 页。

性的论述等。这样一些论述中体现的思想与研究方法是不是渗透着辩证法呢？

从美学对象或美学领域之美的存在、美的认识与美的创造之间的关系来看这个问题。这里包含着主客体关系以及主体的能动作用等辩证法，并涉及从方法论的角度来看待美学的对象或领域的问题。这些问题正是多年来讨论较为热烈的。

正如我们在前面说过，现代西方美学中很多流派避而不谈美的存在的根源与本质问题，而要片面地用审美心理学、艺术哲学与艺术社会学来代替美学。这种趋向恰恰表明现代西方美学流派在马赫主义、经验一元论以及胡塞尔现象学方法的影响下，把黑格尔在客观唯心主义内部的辩证法推向了极端的主观唯心主义。如现象学排除现实美（自然美、社会美）与艺术美的关系，孤立地研究艺术美，并突出艺术的所谓"意向性"，把艺术看成由读者完成审美价值"具体化"的独立实体。直到"接受美学"连艺术品本身的美也被作为附着于欣赏者主体的东西而被取消了其作为客观存在的意义。但是，强调应该从客观事物入手把握美，强调美存在的客观性，以及强调美的存在对于美的认识与美的创造之根源意义，也并不意味仅仅把美的存在作为美学的唯一对象；也并不意味着要求任何人、任何阶段、任何具体的美学研究工作都必须研究美的存在之根源与本质这个问题。

从唯物主义观点来看，美的存在是客观的，即不以人们对它的认识为转移的，从这个意义上说，否认自在之物的美是错误的；然而根据辩证唯物主义认识论，否认不以人为转移的美的存在可以而且必然为人所认识（艺术美为人所创造）也是错误的。因此，美学作为一门整体科学来说，不能离开人的认识孤立地研究美的存在。关于这一点，蔡仪说得很清楚，他指出"美学的领域，若只限于客观事实的美，而不顾及客观的美与主观意识的相互关系，那么美学几乎是不可能的"①。关于这一点，由于在过去争论的焦点之外往往很少为人所注意，应该说我们今天以及整个美学史所研究美的对象都是已经进入人的认识的美，是"言"无言之天地大美。如果这个对象尚未进入人的主观认识，尚未成为主体的对象便不可能对它们进行研究。但是这样说并不等于说过去人们尚未认识与研究的美就不是客观存在，以及目前尚未进入人们审美领域和研究领域的天地之大美也不存在。这样一种辩证的观点，从唯心主义的立场，或是机械论的立场是很难理解的。

---

① 蔡仪：《美学论著初编》（上），第 199 页。

什么是机械唯物主义，蔡仪在《新美学》中也做了界定，他指出："过去的机械唯物论者往往将意识视同自然现象，也将美学限于对客观现实的考察，所以他们的出发点虽是对的，而他们也未能正确地建立美学。"①

所以说"将意识视同自然现象"，也就是混淆了高级运动的意识活动与受生存竞争及机械作用这些自然规律支配的有机和无机界低级运动形式的区别。美学如果只是孤立地限于客观现实的美，"而不顾及客观的美与主观意识的相互关系"，那当然是机械唯物主义的思想方法。有关客观的美和主观意识的关系，在蔡仪看来只是被认识与认识的关系。在这种关系中，被动的方面却是先于能动的方面存在并成为后者根源的，但是两者的这种关系又是有同一性的，即主观意识能动地、正确地反映客观的美并能按照美的规律造型。我们认为，在蔡仪的美学中可以说是科学地反映了美学对象诸种关系之间的"变化的同一性"的。

有人把国外格式塔心理学派的美学引来我国美学界。这种理论主张把人在审美活动时的伴随美感的各种情感或心理状态甚至把艺术作品的"表现力"一概还原为"力的作用样式"，名之曰："人与自然的异质同构"或"同形同构"，这才是退回到 18 世纪的机械唯物论上去。②

在物质与精神、美的存在与美的认识的关系中，确定美的存在第一性地位，确认美的存在对美的认识之决定性作用，坚持从物质到精神、从美的存在到美的认识的唯物主义路线，并不是说第二性的东西就可以取消，或不重要、不起作用，是消极的，可以忽略不计。否认第二性东西对第一性东西的反作用不是辩证唯物主义的思想，因为它没有"科学地反映现实变化的同一性"。

蔡仪在《新美学》中曾引用了马克思《1844 年经济学哲学手稿》中的这样一段话："能够成为我的对象的，只不过是我的存在中某种力量的证

---

① 蔡仪：《美学论著初编》（上），第 199 页。

② 格式塔心理学的代表人物阿恩海姆在他的《艺术与视知觉》一书中写道："在我们所生活的西方文化中，人们总是按照生物和非生物、人类和非人类、精神和物质等等范畴，去对各种存在物进行分类，然而，如果在分类时，只以表现性作为对各种存在物进行分类的标准，那些具有同种表现性的树木就有可能被归并到同一类之中，它们之间在这方面的类似程度甚至比人与人之间的类似程度还要高。这样，人类社会就可以与自然界事物归并为一类……"（《艺术与视知觉》，中国社会科学出版社，1984，第 625～626 页）。此种议论堪称机械唯物论之典范，然而这种理论的中国推销者却在那里给别人大扣"机械唯物主义"的帽子，真乃咄咄怪事。现在是应该把这个事实颠倒过来的时候了。

明，所以对象对于我只是，我的存在中的一种力量、用自成为一种主观能力的方法，方能存在的。也因之对象的意义对于我，只能扩张到我的心所能达到的范围。"①

这段话在原著中的意思是讲在主体的人与对象关系之中主体的能动性的，即指出主体的能动性的范围决定对象对主体的意义的界限。蔡仪引用这段话是为了说明美学不可能把人与对象之审美关系中能动的一方——美感——撇开不顾。但是马克思这段话的意思是，对象对于主体的意义离开了主体的力量便不存在，有如说某一"关系"离开了发生这一关系的任何一方便不存在，而不是说对象本身离开主体便不存在，或对象的美的性质离开了主体便不存在。因此，蔡仪接着便指出当时有人对《手稿》中"对于非音乐的耳，最美的音乐，也不能有任何感觉，而不能成为对象"这句话"断章取义的曲解"。这种曲解的要害就在于用主体美感能力来规定美的存在。这不禁使我们颇为惊诧地看到，围绕着《手稿》的美学争论中的某些曲解原来半个世纪前已经有之，而且蔡仪在《新美学》一书中已经对之进行了批判。这真是一场旷日持久的哲学与美学论战啊！

除了美的存在、美的认识之外，蔡仪指出，美学的领域还包括美的创造，艺术美便是这种创造的成果。这样，蔡仪美学方法的逻辑从艺术美起始，揭示了美学研究对象和领域中的具体规定和丰富性，最后又归结到艺术美，形成了一个以唯物主义为基础的理论体系，在这个体系的内部充满着辩证法。在论及美的创造问题时，蔡仪两次引用了马克思1844年《手稿》中的一段话："动物只能在其所属的种的尺度，适应其要求而形成；相反地，人则能够按照美的法则，也同样形成的美。"（当时译文略不同于现行译本——笔者注）

从这段话中蔡仪引出"唯其能认识美然后能创造美"，艺术美的创造，"直接地根源于美的认识，而间接地根源于对象美的法则"。

在这里我们需要插上几句，众所周知，马克思的1844年《手稿》是1932年以德文首次全文出版的，当时不仅在中国鲜为人知，在世界范围内也是第二次世界大战之后才引起广泛注意与兴趣。而蔡仪在《新美学》中已经作出多处征引，指出当时对它的曲解，并引出了重要的结论。蔡仪是从当时日本出版的苏联著作中转引的马克思巴黎《手稿》中的论述，但是他当时就没有盲从权威性原引者的观点，而是坚定地站在唯物主义立场上

---

① 蔡仪：《美学论著初编》（上），第199页。（这段引文见于刘丕坤所译《1844年经济学哲学手稿》，第79页）。

独立思考，敢于发表与原引者不同的意见。

在《蔡仪美学论著初稿》"序"中蔡仪写道："自1956年到1958年之间，我也写了十多万字的文章，效果很小，使我不得不想到，我那里的写作似乎是在和影子搏斗，我的努力都落了空，实际的对象还巍然站在影子的后面呢！"

这里"实际的对象"是指20世纪50年代苏联美学界中某些歪曲利用《手稿》的美学理论的人，以及国内在学术上搞"一边倒"，并利用行政权力干预学术的人。我国美学界有些人总是摆脱不掉当"尾巴"的命运，或是一味紧跟苏联，或是转而盲目追随西方。而蔡仪40年代就能拿出自己独立的见解，其基本立场贯穿始终，直到80年代仍然不变。这种理论上的坚定性是不是值得我们今天学习和发扬光大呢？自1981年至1983年，蔡仪连续写出了四五篇针对美学时弊及研究《手稿》的文章，把《手稿》摆在整个马克思主义起源、形成、成熟、发展的历史上进行系统理解与评价。这样一来，他与之终生搏斗的影子后面的"实际对象"的理论实质便愈来愈清晰了，那就是利用《手稿》中的词句及其中费尔巴哈人本主义的影响，用人本主义哲学与美学冒充、代替马克思哲学美学的国际思想潮流及其向国内的蔓延。

蔡仪的主要著作可以分为以下几个部分：大部分是艺术美问题的研究，如《新艺术论》《论现实主义问题》等。美论与美感论在《新美学》的分量大致相当。除此之外就是一些论战性文章，其中一部分是关于美学的哲学基础，即马克思主义基本原理问题，另一部分是关于美的根源、本质与自然美问题。可以看出，本来在《新美学》的美论中已经对美的根源与本质问题做了较充分的阐述，但是由于这方面的观点受到来自不同方面的歪曲和抨击，因此需要捍卫自己的观点和美学中的唯物主义立场。从蔡仪投入以上著作不同内容的分量来看，并不表明蔡仪把美论看作唯一重要的美学对象，当然由这个问题牵涉的哲学世界观则是根本的。蔡仪认为美的存在固然不以人的认识为转移，但人与美的对象已经历史地并现实地处在审美关系之中，因而美感非但需要研究，而且是不可不研究的重要对象。正如他所说："美感原是一种精神现象，并不是不能单独成为学问对象。"[1]这就是说，作为整个美学领域必须包括美的存在、美的认识与美的创造，这三方面缺一不可。而对于从事美学研究的个别人来说，则大不必在这三方面平均使用力量和花费时间，可以取其中一个方面或一个方面的某一问

---

[1] 蔡仪：《美学论著初编》（上），第258页。

题作为自己一个阶段甚至毕生的研究对象。

那么说，可以"单独"研究美感，岂不是从主体的美感出发了吗？不是与前面所说"从客观事物出发"相矛盾了吗？

不是的，上面所说"单独"研究美感，是指具体工作可以从美感出发，而对于"不可回避"之美的根源与本质问题的回答仍然是要坚持唯物主义从客观事物出发的原则。这种"回答"即使不是作为具体研究工作本身而是作为哲学立场的抉择却是不可回避的。这就是说，在把美感作为单独研究的对象时，"单独"而不孤立。只有在摆正美的存在、美的认识和美的创造之间关系的基础上才可能选择其中任何一个方面作为具体工作的出发点而不至于迷失唯物主义方向。关于这个问题正如列宁一方面指出："唯物主义和唯心主义的对立，哲学上两条基本路线的区别……从物到感觉和思想呢，还是从思想和感觉到物？恩格斯主张第一条路线，即唯物主义的路线。马赫主张第二条路线，即唯心主义的路线"。同时，另一方面列宁又告诉我们："从感觉出发，可以遵循着主观主义的路线走向唯我论（'物体是感觉的复合或组合'），也可以遵循着客观主义的路线走向唯物主义（感觉是物体、外部世界的映象。"① 这就是说，主观感觉不是不能成为认识论的出发点。当我们单独研究美感时，以美感来决定客观的美，就从这个出发点走向唯心主义，走向唯我论；如果不是这样，而是在单独研究美感时仍然不忘它根源于主体之外的美的存在，本质上属于主体对美的一种认识，那么就会走向唯物主义。单独研究艺术美时也同样，如果孤立地把"表现自我"（或者是放大了的自我——永恒的人性）作为艺术唯一的本质，就会走向唯心主义，走向唯我论；而把艺术，不论是写实的还是抒情的，都看成在本质上是对社会生活能动的反映与表现（包括艺术家个体自我表现），就会走向唯物主义。当然，对于美感和艺术的这种唯物主义看法不是既有的公式，而是从客观审美和艺术的事实出发研究的结果。蔡仪正是从艺术的事实出发，找到了美这个抽象的逻辑起点的种种规定与关系，他把艺术美作为对自然美与社会美的反映，他没有走向唯心主义而走向了唯物主义。

综上所述，我们可以知道，唯物主义的辩证逻辑的方法是蔡仪美学中居于最高层次的方法论，但这并不是唯一的方法。蔡仪既坚定不移地以马克思主义哲学方法论为指导，又重视对其他的方法的借鉴，比如在涉及对现实世界的美感态度与实用态度借取了格罗塞在《艺术起源》一书中的实

---

① 《列宁选集》第 2 卷，人民出版社，1972，第 125 页。

证主义方法取得的成果，认为："对于这些，有格罗塞及普列汉诺夫的著作叙述得很好了。"① 又如，他一方面对把心理学作为美学最高方法作了批评；另一方面丝毫不忽视美学中心理学的研究方法，他指出"艺术引起的美感和对于现实事物的心理状态是有所不同"的，但是他认为这种区别如西方心理学派美学称为"心理距离"固无不可，但这种区别的根据不是"心理的距离"，而是"对象的距离"。因为美的事物本身就有"使用的"与"美的"两重属性，所以才引起主体的实用的与审美的两种态度。蔡仪认为："美感既是心理现象便关系着生理；不过也因为美感既是心理现象，自然有它当作心理现象的特征，若主要的以生理现象去解释，颇难得到圆满的结果。"由于蔡仪对心理学方法的重视，使他在美感分析上毫不逊色于美的分析，如把美感的本质理解为对象所引起的美的观念的满足是精神欲求的满足的愉快，又与快感（生理的）以及心理上的"顺受的"与"逆受的"种种反应相伴随；等等。②

在蔡仪看来，马克思主义哲学方法论对美、审美和艺术规律的研究是指导性的，其他的科学方法应在这一最高层次的方法论指导下，在本身的特定层次上发挥特有的功能。这种关系是指导与被指导的关系，而不是像某些人所说的马克思主义的方法是研究艺术的"外部规律"，其他方法是研究艺术的"内部规律"的关系。

蔡仪的重要贡献并没有为马克思主义美学体系建设画上一个句号，而是为我们在新语境在马克思哲学基础上美学的学科与科学性重建引领了一个正确的方向。正是蔡仪美学在方法论上坚持了唯物主义一元论的原则性，又不乏兼采众长的灵活性，才使他的美学思想既不趋附时尚保持了一以贯之的完整系统性，又在研究对象与领域上留有广阔的开拓空间，可以容纳并吸收一切科学的新方法。

---

① 蔡仪：《美学论著初编》（上），第 269 页。
② 蔡仪：《美学论著初编》（上），第 273 ~ 369 页。

文艺学篇

一 文艺学学科合法性问题

在"艺术终结"与"文学不能活过电传时代"的语境下，如确实如此的话，美学文艺学失去了自身对象，也就没有作为学科存在的理由，文艺学学科合法性问题遂浮出水面。于是，新世纪初我国出现"文论何为""文学理论死了"等话题。2007 年有人提出："文艺学在诞生之初就包含了太多的意识形态意味，缺乏学科合法性。"① 与此同时，另一场争论，关于文学是"审美意识形态"还是"意识形态的形式"，正在激烈地展开。文艺学学科合法性问题所谓"合法"是借用法学用语来表达文艺学作为一门学科存在的"合理性"，即在学理上合乎学科性。就"学科性"一般意义而言，文艺学与美学同其他任何一门学科那样，其存在的合法性在于它的使命是通过研究揭示对象的本质和规律，在"合法性"意义上，学科性与科学性是一回事。文艺学是一门合法的学科就必须要有这样的科学性，学科性考量归根到底离不开科学性。关于人文社会科学的科学性与学科性问题本书第一篇已有论述，如果人文科学如同社会科学一样也有科学性的话，属于人文科学的文艺学有没有科学性呢？

文艺学通常包括文学理论与艺术理论以及种种文学艺术史和文艺批评，我们在这里主要关注文学理论与艺术理论。

（一）文艺学有没有科学性？

一门学科的科学性决定于该学科所赖以建立的全部知识和理论系统的真理性。因而文艺学学科合法性归根到底在于简称为"文艺理论"的文艺学的知识和理论有没有真理性，有多少真理性的问题。文艺学由于其对象——文学和艺术——的特殊性似乎超出了真理性问题。文学艺术创作和作品既是文艺学的对象也是美学的对象，文学艺术的审美特性决定着文艺学不同于其他人文社会科学的特殊性。艺术的特殊性被柏拉图判定"与真理隔着三层"，这种对象的特殊性不可能不累及文艺学。有如诗人被逐出"理想国"，审美特殊性使文艺学常常遭遇被逐出学科合法性之外的命运，给文艺学在学科合法性问题上带来超乎一般的复杂性。也就是文艺学的知识和理论的科学真理性不同于一般人文社会科学，是通过审美现象折射出来

---

① 葛红兵、宋红岭：《重建文艺学与当代生活的真实联系》，《文艺争鸣》2007 年第 3 期。

的。正是这种特殊性和复杂性将文艺学学科合法性置于可疑境地。《诗学》在亚里士多德的《形而上学》与《物理学》之间地位特殊，《判断力批判》在康德的《纯粹理性批判》与《实践理性批判》之间处境尴尬。审美感性aesthetic 在"明晰的认识"与"混沌的认识"之间关系暧昧。这样的老问题三番五次从上古延续到现在再次困扰着文艺学界的后现代学人。

我国 20 世纪 80 年代中期以来，文艺理论曾历经过多次热烈的讨论，从对原有文艺学教材更新到对文艺学学科合法性质疑。这种质疑既不是什么怪事，更不是什么坏事，它促使我们在新语境下再次反思这些复杂的问题。2001 年陶东风的《大学文艺学的学科反思》发出了一个响亮的信号，认为"以各种关于文学本质的元叙事或宏大叙事为特征的、非历史的本质主义思维方式严重地束缚了文艺学研究的自我反思能力与知识创造能力，使之无法随着文艺活动的具体时空语境的变化来更新自己"。2004 年陈晓明的文章《元理论的终结与批评的开始》认为："中国的主流文学理论一直被宏大观念所笼罩，被本质规律之类的思维定势所迷惑，以为这样就最接近真理，这样就最能穷尽文学的意义。这种整体性的、合目的性的元理论思维方式，直到今天也在支配着人们，以至于人们一直在呼唤建立中国的文学理论学派，这一诉求依然是一种本质主义的元理论诉求。"与此同时陶东风推出其主编的《文学理论基本问题》，这本教材主旨是"反思文艺学中的普遍主义和本质主义倾向"，打破有关此类教材的传统体例与框架，强调"文艺学知识的历史性和地方性"，将文艺学知识归为若干问题通过梳理中外文论史资源得出一定的观点。① 这是应对文学学科合法性质疑的呼声推出的新编教材，带有强烈的挑战性并以一种建设性的尝试姿态出现，这无疑给文艺学建设带来某种新的生气，但它似乎也并没有有效解决文艺学合法性危机问题。继之这方面文章的调门越来越高，一时间"文论何为"话语响彻文学理论界。有的文章径直提出"没有必要拥有一个独立的文艺学学科"，直到宣判"文学理论死了"。② 文艺学作为学科存在之合法性质疑在本世纪第一个十年中期前后汇成一股风潮。当然这种论见也当即遭到反驳，有人认为过去的文学理论，固然存在着这样那样的缺陷和问题，但是也取得了一定的成就，特别是新时期以来取得众所瞩目的进展，

---

① 陶东风主编《文学理论基本问题》，北京大学出版社，2005。
② 陶东风：《大学文艺学的学科反思》，《文学评论》2001 年第 5 期；陈晓明：《元理论的终结与批评的开始》，《中国社会科学》2004 年第 6 期；金惠敏：《趋零距离与文学的当前危机——"第二媒介时代"的文学和文学研究》，《文学评论》2004 年第 2 期；王晓华：《文学学，还是文艺学——对一个基本问题的追问》，《探索与争鸣》2006 年第 11 期。

不会就此终结。如陆贵山的文章认为："'反本质主义'决不会消解研究文学本质规律的正当性和必要性，更不会颠覆文学研究的意义和价值。"①2010 年王元骧再次撰文为文艺学学科合法性一辩，认为文艺理论的危机是一个"伪问题"，作为学科本身来说，文艺理论"并不存在什么'危机'，而只存在研究者本人思想、理论水平的高低和能否承担起理论研究的职责、完成理论研究的使命的问题"②。反驳意见也并未必能克服"危机论"，双方处于相持状态，文艺学学科合法性乃成为一个悬案。所谓"文艺学学科合法性危机"并不是危机制造者带来的，"文学理论死了"也并不是"欲将之置于死地"者的呓语，大学课程设置里面并没有取消文艺学，讲堂上教授们仍然没有终止传授文艺学的知识，尽管如此，文艺学仍然没有走下"合法性"审问之"被告席"。显然，一门学科在知识更新理论创建上远比其合法性审问困难，远不是一两本别有新意的教本可以奏效的。这场风波表面上看来是某些坚守文学理论学科性阵地的文艺理论家与少壮派为主的一些锐意革新者之间的思潮冲撞，但这不是文艺学一个单独学科的问题，而有着本书开篇所述人文社会科学学科合法性问题的广泛背景，这也不是中国文艺界的问题，而与带有时代普遍性的世界思潮有着深刻的内在关联。

实际上，文艺学学科合法性问题在中国的提出有着更深远的思想背景，在 20 世纪 80 年代中期提出的主体论、观念更新、方法论热、内在规律论等等，均隐伏着对传统文艺学合法性的考问。后现代反本质主义为这场危机提供了有力而广泛的哲学支持，文化多元主义也推助了对本质主义和机械的一元论文艺学的动摇。正如我们前面反复谈到的，一门学科的合法性危机一方面与该学科与其他学科的界限有关，另一方面则决定于该学科自身内在的科学性问题。文艺学作为如同美学那样被当成一门"软学科"，就知识与理论的真理性而言，区别于自然科学与某些社会科学学科不仅在于它并非建立于实证性的数理化公式的支持之上，确实还在于它以价值形态对于意识形态之承担，正如质疑者所说："太多的意识形态。"在阶级社会不同的利益驱动下的价值差异，一方面使文艺学的对象文学艺术充满看似远离功利的虚幻东西，同时又"与真理隔着三层"；另一方面文艺学本身也同它的对象一样锋芒毕露，闪发着批判的理性之光。这些群体与个体的价值态度构成的意识形态性质从四面八方冲击着文艺学

① 童庆炳：《文学边界三题》，《文学评论》2004 年第 6 期；钱中文：《文学理论反思与"前苏联体系"问题》，《文学评论》2005 年第 1 期；陆贵山：《试论文学的系统本质》，《文学评论》2005 年第 5 期。
② 王元骧：《析"文艺理论的危机"》，《社会科学战线》2010 年第 8 期。

作为科学的客观真理性，似乎使它有理由受到科学真理性与学科合法性质疑。

（二）文艺学学科的基础理论与教本沿革

如上所述，文艺学学科合法性的依据在于其知识与理论体系的科学性。马克思主义的创建给人文社会科学带来一场广泛深入的革命，这场革命不可避免地要根本改变着文艺学的面貌，那就是艺术作为人的精神现象与心智活动，它的本质规律不能封闭在艺术的内部加以封闭式考察，不能单单从"心灵史"来说明，而要从艺术与人的社会现实生活的关系上来揭示。20世纪早期我国和世界许多从事文艺学的知识分子纷纷从马克思主义的这样一种基本理念得到启示，重新思考文艺学问题，推出许多有益的论见。在文艺学中马克思主义文艺理论以一种体系形态呈现，这是一件开拓性建设性的工作。这个现代文艺学发展史的重大事件不容忽视，更不可能抹去。在马克思主义文艺理论的体系性建设中出现三个方面相互有关的问题：一是体系化的思想；二是系统性的文本；三是具有自洽特点的基础理论系统。

体系化的思想必体现于其首创者的一系列经典文本，马克思主义文艺思想在其奠基者那里散见于一些哲学、政治经济学论著以及书信之中，但文本不成系统并不意味马克思主义在文艺学上没有完整的思想体系。马克思主义反对"为艺术而艺术"的文学观决定其文艺理论与其他学科有着开放性学科间性的互动关系。马克思主义经典作家在文艺学留下的丰厚思想资源有着整套独特的学术概念和范畴，一以贯之，其思想体系的内在的完整性和自洽性远远胜于某些应时拼凑起来的文艺理论学派。不过在马克思主义经典作家有生之年，文艺学体系化的思想没有被系统地整理，这便成为后来马克思主义文艺学基础理论建设的一项重要工作。这个工作早期有弗尼契的《文学原理》，后来季莫维耶夫的《文学原理》和达毕柯夫的《文艺学引论》等陆续问世。在我国1942年蔡仪以马克思主义理论为指导的《新艺术论》由于战争没有得到推广，后来王任叔的《文学论稿》（1954年）等教科书相继出台，带动了马克思主义文艺理论作为一门"显学"的建设与发展。这些基础理论著作通过教学对马克思主义文艺理论在传播、推广方面起过重要作用，当然，它们也不同程度地存在庸俗社会学和机械唯物主义等方面的影响，集中表现为把文艺与其他社会存在的关系看成简单从属性和依附性的关系，忽视了艺术自身的独特性，造成以政治、哲学或其他东西代替文艺学之偏颇，这是使之陷于合法性危机的一个缘由。

我国20世纪60年代以来高等院校普遍采用蔡仪主编的《文学概论》

和以群的《文学的基本原理》，渐渐向前者统一。这个唯一合法性教本改革开放后遭到颇多非议而淡出。乔象钟的《蔡仪传》首次披露关于这个教材编写过程中鲜为人知的内情。1961 年由中宣部副部长周扬直接领导编写一系列文科统一教材，《文学概论》为其一，由蔡仪执行主编，众多文学理论工作者集体执笔。《蔡仪传》谈到，在编写过程中，"先要搞一个简要提纲，上交周扬，如果没有什么意见，才能搞详细提纲"。蔡仪初拟的提纲曾遭到周扬的"严厉批评"，"就是好事也可能遭遇到新的批评与攻击。对《文学概论》的工作，（蔡仪）只能持消极态度，尽可能不发表意见"。当时这个编写集体的党支部书记还专门就蔡仪的"消极态度"对他进行了"思想工作"。① 至于当时蔡仪对这项自上而下"家长式"的编写工程中的"消极"态度，仅仅是对上级官僚主义领导作风的不满呢？还是这个指令式的编写思想淹没了某些蔡仪个人的东西呢？

关于这点《蔡仪传》并没有详述，蔡仪本人生前也没有专门公开谈到这个问题，只有通过蔡仪当年的《新艺术论》与后来的《文学概论》的比较洞悉其中隐情，解开这个遗留的悬案。蔡仪于 1933 年在日本第一次看到在那里问世的马克思、恩格斯关于文学艺术的文献，其中所提倡的现实主义与典型的理论，使他得到深刻启示，乃形成了《新艺术论》一书的写作动机。《新艺术论》与《文学概论》相隔 24 年，一为蔡仪著，一为蔡仪主编集体执笔的，加以比较有着以下主要异同：

（1）两书都表明坚持唯物主义的反映论的认识论的哲学立场，认为文学艺术是社会生活或现实的反映。两书都根据历史唯物主义强调文学艺术属于社会意识形态与上层建筑，并且都认同文学艺术的阶级性。在这个大的共同的思想基础之上，它们也存在着以下差别。

（2）《文学概论》引述了大量毛泽东《在延安文艺座谈会上的讲话》（简称《讲话》），而《新艺术论》于 1942 年初版于重庆，恰恰与《讲话》发表在同一年，所以其中不仅没有《讲话》引文，而且也造成两本书的某些原则差异。

（3）《新艺术论》认为艺术属于社会意识形态，是上层建筑，服务于经济基础而巩固基础，但没有涉及《文学概论》中"无产阶级文学必须为工农兵服务"的内容。《新艺术论》第一章论及艺术与现实、艺术与科学、艺术与技术的关系，没有专章论述艺术与政治的关系，这种关系在"艺术的特性"一节在艺术作为意识形态与上层建筑中展开。作者认为"艺术从

---

① 乔象钟：《蔡仪传》，文化艺术出版社，1998，第 114～117 页。

属于政治"，但没有提"艺术为政治服务"。

（4）《文学概论》在文学批评的标准上着重申论了《讲话》有关"政治标准第一，艺术标准第二"的论述。而《新艺术论》基于对"艺术的真与艺术的美是统一的，艺术的内容和形式是统一的"与《讲话》有一致之外，没有对政治与艺术作"第一""第二"之硬性区分，并强调："现实主义艺术的评价的着眼点，根本在于艺术典型的创造"。

（5）《新艺术论》把艺术的典型问题置于重要地位，第五章标题为"典型"，第六章第一节又专论"典型与描写"；在第八章"艺术的真与艺术的美"中再次论及典型的意义，并提出"美就是典型，典型就是美"。而《文学概论》中仅仅在第一章第二节"文学是社会生活的形象的反映"下第二部分论及"文学形象的典型性"，以及第七章"文学的创作方法"中关于现实主义约略地谈到典型。

（6）《新艺术论》第八章专门论及"艺术的真与艺术的美"，认为"艺术于追求真之外尚追求美"，而《文学概论》仅第二章第四节论述"艺术的审美教育作用"时简略地涉及艺术与美的关系。可以认为《新艺术论》更注重艺术的审美特性，相比之下《文学概论》则大大淡化了这个问题。以上我们只是比较两者的差异，至于它们的评价问题在后面有关章节展开。

《文学概论》是蔡仪主编集体执笔的成果，在一些重大问题上虽有"长官意志"的问题，但它或多或少融入了当时我国文学理论工作者的集体智慧。它在某些内容的广度与精细程度上超过了主编20年前的《新艺术论》，如有关文学作品内容和形式、文学作品的种类和体裁诸多因素的论述，以及文学创作方法的一些问题，但对艺术审美特性的强调逊于《新艺术论》。这个问题在80、90年代为文艺的历史批评与审美批评以及审美反映与审美意识形态等问题展开的论争中明朗化并凸显出来。

由以上两种文艺基础理论著作的差异可以理解蔡仪为什么对他主编的《文学概论》采取了消极的态度，原来他在《新艺术论》中自己通过对马克思主义现实主义典型论思考以及对艺术的美学本性的强调，在《文学概论》中被周扬强行淡化与消解了，而周扬以自己的意志强加的东西恰恰是改革开放后纠偏的东西，如"文艺为政治服务""文艺为工农兵服务"改为"文艺为社会主义服务""文艺为人民大众服务"（至于究竟怎样看待这些修改，后文将有所论及）。《文学概论》中"无产阶级的党的文学的原则"也在后来的文学教材编写中消失。这表明在《文学概论》编写过程中，蔡仪与周扬在指导思想上也有着重大分歧，只是当时在家长式压力下没有可能挑明。"文艺从属于政治"或"文艺为政治服务"这个提法本身并没有什么错，其真理性决定于它所具体从属及服务的政治本身的性质如何。"以阶级斗争为纲"通过历次运动，正是这种政治把文艺变为图解政策的公式，文艺批评成为"帽子""棍子"，不仅审美本性受到贬抑，与以"人的解放"为终极目标的政治相联系的创作自由也被扼杀。这个问题在下面有关章节将进一步论述。

改革开放以来，《文学概论》因其中对审美特性以及生硬"为政治服务"的"左"和教条遭到普遍非议，作为高校文学教材而被淘汰出局，但是却由顶着主编名义的蔡仪代周扬以及当时的"左"的教条主义受过。他与周扬的分歧从未得到认真清理。然而问题不仅限于《文学概论》中一些"左"的提法与内容被放弃，而其中一些正确的原则却在"文学观念"更新中受到挞伐，火力最为集中的是其中的"反映论"与"意识形态论"。直到 1995 年，南方一位知名教授在文章中仍然认为蔡仪主编的这部《文学概论》是"当前文学理论发展的最大障碍"，其所谓"障碍"即对辩证唯物主义认识论的坚持。

2010 年邢建昌的《理论是怎样讲述的》一文较全面地梳理了我国文论教材的历史进路，论及蔡仪主编的《文学概论》，认为其"突出的贡献是超越了单纯的文艺工具论的束缚，把文学从阴谋政治和特定政策的诠释者的轨道上解放出来，构筑了一个以马克思主义哲学认识论为基础的文学艺术的解释体系。而在结构体例上，教材所确立的'五大板块'"内容，即文学本质论、文学发展论、文学作品论、文学创作论、文学欣赏论等，标志着我国文艺理论知识的讲述初步形成了关于文学较为完备的认识框架"。其明显的缺陷主要在于"浓郁的政治情结，政治标准仍是一个考察文学的发生发展、文学性质与属性、文学的创作方法、文学的欣赏与批评等问题的出发点。教材虽然以马克思主义哲学反映论作为理论出发点，但对文学艺术反映社会生活还仅仅限于一般哲学层面上的解释，对文学自身规律关注不够"。① 这个概括与评价虽然可能是在不明蔡仪与周扬分歧的内情下作出的，但基本上是中肯的，因为周扬的个人作风强加于《文学概论》中"左"的影响而对之全盘否定未必公正。

以上对《新艺术论》与《文学概论》的比较也不能认为前者在理论上全面高于后者，差异就是差异，可能各有所长，各有所短，今天亟待澄清的是两者在认识论与意识形态论上的一致，《文学概论》在文学与政治关

---

① 邢建昌：《理论是怎样讲述的——以不同时期文学理论教材的编写为例来说明》，《燕赵学术》2010 年春之卷。

系上"左"的错误，以及《新艺术论》中蔡仪的独特性。

《文学概论》虽然在家长式统领下的编写方式导致许多问题，毕竟以集体智慧在文论基本构架与某些个论深化上完成了一定的历史任务，由于其中"左"的教条主义错误被淘汰之后不可能再阻碍发展，问题当然在于这种权力以指令方式直接干预下，并以个人意志强加于集体之编写方式是否留下了足够的教训。

邢建昌的文章以不同时期文学理论教材编写，从 20 世纪早期的一些文学教材，到 40、50 年代引进的"苏联模式"，重点以蔡仪的《文学概论》与以群主编的《文学的基本原理》为新时期初期的代表，1992 年出版童庆炳主编的《文学理论教程》代表"以审美为核心的文学理论知识讲述"，直到陶东风的《文学理论基本问题》作为后现代语境下推出的教材样本，梳理了我国文艺学学科的建制。然而，在文艺学学科合法性危机中的教材编写工程尚未画上句号。一项规模更宏大的文艺学理论教材于新世纪第一个十年间运作起来，主要执笔者在讨论过程中间发生的激烈争论已经公开并扩大。争论的焦点集中于文学作为"意识形态（Bewutβsein）"还是"意识形式"或"意识形态的形式（Bewutβseinform）"问题。

意识形态问题对于马克思主义文艺理论至关重要，在国内外都是个老话题，法兰克福学派的社会批判、阿尔都塞学派的哲学和文学理论、杰姆逊的文化阐释，还有伊格尔顿的《批评与意识形态》（1976 年初版，2006 年再版）关于意识形态的论见卓有影响。我国 20 世纪 80、90 年代以来关于文学意识形态的论著颇丰，争议几经起落，一些论者曾将原著中德文有关段落悉加摘录，逐句辨析，使这个问题的研究得到深化。笔者对此也有所置喙，① 现将原来的文章结合当下的新情况重新整理于此，关键在于文艺学的科学性与意识形态性的关系究竟怎样，是否文艺学学科性危机在于"太多的意识形态"导致其科学性的丧失？

（三）文艺学的科学性与意识形态性

众所周知，马克思和恩格斯在 1845 年合写过一本《德意志意识形态》。"意识形态 Ideologie"这个词由词根 idée 与后缀－logie 构成。前者指思想、观念，在黑格尔哲学中汉译为"理念"。后者来自希腊文 λογος，汉译为"逻各斯"，"逻辑（logik）"一词由此而来，其内涵极为复杂。它的原意为

---

① 参见 a. 毛星《意识形态》，《文学评论》1986 年第 5 期；b. 毛崇杰《也谈意识形态》，《文艺理论与批评》1988 年第 6 期。

"话"，也有"规律""道理"的意思，曾汉译为"道"。它作为后缀与其他词根合成某种学问、学科的意思。黑格尔的《哲学全书》中"精神现象学"原文为 Phänomenologie 由 Phänomen（现象）与 – ologie 构成。Phänomen 也可指自然现象，汉译者根据书的内容意译为"精神现象"，而"意识形态"也可译为"思想学"或"观念学"。

从该书的副标题便可以知道马克思、恩格斯当时的写作意图及其主要内容——"对费尔巴哈、布·鲍威尔和施蒂纳所代表的现代德国哲学以及各式各样先知所代表的德国社会主义的批判"。作者写道："德国的批判，直到它最后的挣扎，都没有离开过哲学的基地。这个批判虽然没有研究过它的一般哲学前提，但是它谈到的全部问题终究是在一定的哲学体系，即黑格尔体系的基地上产生的。"由此可知，所谓"德意志意识形态"包括从黑格尔哲学基地生长的费尔巴哈到布·鲍威尔和施蒂纳在内的全部理论形态的思想，如"真正的社会主义"等，主要分为哲学与社会主义思潮两大部分。而区分唯心主义的 Phänomenologie 与唯物主义的 Ideologie 之根本在于以黑格尔为代表的唯心主义看来，无论是 Phänomenologie 还是 Ideologie，"这一切都是在纯粹思想的领域中发生的"。[①] 马克思的伟大发现即由此开始，"这一切都是在纯粹思想的领域中发生的"东西（意识形态或精神现象）并不是那样"纯粹的"，正如人的本质所规定的一切属人的东西，理性、感性、情欲、意志等，不能从这些"纯粹"东西自身找到规定性，而是由物质生活的生产方式，即由人们之间的现实的经济关系所决定的。由此形成历史唯物主义与德国古典哲学之意识形态的一道分水岭。

马克思、恩格斯写道：

> 我们仅仅知道一门唯一的科学，即历史科学。历史可以从两方面来考察，可以把它划分为自然史和人类史。但这两个方面是密切相联的；只要有人存在，自然史和人类史就彼此相互制约。自然史，即所谓自然科学，我们在这里不谈；我们所需要研究的是人类史，因为几乎整个意识形态不是曲解人类史，就是完全排除人类史。意识形态本身只不过是人类史的一个方面。[②]

作者认为人类史包括两个方面：一是思想或意识形态方面；二是物质生产方面。所说：几乎整个意识形态都是曲解人类史是针对德国古典唯心

---

① 《马克思恩格斯选集》第 1 卷，人民出版社，1972，第 20 页。
② 《马克思恩格斯选集》第 1 卷，第 21 页脚注。

主义哲学把意识形态之外的方面看成是"在纯粹思想的领域发生的"进行的批判。在这里我们不妨把 Ideologie 与 Phnomenologie 进行比较可以发现两者都是指人的精神方面的"人类史",但马克思等认为意识形态这种精神现象的东西"只不过是人类史的一个方面",另外的方面即物质生活的生产方式则是决定社会的意识形态的东西。

在德语中与汉语"意识"相应的词不是被固定译为构成"意识形态"的"意识 idee"而是"Bewußtsein"。在《德意志意识形态》一书中,除去使用 Bewußtsein 之外还用了 Bewußtseinsformen。这个词因为其后缀为 -formen 汉译为"意识形式",在该书中这样两个词同时出现的文段为:

> 甚至人们头脑中的模糊幻象也是他们的可以通过经验来确认的、与物质前提相联系的物质生活过程的必然升华物。因此,道德、宗教、形而上学和其他意识形态,以及与它们相适应的意识形式便不再保留独立性的外观了。①

在这段话中可以析出以下几个要素:(1)头脑中模糊的东西,(2)道德、宗教,(3)形而上学,(4)其他意识形态,(5)与它们相适应的意识形式。它们同作为"与物质前提相联系的物质生活过程的必然升华物"都是由物质生活的生产方式所决定的。这段话最为关键的东西是阐明这几大要素关系的表述,"升华物"与"相适应"。前者表明所有精神的东西必以一定的物质生活为基础,这是社会的一种纵向关系,由此产生经济基础与上层建筑及意识形态结构;后者表明意识形态中不同领域及不同的意识形式之间横向关系。它们属于人类史的两个不同的侧面。当然横向之"相适应"关系中也有层次高低,形而上学居于高层,"头脑中模糊的东西"以及"通过经验确定"的东西居于下层。

我国 20 世纪 80 年代有一种看法,根据以上这段话认为,意识形态仅仅指"政治的、宗教的、艺术的思想理论",而把"政治、宗教、艺术等归属于意识形式(Bewußtseinsformen)"②。这种看法贯穿至今,与当前新的文学原理编写教材中的激烈争论有关。

后来马克思在《〈政治经济学批判〉序言》中又有这样一段话:

> 一种是生产的经济条件方面所发生的物质的,可以用自然科学的

---

① 《马克思恩格斯选集》第 1 卷,人民出版社,1995,第 73 页。
② 毛星:《意识形态》,《文学评论》1986 年第 5 期。

精确性指明的变革，一种是人们借以意识到这个冲突并力求把它克服的那些法律的、政治的、宗教的、艺术的或哲学的，简言之，意识形态的形式。①

这段话中"意识形态的形式"为 Ideologischen Formen，它的出现使问题变得清晰了。意识形态总的作为人的思想观念或精神领域的东西，是有不同形式的，从大的方面可区分为形而上与形而下，即文本化的思想或理论的形式与非文本化的活动的、操作的、经验或体验（虽也直接或间接在一定思想指导下）的形式。法律的、政治的、宗教的、艺术的或哲学的诸领域，既有纯思想文本形态的理论，也有一定指导思想下进行操作的具体形式，比如宗教有神学的形式，如各种经籍文本，也有表现为各种仪式之信仰的膜拜方式。前者属意识形态，后者属于一定意识形态相适应的形式。再如道德观念、伦理学文本属意识形态，而人们在其观念支配下的道德行为则属与其意识形态相适应的形式。这样来理解文艺学：一是文艺学的理论，与哲学、政治等意识形态相适应的形而上形式；二是具体的文学艺术作品属意识形态的一种形式，而艺术家在一定思想观念下的创作实践活动也属于意识形态的另一种形式。美学也是如此，一是美学理论文本，二是审美活动。它们以不同的意识形态的形式同属于意识形态总的范畴。美学与文艺学是以本质论为主要形态，以抽象思维为主要特点和方式，在意识形态形式上不同于以感性、感情、现象、经验形态出现，以形象思维为特点和方式，伴随着审美活动的文学艺术创作与鉴赏。

从这些要素中可分出纵向与横向两大系列：纵向，是头脑中的东西与物质生活的关系，是一种决定论关系，表现为前者为后者的"升华物"；横向，是意识形态的不同形式的关系，为非决定论的"相适应"的关系。马克思在《路易·波拿巴的雾月十八日》中说："在不同的所有制形式，在生存的社会条件上，耸立着由各种不同情感、幻想、思想方式和世界观构成的整个上层建筑。"这句话同样地表达了这样一种自然与社会物质与精神的辩证结构的纵横关系，在这里同样把显然与文学艺术关系密切的"各种不同情感、幻想、思想方式和世界观"同归于上层建筑的构成因素。法律的、政治的、宗教的、艺术的东西可以区分出思想理论形式与具体操作形式，哲学则很难做出相应的区分，这就在于哲学作为形而上学之高度抽象性。哲学带有"高高在上"的地位与其他意识形态有层次上的区分，

① 《马克思恩格斯选集》第 2 卷，人民出版社，1972，第 83 页。

这使之既作为意识形态中的一种形式，又作为意识形态的总汇。《德意志意识形态》正是抓住哲学这个根本进行的批判，当时黑格尔及青年黑格尔派的思辨哲学是一种意识形态的形式，"真正的社会主义"又是一种意识形态的形式。

所以归根到底，我们不能把"意识形式（Bewuβtseinsformen）"与"意识形态（Ideologie）"的区分看成意识形态与"超意识形态"或"非意识形态"的区分。阿尔都塞认为，意识形态是"一切社会总体的有机组成部分。种种事实表明，没有这些特殊的社会形态，没有意识形态的种种表象体系，人类社会就不能生存下去。……历史唯物主义不能设想共产主义社会可以没有意识形态，不论这种意识形态是伦理、艺术或者'世界表象'"①。

文学艺术不可能超越意识形态。非意识形态化的文艺观念肯定是错的，以文艺的意识形态性为由质问文艺学的合法性是不能成立的。这种观念表明其本身就是一种意识形态，正如否定"文艺对于现实生活是一种反映"这种文艺观念本身就曲折地反映着某种现实关系。不过说出"文艺是意识形态或属于意识形态"这样的话，对于文艺而言并没有说出其全部复杂性本质的东西，因为意识形态包括了那么多的精神现象的东西，对于文艺而言本质的东西必须是自身区别于其他意识形态的独特的东西。

以上马克思、恩格斯的论断与阿尔都塞的阐释都充分说明意识形态在形式上有所不同，可以是具象的形式也可以是抽象的形式。毛泽东所说"作为观念形态（引按：即'意识形态'）的文艺作品，都是一定的社会生活在人类头脑中的反映的产物"这句话至今仍然是对的，但是不充分。文学不同于其他"社会生活在人类头脑中的反映的产物"，而是人"按照美的规律"生产的产物。不带有具象可感的审美形式的意识形态就不能成为文学艺术，而在意识形态前加一"审美"限定已经有了"形式"之含义。马克思所说人懂得"按照任何物种的尺度来进行生产，并且随时随地都能用内在固有的尺度来衡量对象"，所谓"尺度"即决定该物之所以为该物的内在与外在的规定性。"内在固有的尺度"，对于社会的人而言，即现实生活之社会关系的某些本质的方面，看不见也摸不着，但起着规定性的作用。"外在规定性"即指该事物在外部显现的可感的形式（文学的语言、情节和结构）可为人审美感官——视听——所把握。在这里，马克思主义美学认为艺术在形式与内容上是不容割裂的，那就是文学对社会现实关系的某些本质方面主体性认识本身就带有真理上本体论之求知欲满足的精神

① 阿尔都塞：《保卫马克思》，顾良译，商务印书馆，2007，第228页。

快感效应，这种内容上对真与善的认识必定通过艺术的外在形式引起感性满足之审美意趣。

如果以艺术家的创作和他们作品所构成的文学艺术本身超离不了意识形态的话，那么"文艺学在诞生之初就包含了太多的意识形态意味缺乏学科合法性"之论断也同样不能成立；如果文艺学因为属于意识形态而缺乏学科合法性的话，同样哲学、政治学、宗教学、法学、伦理学等人文社会科学的学科也因为属于意识形态而缺乏学科合法性，那么这种"学科合法性"就不具有人类社会性是否具有"外星性"尚待考察。问题的根本在于，作为人文社会科学的文艺学的意识形态性与科学性是什么关系？它的意识形态性会不会消解其科学性而导致学科性危机呢？在这个问题上，阿尔都塞把人道主义作为意识形态与科学绝对区分开来是对的，但是话又说回来，不仅人文社会科学，即使自然科学也渗透着对人的关怀，如马克思所言："为人的解放所做的准备"。不同于自然科学，作为精神现象的文艺学与其他人文社会科学同样既属于意识形态又有自身的科学性，两者有区别，但又不是断然分开的。其意识形态性来自社会存在的物质生活方式之升华，由于在我们今天尚未摆脱特定历史阶段社会存在着不同阶级阶层，这种意识形态性反映出不同社会群体的利益，而其科学性来自它们各自对象的存在本质与运动规律的客观性，这是不受群体与个别主体的利益转移的。问题还在于，文学艺术的特性决定它是与人类审美现象有直接关系的意识形态，其他人文社会科学与审美没有这种特定的关系，而文艺学又不同于其他学科，不直接关涉审美而是以审美的文艺为对象的意识形态。文学艺术作品不同于作为人文社会科学的文艺学，它不是以抽象的科学性来反映客观世界而是以审美的形象性来揭示现实社会生活的真实、真情与真理。而文艺学的任务是把作为其对象的文学艺术以审美形象体现的本质与规律上升为抽象，从而取得其科学性的学科存在之合法性。

二 本体论上的艺术生产/消费/价值

在人的社会本体论这个底座上，艺术生产是从人作为制造和使用工具进行物质生产活动的存在直接生发出来的特殊生产活动。持续了20多年的文艺本体论热潮之所以仍有人看成"忽视"与"空场"，关键在于对本体论与文艺多重本质之间的层级关系与构造式关系缺少历史的整体性把握。人的本体论本质为生产劳动之实践，"实践哲学"或"实践的唯物主义"

对于辩证唯物主义和历史唯物主义的根本背离，与其他种种关于生命的哲学以及海德格尔的基本本体论同样，在于它把人的这种初级本质与自然的辩证的物质存在割裂开来，以夸大主体的某种本体范畴（如实践）把自然存在本体论甩出去。这种本体论进而以"唯我独大"之中心主义把人的社会存在从自然本体论中架空，终止了这种人的实践本质在一定历史阶段的异化劳动中向对象化劳动之生产关系伸展，从而否认在迄今为止的历史阶段中后者才是现实地规定人的社会本质的最根本的因素。

本杰明·富兰克林关于"人是制造工具的动物"这一著名定义在哲学本体论上包含着"制造"和"工具"这两大要素，就艺术而言这个定义既涵盖着生产论也包含着工具论，其所言"动物"也表明这个定义尚未进入人的现实的社会关系层面之自然本体论。艺术这个词无论在中国还是西方古代都包含着"制作的技巧"的意义，而人的劳动所制作出来的一切东西无不带有为人的目的所利用的工具性。所以从文艺本体论这个底座上自然地生长出文艺生产论和文艺工具论。关于文艺的工具性问题下面一章再论，这里先关注艺术生产的理论。

（一）艺术生产论的有关思想资源

就一般意义而言，艺术生产与艺术创作的共同之处在于以艺术作品为审美活动的最后结果，其区别在前者产出的艺术作品是以批量计，并纳入社会经济范畴，最终通过市场实现其价值；后者突出艺术作品的独一无二之个别性与其制作者的个人特性，赢得读者群实论其价值，再者为同一过程的不同侧面。

本杰明指出："希腊人只掌握两种对艺术品进行复制的方法铸造和制模。硬币和陶器是两种唯一能大量生产的艺术品……从前的艺术品从没有像今天这样在哪些高的程度上和如此广泛的范围内对之进行技术复制。"[①]从原始时代经过中世纪到现代前期，艺术生产以个体的、作坊的与宫廷的方式从事，进入现代，随着技术的发展，艺术生产采取了资金与人力集中的方式，如电影，影片生产的资金筹集与管理者被正式称为"production manager"或"producer"。文学生产以个体脑力劳动开始，最后通过出版社印制成册或网络渠道完成生产全过程。马克思的艺术生产在文艺学理论上最早是包含在"艺术社会学"之中。较早提出这个问题的马克思主义文艺理论家弗里契于1926年的《艺术社会学》一书的概要"艺术社会学任务

---

① 本杰明：《机械复制时代的艺术作品》，王才勇译，中国城市出版社，2002，第24页。

与问题"中把艺术生产提为"艺术价值的生产"。他指出，在自然经济下，这种生产被限定在一定的经济内，艺术家或为农奴，或与领地相联系。这种情况在俄国农奴制时代是普遍的。在手工业社会，艺术生产是通过"订货"——集团或个人订购——的方式，艺术家表演或创作以职业方式为宫廷贵族服务，艺术家成为宫廷、教会的供职者，这种情况在法国宫廷颇为典型。在资本主义生产方式下，艺术生产是以市场为目标，艺术家按照商品生产的法则使艺术品带有商品属性。[①] 无论是俄国农奴制下的农民艺术家还是手工业社会的艺术品制作者都没有个人人格个性特点，他们是主人或雇用者的生产工具，所以当时的一些艺术品都没有作者。

艺术生产理论于20世纪中后期在西方马克思主义的理论家那里充分展开，如布莱希特、本杰明、阿多诺、阿尔都塞、马歇雷、雷蒙·威廉姆斯、伊格尔顿以及杰姆逊等都对此有所论述。我国前新时期的马克思主义文艺理论研究偏重于马克思主义经典作家的现实主义论述，新时期以来从马克思对物质生产与精神生产的不平衡关系这个起点开始转向艺术生产的其他方面。何国瑞、董学文、程代熙、肖君和、王杰、童庆炳等我国学者在这些方面作了不同的努力，推出了一大批研究成果。晚近温恕在西方马克思主义有关艺术生产的理论资源以及刘方喜对马克思的"自由时间"等方面进行了有益的开发性工作。季水河、李心峰等对西方马克思主义与我国关于艺术生产的理论进行了综合评述。这些工作不同程度地推动了相关研究的进展，限于篇幅这里无法一一细举。

文艺生产论在马克思主义文艺思想中的地位对文艺学而言属于"外部规律"，并且在文艺学与政治经济学交叉的边沿，有关的论述相当分散。如果说在文艺本体论上找不到马克思踪影的话，那么恰恰是人的存在最基本的活动——物质生产上展开了马克思主义文艺本体论与其生产论一体化的思想。这一思想围绕着以下关系展开：（1）艺术生产的人类学意义与剩余价值生产意义在必要时间与自由时间上的关系；（2）在人类社会发展史上物质生产与精神生产的不平衡关系；（3）属于上层建筑与意识形态艺术生产与物质生产作为经济基础相适应的关系；（4）艺术生产与消费的关系。以上的几种关系在学理上表现为人类学与政治经济学批判两大层面，这两大学理层面不是分离的，而是相互关联并有机地构成了马克思独特的艺术生产的理论体系。其中值得研究的突出问题是：（1）在资本主义剩余价值生产形态下以自由时间展开在人类学意义上的艺术生产及其意识形态

---

① 参见周平远《文艺社会学史纲》，中国大百科全书出版社，2005，第222页。

性质；（2）有关艺术生产的生产力问题。

（二）两种劳动与艺术生产

第一，人类学层面，这里所说不是人文社会科学学科意义上的"人类学"（anthropology），而是在与"动物学"比较意义上对人的观念的各种思辨所展开的一种哲学的人类学（anthroponismus），也就是人类的自然存在本体论。如前所述，马克思在比较人与动物在生产上的区别时指出，动物的生产在于其产品与自身是完全同一的，其自身是自然，其产品也是自然的，限于自身自然的生产。人摆脱了"肉体需要"这种片面性之"全面的生产"，才是"真正的生产"，也就是摆脱与"直接同肉体联系"的产品之生产，"生产整个自然"，从而"人也按照美的规律塑造"。这一重要命题既表述出人的生产与动物生产的区别，同时也蕴涵着美的艺术生产对于其他人类生产活动的特殊性。人的这种生产的能力随着"属人的感觉器官"的发展而获得，属自然存在本体论意义上的"自然的人化"。

这种人类学意义上的艺术生产，后来在《剩余价值理论》中被表述为"密尔顿出于同春蚕吐丝一样的必要而创作《失乐园》。那是他的天性的能动表现"①。当然，马克思绝不是孤立地停留在人类学本体论层面上论艺术生产，"春蚕吐丝"是动物本能，人是在异化劳动的社会条件下能动地表现他的"天性本能"的。密尔顿把他的作品卖了五镑维持生计，马克思以此作为"非生产劳动"的例子与雇用的"生产劳动"相比较，艺术生产从人类学的起点上，最终纳入社会意识形态和政治经济学批判层面。

在社会学意义上，艺术生产被看成与物质生产相对应的精神生产的一个方面，总体上属于人类阶级分化以来"私有财产的运动——生产和消费"②的一个组成部分。精神生产与物质生产的分离正是其结果。在体力劳动与脑力劳动的分离这样一种基本差异形态下，"任何一种职业都有生产性"，③因此"宗教、家庭、国家、法、道德、科学、艺术等等，都不过是生产的一些特殊的形态，并且受生产的普遍规律的支配"④。

艺术生产既带有人类生产的人类学本体论普遍性特点，又具有区别于一般物质生产的精神生产特殊性，并且不同于其他领域的精神生产。

第二，在上层建筑和意识形态批判的意义上的艺术生产。上面所引马

① 《马克思恩格斯全集》第 26 卷第 1 册，人民出版社，1972，第 432 页。
② 马克思：《1844 年经济学哲学手稿》，刘丕坤译，人民出版社，1979，第 74 页。
③ 《马克思恩格斯全集》第 26 卷第 1 册，人民出版社，1972，第 416 页。
④ 马克思：《1844 年经济学哲学手稿》，刘丕坤译，人民出版社，1979，第 74 页。

克思在《1844 年经济学哲学手稿》中所说"宗教、家庭、国家、法、道德、科学、艺术等等",后来在《德意志意识形态》中被归为上层建筑与意识形态及意识形态的形式两大相关的方面。由此可见,从经济基础到上层建筑,人类社会的每一构件无不与生产相关联。在阶级社会的历史中,从事艺术生产的艺术家属于一定的阶级,他们的精神生产也反映着一定阶级的意识形态,正如马克思指出:"在不同的所有制形式上,在生存的社会条件上,耸立着各种不同情感、幻想、思想方式和世界观构成的整个上层建筑。整个阶级在它的物质条件和相应的社会关系的基础上创造和构成这一切。通过传统和教育承受了这些情感和观点的个人,会以为这些情感和观点就是他的行为和真实动机和出发点"。① 文艺既属于上层建筑也属于意识形态,从属于一定阶级的艺术家作为艺术生产者所"创造和构成的这一切"不可避免地带有上层建筑和意识形态的批判性。艺术生产也就属于广泛的意识形态生产。

随着马克思历史唯物主义的成熟与政治经济学批判的研究,马克思揭示了资本主义商品生产方式下劳动的基本特点是剩余价值的生产。马克思以此把人在本体论上的实践存在方式之劳动(包括物质生产与精神生产)划分为"生产劳动"与"非生产劳动"。他以从事特殊精神生产的文学创作劳动来说明其与物质生产之劳动在创造剩余价值上的某种共同性。一个艺术家为谋生而献艺,或把自己的作品卖给商人,这种"艺术生产"属"非生产劳动",虽然这里包含着艺术的商品化,但这种以个体为单位之商品生产仍然是自然经济式的,并不能以价值增值方式产生资本。只有艺术家把自己人身也作为商品出卖给资本家——被雇用到资本家生产艺术品的作坊中"创作"——作品归资本家(经纪人),被转化为商品,艺术家取得有限酬劳,资本家获取剩余价值,这才是"生产劳动"。因为这种劳动已成为资本增值的一个环节,形成真正的"文化产业",使自己的"艺术生产"成为资本增值的工具。艺术家只有使自己的思想、情感作为剩余价值生产的源泉,艺术生产才是"生产劳动"。以密尔顿为例,一方面,马克思在人类学意义上肯定了诗人个体可以具有像春蚕吐丝那样用语言创造美的"天性本能",因为他是"非生产劳动者"(所说"非生产劳动"实际上是以个体精神劳动方式"非资本主义生产的劳动"),写诗是他的"天性的能动表现";另一方面,在资本主义商品经济时期,属于阶级的意识形态之"艺术生产"不仅服从艺术规律、美的规律和形式的规律,而且也

---

① 《马克思恩格斯选集》第 1 卷,人民出版社,1972,第 629 页。

还必须遵循资本主义生产关系中的经济规律，如商品生产规律，市场规律和剩余价值规律等，总而言之必须遵循资本增值的规律。艺术生产也采取了雇佣劳动的方式以实现资本增值，歌手们到夜总会"打工"，如马克思所说"被剧院老板雇用，老板为了赚钱而让她去唱歌，她就是生产劳动者，因为她是生产资本"。

第三，在人类学意义上，马克思从人的生产与动物生产的区分出发，将艺术生产纳入资本主义生产方式下的剩余价值的"生产劳动"，但是马克思并没有把人类学本体论意义的生产范畴抛弃。马克思的剩余价值学说把社会劳动时间分为"必要时间"与"自由时间"。必要劳动时间是满足维持个体与社会进行持续不断再生产的基本物质需要的劳动时间，超出这种必要多余出来的时间是自由时间。在社会意义上，时间是人存在的一种生命运动形式，自由时间也就是合乎人的本质之自由的生命存在形式。自由时间是可以用来生产超出个体与社会基本需要满足的财富（价值）的时间。这种自由时间创造出来的财富就是剩余价值。这种剩余价值本来是可以用来满足人的多方面才能的自由发展——除了休息之外可以用来进行艺术生产的，但是在资本主义生产方式下，这种剩余价值被资本的占有方式所榨取，"既然所有自由时间都是提供自由发展的时间，所以资本家是窃取了工人为社会创造的自由，即窃取了文明"。① 在这种情境下，人类学意义上的自由时间中的艺术生产处于不在场状态，但是"不在场"并不等于不存在，而是潜在，这种潜在隐伏在出场地为资本家生产剩余价值显在之下，仍然有密尔顿式的"按照美的规律"之区别于动物性的生产。正是在这个意义上，马克思指出："资本主义生产对某些精神生产部门如艺术和诗歌是敌对的"。一方面资本主义生产与某些精神生产的部门敌对；另一方面，并不因为这种敌对，人类的如艺术和诗歌之类的精神生产就会消失。在剩余价值之外，仍然有一种"非生产劳动"，那就是密尔顿式的把他的作品卖了五镑来维持自己在自由时间中再生产的需要。这是一种"精神个体性的形式"的生产，正如，哲学篇已经指出，马克思描述密尔顿写《失乐园》的工作"报酬非常之少，行动光明磊落，不求没有过失，不躲在官僚主义背后，不怕承认错误和改正错误"②。

这里有一个问题，可不可以认为自由时间所生产的艺术就可以摆脱经济基础的制约不属于意识形态生产呢？

---

① 《马克思恩格斯全集》第46卷，下册，人民出版社，1979，第139页。
② 《马克思恩格斯论文学与艺术》第1册，人民文学出版社，1982，第105、411页。

不是这样的。因为一方面，马克思所说的"自由时间"并不是可以全然独立于必要时间的抽象。在资本主义生产方式下，这种自由时间被局限在某些自由职业者那里，他们的个别性的精神生产方式不可能改变整体性的经济基础对意识形态的决定作用。另一方面，艺术生产既然是一种精神生产，也是思想生产，那么正如马克思所说："统治阶级的思想在每一时代都是占统治地位的思想。这就是说，一个阶级是社会上占统治地位的物质力量，同时也是社会上占统治地位的精神力量。支配着物质生产资料的阶级，同时也支配着精神生产资料，因此那些没有精神生产资料的人的思想，一般地是隶属于这个阶级的。"① 这里值得注意的是"精神生产资料"，艺术家的整体生活环境是在这种占统治地位的决定的"精神生产资料"占有方式之中，但是，对这个问题切忌简单化地以为每个精神生产者生产的每件艺术产品都像商标那样带着清晰的阶级烙印。艺术家们的精神生产方式可以摆脱物质性的生产资料，可以依靠精神生产的产品换取自己的生活资料，赢得精神生产的自由时间，除了"占统治地位的精神力量"，除了商品和市场的法则，剩余价值的规律之外还有思想的自由时间，以及艺术生产之美的法则、形式的规律也在自由时间内对他起作用。所以，从整体上看，统治阶级的思想在每一时代都是占统治地位的思想，然而在这种思想统治下，在精神生产上特别是在统治阶级知识层内部仍然会出现叛逆者，那就是思想运动的先驱者能够在展开摆脱思想统治的斗争同时进行精神生产，"正像过去贵族中有一部分人转到资产阶级方面一样，现在资产阶级中也有一部分人，特别是已经提高到从理论上认识整个历史运动这一水平的一部分资产阶级思想家，转到无产阶级方面来了"。② 当然这种自由写作的精神生产也仍然没有超越意识形态与经济基础的一般关系，超越统治阶级意识形态的精神生产者的产品代表着先进阶级的意识形态。特里·伊格尔顿在《批评与意识形态》中特别强调了意识形态在历史中的矛盾与斗争，这种矛盾与斗争在统治阶级与被统治阶级之间是永远不断地进行着的。③ 在统治阶级内部总是不断有叛逆者出来代表被思想统治着的人群言说。这种精神生产，无论是以理论的思想形态还是文艺的审美形式，应属于自由时间的生产，同时也不能摆脱意识形态。

由此可见同时建立在两种本体论支配下的文艺生产论：一是建立在人

---

① 《马克思恩格斯选集》第 1 卷，人民出版社，1995，第 98 页。
② 《马克思恩格斯选集》第 1 卷，人民出版社，1995，第 282 页。
③ Terry Eagleton：*Criticism & Ideology*，Nodon：Verson，1976，p. 96.

的非异化本质上人类学本体论的文艺生产论（如密尔顿的写诗）；一是建立在社会存在政治经济学批判上的艺术生产论，即异化劳动使一切产品商品化，包括艺术品和艺术家本身的商品化之上的本体论，这种艺术生产在本质上是剩余价值的生产。前者为后者所遮蔽，使得人的审美和艺术创造"像春蚕吐丝那样"的本能常常处于"不在场"状态，只是少数天才艺术家们的专业性生产，而人的商品本性却成为一种显在，个体艺术家们的生产也不能摆脱商品生产的特性。在马克思那里，艺术生产的理论之人类学意义与政治经济学批判的意义在社会存在本体论上是不可分割的统一整体。这个统一的基底为自然存在的本体论，这种自然存在的本体表现为艺术家的"天性"，但是这种"天性"并非真是"天上掉下来的"，艺术家生产的产品是"天性和对他的天性产生影响的环境之间相互作用的创造物"①。这种艺术生产的本体论使种种把人作为抽象的生命存在之本体论从虚无缥缈的空中降落到坚硬结实的人间大地成为现实的生产关系制约的"社会存在"，所以这样一种马克思主义的文艺生产论与文艺本体论整合于其政治经济学批判之上。这种文学与政治经济学之"学科间性"关系的根基在于社会存在与社会意识、经济基础与上层建筑、文学艺术的审美形式与意识形态的关系。马克思的艺术生产论的生命力在于其批判的战斗性，随着资本主义商品经济的消失（生存对"自由时间"的真正完全占有）人的审美创造本能式的本体性将从隐在出场为显在。

第四，马克思关于文艺生产的理论也如马克思主义的整个文艺学美学理论一样，虽然没有文本上的系统性，但却有着思想上一以贯之的体系完整性和内涵丰富性、深刻性。因此马克思这一学说在后来的西方马克思主义的理论家与批评家那里得以传承、丰富和发展，也有所歧变。阿多诺在《启蒙辩证法》中指出："人们为了钱所能做出来的一切，文化工业早已提出来了，并且把这一切都提高成了生产本身的实体。这些成就不仅雄辩地证明了工业文化有能力创造这些，而且工业文化有取得进一步胜利的能力。"② 当然，这仅是一种事实的描述，它可能引出正负两面的价值判断。他对文化工业总的倾向是批判的，并在这个问题上与本杰明有争论。西方马克思主义关于艺术生产的理论的发展的一个重要问题是艺术生产的生产力与意识形态生产。虽然马克思在上面第二节所引《1844年经济学哲学手稿》中指出，艺术等精神生产有关部门也受"生产的普遍规律的支配"，

---

① 《马克思恩格斯全集》第3卷，人民出版社，1960，第497~498页。
② 阿多诺：《启蒙辩证法》，重庆出版社，1990，第129页。

既然受生产规律的支配就有生产力与生产关系的问题；艺术既然是生产就有生产力的问题，但是马克思没有直接论述过艺术生产力，显然这是避免犯"精神财富和物质财富之间最一般的表面的类比和对照"之忌。艺术的生产力问题非但不同于一般的物质生产力也有别于同样属于精神生产的科学理论的生产力。科学是作为物质生产的"第一生产力"，而艺术的生产非但不是作为物质生产的第一生产力，有时与物质生产的生产力呈相反的发展趋向，这就是"物质生产的发展同艺术生产的不平衡关系"。马克思指出："关于艺术，大家知道，它的一定的繁荣时期决不是同社会的一般发展成比例的，因而也决不是同仿佛是社会组织的骨骼的物质基础的一般发展成比例的。"① 诚然，马克思在这里也没有直接说艺术生产力与物质生产力的不平衡关系，而是用了较笼统的"繁荣时期"，这说明艺术生产与物质生产之间的复杂关系。物质生产以石器、金属、机械、蒸汽动力与电子等生产力的发展标志着人类社会文明的发展，物质生产力发展所引起精神生产的改变从精神生产的媒体如印刷术的发明得到体现，再如乐器的发明和制作在技术上的进步——现代管弦乐对交响音乐的重要作用，等等。而艺术发展的历史主要不是通过艺术生产的"生产力"而是通过不同的风格流派与创作方法的流变来界定的。但是，物质生产的发展同艺术生产之间"不成比例"的"不平衡关系"却是建立在它们在历史发展的总体上经济基础与上层建筑及意识形态相适应的基础之上的，诚如马克思所说："例如与资本主义生产方式相适应的精神生产，就与中世纪生产方式相适应的精神生产不同，如果物质生产本身不从它的特殊的历史的形式来看，那就不可能理解与它相适应的精神生产的特征以及这两种生产的相互作用，从而也就不能超出庸俗的见解。"② "当艺术生产一旦作为艺术生产出现，它们就再不能以那种在世界上划时代的、古典的形式创造出来。"③ 因此以剩余价值为核心的艺术生产与物质生产既相适应又不平衡，甚至敌对的复杂关系是把握马克思整个艺术生产理论的关键。

（三）艺术的生产与消费

关于艺术生产力的理论是西方马克思主义对马克思艺术生产论的一种发展或者说是修正。最早是布莱希特，与海德格尔把技术看成人的异化工

① 《马克思恩格斯选集》第 2 卷，人民出版社，1972，第 112 页。
② 《马克思恩格斯全集》第 26 卷第 1 册，人民出版社，1972，第 296 页。
③ 《马克思恩格斯选集》第 2 卷，人民出版社，1995，第 28 页。

具理性批判相反，他把艺术生产看成与科学等同的改变世界从而改善人的生活的能力，科学致力于人的生存，艺术奉献于人的娱乐。布莱希特本人就是个从事戏剧的艺术生产者，他对戏剧进行了革命性的改造，以图使之适应于无产阶级反对资产阶级的斗争，在表现主义艺术主张方面他表现得更为激进，与卢卡奇展开了争论。① 在布莱希特"艺术生产力"论的影响下，本杰明的艺术生产理论则把艺术生产看做是社会生产的一个有机部分，他分析了"机械复制时代"的艺术生产在技术利用上的正负两面性，比如一方面电影具有"最富建设性"之社会意义；另一方面，电影又在"破坏"文化遗产的"传统价值"，机械复制导致原创艺术作品"原真性"宗教礼仪性"光晕（aura）"的剥落。② 但在总体上，本杰明肯定了技术的可能性在实践上的政策政治化给无产阶级革命带来了反抗资产阶级的新式武器，作为新的生产力起着改变资本主义生产关系的作用，因而"没收电影资本已成为无产阶级的一项迫切要求"。③ 阿多诺指出，艺术中生产力的发展有多重的意思，"它是艺术绝对主权得以实现的手段之一"。另外，它还吸收了"外在于艺术的、起源于社会的各种技巧"。因为那些技巧与艺术经常是相异的，所以"并不能保证艺术的进步"，故而在艺术中，"人类生产力经常以一种主观分化的形式得到发展"，而且"这种进步往往伴以其它维度退化的阴影"④。艺术的进步与"其他维度退化"相伴这个意思显然是从马克思关于艺术生产不平衡原理来的。马克思指出，忽视两种生产中的不平衡原理的艺术生产力论有可能"坠入莱辛巧妙地嘲笑过的十八世纪法国人的幻想。既然我们在力学等等方面已经远远超过了古代人，为什么我们不能也创作出自己的史诗来呢？于是出现了《亨利亚特》来代替《伊利亚特》"。⑤ 这是对艺术上的庸俗进化论之批判。

艺术创造既是一种堪与物质生产相提并论的精神生产，当然不可能与艺术生产与传播的媒介在科技上的改进无关，但所谓"艺术生产力"主要不是体现在电影制片厂年生产率报表的数字上，也不是体现在更先进的电子媒体的惊人传播效率和速度上，甚至不体现在创作主体人作为生产力的积极因素——"一天能写几千字"上。作为物质生

---

① 参见温恕《精神生产与社会生产——20 世纪国外马克思主义艺术生产理论研究》，四川人民出版社，2008，第 15 ~ 50 页。

② 本杰明：《机械复制时代的艺术作品》，第 11 页。

③ 本杰明：《机械复制时代的艺术作品》，第 46 页。

④ 阿多诺：《美学理论》，王柯平译，第 331 页。

⑤ 《马克思恩格斯全集》第 26 卷，人民出版社，1975，第 296 ~ 298 页。

产力，可以比较蒸汽动力与电力的效率高低，可以比较毕昇的活字印刷术与胶印以及方正排版系统效率的高低；作为精神生产，却无法在埃斯库罗斯的《阿伽门农》与尤奈斯库的《秃头歌女》之间分出艺术生产力的高低。

艺术生产与物质生产在生产力范畴上的最根本的区别在于前者对精神力量的凝结与发挥。这种精神力量是时代精神所释放的推动历史朝着人的自由和解放的目的前进的动能，虽然它也不可不借助新时代的技术力量。马克思为什么用"春蚕吐丝"来比喻密尔顿的《失乐园》写作，因为这首长诗是诗人双目失明后以口授方式完成的，当时诗人告老还乡十来年在经济极其拮据的状况下完成了这部作品。马克思之所以如此看重密尔顿不等于说其《失乐园》可以不属于意识形态上层建筑。在这样一种归属上，密尔顿除了他双目失明外，他的艺术生产与文艺复兴时代许多画家为某贵妇绘肖像之艺术生产、米开朗琪罗为教堂装饰雕塑之生产，以及巴尔扎克为偿还债务拼命写他的《人间喜剧》并没有什么两样。

马克思的艺术生产理论还在生产与消费关系的层面上展开：物质生产与精神生产或意识形态生产分别满足物质存在与精神存在两方面的需要。文艺以精神领域的创造性劳动与带有情感的心智活动区别于物质生产满足人的精神需要。文艺消费是文艺生产所创造价值的实现。

马克思的艺术生产论在生产与消费的关系上包含着艺术消费的要素。从人作为主体的自我本质对象化之劳动过程来看，消费与生产成为主体互为起点与终点的两个本体论要素。马克思说："生产直接也是消费。……消费直接也是生产"。在这种互动关系中，艺术生产，无论艺术家从事的是剩余价值的"生产劳动"还是"非生产性劳动"，艺术品无论作为商品还是非卖品，它价值实现的直接对象都为艺术产品的消费者。艺术在生产艺术品的同时也生产出艺术品的消费者。"艺术对象创造出懂得艺术和具有审美能力的大众"。[1] 艺术品需要消费对象，消费者也需要艺术品。然而物质性产品与精神产品的区别决定着艺术消费与一般消费的差异——艺术品无论是否具有商品属性均不包含使用价值。马克思指出："消费这个不仅被看成终点而且被看成最后目的的结束行为，除了它又会反过来作用于起点并重新引起整个过程之外，本来不属于经济学的范围"。[2] 这话是对以

① 马克思：《〈政治经济学批判〉导言》，《马克思恩格斯选集》第2卷，人民出版社，1995，第8、10页
② 马克思：《〈政治经济学批判〉导言》，《马克思恩格斯选集》第2卷，第7页。

物质性所承担的使用价值而言，决定商品使用价值的物质属性不是经济学的对象，因而以使用价值为对象的消费也不是经济学的对象。对艺术品的精神消费对象也不是物质性所承担的使用价值，而是物质转化为艺术生产的材料（如雕刻大理石）在取得审美形式后所包含的意义显现的美学属性与意识形态属性。在文艺复兴前后，艺术生产的雇主往往也就是其消费者，某贵妇出钱把画家请到自己家里为自己画肖像，挂在自己的客厅里。商品生产发展充分后，这种关系就变化了，剧院老板雇用戏班出演剧目卖票赚钱，班头雇用演员赚钱。花钱消费艺术品也成了剩余价值生产的一个组成部分。正如本杰明所说："大众是促使所有现今面对艺术作品的惯常态度获得了尊重的母体……大众在艺术作品中寻求着消遣。"①

接受美学的理论是从消费对生产的决定论关系转化出来的，从接受理论又引出种种不同的"解释学转向"，其间发生着从"作者中心"向"读者中心"之挪动。不过，某些接受理论把艺术生产者与消费者的关系在决定论上的主次颠倒了，这与后现代的"主体消失"及"作者之死"之去中心主义思维方式相关联。艺术消费的非使用价值这一特点与审美非功利性对应，由此派生出后现代的符号消费理论。鲍德里亚的符号消费论不限于艺术，在文化消费主义批判上扩展为所有商品的符号性消费。作为精神产品之艺术品的消费不同于物质产品，即不消耗其使用价值（艺术生产过程中艺术家对原材料的消耗不包括在内），而对物质产品的审美文化附加值的消费与艺术品的消费同样属于符号消费。然而，不同于物质生产，对于文艺，消费毕竟不是决定生产的东西，与此相反，有一种看法认为："艺术生产首先是由艺术消费决定的。"② 与此相关的一种艺术定义认为："艺术是为了满足'欣赏者需要'而发生的一种合目的的人造物或行为。"③ "消费"在本体论上的生物学底线不能简单地挪用于艺术生产论上，这种"消费—欣赏"决定论至少不能涵盖艺术史上全部现象。在洞穴岩壁涂鸦中不包含它们为后世带来的审美震惊的动机。正如本杰明所说："艺术创造发端于为巫术服务的创造物，在这种创造物中，唯一重要的并不是它被观看着，而是它存在着。"④ 原始时代之后情况有所改变，但也还存在着（哪怕极个别）不为消费—欣赏的艺术生产。卡夫卡的小说生前没有出版，

① 本杰明：《机械复制时代的艺术作品》，第 62 页。
② 刘旭光：《作为社会存在的艺术作品——马克思艺术生产观念再思考》，《上海师范大学学报》（哲学社会科学版）2008 年第 3 期，第 45 页。
③ 徐子方：《艺术定义与艺术史新论》，《文艺研究》2008 年第 7 期。
④ 本杰明：《机械复制时代的艺术作品》，第 19 页。

作者还嘱咐他的朋友在他死后将其所有作品付之一炬。这种不考虑欣赏者需要，仅仅从自我宣泄出发，孤芳自赏、顾影自怜的独白式创作现象虽然不很普遍，但却在不同历史阶段不同程度地存在着。从主体创作动机来看，灵感、创作冲动是非常内在的个性化自我的东西，一开始并不指向消费。虽然"欣赏"这种单一外在动力也可以驱使文艺生产，但往往很难创造出优秀的作品。越是古代，由于传播技术的限制，欣赏者对文艺创作的决定作用越是可能忽略不计。我国古代子期绝命伯牙碎琴的故事表明知音难求——为知音而存在，而"登东皋以舒啸，临清流而赋诗，聊乘化以归尽"——人与自然单独对话之境界自古不乏。人与自然的对话（"举杯邀明月"，"大海呀，你这自由的元素"），自我独白，自省反思，人与他者的对话，人对未知神秘物的追问……从艺术总体上来看，作者与读者、创作与欣赏、文本与接受、生产与消费有共存互动的作用，而艺术生产在这种相互关系中也有相对独立的意义。一是不同时代，二是不同艺术种类，不可一概而论，绘画雕塑较少依赖于消费—欣赏者；叙事类文学比抒情诗歌更多面对读者，戏剧表演艺术更是如此，现代艺术生产几乎离不开消费者，很难想象一部影片的制作不需要考虑观众问题。本杰明说："艺术作品的机械复制性改变了大众对艺术的关系。"① 这里说的"大众"即艺术消费的群体，机械复制时代在艺术品的欣赏者与商品的消费者之间画上了等号。艺术生产的价值唯以商品化的价值方式方得实现，虽然商品价值与艺术品价值永远不可能一体化。在后现代消费社会的文化产业中消费方上升为对生产起决定性的因素——按照销售订单生产，除了少数前卫艺术家把艺术生产等同于反叛行为，没有人生产卖不出去的艺术品。而某些"行为艺术"正是对于"万物商品化"和"消费决定论"的一种以艺术生产行为姿态的反抗。远古的洞穴艺术不包含被消费欣赏的动机，而它们没有被发现只是一个寂寞的存在，后人的发现与赏析将它们在新时代中重新激活，焕发出新的生命。

（四）艺术的生产与价值

生产创造财富——物质生产创造物质财富，精神生产创造精神财富，能满足人的某种需要并为人所占有的财富即价值。消费就是对生产创造的价值的实现，也是生产者个体自我价值的实现。生产—价值—消费在生存意义上环环相扣而成一条本体论链索，对于文艺也是如此。上面已经涉及

---

① 本杰明：《机械复制时代的艺术作品》，第51页。

两种价值，一是排除于艺术产品消费之外的使用价值，二是既包括物质产品也包括艺术产品的剩余价值。艺术品除了在市场上作为与一般商品等同的交换价值以及被雇主剥削的剩余价值之外，还有自身的独特价值，那就是精神的价值与审美的价值。精神的价值与艺术的真理性认识及道德内涵相关；审美价值与艺术的形式相关。

伊格尔顿认为文学文本既是一种审美的生产，也是一种意识形态生产，在这种生产中审美形式与意识形态不是分离的，审美形式本身就是意识形态。他把文学的价值观念纳入文学的意识形态生产论之中，批判了新康德主义以来事实与价值割裂的价值理论，使价值论与反映论—认识论统一起来。他认为文学价值是文本在意识形态挪用中产生出来的，是阅读行为作用的"消费性生产"。文学价值实现的历史实践必须作为"文本确实在进行（再）生产来研究"。"我们阅读（'消费'）的是某种意识形态为我们阅读（'生产'）的东西，阅读就是在特定的文本的意识形态生产中对一文本的决定性物质（材料）的东西之消费"。① 这样就把"生产—消费—价值"在审美形式的本体论中统一起来了。

在文学艺术生产与消费环节中精神价值具有特殊的重要性，这种重要价值就其抽象性而言并不是就文艺本身内在的本质属性。文艺的精神价值是通过文艺另外的功能实现的，即主要是通过对现实生活真实再现与批判性评价以使之适合于人得以实现的。离开对现实的再现、评价及审美形式，文艺没有抽象的价值一般属性。价值作为人与对象世界的特定关系——由对象的性质对主体的利益关系所决定的规定性，以价值来规定某事物的本质必然落入同义反复，等于说"人感到某物能满足自己的某种（物质或精神）需要（价值），这种能满足自己的某种需要（对人有利的，好的性质——价值）就是该物的本质"，有如说"创造价值的劳动是有价值的""生产精神价值的艺术是有价值""美的事物有审美价值""有审美价值的对象是有价值的"，等等。提升到理论层面上，"有价值的东西是有价值的"这样一些同义反复，除了给我们一种似是而非的满足，非但在理论上没有带来任何价值，反而在语义上就遮蔽了某物的"究竟是什么"决定了它"对人有什么价值（满足某种需要）"这样的本质性提问。对于文艺来说，如果说，因为文艺能满足人精神需要，是有价值的，因此"价值是文艺的本质属性"。这种似是而非的同义反复避开了对"是什么要素（如典型形象、意象、意境、语言的生动等）决定了艺术能满足人的精神需要"

---

① Terry Eagleton: *Criticism & Ideology*, Nodon: Verson, 1976, pp. 166 – 167.

之本质规定性追问。比如巴尔扎克的《人间喜剧》提供了当时法国社会经济学方面的认识决定着其能满足人们在这方面的需要才有相应的价值，而不是它有了价值才能提供人们这方面的认识。一幅美的绘画，是因为它的构图和色彩，富有表现和想象力的形式，愉悦了人们的视觉而有审美价值，而不是有了美的价值它才具有这幅画的内容和形式，才成为这幅画。艺术产品的价值决定于其特性及其功能和作用的价值构成要素，如思想意义、语言等形式特点。这些要素本身具有可满足主体需要的种种客观属性，这些属性在进入评价关系，即得到一个评价的主体而实现，正如物的使用价值只有通过使用—消费方得实现，交换价值只有通过市场方得实现。

"具有……价值"这种表述除表明在特定的价值关系中的价值属性外并没有揭示该对象的本质属性。价值属性作为该对象满足主体某种需要之属性不同于该对象之所以为该对象之本质属性。该对象之所以进入该特定之价值关系决定这种价值属性在于其种类之功能。因此，无论是审美价值、认识价值或其他价值，均不属于文艺的多重本质关系，更不能决定"文艺是什么"。"文艺有（审美—认识—道德教育—休闲—政治斗争……的）价值"不等于说"文艺是（……）价值"，前者表明在"文艺已经是文艺"的前提下，以其多重本质决定的功能对于人和社会所起的正面积极作用，如审美愉悦作用、认识作用、道德教育作用、娱乐休闲作用等，取得价值属性；后者以价值属性为文艺定义。文艺在价值关系上也服从"按质论价——一分钱一分货"的市场价值规律，"按质论价""物有所值"指的是产品的质决定其价格，而不是价格决定产品的质。产品的质决定于该产品材质经过生产加工后的性能与功用（使用价值）所能满足消费者需要的程度，这种使用价值拿到市场上去便转换为商品价值（简称"价值"），在马克思主义政治经济学意义上即该产品凝结的"社会必要劳动时间"，然而无论"使用价值"还是"价值"，在这一点上与文艺的价值同样，是消费对象——物品或作品——"它是什么"决定它有什么价值而不是"有什么样的价值决定它是什么"。文艺生产在价值创造上决定于文艺多重本质发挥之不同功能，如教育、娱乐等。这种种不同功能使文艺在阅读、阐释与批评的广泛意义上属于价值满足之消费行为。

由于"价值"在语义上有着哲学"价值一般"、日常生活"价值一般"、经济学价值术语的分裂（笔者在《颠覆与重建——后批评中的价值体系》一书中展开论述），在文艺生产与消费论上发生着价值的多重分裂：

（1）在审美非功利意义上文艺产品对使用价值的分裂。文艺产品的审美形式不具物的使用价值。（2）在人的本体论本能意义上文艺产品的审价值与商品交换价值是分裂的，商品价值只有通过市场交换方得实现，像幽灵一般反映着社会关系。审美价值以感性愉快显现，形象地反映现实，在人的自我价值实现上与市场价值实现无关。（3）在资本、货币与商品增值意义上艺术生产与审美价值生产分裂为"生产性劳动"与"非生产劳动"。（4）在消费文化意义上文艺作为符号消费的一种方式对审美形式和真理性认识价值上的分裂。

在价值论上，文艺除了认识与美学价值等之外还有一种特别的价值——工具价值，这里指的工具价值不是物质生产的工具而是精神生产的工具价值。文艺工具价值的意义乃就一定的文艺目的而言，下面一章将展开论述这个问题。

（五）文化产业的内在矛盾及理论变异

文化是人类伴随着相应的文明的一种物质与非物质形态广泛创造的现象，其中包括艺术生产与审美文化。文化产业（亦译为"文化工业"）是文化事业与市场的混合而对 industry 一词的挪用。由于文化的定义繁多，文化产业也难以划下严格的界限。马克思关于精神生产与艺术生产论述散见于其历史唯物主义、政治经济学批判与剩余价值学说之中，在此基础上以法兰克福学派的文化研究及社会批判为主干在后工业文明中生长出形态各异的文化产业理论。种种理论形态之变异以后资本主义文化工业的批判性与"去批判化"为轴心，这种矛盾特别以对待文化消费认同与否为转移。后资本主义经济、文化全球化及包括苏东体系与中国之全球市场经济转向，使得这种形态变异在文化研究的展开中变得更为广泛、复杂多变。阿多诺与本雅明将马克思的艺术生产理论纳入对资本主义的批判，而在文化工业论上他们也有分歧和争论。阿多诺把文化工业作为资本主义意识形态以大众文化形态对民众的思想统治；本雅明则对以机械复制特点的文化工业中以大众文化形态出现的反资本主义革命性加以肯定式关注。后来的杰姆逊、伊格尔顿、布尔迪厄、鲍德里亚、汤林森、费瑟斯通等在这条批判性思路上各有千秋。另一条是麦克卢汉关于新传媒"技术决定"的"地球村"路径，科斯洛夫斯基的"后现代文化"属于同一思路。他们超越文化产业的意识形态视野，专注于其积极方面，因而都带有一定文化乌托邦色彩。在文化消费主义中，为新媒体带来大众文化之快感所鼓舞的人物以菲斯克为代表。一度担任英国《新左派评论》首任主编的霍尔后来接任伯明翰文化研究中心主任，他对消费主义渐渐从批判走向认同。在文化研究理论形态变异中，举足轻重的文化研究大擘这一转向有相当的代表性，引领一批后起的文化研究新锐，如麦克奎根所说，霍尔等"背离马克思主义对资本主义文化的批判，而致力于实际消费的学术研究与品鉴，这样的做法也引发了争议，在20世纪80年代中期形成了一个热点话题"。近年来文化研究中坚持批判立场的一支拓展为托马斯·弗兰克等"酷资本主义批判"①。Cool文化上的魅力与晚期资本主义在生产上的活力相应，对于日益强化的中产阶级特别是追逐新潮的青年一代有着不可抗拒的吸引力，向包括中国在内的其他地区蔓延，与此同时也带来了对它的抵抗（本书末篇将对此展开专论）。

如此众多理论形态移植到中国，在"末班车"上进一步变异，曾掀起一股以"快感"为核心通过大众文化与日常生活审美化认同文化消费之理论潮流并引起激辩。就此笔者曾在《知识论与价值论上的"日常生活审美化"》（《文学评论》2005年第5期）一文与王德胜商榷，在这同一时期展开的对文化消费主义的批判整理集中到2009年的《走出后现代——历史的必然要求》（河南大学出版社）一书中。2011年到2012年初出现四种与文化产业的研究颇具代表性的现象：（1）徐亮以冯小刚的"贺岁片"《非诚勿扰2》为"样本"，剖析其中"为观众津津乐道的众多警语哲言"，认为我国当下主流文化价值取向表现为"自私和骄傲"，它们常常拥有"公平、正义以及奋斗成功的合法外衣"。因此"爱与谦卑"乃成为"当下大众文化最缺失的道德价值"。这种文化批评的理论支持主要来自康德实践理性之伦理学作为"绝对命令"之"善"与基督教道德关于泛爱的教义。②（2）与之针锋相对，陶东风对当前中国消费文化批判中一种以抽象"人文精神"立于空泛道德说教和宗教之终极关怀之倾向展开批驳，指出，当今中国文化的一个突出特点是"大众的政治冷漠、犬儒主义与畸形的消费主义与享乐主义的深度结合"，导致的结果是"娱乐的自由、取代政治自由的消费的自由"。因此，真正有力的文化批评"不是审美批评，也不是道德批评，更不是宗教批评，而是政治批评"③。这是一种与西方文化研究主流对接较为紧密的文化政治的姿态。（3）与以上两种批评皆有不同的是金元浦在《论文艺与经济》（以下简称"金文"）题下以马克思的精神生产与艺术生产的学说为依据对文化产业的张扬。④ 文章摘引了不少马克思的有

① 托马斯·麦克奎根：《文化研究与酷资本主义》，《文化艺术研究》2011年第2期。

② 徐亮：《爱与谦卑：当下大众文化最缺失的道德价值》，《文艺研究》2011年第12期。

③ 陶东风：《构建立足本土语境的文化批评》，《社会科学报》2011年12月22日，第6版。

④ 金元浦：《论文艺与经济》，《文学评论》2011年第6期。

关语录论证：①马克思的"艺术生产"不是一种隐喻式的"借用"；②精神生产力和文化生产力是经典马克思主义的创举；③文学艺术作为当代文化产业的组成部分发展迅猛。(4) 一种文化产业理论从"价值观""制度"所决定的发展"绩效"出发，以鲁苏沪浙粤地区为比较，研究文化产业对于经济总产出的增值机理，得出"以儒学为核心的齐鲁文化……仁义至上不及利"对文化产业落后的影响之结论。这可谓是一种文化产业的 GDP 主义，既远离形而上理论也缺失对文化品质及其产业内在矛盾的关注和批判。① 作者既然承认"文化产业概念界定是如此困难，才使得文化产业的统计口径难以统一"，那么通过文化产业法人单位产出增加值统计的数字为依据来比较以上地区文化发展差异。结论是否可靠，与其实证方法讲究的科学精确性是否相悖，便成了问题。以上四种文化理论立场代表着文化产业研究存在着道德、政治和经济不同视角与不同的价值判断。

国内外众多理论形态的变异根源于后消费社会在文化产业化拓宽中带来的种种矛盾，对此金元浦写道："这是一个历史与现实的交给我们的悖论"。这种悖论体现于"我国当代文化产业与文化市场既有它兴起发展的历史必然性与现实合理性，又带有与生俱来的深刻矛盾"。作者列举中国当代文化产业中的诸多"尖锐矛盾"，如文化产品的商业性与非商业性的矛盾，经济效益与社会效益的矛盾……高雅艺术与通俗艺术之间的矛盾等等。这些矛盾都是实际存在着的并为当前文化研究所热议，并如其所说"这众多矛盾构成了一个复杂的多重矛盾之网"。作者最后论断文化产业中，"最根本的矛盾就是当代市场条件下文化发展的产业性与文化性之间的矛盾"。这个"最根本矛盾"之结论是成问题的。

文化由人的精神与体力劳动共同承担，其产出有物质形态与非物质形态之分，既是一种产业也是一种事业。作为产业的文化生产不同于工农业和其他生产之处在于它以满足人们的精神需要为主要目的。文化产业无论以怎样的生产配置、资源和载体投入，其最终产品必承担一定的精神内涵。文化产品无论以物质还是非物质形态出现，无论从市场交易还是消费者的需要来看，其价值均非物质性满足之使用价值所实现。文化的产业化使之从生产过程到市场与消费过程成为一个整体，其中"文化性"与"产业性"不是可以彼此分离的独立因素。文化通过产业生成，产业通过文化存在，在文化产业中离开了文化就没有产业，离开了产业也无所谓文化。离开了电影编剧、导演、演员、摄影师、制片厂能够成为文化产业吗？反之

---

① 汪霏霏：《文化产业对于经济总产出的增值机理》，《学术月刊》2012 年第 1 期。

亦然，没有摄影棚，也不能成为文化产业。影院没有片子，剧场没有戏，台上没有演出，能有票房收入吗？夜总会没有乐队、歌星能经营吗？矛盾是由相互依存的双方在统一体内由差异到对立所形成，文化与产业是"同一"而不是对立统一，不存在"间性"关系，不可能"一分为二"，因而在此整体性过程中产业性与文化性也不会发生矛盾。如果说农业生产的根本矛盾是"产业性"与"农业性"之间的矛盾，工业生产的根本矛盾是"产业性"与"工业性"之间的矛盾，这些说法不能成立的话，文化生产之产业性与文化性之间的矛盾也同样说不通。文化产业与工农业的重要区别在于其以精神内涵对意识形态之承担与一定的审美形式。文化产业的"最根本的矛盾"是什么呢？文化产业存在社会生产的普遍矛盾，即生产力与生产关系的矛盾。从文化产业的文化属性来看，列宁曾指出的两种文化（统治阶级文化与被统治阶级文化）的对立，这个矛盾在根本上是文化所承担和折射的不同利益之社会群体在意识形态方面的冲突。前者为基础，后者为上层建筑，文化产业的矛盾由基础与上层建筑所决定。把文化产业的"根本矛盾"说成"当代市场条件下文化发展的产业性与文化性之间的矛盾"阉割了马克思关于精神生产与艺术生产思想中最关键和最有生命力的精髓；在实践上，恰恰遮蔽了作者所说当前市场条件下文化发展中"复杂的多重矛盾之网"。这些对立统一关系的核心含义就是马克思关于"资本主义生产对某些精神生产部门如艺术和诗歌就是敌对的"（以下简称"敌对原理"）。

从文艺复兴、启蒙主义到古典主义为文学艺术摆脱了拜神枷锁便进入资本主义拜物樊篱，"敌对原理"在根本上基于资本主义生产关系与生产力的矛盾，这个矛盾在整个资本主义发展阶段贯穿始终。尽管当前世界资本主义发生很大变化，它尚能调整其生产关系以适应新的生产力发展，带来电子信息为主的后工业文明，然而其基本占有方式决定的生产关系没有从根本上发生变化，文化产业的矛盾便决定于这一资本主义固有矛盾。恰恰是资本主义生产力从萌芽到发展迎来了浪漫主义和批判现实主义的黄金时期及现代主义与后现代主义发展。

资本主义表现为商品的巨大堆积，而商品的秘密就在于其中包含着以劳动者创造的剩余价值产生的盈利。当前以信息产业为新生产力的知识经济时代剩余价值与马克思当年有不同的特点，出现了知识资本与符号消费之经济形态以及白领阶层之社会结构。信息技术的广泛使用对生产效率的提高使"社会必要劳动时间"更加复杂化，过去集中于第一产业工人的剩余价值生产分散而隐匿，并且部分剩余价值通过各种社会福利事业进入第二次分配。剩余价值转移一方面改善了体力劳动者的生活待遇；同时以增进消费的后福特主义方式强化了贫富分化。从 2007 年的美国次贷危机到 2009 年的金融风暴与欧洲的债务危机都表明资本主义的基本矛盾从产业资本向金融资本的转移，这些危机背后的推手正是消费主义。2011 年美国的"占领华尔街"运动以及欧洲多国的工潮与骚乱反映出民众对这一固有矛盾新的觉醒。对于艺术生产也是这样，艺术自身的价值在于认识与审美的价值，一旦成为商品被投资方通过经纪人投放市场方取得交换价值，这种以通货体现的价值无限大于艺术家以创造力付出所换来的报酬。一个当红影星拍一部电影可能得到数百万薪酬，然而这必须以亿计票房为投资回报，正如建造城市高楼大厦养肥少数官僚与房地产商的民工，群众演员作为被压在最底层者的剩余价值创造者。加上艺术品捐客的市场投机与媒体的商业炒作，文化产业创造的剩余价值可以无限放大，如美术品在拍卖市场被炒，抬到天价。连文物也可以通过高新科技手段批量生产足以乱真的赝品而获取暴利。后消费社会文化生产的剩余价值更多地以符号消费及炫耀式奢侈品消费方式体现。故而文化产业论从机械复制时代到信息技术时代的发展中产生出各种相关的理论形态变异。

当前在资本主义全球化下的市场经济，无论是民主自由资本主义还是国家官僚资本垄断的权贵资本主义，都仍然以商品生产方式支持。文化产业的内在矛盾仍然决定于商品生产的固有矛盾。与商品生产在经济学上的剩余价值特点相应，其精神上的特征是商品拜物教。在以炫耀式符号消费为特点之后消费社会文化产业的基本矛盾是建立在以物质主义、感官愉悦之享乐主义之上，新的剩余价值生产与文化艺术的"生产性劳动"即以"快感最大化"为法则。马克思的时代连电影都还没有，艺术生产远未达到今天的水准，机械复制时代的文化工业在技术含量上也不能与数字化技术时代相比。因此今天的艺术生产虽然个体式的"非生产劳动"形态尚未绝迹，然而艺术作为"生产劳动"之产业化成为一种主要形态。正是由于当前消费社会作为第三产业之文化工业使艺术商品化的程度超过了马克思的时代，作为艺术创造的反拜物本性与商品拜物教的冲突折射出的资本主义商品生产方式与艺术作为精神生产的敌对性矛盾也更加尖锐剧烈了。这种固有矛盾不可避免地折射到文化艺术便形成其内部的意识形态矛盾，发生各种理论形态变异。关于文化消费主义、"日常生活审美化"和文化产业理论中的消费主义以及对它们的批判正是这一矛盾向美学与文化及文艺理论的辐射。

科学技术转化为第一生产力，在信息技术对文化起着先进生产力决定因素的前提下，文化生产力在生产资料与生产手段方面，包括投入的资本，分为固定资产，如摄影棚、影视拍摄基地、影院、剧院、广播电台、电视台、电脑网站、报刊出版机构、光盘生产基地、广告公司等；流动资金，包括演艺与工作人员的薪酬与其他不固定耗资。文化生产力中最活跃因素与物质生产同样是人：人对如数字技术等新技术的硬件与软件的开创性利用，人对文化资源的开发，人的文化与艺术的创造才能，包括文化产业创意等等。文化生产关系方面包括文化生产资料和生产手段的占有、管理、利益分配与人力的开发，人才的发现与利用。马克思所说商品生产本身剩余价值生产之"生产性劳动"与艺术创作之作为"非生产性劳动"本身的非商品价值之间的矛盾，仍然从属于文化生产力与生产关系的根本矛盾。这个矛盾在当后现代市场经济全球化中表现为高新技术之先进文化生产力及文化人、艺术家对自身全面发展及人的解放的要求，与文化艺术生产资料和生产手段被少数利益集团占有、控制和垄断之落后生产关系间的矛盾。这种文化艺术生产力与生产关系的矛盾决定着金文所说"复杂的多重矛盾之网"，即文化艺术本身及文化理论或文化批评中包含的意识形态冲突，因而才是"根本的矛盾"。

文化产业虽有以上文化理论支持和批评但它更是一种实践，必须结合实际的文化现象来看以上的矛盾状况。作为文化生产力中最积极、活跃的因素，从事精神生产的艺术家，一方面以独立自由思想创作在人类学意义上具有无愧于大写"人"的特质，同时在他们资本主义商品生产方式支配下，很难完全摆脱艺术和他们自身的商品化烙印。眼下有一个绝佳实例：张艺谋和他的制片商合作了 16 年，于 2012 年拍完《金陵十三钗》后双方突然分裂。从文化产业来看，这个决裂的性质典型地代表着生产力与生产关系矛盾的明朗与激化。早期张艺谋曾是一个有社会责任感、充满批判激情、审美追求不俗、艺术创新性很强的电影导演，而他的经纪人则是一个不管"艺术不艺术"只相信"票房是硬道理"的文化商业人。后者作为艺术家与资本之间的中介以资本的力量一度驾驭导演，干预艺术生产，如拂逆张艺谋意向擅自决定《满城尽带黄金甲》一片起用当红歌星周杰伦为主角，《三枪拍案惊奇》中让小品演员"小沈阳"担任主角，以这些悖逆电影艺术情趣与品格之举迎合某些大众的趣味，唯一的目的是多赚钱。在这种拜物的生产关系下，张艺谋的作品完全失去了往日的锋芒与光华，在"烂片"频出之同时票房却也飙升。这个矛盾可不可以认为是"文化性与产业性"（张艺谋代表文化性，制片人代表产业性）的矛盾呢？在电影已经完全产业化的文化市场中张艺谋不可能孤立地视为"文化性"的代表，因为他不可能像市场经济转轨之前那样从政府取得制片资金，脱离了原制片人他必须另谋资方才能以电影实现文化生产；其原制片商也不是孤立的

"产业性"代表，除非脱离影业，他必须与其他导演合作，否则他就没有资格作为以电影为投资对象的文化商业人。这种文化产业的关系体现了文化性与产业性的整合。若把他们的破裂视为"文化性与产业性的矛盾"恰恰遮蔽了文化产业生产中生产力与生产关系的矛盾。无论是自由资本主义还是权贵资本主义，在文化被赋予商品属性的市场经济中，这种精神生产之生产力与生产关系的矛盾正是马克思"敌对原理"在当前后现代消费文化中活生生的体现。

金元浦写道："随着传播媒体的高速发展和信息时代的来临，文化生产已日益成为当代经济生活的一部分，成为现代化大生产的一部分。"由于"全社会表现出日益高涨的文化需要，规模巨大，数量惊人……多层次多类别"。文章对这种"大生产"进行了详尽的描绘，这正是作者一向津津乐道的文学"越界""扩容"，直至"审美无意义"所达到的局面。文化产业剔尽了审美之维还有什么意义呢？波兹曼在他的《娱乐至死》一书中，以作为美国"民族的抱负和象征"的文化产业基地拉斯维加斯为例，写道："在这里，一切公众话语日渐以娱乐的方式出现，并成为一种文化精神。我们的政治、宗教、新闻、体育、教育和商业都心甘情愿地成为娱乐的附庸，毫无怨言，甚至无声无息，其结果是我们成了一个娱乐至死的物种。"[①]

生产利润的同时生产着欲望，所谓文化产业的"现代化大生产"之"大"是以"娱乐最大化"达到"利润最大化"为核心价值的。艺术和诗歌与资本的敌对即艺术以反拜物的批判本质与资本及其商品拜物教的敌对，有如缪斯与夏洛克不见刀光剑影的决斗。前者对后者的战胜，就会出现最伟大的艺术家；后者成为赢家，艺术家就沦为可悲的牺牲品，如德莱赛的《天才》所刻画的主人公尤金那样，在人欲横流的金钱社会，从一个颇具艺术天分的青年画家堕落为一个利欲熏心的恶棍。由于历史向着人类普遍价值实现之总方向前进，艺术生产与人的解放并行不悖。所以正是由于资本主义与精神生产之敌对，艺术以其固有的反拜物的批判理性写下了人类心路历程上最光辉的一页。

三　文艺的目的性与工具性

社会要文艺干什么？文艺的目的是什么？文艺有没有自身之外的其他

---

① 尼尔·波兹曼：《娱乐至死》，章燕等译，广西大学出版社，2009。

目的，如宗教、政治或道德的目的？如果承认文艺自身之外的目的，那么文艺就具有服务外在目的之工具性，这可以概括为文艺工具论。在中外文论史上有关文艺工具论的问题有着不同的话语表达方式，在中国古代这种关系以"文""言""诗"与"道""志""事"展现为"言志""明道""载道""贯道""经世""治国""为时""为事"诸命题。"诗言志"，"文载道"，其中的"志""道"究竟意味着文艺自身的目的还是其外在的承担？在西方与现代中国文论与文学批评史上有关争论总是围绕着"为艺术而艺术"与"为人生而艺术""文学自律（内部规律）与他律（外部规律）"这些相关问题起落。在我国改革开放之前，从毛泽东《在延安文艺座谈会上的讲话》中明确"文艺为工农兵服务"到"文革"中提出的"文艺是无产阶级专政的工具"，文艺工具论（文学是政治的工具）取得了一种不容置疑的统治话语权。改革开放伊始，1979年4月《上海文学》发表评论员文章《为文艺正名——驳"文艺是阶级斗争的工具"说》指出文艺工具论是一种"取消文艺的文艺观"。这种文艺观念长期以来"仅仅根据'阶级斗争'的需要对创作的题材与文艺的样式做出不适当的限制和规定"，对文艺事业造成了灾难性的危害。在同年10月29日一次中共中央召开的会议上，胡乔木说："把文艺看成是一种工具，是讲不通的。这在理论上也是站不住的。"① 这个话带有反"左"的"政治正确性"，此后文艺工具论成为"左"的文艺理论之集中代表。直到2009年一篇《新中国60年文艺学演进轨迹》的文章总结道："新时期以来，以走出'工具论'为标志，文艺学开始寻求和确立自身的'问题域'……"② 正如在一种语境下"文艺工具论"想当然地正确那样；换一种语境，它又想当然地错了，至于"把文艺看成是一种工具"为什么"讲不通"，为什么"在理论上站不住"并未在"理论上"加以"讲通"。"走出'工具论'"的文艺学是否进入了文艺的目的性与工具性关系的"问题域"是个问题。随着文艺工具论在政治上统治地位的动摇，"文学从属于政治"命题也遭到否定，不过有相当一些论者并不一概否定文艺与政治之间总有着某种不可切割的关系，然而如果它们不是目的性与工具性关系究竟是怎样的一种关系呢？文艺的工具性与目的性关系似乎并没有作为一个学理问题在我国文论界认认真真地探讨过，在论及文艺与政治关系的文章中常被作为一种"擦边球"出现，"文艺为工农兵服务"被修改成"为人民服务""为社会主义服务"岂

---

① 刘锡诚：《在文坛边缘上——编辑手记》，河南大学出版社，2004，第348~349页。
② 朱立元等：《新中国60年文艺学演进轨迹》，《文学评论》2009年第6期。

不又开启了工具论的另一条通路？在不同时期不同"政治正确"前提下泛泛而论这个问题意义已经不大，特别要考虑的是怎样将之置于本体论自由从文艺发展的历史加以深度追究。

（一）文艺能够摆脱工具性的纠缠吗？

让我们从 2009 年两篇值得注意的有关文章进入这个问题的界域，一是王元骧再次以《重审文艺与政治》关系把文艺的目的性与工具性的关系提了出来；二是王德胜等的文章《借思想文化以解决问题》以不同视角涉及这个问题。这两篇文章的倾向针锋相对，前者对新时期以来"文艺工具论"批判的纠偏，提出对这个问题的重新审视，申论"文艺与政治不可能是绝缘的，目的就是为了唤起作家的公民意识，使文艺重新回到关注现实、关注社会、关注人生的正道上来，从而使文艺通过参与社会变革，推进社会进步来实现自己存在的真正的价值"[①]。而后者把我国 20 世纪争取独立解放的民族民主主义包括文学在内的思想文化运动说成"使审美从对人的形上'救赎'价值沦为形下的民族'救亡'工具"，由于其似乎带着以某种新话题来深化文艺工具论批判的姿态，我们要特别加以关注。

其实这种新话题脱胎于 20 世纪 80 年代后期"'启蒙'与'救亡'双重'变奏'"，把其中"启蒙"改换为"救赎"，意思是：审美以形上的人的价值实现为目的，民族救亡使文化"沦为"工具。其理论上显见的混乱首先在于把处于特定历史阶段的中国人分为"形上"与"形下"，然后是把"形上人"的"救赎"（可理解为从异化中解放）与"形下人"从帝国主义奴役下的"民族救亡"拆裂开来，最后导致的荒谬的逻辑结论是：文化不必"沦为"摆脱亡国奴命运抗争的工具，便可直接使人从异化中解救出来。

文章这样写道：

> 审美、人性这些具有本体意义的概念，被中国现代美学解读为一种工具性、对象性的存在。"人性"作为民主政治的需要而被教育着，而不是作为目的本身被关怀着……作为关怀情感世界、心灵家园的美学却被当成了解决民族政治危机的工具，从而使中国现代美学走向了

---

① 王元骧：《重审文艺与政治》，《学术月刊》2009 年第 10 期，第 104 页。

理论异化的悲剧宿命。①

此处所说"美学"当理解为包括文学的艺术在内的泛审美文化。论者是否能给我们举出例子表明，在人类社会的历史某个阶段"人性"可以脱离民主政治之教育而"作为目的本身被关怀"么？换句话说，人性能够在法西斯主义专制独裁下作为目的得到关怀么？不通过民主政治的思想教育使人们摆脱蒙昧主义能够颠覆专制制度使人性作为目的被关怀吗？历史上有过反民主的独裁专制主义把人性作为目的关怀的先例吗？美学不首先发挥"解决民族政治危机的工具"作用，其所"关怀"的是甘为亡国奴者的"情感世界、心灵家园"还是独立自由、有民族尊严之人的"情感世界、心灵家园"呢？超历史的"形上"使美学沦为既拒绝救亡又背离民主的工具，走到了与"人的解放"相反的路上。

从这篇文章可以看出我们在这个文艺的目的性与工具性关系问题上理论欠债的程度。"债台"何以如此之高，让我们从该文提出的"人性""情感世界""心灵家园"这样一些话语从本体论的视角来追究这种关系，再来考察作为"人学"之文学之目的性与工具性关系是怎样在文艺发生发展的历史中展现的。

亚里士多德说："人天生是政治的动物"；后来本杰明·富兰克林说："人是制造工具的动物"。这两个定义把目的与工具的关系在对"人是什么"的本体论回答上关联起来了。制造工具的目的是生产，生产是为了生存，而生产是人的一种社会行为，由人们的社会关系来调节，对生产的组织和管理就是政治，因此这两个定义并不是互不相干的，它们恰恰从两个不同本体论侧面反映了目的性与工具性关系。从人类学来看，人的全面生产与动物的片面生产的根本不同在于人在生产中带着预期的目的并为达到目的而利用工具和制造工具。因此，没有不带一定预期目的之生产，也没有不借助适合这一目的之特定工具的生产。工具既是生产资料的一个组成要素，本身也是一种产品，对于作为精神生产的艺术也是如此。但是在人类历史的漫长过程中，文艺的工具性并不是一开始就与生产的目的性连接在一起。正如上面已经引述过，本杰明说，从艺术早期的起源开始，"艺术创造发端于为巫术服务的创造物，在这种创造物中，唯一重要的并不是它被观看着，而是它存在着"。这个话在艺术的源头上把本体论与目的论连接起来了，艺术作为创造物"存在着（作为本体）"，但是它不是一

① 王德胜等：《借思想文化以解决问题》，《文学评论》2009 年第 4 期。

种以自身存在为目的的存在，而要"为巫术服务"，因而它一开始就是一种工具性的存在，本杰明指出："石器时代的人在其洞内墙上所描画的驼鹿就是一种巫术工具。"① 而在巫术目的之外艺术还有直接与生产或其他目的连接的工具性。比如模仿的各种劳动和狩猎的舞蹈，目的也不在行为本身，或是为了训练，或是娱乐，或是休息，或是兼而有之。先民创作的洞穴艺术，虽然其目的不是很清晰，不过对之已经有种种推想，无论是作为模仿、游戏或巫术，原始艺术总是与当时人们生产、生活的多方面目的相关，或是以为把野牛画在岩壁上便能猎取更多，或是画出许多人形以象征更多繁殖，或是以某种图案符号祈求神秘力量的免灾庇佑……其目的均不在壁画本身。正如斯宾塞的"游戏说"认为舞蹈之类模仿的游戏是对于捕猎之类生产活动所做的一种身体训练准备。美国当代分析美学家诺利斯·卡罗尔指出："历史上的大多数艺术都用来服务于各种利益——社会的、政治的、宗教的、文化的等等。"② 他把这种美学观念看作以唯美主义为核心英美美学与马列主义会合的结果。马克思指出，希腊神话与史诗（目的）是"（在想象中）征服自然力"，而以征服自然力为目的之工具性中，艺术保存了自身与人类童年时代相适应的想象力所创造的审美的不朽魅力。由此可见，艺术一开始就带有与多种目的性关联的工具性。不过人一开始并不就是"政治动物"，政治是在"制造工具"之后发生的目的。在不同的历史阶段，艺术时而成为宗教的工具，时而成为无神论的工具，在宗教目的、道德目的、政治目的以及市场商业目的之间，艺术从未摆脱过工具性的纠缠。

然而，艺术的工具作用是通过艺术自身独特的存在形式发挥的，当艺术在为某些目的服务的工具性中失去了自身存在的独特形式时，总是会有类似"艺术以自身为目的"的声音出现。到 19 世纪末西方出现一股以自身为目的"为艺术而艺术"的思潮，认为只有作为艺术内部规律的形式美才能体现艺术的本质，任何艺术之外目的的指向都意味着对艺术审美目的之背离。在突出个体自我解放的启蒙现代性中，这种呼声方成为一种浩大的思想潮流。因为艺术被各种不同目的利用得过分了，而在"艺术是自身的目的"这种喊声中透露出一种挣脱某种外在枷锁的解放，然而一说到"解放"又指向了艺术自身之外的政治与道德之目的，于是艺术又成为解

---

① 本杰明：《机械复制时代的艺术作品》，第 11 页。
② 诺利斯·卡罗尔：《英美世界的美学与马列主义美学的交汇》，《文学评论》2012 年第 3 期。

放的政治工具。巫术目的隐含着祈求某种超自然的神秘力量帮助人们从盲目自然力下解放的工具性，当然那时对"解放"要求的标准很低，只是为了祛祸免灾。文艺复兴时代之人本主义所赋予艺术的工具性包含着从神权下解放的目的，艺术以审美的形式张扬人性，对抗神性。在历来目的论与工具论的紧张关系中，艺术从某种政治工具下摆脱的同时总是隐隐地暗含着为另种政治目的服务之工具性。20 世纪初的俄国、捷克和法国出现结构主义的形式主义语言流派，与之相关英美的"新批评"讲究文学的"自律"也是以文学自身为目的服从其内部规律否定它与外部的社会政治经济东西的关系，然而却带有一种精英文化的政治目的。后结构主义与后现代主义把人本主义与审美主义这一套东西作为启蒙现代性与审美现代性加以颠覆，但走向了另一极端，从文本主义走向文化主义与审美泛化，导致文本的消解、艺术终结，也隐含着边缘文化消解中心政治的目的。后现代文化主义、多元主义与反本质主义等本身就是一种政治的意识形态话语。

为什么摆脱一种工具性的文艺不可避免地带有为另一种目的所用的工具性呢？这只能从人的本体论自由得到解释。人摆脱各种枷锁的自由解放是一个指向终极目的的漫长历史。在这个过程中，终极目的所显现不同的阶段性目的，或是与之顺应，或是与之相背，工具性也随之发生相应变化。就此让我们从中外文论思想史发掘一些思想资源。

（二）若干有关思想资源

中国古代从孔儒对《诗经》"事父事君""不学诗无以言""诗言志"（《尚书》）到"文"以"明道""原道""载道""贯道"，形成了一套以目的性与工具性关系为中心的所谓"正统文学观念"的话语和意识形态体系。这套体系在新文学运动中受到冲击，然而正如人之所见："新文学在批判传统的文以载道观的过程中，又承传和形成了新的文以载道观念"，新文学运动"以反载道始，以载道终"①。在新文学运动中的这种观念矛盾与冲突源于古代到当代"贯道"与"载道"之争中所言之"道"是"万物之理"还是"一家之言"。② 先秦儒家之"道"是周天子继承尧舜的大同，汉儒以后则是历代封建君主政治的专制，新文化运动之"道"是以民主主义精神为核心的现代性，"文"与"道"在不同历史时期以不同内涵

---

① 参见王本朝《"文以载道"观的批判与新文学观念的确立》，《文学评论》2010 年第 1 期。

② 参见张炳尉《唐宋时期的文道关系说》，《文学评论》2010 年第 2 期。

体现着文艺的目的性与工具性关系。"道"之所"贯"的目的性总是离不开"文"以工具性之所"载"。

在汉代"独尊儒术"以后文学目的性与工具性统一于封建社会的政治意识形态目的性之下。彭亚非在《中国正统文学观念》中指出，自曹丕将文学的政治文化本性普遍化以后，文学的政治自为性不再具有文学的本体性了，而堕落为"纯粹的政治体制的文学工具"。然而，工具性与目的性之间仍然维系着辩证法的关系，关于这一点彭亚非说得非常精彩，"文言"作为特定的语言形式，"即使是作为其他人文目的的工具，它也是一个顽强要求任何目的都必须服从自己实现方式的工具，是一个将任何目的都纳入自身实现目的的工具。就此而言，文即使作为文治社会的文治工具，也具有将自身目的化，而使其他目的成为实现自身目的的工具的倾向。因此尽管政教文学理念有着强烈的使文言写作彻底工具化的愿望，但最终的结果总是相反：文成了目的，而为之服务的目的则成了使文得以实现的工具"。这种辩证关系进而上升为哲学，"彻底的工具论其实也就是将工具本身的决定性意义与价值凸现了出来：工具本身的优质性追求和工艺性追求，也就成为工具所服从目的性追求的决定性前提。彻底的工具性要求必然会形成对工具的无条件依赖，从而使对工具的追求变成目的中的目的，甚至是首要目的。工具的追求达到完美的境界，则目的的实现也就在其中了"。①

中国文学观念这种"正统性"是就文学与政治的特定关系而言，把文艺的目的性与工具性摆在本体论自由层面上来看，人作为特殊存在物在于善于利用包括文艺在内的一切工具达到自己的目的，这是通过实践把握到的必然的本体论价值实现。

在西方中世纪文艺成了彼岸目的之手段服从神学。文艺复兴到启蒙时代艺术体现了人的解放、个性的解放之目的。从这一点来看，狂飙运动时代的康德作为一个启蒙主义者，无论就他的审美无功利，还是"纯粹美"而言，并不是过去人们普遍认为那样是形式主义的，他的"目的论"明确是指向人的——"人是目的"。文艺是实现这一目的之手段，是以"主观的形式上的合目的性"达到"人"这一"自然所向"之客观目的。席勒的所有美的定义，无论是美作为"活的形象"，"美是'形式的形式'"，还是艺术创作"形式决定一切"，都是表示艺术的审美是作为实现人的自由这

---

① 彭亚非：《中国正统文学观念》，社会科学文献出版社，2007，第93、101～102、170～171页。

个目的之手段。对于席勒，作为艺术的审美游戏是解除单一感性冲动与理性冲动对人的压迫，克服人的片面性，使人从道德的人与感性的人，经过审美的人上升为全面发展的自由人之唯一途径。而自由作为一种政治，艺术又落入工具的"陷阱"之中。黑格尔从绝对理念出发，艺术是作为其在主观理想上的定性是实现为绝对理念回归自身的手段。他的"艺术终结"论便建立在这个思想上——艺术这种主观"理想定性"的形式在哲学那里找到自身的最终栖息之地，便大功告成，归于安宁。黑格尔为艺术定性的理想以艺术悲剧中英雄的人为最高范式。英雄人物理想的实现是以艺术为手段完成了历史的目的，这是与他的绝对理念相契合的。黑格尔把艺术美的位置摆到自然美的上层，以绝对观念运动的历史发展体现了康德的"自然向人的生成"。

马克思在 1842 年的《第六届莱茵省议会的辩论》中有一段话："作家绝不把自己的作品看作手段。作品就是目的本身；无论对作家或其他人来说，作品根本不是手段，所以在必要时作家可以为了作品的生存而牺牲自己个人的生存。"马克思这段话中的"作家"和"作品"是从新闻写作放大到文学创作。"作品就是目的本身"这个话已经把手段与目的统一在作品之内，就当时的社会政治状况而言，马克思为新闻出版自由所做的辩论本身就是革命的民主主义向普鲁士当局的专制统治以"书报检查令"对言论自由限制的斗争。这一论辩与新闻及其他写作为在目的上是连在一起的，就是与当时的民主主义进步运动联系在一起的思想和写作的自由，作品作为为实现这一政治目的之斗争手段与其目的是统一的。

在马克思这段话前面还有个前提："作家当然必须挣钱才能生活，写作，但是他决不应该为了挣钱而生活，写作。"① 写作有比挣钱更高的目的，那就是作品本身包含的意义，这个民主主义的"意义"与人的自由解放相联系，作品作为体现这一目的之手段本身就是目的。马克思这篇文章的中心思想就是为新闻出版写作的自由所做的民主主义辩护，"出版自由也有它自己的美（尽管这种美丝毫不是女性的美）"，"为了维护甚至仅仅是为了理解某个领域的自由，我也必须从这一领域的主要特征出发，而不应当从它的外部关系出发。难道被贬低到行业水平的新闻出版能忠于自己的特征，按照自己的高贵天性去活动吗？难道这样的新闻出版是自由的吗？"

---

① 《马克思恩格斯全集》第 1 卷，人民出版社，1956，第 87 页。

自由，这就是新闻出版的"高贵天性"，也就是基于人的本体论最高层次来看写作的目的，在这个最高层次上的目的与手段达到高度统一，乃可言"作品就是目的本身"。正如彭亚非所言："彻底的工具性要求必然会形成对工具的无条件依赖，从而使对工具的追求变成目的中的目的，甚至是首要目的。工具的追求达到完美的境界，则目的的实现也就在其中了。"在同一年写的《评普鲁士最近的书报检查令》中，马克思把保证新闻出版自由的法律看作"和自己生存有关的法律"，这就是强调思想的自由是作为人的生存更为根本的权利。人的权利不是像动物那样活着的物质满足所提供保证的权利。思维着的精神是与人的本质相关的特征，思想的自由必须以写作与言论的自由来保证。因此马克思所说"新闻出版"事业的"高贵天性"，与文学写作的目的同样，是为了人的自由解放。在本体论的底线上看，写作挣钱是为了活命，如巴尔扎克为还债拼命写作，许多艺术家以作品换钱——这些都是马克思所说某种行业的"外部关系"——而活命本身对于艺术创作的最高目的而言也成了手段。在这种"目的—手段"辩证转换关系之中，"在必要时作家可以为了作品的生存而牺牲自己个人的生存"表明在作品作为自由思想这一至高目的下生存成了手段。龚自珍的诗句"避席畏闻文字狱，著书都为稻粱谋"是一种反讽，其中的民主主义精神与马克思当时的思想有相似之处。五个英镑不是密尔顿写《失乐园》的目的，诗作中撒旦作为斗士反抗宙斯的自由才是诗人"天性"的表现，在这个意义上写诗是生存与自由的共同目的。不写诗，瞽目的诗人就很难活下去，而对于解放，诗作又成了手段。这种本体论自由上目的性与工具性统一的观念从青年马克思贯穿到《资本论》中关于必然王国与自由王国的关系的经典论述之中。文学本体论上的自由解放之目的在意识形态上与为了这一目的之政治斗争的工具性统一。

而这种民主主义精神一直作为传统延续到当代进步作家那里，萨特在一种本体论的自由观上把文学写作作为"对绝对自由的召唤"。在他看来，文艺在作为作家"隐循、逃避现实的目的与作为出击、征服的武器的目的之区别中隐匿着一个更深的、共有的目的，那就是自由"。这句话中出现了三个"目的"，前二者相对后面一个"更深的目的"而言实际上是工具。"这一超越性的、绝对的自由在一个瞬间止住了'目的—手段和手段—目的'循环不已的功利主义瀑布"。为了自由的目的，萨特甚至认为："用笔杆子来保卫它们还不够，有朝一日笔杆子被迫搁置，那个时候作家就有必要拿起武器。"对于保卫自由之目的性，文艺与武器同样具有工具性。因此，"不管你是以什么方式来到文学界的，不管你曾经宣扬过什么观点，文学使你投入战斗；写作这是某种要求自由的方式；一旦你开始写作，不管你愿意不愿意，你已经介入了。"① 人类历史上不同时代文艺的目的性与工具性的关系在本体论上指向普适价值——自由，具体表现为不同发展阶段与历史总体方向的顺应与悖逆的政治差异上，文艺或作为德政的工具或为虐政的工具决定着其人性与反人性的特质。比如孔子所论《诗经》的"事父事君"的工具性是与"周礼"对上古时代"大同"社会的"先王之道"的仁政相联系的，后来被阉割为维系封建专制的"愚忠"之工具性。青年马克思所强调"作品本身的目的"是与革命民主主义反普鲁士专制主义的手段性统一的。萨特张扬的写作的自由是与反殖民主义的斗争相联系的。

手段总是与一定目的相联系，为达到目的之手段；目的必通过一定的手段方得实现。因此，从来没有不为任何目的服务之工具，也没有不借助于一定手段之目的。

（三）本体论自由观上文艺目的性与工具性的辩证关系

在一定的条件下，手段与目的发生相互转换，对于更高的目的已经实现的目的成了手段，当目的必须寻求一定手段方能实现时，手段本身又成了目的。所谓"得鱼忘筌"，鱼是目的，筌为手段，但如若在"得鱼"之先"忘筌"，鱼则永不可得也。所以在"得鱼必先有筌"意义上，筌成了目的。在筌也不可得的情况下，网、钩、叉都可成为目的。而把鱼（目的）吃掉后，筌又可能成为制作得更精美的工艺品保存和展览。写作的最终目的是自由，对于这一目的，其他目的都有工具性。黑格尔说："实现了的目的即是主观性和客观性的确立了的统一。但这种统一的主要特性是：主观性和客观性只是按照它们的片面性而被中和、被扬弃。"② 目的属于主观的东西，但它产生的根源来自客观，并且主观目的要加以实现（客观化），必须借助于客观化过程。这一过程唯有通过手段（工具）方得完成，即目的一得到客观限定性便成为结合着手段的目的。排斥使目的客观化手段，目的便永远停留于片面的主观上得不到实现。然而，文艺之独特性使之工具与目的性关系在一种文艺整体与历史终极意义上结合更为紧密，即就康德之审美"形式合目的性"意义上看，艺术不仅在目的论上朝着"人是自然的目的"方向，形式也带有看上去有目的似的。那就是，一般的工

---

① 柳鸣九选编《萨特研究》，中国社会科学出版社，1981，第2、18、24、5页。
② 黑格尔：《小逻辑》，商务印书馆，1980，第395页。

具为目的实现之后往往可以放弃，而文艺作为工具则始终与目的结合为一起，"得鱼"之后并不"忘筌"，而是鱼筌兼得同在。

其实在哲学上这个问题并不复杂，然而由于在人类历史长河中，随着人的终极目的、长远目的与短暂目的随之变化，脱离了本体论自由之目的，文艺的工具性孤立地表现为历史某阶段的"政治正确"或"道德完善"，使得文艺之目的与手段的这种辩证统一关系常常陷于历史的迷雾中，在理论上处于两极摆动状况之中，或是认为文艺工具性与其本体论自由目的之神圣性不可兼容；或是以服从于某种虐政目的之单一文艺工具论排斥文艺在本体自由上与崇高目的之联系而异化。

作为阶级斗争的工具是文艺在阶级与阶级斗争的历史发展阶段无法避免的历史命运。这也为文艺发展的历史所充分证明，某些作家对此并不自觉，也有的作家已经达到一定自觉的程度，如巴尔扎克明确地说："我最后认为自己只是被环境玩弄的一种工具而已。"① 这句话带有自嘲的消极情绪，实际上他对资本主义的揭露批判起着历史进步的工具作用，不过他的自觉性还没有达到这种高度。现代实用主义美学从社会进化原理出发，把艺术作为人类历史文明与社会改造的工具。在杜威这种艺术观中，自然主义与经验主义在人本主义上得以统一，并进而上升为社会的和历史的艺术观念，如他所言："属人的审美经验的质料是社会的，人在同自然的联系中成为其一个部分。"② 这使他突破现代审美主义框架走向艺术工具论，认为："艺术作品是手段，借助于它们所唤起的想象与情感，我们进入到我们自身以外的其他关系和参与形式之中。"舒斯特曼指出，尽管杜威经常为审美辩护，证明它的不可替代的价值，但杜威"强调艺术伟大而全面的工具价值"，因为任何具有人类价值的东西，必须以某种方式满足"人在应付她的环境世界中的机体需要，增进机体的生命和发展"。在舒斯特曼看来，审美经验总是"溢出自身并整合到我们的其他行为，提升并深化它们"③。这个统一文艺工具性与目的性的思路把艺术从自身封闭的内部规律导向非艺术和外部规律。这是从杜威到舒斯特曼的新旧实用主义美学与马克思主义艺术观念接近的地带。

从文艺对现实生活所起的实际效应来看，文艺的政治工具性并不是一

---

① 《文艺理论译丛》(2)，人民文学出版社，1957，第119页。

② Dewey, *Art as Experience*, The Berkley Publishing Group a Division of Penguin Putnam Inc. 1980，pp. 326，333.

③ Shusterman, Richard, *Pragmatist Aesthetics*：*Living Beauty*，*Rethinking Art*，Roman & Littlefield Publishers，2000，p. 10.

目了然的。因为人们往往把政治看成是少数政治家们的事，很少关注日常生活中琐细的事物有什么政治意义。政客们则把文艺作为玩弄狭隘集团利益的政治的策略性手段，因而文艺在全人类意义上为博大深远政治目的服务的工具性也就此被掩盖。所谓"潜移默化"，文艺的政治工具作用是通过人们的审美鉴赏发挥的。正如德国作曲家和批评家舒曼曾把肖邦的钢琴曲比作"隐藏在花丛中的大炮"，只有相当的政治嗅觉能够敏感地透过"花丛"窥见"大炮"。比如18世纪法国剧作家博马舍的话剧《费加罗的婚礼》，主角费加罗是公爵府中的仆人，他机智地粉碎了公爵以"初夜权"霸占他的未婚妻女仆苏珊娜的淫心。莫扎特为该剧谱曲成为歌剧经典。该剧向特权等级观念挑战的启蒙思想成为颠覆封建统治的有力武器，所以触动了封建贵族统治阶级敏感的政治嗅觉，法王路易十六勃然大怒下令禁演。

工具性在文艺多重本质中地位决定于其在历史中的作用，这种作用由历史总体目的来考量其在人们的社会政治、伦理与审美生活中的正负面价值意义。当文艺在不同历史阶段都成为某些权力与金钱的工具，比如在专制制度下的文艺成了注解当局路线方针政策的工具，在领袖崇拜狂热中，文艺的歌功颂德和洗脑愚民作用以及商品经济下文艺的娱乐休闲作用。当这些远离人的本体论自由目的之工具性被发挥得过分与历史的方向相背时，文艺不仅在政治上背离了"人学"目的，在审美上也陷入公式化与概念化泥淖，正是在这种情况下，我们可以说它"沦为"工具，即不是在历史的阶段性中正常地发挥自身的工具作用，而被相反的方向强加着一种反自身的工具性。

作为"人学"，文艺为人的自由解放之目的始终如一，而文艺在阶级社会的历史阶段的政治斗争之工具作用不仅在不同时代、不同艺术家那里表现的程度有所差异，即使对于同一作者也有变化，比如肖邦的许多激情澎湃的作品强烈地鼓舞着人民反抗沙皇专制统治的斗志，他的一首C小调钢琴练习曲被称为《革命练习曲》，然而他还有大量并非金戈铁马式的作品，如马祖卡、夜曲等格调温馨、甜美的系列曲目被认为充满"贵族沙龙气息"。阶级斗争愈是尖锐激烈，这种政治工具的作用愈是强化、愈是明显而突出；在斗争相对缓和的阶段，这种作用相应弱化、隐蔽，甚至消失，或者从政治伦理工具化为人生道德的工具。其实这里面道理并不复杂，在决定民族或阶级生死存亡的战火纷飞日子里，吟风弄月的文艺作品肯定不合时宜。一般的风景山水诗画、歌颂情爱的文艺作品虽然不能全然脱离意识形态范畴但也很难直接成为阶级斗争的工具。在资本主义社会矛盾白热化的年代，文艺作为阶级斗争工具的作用被推向顶点：列宁把文学作为党的组织的"齿轮和螺丝钉"，毛泽东把文学艺术作为"整个革命机器的一个组成部分"，作为"团结人民、教育人民、打击敌人、消灭敌人的有力的武器，帮助人民同心同德地和敌人作斗争"，并明确提出了"文艺为工农兵服务"的政策性工具论口号。中国革命时期文艺确实起到了推翻压在人民头上的三座大山指向解放目的之工具作用。所以在那些年代，脱离时代主旋律的文艺作品，如沈从文、张爱玲的小说不可避免地要受到贬斥。毛泽东在论及文艺批评的标准时指出："文艺批评有两个标准，一个是政治标准，一个是艺术标准。"他把政治标准置于艺术标准之上，提出"政治标准第一，艺术标准第二"。他还说："政治并不等于艺术，一般的宇宙观也并不等于艺术创作和艺术批评的方法。我们不但否认抽象的绝对不变的政治标准，也否认抽象的绝对不变的艺术标准，各个阶级社会中的各个阶级都有不同的政治标准和不同的艺术标准。"这些论述在理论上并没有什么错误并在抗日战争的特定的历史时期发挥着积极的作用。问题在于通过新中国成立以来历次政治运动"左"的思潮愈演愈烈，"政治标准第一"，成了"政治标准唯一"，在实际斗争中随着"政治"在历史意义上的蜕变而走向反面，"进步政治第一"化为"虐政第一"。关于阶级斗争的理论本来是历史的客观反映，然而，在"阶级斗争为纲"、"年年讲，月月讲，天天讲"极"左"思潮之下，"树欲静风不止"之客观规律化为主观臆测，到处搜索打击目标，直到"文化大革命七八年搞一次"……在以文艺为手段革命夺取政权目的实现之后，"全人类解放"这个目标逐渐化为极"左"的空洞口号，以掩盖狭小集团之既得利益。文艺成为种种"左"的政策之"概念"和"公式"化图解，不仅失去了其美学本性，而且完全背离了革命的真正目标，文艺批评成了整人的政治"帽子""棍子"，成为"文字狱"的由头。"文革"使目的与手段的背离更走向极端，随着偶像崇拜走向个人迷信，文艺成为中世纪式权力绝对化目的之工具。在"无产阶级专政的工具"口号下，"拿起笔作刀枪"，文艺成了打击党内外异己、压迫人民、实现权力绝对化之专政工具。"文革"后，文艺"为人民"的口号在市场原教旨主义与文化消费主义下掩盖着"为特殊利益集团牟利"之目的，"美女写作""下半身写作"，连售楼广告也成了"日常生活审美化"的艺术作品，某些艺术家在权力与市场"收编"下使文艺沦为非人化的工具。所以文艺工具论的正误不在于工具论本身而在于其所从属和依附的目的。

人的自由解放是自始至终贯穿于人类整个历史的唯一目的，然而为实现这一目的的手段却多种多样,文艺即为千万种工具中之一种,常常以其他工具比拟形态出现,除了"镜"与"灯"外,鲁迅把自己的杂文说成"匕首和投枪",十月革命时期的马雅可夫斯基也在诗中写道:"无论是歌还是诗,都是炸弹和旗帜"……然而,把文艺比喻为武器,它的战斗作用既比枪炮大,又比枪炮小。楚汉相争时,汉军用乡音瓦解楚军,其作用远远超过一刀一枪,一剑一戟,但是最终仍然要以真刀真箭决定胜负。斯托夫人的《汤姆叔叔的小屋》被林肯誉为埋葬了蓄奴制的小说,然而黑人的解放仍然要以鲜血和生命来换取。历史不同时期总有"刀枪入库,马放南山"的相对和平稳定的状况,文艺以武器比拟的作用也相应弱化。而且人类终究要消灭战争这个自相残杀的怪物,即使真正到了所有武器打成犁耙之时,曾为阶级斗争工具的艺术精品之美学魅力不会消散,如大量以"二战"为题材的艺术作品,那些"打打杀杀"的艺术品正是那些血雨腥风的年代生产出来的。后冷战时代,人们厌恶剑拔弩张的文艺作品,但是那些曾对历史进步起着工具作用的艺术精品虽然不可能代替创新,但终究不会失去在艺术史上的经典地位。这就是前面所说"得鱼"而不"忘筌"。作为工具之文艺并不以目的实现而遭废弃。而如彭亚非所说:"彻底的工具性要求必然会形成对工具的无条件依赖,从而使对工具的追求变成目的中的目的,甚至是首要目的。工具的追求达到完美的境界",正如当年建造万里长城幸存的民夫和亲人被埋葬在其脚下的人们不会以旅游者的心情赞叹它的美,一些所谓"红色经典"如"样板戏"也正是在彻底的工具论下"十年磨一剑"精雕细镂搞出来的,将来人们是否将之奉为艺术史上真正经典尚待更长时间的检验。

因为在阶级政治利益的冲突中,文艺常常被狭隘的工具性所扭曲而背离自身的历史使命和目的,被利用来实现某些集团的利益,导致某些以美学与人性名义否定一切文艺工具性之理论在各种语境下,以不同话语反复重申。因此必须摆脱历史不同阶段神学家、政客、道学家、文化商人、艺术掮客从狭隘的功利出发对文艺的工具式玩弄,把文艺的工具性安放在文艺本体论这个根基上使之与人类学目的相关联,从生产性、审美本性以及其他多重本质来看文艺固有的工具性。这样看,工具性不是某种社会历史力量外加于文艺的一种性质,而是文艺在人的本体论上与历史的终极目的相连的固有属性。文艺的工具价值是艺术生产所创造的人的精神财富和人的自我价值实现的一种形态,它始终指向人的自由解放之使命这一根本目的。

四　中国古代文论的生存与发展之路

中国现代美学与文艺学是在西方传统美学文艺学（简称"西方文论"）与马克思主义美学文艺学（简称"马克思主义文论"）双重影响下形成的，其间不仅有中国古代文论与西方文论及马克思主义文论之间的阻隔，还有中国古代美学文艺学（简称"中国古代文论"）在本土的现代断裂问题。郭英德等的《中国古典文学研究史》一书也不约而同地指出："这几十年来，我们的古典文学研究在很大程度上对历代文学研究的宝贵遗产是相当漠视的。有些研究者崇尚于'向西看'，热衷于以西方思想、西方观念、西方方法为准则，去归纳、评价和衡定中国古典文学。……近几十年来一拥而起的用西方现代文学理论诠释中国古典文学的热潮，等等，都可以说是'向西看'的产物。"① 20世纪八九十年代之交，学界的"失语"呼声表达了这样的困惑，进而在新世纪初上升为中国古代文论的"知识合法性危机"。如党圣元的《在传统与现代之间——古代文论的现代遭际》一书所言："从二十世纪开始，在西学的不断冲击下，古代文论的知识合法性危机一次比一次更彻底地在凸现出来，遂成为一个多世纪以来学界孜孜不倦的中心议题。"② 这种困境被笼罩在中国现代思想史"体—用"之张力下，一百多年来难以从根本上走出"中体西用"与"西体中用"对峙模式。中国古代文论知识合法性危机与文艺学学科合法性危机是学科总体性危机的一个不同侧面。我们立足于本土文化之美学文艺学重建不可能置浩瀚的中国古代文论资源于不顾，必须为其知识合法性一辩，这就要在它与西方文论和马克思主义文论的张力之间为之寻求一条生存与发展之路。所谓"知识合法性危机"意味着，在华夏几千年自足型历史发展所造成的传统文化相对封闭中生长的古代文论，是作为一个"知识化石"之"绝学"存在，还是作为一个有生命延续性的活体存在。这一问题的提出有着一个民族文化的自觉、自信、自强与自省的复杂语境背景。我们首先要把中国古代文论的问题置于这样的语境中来看。

---

① 郭英德等：《中国古典文学研究史》，中华书局，1995，第4页。
② 党圣元：《在传统与现代之间——古代文论的现代遭际》，山东教育出版社，2009，第224页。

（一）"文化自觉"提出的多元文化语境

费孝通1997年首次提出"文化自觉"便引起广泛注意，成为人文领域的一个中心话题，持续讨论，至今未竭。什么是"文化自觉"，它对于我们今天的意义究竟何在，其中有什么问题？将"中西/古今"二元对峙之旧话置于当时的语境来看，它之提出在世界范围内有着更广阔和复杂的话语背景：一是20世纪80年代伴随着后现代潮流出现的文化多元主义；二是新旧世纪之交热议的全球化；三是大致同时兴起的文化研究。文化多元主义有着一定的哲学思想背景，最早与20世纪60年代法国后结构马克思主义者阿尔都塞提出的多元决定论有关。它针对简单的经济一元决定论进行反拨，由此生发出哲学决定论及因果律上的多元主义，随后转向文化多元论并与全球化挂上钩。问题的复杂性在于，所谓"全球化"恰恰与多元主义相龃龉。全球化的决定因素首先是经济的，那就是资本的跨国倾向与世界市场的新格局。经济全球化决定着上层建筑与意识形态以及文化的相应格局。冷战结束之后的世界，一方面打破了冷战时期世界两大阵营在社会形态与政治上二元对立的紧张格局，多极政治为多元文化作出了铺垫。另一方面经济强势决定着文化强势，以信息产业为主体的后工业文明的领先导致西方中心主义重新抬头又抑制了文化的多元性，当时约翰·汤林森的《文化帝国主义》以及大量全球化批判论著揭示了这个问题。

在这样一种世界格局下，中国的状况是从改革开放初期"现代化就是西方化"行至20世纪90年代的文化转向中，民族主义在文化保守主义与"反西方中心"间发酵。"振兴中华"与"弘扬民族文化"代替了"全盘西化"，纳入西方的后殖民话语之中，成为文化研究的主导话语。文化转向中两种相反的倾向交会在一起，起伏、碰撞，一是追随文化研究的反西方中心主义，以于本土的自我中心主义与之消长；二是与文化研究热潮有关对以后现代大众文化面貌出现的文化消费主义以及对它的抵制、批判与认同、互动。如弗·杰姆逊提出的"消费社会"、费瑟斯通的"消费文化与后现代主义"，以及对"电视文化""媒体文化""好莱坞"等"垃圾文化"的批判；我国也围绕着"日常生活审美化"展开了有关的争论。

文化自觉作为在全球化语境与文化多元文化格局中的基于民族意识以传统文化为核心的自我身份确认，这种自觉被更深远地包括在古代希腊哲学家概括的"认识你自己"之内。一个民族的文化是在其文明的历史进程中所创造的物质与精神成果的累积与印迹。任何民族的文化无不充满着正面的、负面的与中性的价值差异。因此，文化自觉不仅是对文化传统中积极因素的自信，也包含着对消极东西的清醒和自省，如孔子所说"吾日三省吾身"。真正的文化自觉中必然包含着文化上的自我检讨，"各美其美"中也有"各丑其丑"，如有《丑陋的中国人》也有《丑陋的美国人》及《丑陋的日本人》等。唯此批判意识方谈得上在改造、变革中对于文化在未来发展中的自信、自新与自强。

在全球化语境下的多元主义与中心主义问题在不同层面上涵盖着人类文化整体普遍性与民族文化异质独特性的关系，并交织于古代传统文化与当代文化的关系问题之中。这些关系在历史的张力中常常会呈现松弛与紧张两种交互作用的基本状态。在松弛状况下，多元文化的不同中心以人类整体文化为核心，在文化群体际间性关系中以相互交会、互补、交融为主要特征，相反则呈现疏离、排斥，甚至对立、冲突。费孝通所倡导之"文化自觉"更着重从文化在多元性中正面成分互补出发，提出不同民族文化传统"各美其美，美人之美，美美与共，天下大同"。比较同时出现的"21世纪是东方的世纪"等中心主义口号，这种眼光超越民族中心主义，指向作为历史终极目标之"大同"。这一宏大终极目标唯有通过多元文化中交织着自觉与自省的对话以及文化批评，以客观真理为基础达成对人类普遍价值的共识方能实现。

（二）走出"体—用"框架

自从近代史上"西学东渐"将我国古老的封闭思想体系炸开一个裂口以来，"中体西用"这个口号在以19世纪中期张之洞为主要代表人物的洋务派中的核心理念是原封不动地保存以汉儒以来的封建意识形态，因之视西方的民主思想若洪水猛兽，谓"有百害无一益"，但认为可以适当引进西方科学技术"为我所用"。从洋务运动开始到新文化运动，中西"体—用"之争时起时伏，从未休止过。直到我国改革开放，学术思想界或是以直接的方式，或是以变相的方式仍然持续着这个"古老"的思想文化争论，最有代表的是李泽厚提出的"西体中用"，他声称这是在"中体西用"与"全盘西化"两极之间的正确选择。但他对"体"这个概念的内涵作了挪动，注入技术现代化的意义。他说："人类所特有的科技工艺生产力的活动，也就是我所谓的社会存在的'工具本体'。我以为这是人类生活、生存、生命的基础、本源，即'体'是也。这就是对'体'的新解。"①

---

① 李泽厚：《再说"西体中用"》，《原道》第三辑，中国广播电视出版社，1995，第9页。

他把原来的"体"指的是"学（'中学为体'）"的意识形态含义挪到经济基础的位置上，来了个大掉个，这就完全不是原来的意思了，也就转换了"体用"之争的原有命题。况且，他在此立论基础上后来张扬的"吃饭哲学"的"体"实际上从人类的"体"还原到动物的"体"上面去了，哪里还有什么"中体""西体"之分呢？

无论是就人文还是科学言，"中体西用"与"西体中用"都是"中—西"对峙、"体—用"分裂的非辩证的二元论。"体"在学统意义上就是以本土为本体的人文社会科学思想体系；"用"就是其对于社会所起的作用，两者是不能截然分家的。问题在于外来思想（西学）对于本土文化有借鉴和改造的作用，但这种"用"也是在两种体系的互动关系上，在文化思想价值的共同性（普遍性）与个别性（独特性）关系上所起的作用。严复曾指出："体用者，即一物而言之也，有牛之体则有负重之用，有马之体则有致远之用，未闻以牛为体以马为用者也？中西学之为异也，如其种人之面目然，不可强谓似也？故中学有中学之体用，西学有西学之体用，分之则并立，合之则两亡。"① 严复此话对旧说有所批判，但本身也带来问题，在"中体西用"的特定含义下他没有区分前者主要就意识形态（中学）而言；后者指科学技术（西学）。而且就思想体系意义上"中学"与"西学"关系上讲"分之则并立，合之则两亡"乃就中西学各自成传统而言没有进一步展开两者对话互动关系。系从严复、魏源等一代早期启蒙思想家，经过康有为、梁启超，到王国维及近人钱锺书，直到当前更多学人正在做的比较文学、比较诗学、比较文论、跨文化研究之类工作，是为"分"中求"合"、"合"中存"分"。

这个问题发展到现代性之中，对于自然科学已经没有什么争议了，无论东方西方，科学技术都是第一生产力，无所谓"体/用"之分，问题在于人文与文化。"体用"关系表达的是一种"中心/边缘"的紧张关系。在"本土—自我"与"西夷—他者"这样两个中心钟摆式的反复中是谈不上文化自觉的。唯有走出"自我/他者"中心主义二元对立模式进入多元文化平等对话平台，文化自觉方有可能走上健康道路，这是在不同民族际间关系中"自觉、自信与自强"与"他觉、他信、他强"达成人类整体文化的"共觉、共信与共强"。这就是走出了"体用"框架之"各美其美，美人之美，美美与共"。

就文论界而言，一个时期以来有关中国古代文论的生存与发展集中表

---

① 《与〈外交报〉主人书》，《严复集》第3册，中华书局，1986，第558~559页。

达为"古代文论的现代转化",即"对传统文论怎样进行现代阐释"以及中西文论怎样"对接"等话题,如此提出问题的方式仍然没有超离一个多世纪前中学与西学的"体用"之争的框架。问题在于,所谓"现代转化""现代阐释"中的关键语"现代"二字,如果中国历史的"现代性"转进是在西方资本主义文明影响下发生的本土叙事,古代文论的"现代化"怎么可能绕开"西—中""体—用"之二元框架呢?然而不能绕过这个框架不等于在新的历史语境下此二元对峙之不可超越。

清帝国"天朝"地位被帝国主义坚船利炮动摇之后,"体用"说的出台是为中心/边缘、意识形态/科技生产力之间一种新的平衡倾向。"体用"之争是在西方中心的历史语境下展开的,世界中心是世界历史之产物,21世纪经济与文化全球化加剧了民族主义与中心主义之间的张力。在这种语境下理论难免失去历史的判断力,带着"中心/边缘"的二元框架不可能进入平等对话。后现代是以多元化对中心主义解构的时代,要解决生存与发展问题,首先要确立在多元化中的一元地位,要求中国古代文论在新语境下重新体系化,把"中学为体"的"体"从"本体—主体—中心"化为"本体—体系—自我",以同等地位和资格与西方文论体系平等对话。我们长期思考有关科学技术史、文化史、学术史之类的问题,总是习惯于如下比较的模式,我国什么时候有了什么,西方什么时候有了同样的东西,如此等等,此类比较常常是生硬而牵强的。《中国古典文学研究史》也难脱其臼,认为:"中国古典文学学术史发端于先秦,大约在魏晋南北朝时期,即公元三至六世纪,随着'文学自觉时代'的到来,中国古典文学学术史就基本上成为一门独立的学科,并趋于成熟了。而在西方,真正意义上的文学研究,要到十四、十五世纪文艺复兴时代才开始成型。"①"发端""自觉""独立的学科""趋于成熟""真正意义""开始成型",对于中国古代文学研究可以如此这般地描述一番,问题在于以两种不同文明、文化为背景的文学研究之间进行比较,这样一些术语便难免显得非常模糊、似是而非。问题在于两种不同文化传统之间的研究有着怎样的"可比性"呢?怎样比较两者"发端"——"趋于成熟""开始成型"之早晚呢?如果柏拉图的文艺对话不能算成熟的文论,那么亚里士多德的《诗论》与贺拉斯的《诗艺》呢?正如彭亚非在《中国正统文学观念》一书中所说:"中国古代的所谓文学思考与文学智慧,事实上只是滋生于、形成于中国古代文化所特有的文学定义域之上,并且以这一文化所特有的话语方式和存在形态表

---

① 郭英德等:《中国古典文学研究史》,第7页。

达出来。……西学东渐之前，中国并无西方文化意义上的所谓文学概念，但是现在我们已经不可能拒绝这样的文学概念。"① 不过从另一个角度来看，"中国并无西方文化意义上的所谓文学概念"这样的说法也不是没有问题，似乎意谓早已存在一个西方文化意义上的所谓"文学概念"可以作为一个参照标准。实际上西方的"文学"一词无论是西文 literature 还是俄语 Литература 都存在广义之"文"与狭义"文学"之别。在西方，特别19 世纪唯美主义思潮兴起后，往往以 fine literature 限定艺术文学（相应 art 一词也有 fine art 以区分技艺与审美艺术），俄文相应为 Арт Литература。此词一经汉译更歧义迭起，鲁迅在《摩罗诗力说》一文中直译"fine literature"为"美术文章"，更常见的译法是"艺术文学"或"文学艺术"，它们不是指文学与其他种类的艺术而是指"作为艺术的文学"区别于广义的 literature。到我国改革开放初期还有人提出，列宁的《党的组织与党的文学》一文标题中 Литература 应该汉译为"文献"，之所以可能这样改译就在于这个字前面未加 арт（艺术）之限定。实际上，西方与中国在文学概念上，都有各自形成、成熟、发展、变化的路向，都有狭义与伸展义之区分，两者既有"可比"之普遍性，又有"不可比"之独特性，应分别具体加以对待。

不同文明、文化、文学之间的比较只有在具有同等可比项之下方是可行的，有意义的，比如在科学技术史上中国古代的四大发明，这种比较性思维的框架仍然被牢牢地套在"中—西""体—用"二元对立之"中心主义"模式中。

如众之所言，后现代是一种多元对话的时代。这样一种语境既给了中国文论走出历史性自身封闭的机遇，又在新一轮"西学东渐"语境下带来"失语"与"知识合法性"的问题。唯有迎接挑战，参与对话，才是中国古代文论在新时代生存发展之路。而唯"平等"方有对话，只有做到真正的平等才可能彻底摆脱"体/用"二元框架，走下"知识合法性"之被告席步入对话平台。"真正的平等"决不意味着无差异，恰恰相反，真正平等正是以差异确认为前提的。"异于你"，丝毫不表明"低于你"也不是"高于你"。建立在这种民族传统文化身份性之差异确认前提下的对话在于辩明异同，以利朝着更大、更深远的带有人类社会普遍的目标前进，也就是费孝通所说"美美与共，天下大同"。

《中国古典文学研究史》认为："在中国古代占主导地位的文学观念实

---

① 彭亚非：《中国正统文学观念》，社会科学文献出版社，2007，第 2 页。

际上是一种囊括一切的'大文学'、'泛文学'观念。"党圣元的《在传统与现代之间——古代文论的现代遭际》一书就古代文论知识合法性危机，对中国古代文论的生存发展之路提出"'大文论'的构想"。两者所言之"大"不尽相同，前者基于中国古代的"盖文章，经国之大业，不朽之盛事"（曹丕：《典论·论文》），"文之为德也大矣"（刘勰：《文心雕龙》）所称之"大"，概括出"中国古典文学学术史的开放型、宽泛型结构"。这种开放型、宽泛型首先表现为古典文学研究"几乎将古代一切有文字记载的文献资料作为自己的研究对象"等许多方面的特点。后者就古代文论当代性问题进行了语境分析与方法论探讨，提出中国古代"大文论"所谓一种体系性的建构"在本体性中阐释，在对话中发展"的设想。①

危机感作为一种自我存在的忧患意识不一定是什么坏事，"生于忧患，死于安乐"；而这种意识被中心主义框住就不一定是什么好事。摆脱"体用"框架不等于可以不顾中西文化与思想差异来孤立地做封闭式的学问，恰恰相反，这种体系化重构正是从全球后现代多元化语境下中国古代文论面临的问题意识出发的要求。这种确认身份差异之大文论重建作为中国古代文论立于知识合法性的生存发展之路体现在以下方面：

一是超越中心主义的"体用"框架进入多元对话平台；二是在古代传统文化思想广泛背景上，以文本意义还原完善原生态之体系重构；三是超越语言与思维方式差异障碍，以普遍性诉求，将本土原生体系纳入世界文学与世界文论，共同面向未来。

（三）中国古代文论体系化复原与重构

党圣元说，中国传统文论的当代性问题必须从"重新认识古代文论的原初的事实本体与整体性的真实面目，回到体现古代文论精神本真的原初形态与历史情境，并以之作为我们继续前进的出发点"②，这是他从西方现代阐释学研究得出的方法和结论。彭亚非也在他的书中提出其基本研究方法为"文化还原"，这一研究方法试图实现的目的，"不是让中国文学观念在现代文学理念的性质与意义上得到解释，而是让它在中国文化的性质和意义上得到解释"。③

"我的"知识合法性不由"你的"立法判定，而是自我立法，自我申

---

① 党圣元：《在传统与现代之间——古代文论的现代遭际》，第 225 页。
② 党圣元：《在传统与现代之间——古代文论的现代遭际》，第 230 页。
③ 彭亚非：《中国正统文学观念》，第 4 页。

辩；我的话语权不是他者所予，而是本我所有。问题在于这个"自我"是不是真正的原生的"本我"。"回到体现古代文论精神本真的原初形态与历史情境"，"文化还原"，话说起来容易，做起来却是非常艰难，需要在正确的哲学解释学与文化解释学指导思想原则下付出不懈的努力。由于中国古代思想与文论体系化的建构长期被笼罩在传统的正统框架内，其原生状态长期尘封而晦暗不明，其间还有古代汉语与现代汉语差异设下的阅读理解障碍。古代文论体系重构决定于其原生状态与初始性质，有一个"重新认识"和"回到"的问题，但这种"重新认识""回到"是在经过反复的历史变迁之后一种全新的语境下进行的，由此形成"原生态""正统态""非正统""边缘态"与重构之"当代形态"之间张性格局。这种关系不是中心与边缘的"体用"所反映和表达的紧张，只有摆脱中心主义才能进入"大文论"的建构。首先是解构中心主义之"体用"关系；其次是解构传统模式回到原典。对于文本的还原式阐释而不是"以西释中的现代性阐释"，更不是以后现代的解构式"以中释西"的阅读方式将之随意纳入当下性，也不是前文所说"P全息生命还原"，这种复原式体系化重构有如以科学的方法根据解剖学原理把一具骸骨复原生前的面貌；也好比一位珠宝匠把许多散落的珠宝连缀成一件整体的艺术品。这是一个既需要想象力，又不失科学性的工程，这就是"大文论"之概貌。

正如对马克思主义文艺理论有没有体系之争那样，中国古代文论也存在类似的异见，在利奥塔以《后现代状况——关于知识的报告》提出普遍的"知识合法性危机"语境下，没有一种以学科方式存在的知识系统不处于合法性考问之下。所谓"知识合法性"首先是话语的自足与自信问题。20世纪60年代激进的左派运动的沉寂，加之世界矛盾冲突的各种转化，知识分子先锋对原有的信仰与信念产生了动摇，感到从启蒙到解放这一套现代性"宏大叙事"不行了。所谓"知识合法性危机"在根本上源于信仰危机、信念危机与信心危机。你相信人类从封建的宗教的蒙昧状态下走出仍然是条历史的正路，那么从卢梭、伏尔泰以来的"启蒙"之宏大叙事就依旧有知识合法性；你相信人类最终会获得解放，那么马克思关于解放的"宏大叙事"之知识合法性就不可能被剥夺。中国古代的"大文论"首先是一个完整的思想体系，其之"大"在于"自大"而不是"比大"，就无可比性言，它"大"不过西方文论系统，也"大"不过马克思主义文论体系，然而我们自己不能不承认它是大的。这种"自大"不是盲目自信，更不是妄自尊大，而是通过理性自省达到的自明与自我认同——"我们能够表述自己，无需他者代言"，"我自为体""我自为用"方能"我自言大"，这是对"失语"的反拨。

文论体系不是零碎分散的范畴观念的拼凑,而是一种自洽自足的有机整体,其有机性在于同一个文化传统的基地上的思想联系。哲学的、伦理的、政治的、美学的与文艺的思想是相互联系的,文论作为其中一个独立的部分脱离了整体也就失去了自身,这是"大文论"的又一重要内涵。

文论体系化要求在形而上的"道"与形而下的"器(文学文本)"之间进行更多理论实体的填补。分散的次级范畴观念体系如果没有整体框架支撑很难成为一种一体化的"大文论"。中国思想史的发展的现代性断裂表明它缺失由本土文化生长出来通过现代科学理性确立的学科化过程。不同的语境有不同的体系化,中心主义语境下的体系化,不同于解中心主义语境下的体系化。重要的是中国古代文论是在怎样的意识形态氛围之内的体系化,以及在怎样的多元对话语境下的重构。

中国古代思想传统与文论体系从封建制早期到中期发生了稳固与换质的双重作用——一方面是理论框架与话语的概念范畴得到长足的稳定性,另一方面与此同时其精神内涵发生了实质性的变换,成为正统意识形态。《中国正统文学观念》指出,中国正统文学观念的核心为"文治政教话语所形成的特有的文化统治性文学理念",围绕着这个核心的文学语言与诗意的审美形式是"文言写作"与"诗"的"意""象"。《中国古典文学研究史》同样认为:"由于中国古代的文学和学术始终依附于政治教化,因此中国古典文学学术史就往往具有鲜明的政治指向性和政治功利性。……两千年来文人士大夫的意识观念无不受到儒家思想的浸染和熏陶,因此,儒家政治教化的文学观念不能不强有力地制约着历代的古典文学研究,成为古典文学研究的主导观念。"①

儒家的思想是中国古代占统治地位的正统文学观念,"正统"在文化发展的历史中不是固定不变的,其之所以有"正统"就有对正统的逆反。在中国古代以政治观念划分的正统与非正统是儒家的"为"与道家的"无为"。先秦儒家的"为"根于孔子在"礼崩乐坏"的时代之"为"是"兴灭国,继绝世","复周礼"。汉代"独尊儒术,罢黜百家"以来儒学之"为"是对巩固封建专制主义社会秩序意识形态(三纲)要求的适应。然而,孔子在他那时代的这种"为"用当时世人对子路的话来说是"知其不可而为之"(《论语·宪问》)。老庄则"知其不可为"主张"无为",故言"弃圣绝智""绝仁弃义""绝巧弃利"(《老子·十九》)。故而这两种哲学

---

① 郭英德等:《中国古典文学研究史》,第11页。

在文学观念上，一是表现为政治教化的功利性与反"经世致用"的超功利性；二是政治道德的理想主义与超脱出世的虚无主义。正如《中国古典文学研究史》指出的："老子、庄子都是站在与儒家学派截然相反的立场上对待文献阐释。如果说，孔子、孟子等人是在正面引用中吸取古代文献的精神，使传统保持活力，那么庄子则是在反面引用和改窜中批判并改造传统"。在文学观念上在孔子与庄子对《诗经》的态度上显出强烈反差。《论语》中孔子论诗达18处，近年上海博物馆重新整理的战国竹简中发现有30枚简中记有孔子关于诗经的论述，而《庄子》只有两处以反讽、戏谑口吻提到《诗经》。"为"亦"无为"，所以正反相辅，有无相成，两家共通之处在于"道"，老庄离"经"却并不叛道。孔子论诗所载之"道"主要是"先王之道"，道家的"道"更偏重于"变（易）"的形而上规律，但两者并不是两种不相容的道，在根本内容上都包含着作为古代理想社会的尧舜之道。只不过孔子要通过"克己复礼"去实现这种政治道德理想；老庄则认为"道可道非常道"，是"法自然"的东西，不以人的意志为转移，在现实中以"圣人"的姿态鼓吹这种幻灭的理想只能起欺骗作用，故采取叛逆的姿态，"灭文章，散五采，胶离朱之目"，"毁绝钩绳而弃规矩，丽工垂之指"（庄子《胠箧》）。

儒道两家的思想差异经纬着中国古代文学两种不同的创作风气。刘勰《文心雕龙·序志》云："盖《文心》之作也，本乎道，师乎圣，体乎经，酌乎纬，变乎《骚》，文之枢纽，亦云极矣"；在《辨骚》章中谓："自《风》、《雅》寝声莫或抽绪，奇文郁起，其《离骚》哉！"作为楚骚开创者屈原的思想根源，是个复杂的争议问题。诗人生于战国诸子时代，在朝为官时肯定深受儒家影响，思想中也不乏法家的因素，被放逐后在《离骚》中更多表现出道家的精神与风格，所以刘勰称"变乎《骚》"。正如《中国古典文学研究史》所言，儒家与道家"两种态度的结合，才显示了思想发展和文献阐释的辩证性质"[1]。先秦儒家的正统观念不同于后世，那是向后看的正统，即以传承着尧舜两代之周礼为核心的正统。战国诸子时代已经失去了这种正统，孔子一方面正面弘扬《诗经》中的"从周"精神，另一方面以"兴、观、群、怨"之"怨"体现其仁学中"举直挫枉"使"不仁者远"的批判性政治主张。庄子声言"有分有辨，有竞有争"（《齐物论》）以反讽的虚无主义为特点的叛逆精神，儒道两家以风格相异之互补方式形成中国古代文学中对现实的"美""刺"两种模式，呈现为

---

[1]　郭英德等：《中国古典文学研究史》，第36页。

"治世之音安以乐，其政和；乱世之音怨以怒，其政乖；亡国之音哀以思，其民困"，以哀民、愤世、忧国贯穿于古典文学史。"文以载道"之主流与"文章合为时而著，歌诗合为事而作"（白居易《秦中吟》）整合为一种传承式现实主义批判精神。中国古代文学与文论的这种精粹虽然缺少启蒙现代性，但形成"大文论"体系化重建之主干。

（四）文论多元对话中的身份认同与普遍性诉求

谈到中国古代文论的"知识合法性"问题时，党圣元问道："所谓的知识合法性问题，隐含的前提问题就是：谁合法？谁立法？"所谓"知识合法性"首先是话语的自足与自信，这里涉及地域性文论知识系统的民族文化传统与超越局域性之普遍性诉求问题。中国古代文论与西方文论之"不可比性"并不意味着文论多元化中的各元终于放弃普遍性诉求。这种普遍性在中国古代文论根于"道"；在西方来自逻各斯。道与逻各斯是两种地域以两种不同语言表达的同一个东西，它们是文学的源头，也是文论的根源。

关于道与文的关系，刘勰说："文之为德也大矣，与天地并生何者？夫玄黄色杂，方圆体分，日月叠璧，以垂丽天之象；山川焕绮，以铺理地之形：此盖道之文也"（《原道》）。"《易》曰：'鼓天下之动者存乎辞'。辞之所以能鼓天下者乃道之文也"，这种道与文的关系就是西方的逻各斯。古希腊语中的 logos，源于 legein，意为"说"。"道"也有"言说"含义。老子所说"道可道"的意思就是指"道"是可以通过语言表达的。逻各斯曾汉译为"道"即基于此。但是，我们并不能轻而易举地由此形而上地通达中西文论的普遍性。在多元文化对话中这种普遍诉求与民族身份认同之间存在着一种张力关系，超乎"体—用"之争仍然可以感到这种关系，这是古代与现代、中西文化、心理和语言之重重阻隔所呈现的紧张。我们都知道《圣经》中关于巴比伦塔的故事，当时人类联合起来兴建能通往天堂的高塔。由于各地域不同民族的语言不通最终没有建成通天之塔。尽管这是上帝对人类的惩罚，人类没有放弃建塔的愿望，比语言更重要的普遍性诉求是共同的价值观念。关于普遍价值或普世价值的问题，我们前文已有论及。在这里我们不妨重温歌德和马克思关于"世界文学"的观念。歌德以中国文学为例提出了"世界文学"，他认为贝朗瑞的诗歌和中国传奇（可能为《好逑传》）"形成了极可注意的对比"，并进而提出："民族文学在现代算不了很大的一回事，世界文学的时代已经来临了。"[1] 《共产党宣

①《歌德谈话录》，朱光潜译，人民文学出版社，1978，第112~113页。

言》写道："资产阶级，由于开拓了世界市场，使一切国家的生产和消费都成为世界性的了……各民族的精神产品成了公共的财产。民族的片面性和局限性日益成为不可能，于是由许多种民族的和地方的文学形成了一种世界的文学。"① 歌德与马克思引起"世界文学"话题的语境不完全一致，但两者隐含着一个共同的前提，那就是世界地理的新发现，美洲的发现与新航线的开通，带来人类历史上第一次"全球化"的问题。这个问题首先体现在世界市场的建立，"一切国家的生产和消费都成为世界的了"，世界的文学的可能，正是以"民族的片面性和局限性日益成为不可能"为前提的。这次全球化带来的直接后果是世界殖民地体系的形成，开始了殖民地民族和人民被掠夺、被奴役的历史。然而正是越过全球化的第一步人类迈向了"大同之道"。从这第一次全球化迈过垄断资本主义阶段的第二次全球化，经过两次世界大战与冷战的教训，历史进入以世界殖民主义体系崩解为基本特点的第三次全球化。在这样一个大的历史演进中，中国文化历经了"西学东渐""中体西用""体用合一""西体中用"反反复复的曲折过程，至此我们提出走出"体—用""中—西"二元对立的中心主义框架，在复原中国古代文论体系的同时在多元对话中实现自我身份认同与普遍性诉求。文论的普遍性仍然根于人类价值的普遍性，那就是我们前面所论马克思、恩格斯在更高级的历史阶段再现人类早期社会的自由、平等、博爱之共产主义理想。

从根本上看，文论之"大"在于与"道"的关系，老子说"道"，"强名之曰大"。古代华夏在时间上与当代连接在空间上与世界联通也就是这种地域性话语怎样上升为最大限度的公共话语的问题。因此，"大文论"之"大"不是一种"自大"，而是在"他大"与"自大"中的"共大"。中国古代文论走出地域，上升到"海纳百川，有容乃大"的境界，方谈得上"大文论"。这个作为普世价值的"道"之"大"足以覆盖整个历史包含整个人类，中国古代文论的普遍性必须诉求于此径。这种普遍价值的核心就是真善美，由此生成正义、平等、公正、民主、和谐等价值观念，而真理是核心中的核心，既是西方文论传统的核心，也是中国传统的核心文论，那就是孔子诗论说的："《诗》三百，一言以蔽之，曰：'思无邪'"。"思"，从希腊哲学到笛卡儿的"我思故我在"，直到海德格尔的"思、语、诗"，带有本体论意义。"无邪"就是"去蔽"，就是使真理敞开显露出来。这个问题在下一节展开论述。"思无邪"是追求真理的一个动态过程，这

---

① 《马克思恩格斯选集》第 1 卷，1995，第 276 页。

是孔子所发现在诗三百篇中贯穿着可以"一言以蔽之"的东西。就此而言，那种以知识论或认识论作为中西思想文化传统分水岭的见地值得商榷，认识论、价值论与本体论是不能割裂的。

《中国古典文学研究史》把魏晋南北朝时期划为中国古代"文学自觉时代"，指出随着这个时代的到来，文学研究开始成为一项"有自己独立研究对象、自己独特概念和研究方法，并划分为若干方面和不同层次的全新的学科。……这一时代文学研究还具有前所未有的思辨色彩和理论建树，产生了像《文心雕龙》这样体大思精的理论著作"①。王毓红在刘勰的《文心雕龙》与亚里士多德的《诗学》之间进行了全面深入的比较研究，其中值得我们在这里注意的是，作者认为，在文学本原问题上，亚里士多德的"第一原因"和刘勰的"道"作为出发之原点"无"进而"找到的'有'"都是作为"主体的人"，他们对于文学本原的追问，"实际上是对存在者的存在的一种探讨"。亚里士多德认为"人是理性的动物，诗本原于人的天性、人的理性的求知能力"。刘勰也同样认为，人是"有心之器"，而天地其他万物是"无识之物"。刘勰在《文心雕龙》中把"人"抬到"至高无上的地位"，为"五行之秀，实天地之心"等等。②

马克思说过："理论只要说服人……就能掌握群众；而理论只要彻底，就能说服人……所谓彻底，就是抓住事物的根本。但是，人的根本就是人本身"。"人不是抽象的蛰居于世界之外的存在物。人就是人的世界，就是国家、社会"。③ 艾布拉姆斯所分文学的四大要素"作者、世界、作品、读者"，其中两项直接是"人"，而"世界"固然包括自然界，但主要应该是人的世界——社会，"作品"自不用说是人的产物。文学是在这个意义上的"人学"；文论也就是在这个意义上的"人论"。

"西学东渐"以来，引进了西方的先进和人文和科学思想，如严复汉译《天演论》等。同时，在启蒙思想运动的萌芽状态中西思维方式也渐渐相互作用。1905 年王国维在《论近年之学术界》一文中描述："嗣是以后，达尔文、斯宾塞之名，腾于众人之口，物竞天择之语，见于通俗之文。顾严氏所奉者，英吉利之功利论及进化论之哲学耳。其兴味之所存，不存于纯粹哲学，而存于哲学之各分科。如经济、社会等学，其所最好者也。"同年他连续推出了《论性》《释理》《原命》三篇文章，以中西贯通的方式研

---

① 郭英德等：《中国古典文学研究史》，第 17 页。
② 王毓红：《在〈文心雕龙〉与〈诗学〉之间》，学苑出版社，2002，第 28~29 页。
③ 参见《马克思恩格斯选集》，人民出版社，1995，第 1、9 页。

究了"性""理""命"三大哲学范畴。在《释理》一文中，他把中国古代的"理"与英语的 Reason，Discourse（话语），希腊的 Logos 及德语的 Vernuft（理性）联系起来，上溯孔子与亚里士多德，通过康德的批判哲学加以阐发，得出结论："理性者，吾人构造概念之能力也。而概念者，乃一种普遍而不可直观之观念，而以语言为之记号，此所以使人异于禽犬，而使于圆球上占最优之位置也。"① 正是在"性""理""命"的共同命题下所体现的中西文论的普遍性诉求引向未来的发展方使古代文论之生命得以存活。1907 年鲁迅连续写下《人之历史》《科学史教篇》《文化偏执论》《摩罗诗力说》大力宣传西方进化论与科学启蒙哲学与文学思想。在《摩罗诗力说》中鲁迅写道："盖世界大文，无不能启人生之闷机……所谓闷机，即人生之诚理是已。"论及文学与道德关系问题，文章写道："所谓道德，不外人类普遍观念所形成。故诗与道德之相关盖出于造化。诗与道德合，即为观念之诚，生命在是，不朽在是，非如是者，必与群法逆驰，以背群法故，必反人类之普遍观念；以反普遍观念故，必不得观念之诚，观念之诚失，其诗宜亡。故诗之亡也，恒以反道德故。"鲁迅认为孔子的"思无邪"之说与此是一致的（"无邪之说，实与此契"）。诚然，鲁迅当时并没有接受马克思主义，作为一个启蒙的民主主义者，其所说"观念之诚"也就是真理，在真理、道德与诗在人类普遍性上的统一意义上谈"人类之普遍观念"并不与马克思主义相悖。这样的启蒙思想对摆脱"体—用"二元框架，打通中—西思维，实行兼容互补起着重要作用。回顾王静安与鲁迅这几篇文章，去今已逾百年，仍然驻足徘徊于"中体西用""西体中用"框架之中实在是倒退。

钱锺书先生在《谈艺录·序》中说："东海西海，心理攸同；南学北学，道术未裂。"② 庄子《天下》篇中"道术将为天下裂"讲的是圣贤之道的分裂，"天下之人各为其所欲焉以自为方"。钱先生反其意称"道术未裂"，指的是儒家的道、道家的道与西方的逻各斯在形而上最高意义上是相通的。这简单的只言片语不是凭空而论，有人统计《管锥编》征引的西方文献达 1700 多种，涉及作家近千名。钱先生以贯通中西之学力，跨越语言障碍在打通东西南北文学文论之道上为我们开启了一个继续走下去，以共通"道术"构建通天之塔的途径。也正是在这个意义上可以说中国古代的大文论"大"就"大"意味着在这个最高层次的共通性上是可以纳入世

---

① 参见《王国维文集》，北京燕山出版社，1997，第 329～384 页。
② 钱锺书：《谈艺录》，中华书局，1984，第 1 页。

界的大文论的。马克思所说"民族的片面性和局限性"之"成为不可能"不是已经实现的状况，更不是指先前的历史，而是就现实为未来提供的可能性，"民族的片面性和局限性日益成为不可能"。一次次全球化非但没有摆脱这种片面性和局限性，反而强化了民族主义，一方面使"失语"以及知识合法性危机感更为紧迫；另一方面也增进了普遍性诉求。此外，世界大文论并不意味着中国古代文论、西方文论与马克思主义文论作为文学理论的三大分支学科之间的历史传统边界可以消除，这种学科性边界正是以它们各自"片面性和局限性"文化身份确认划定的。而正因为三者之间有学科性边界关系与文化身份认同问题才有普遍性诉求，也正如有钱锺书所说"东海西海""南学北学"之分，"譬如耳目鼻口，皆有所明，不能相通"（《庄子·天下》），方有"道术未裂"的问题。

中国文论对普遍价值的诉求不是如过去所说"与西方的对接"或"现代性转轨"所包含的"认同"的意思，不是我们去认同"他者"，而是自己所"本有"。中华民族作为人类大家庭之一员在其思想传统中本来就存在人类普遍价值意识，要说"认同"是我们对"本我"的重拾，只要把原在的本我发掘还原，普遍性之"大道"自在其中。而就人类不同文化在互动中互通之普遍性而言，文学所承载"无邪"之道——正义、民主、平等、公平、博爱——没有任何一个民族已经通盘实现，只是遮蔽与敞开的程度的不同，这种差异在各自身为之奋斗的不同历史情况有关。所以，没有一个民族/阶级可以把自己带有片面性和局限性的价值观念加之于另一个民族/阶级，新文化运动之所以把民主/科学当成外来的"德赛二先生"正是因为我们对自身固有的普遍价值尚未自觉。这些普遍价值观念早就扎根在中国古代思想体系中，是为"本我"或"本己"的东西，而不是"非我""异己"的东西，具有天然合理性与知识合法性，并与中心主义不相容。这里面没有后现代的解构与"过度阐释"之嫌，而是在回到原点与面向未来之间的理论生命力张性的开发。因此，中国文论的生存与发展之路不是从中开掘出现代性的东西，而是开发出"后'后现代'"，即"走出后现代"的东西，这在方法上是"所有历史都是当代史"向"所有历史都是未来学"之延伸，未来的因子都包含在先前历史基因中。

（五）生存之关键在发展，没有未来就没有生存

在人类思想史中某种体系能不能发展就看有没有未来，中国文论的有没有未来就看是否与世界的命运联系在一起，在发展中指向未来。语言障碍、民族文化差异为通天塔的建造设下了重重困难，然而人类没有放弃对

于"天国"的共同向往。

一种思想体系中带有超越性的东西也就是最有生命力的东西。中国古代文论与西方之最大异质特点在于现代性断裂，在这个巨大裂隙两边不仅是中西语言的障碍，还有自身古代汉语与现代汉语，即文言文与白话文的阻隔，在语言载体的后面是古代思维方式与现代思维方式的差异。以汉字方块象形特点承载着的中国古代直观思维方式，以体悟、灵验、约括引向灵妙、玄幽。西方文字为去图像化之符号连缀结构，与之相联系的思维方式重抽象性、分析性、推理性。当然两者绝非毫无共同之处，比如说辩证法就是中西自古以来共有的思想方法。中国古代辩证思维在理论与实践——知与行关系中展开为"经世致用"与"改变世界"——"观乎人文以化成天下"。然而，异中有同，同中见异。中国古代辩证法较多以直观的寓言的方式表述，如"一尺之棰，日截其半，万世不竭"等（《庄子·天下》），庄子的大量精彩的寓言中富含着深刻的辩证法，当然也有抽象的表达如老子所说"道生一，一生二……"，"反者道之动"等。古代希腊的哲学辩证法也以形象方式表达，如"人不能两次进入同一条河流"等，但西方更以形而上的表达方式见长。以上差异决定中国古代语言的诗性，在文论上也相应擅长于诗歌批评——诗论、诗序、诗话形态。在这种中与西、传统与现代的断裂中，中国古代文论求发展之路集中为怎样填平语言所承载思想之裂隙。所谓"微言大义"远非限于《春秋》笔法，这个话概括了古代思维和语言与现代思维和语言之间的裂隙即在"微"与"大"之间。填补这个裂隙的问题就在怎样在与古代语言之"微"中见出其思想体系之"大"。这也是在生存与发展中重构中国古代大文论的重要环节。让我们以孔子论诗为例来做一剖析，这个问题将在下面的章节中重点展开，不妨先在这里做一概述。

"《诗》三百，一言以蔽之，曰：'思无邪'"（《论语·为政》），"小子何莫夫学诗？《诗》可以兴，可以观，可以群，可以怨；迩之事父，远之事君；多识鸟兽草木之名也"（《论语·阳货》）。这些话我们重复了两千多年，从小就背得烂熟，然而鲜有人问为什么整部《诗经》可以用"思无邪"三个字来概全？为什么"多识鸟兽草木之名"就可以"事父，事君"？为什么……对于"为什么"之欠思考正是中国思维之不足，正如但知中草药能治病，不知其为什么能治病。中医的问题亦如中国古代文论思想的问题。孔子论诗中对许多"为什么"的回答，不仅要从句式上分析，语义上推理，还要把诗论与孔子的整个思想体系联系起来，通过当时中国的文化背景的考察做出抽象的上升，从古代汉语的只字片言中展开大的文论体系。

"事父事君"与"思无邪"的关系与孔子"修身，齐家，治国，平天下"的人生观及"人皆可以为尧舜"的至高境界整合在一起，又与孔子在《易传·象传》中说："天地革而四时成，汤武革命，顺乎天而应乎人，革之时大"的历史哲学思想有机联系着。孔子对诗三百的推崇及他的整体文艺观是与他的"礼之用，和为贵，先王之道斯为美"之"克己复礼""从周"政治主张与历史观一致的，指向"大道之行也，天下为公……是谓大同"。这就是"先王之道斯为美"这样一个终极目标。在孔子看来，《诗经》一部分内容中所描述西周的建国治国是对尧舜的民主政治伦理的传承，这一历史包含的真理可以为后世发扬光大，是为"无邪"。"思无邪"为《诗经》的核心思想意义与价值所在，它代表着文学的多种功能在认识论上就是一句话：认识真理。这三个字之微言是以孔子整个思想体系为依托对整部《诗经》的概括。这样的文论才是大文论。这种"微中见大"不是我们超强的"洞微察幽"能力，而是孔子的思想之博大；没有一颗颗璀璨的宝石，珠宝匠的手艺再高也砌不成八宝楼台。如果千年来只是直瞪瞪地对着那几个字、几句话，其之"大义"是不会自己向我们走出来的。

再有如前所述，庄子所说"天地有大美而不言"这个简单的话对于美学的重要意义是带有整体性与根本性的。它是以下面的两句话成为哲学整体的，即"四时有明法而不议，万物有成理而不说"（《知北游》）。这是一种素朴的实在论，它说出了宇宙间以"道"为"大"之"无言"美的唯物主义辩证美学观。对于"美"，"言"意味着客体之美与主体人的"对话"，也就是审美，即天地之美不以"言（审美）"而存在（有），正如宇宙自然界物质运动与变化的客观规律（"明法""成理"）不依赖于人的意志与认识（"议""说"）。庄子关于"大美无言"这个重要美学思想与他的整个思想体系是一致的，与他的关于自然的自在与人的"无为"之自由，关于天籁与人籁的关系，与他的这些论说中带有相对主义的辩证法与唯物主义自然观是分不开的。而在"大美无言"与"思无邪"中我们又可以发现一种内在的思想联系，那就是通过艺术发现事物本有的真与美，这种真与美常常是为种种的"言"所遮蔽，是要通过"无邪（去蔽）"之思去发现美的本真状态。

古代思想家有的话乍看说的是这件事，其更深层的意思却在另外的地方。以"思无邪"对"思无邪"，那就是要"去蔽"，不仅要去除古代汉语与现代汉语之间的槛栅，还要拂去历史尘埃的种种遮蔽，发掘出古代文论思想中本有的真知灼见。资本主义经济文化全球化催化着新的民族主义与中心主义，后现代文化研究销蚀着人文社会科学学科性边界，而民族文化身份自我认同与学科性的消解却导致更大的科学普遍性之可能。中国古代文论的生存之道在于发展，而其发展之道则在于以自我体系化为基础之中西融通。这种融通不是通常理解的"以西释中"或"以中解西"，而在于中国古代与西方现代两种思维方式通过对话之结合。这种"融通"与"结合"不是对中国古代文论、西方文论及马克思主义文论三门学科边界的消除，而在某种程度上恰恰相反是在加固各自边界基础上，跨边界对话的加强，在更高层次上的"拥抱"。

从我们以上所举孔子论诗为例，寥寥数语，一言以蔽之，看来应了中国古代文论缺少逻辑与系统之见，然而岂知体系与逻辑的隐在并非"不存在"。这种隐在的体系与逻辑又非我们今人通过"以今释古"或"以西释中"外加、生造的，而是其原在内在所固有的。但是，这种对隐在固有的原在之发现与阐发又得力于西方思维的分析方法与现代的以及马克思主义的历史的思维方法。在这个意义上，不仅足以言"世界文学"，也可道"世界文论"。马克思主义给了我们从世界市场探寻世界文学根源的经济决定之方法，由此可以推演出孔子当时所说的"事君"与封建秩序巩固以后世代历史语境的差异，经济基础和社会的现实关系变了上层建筑与意识形态不可能不变。所以归根到底中国古代文论的知识合法性不是某种想当然之判词，而是我们认真扎实研究的实际结果。

文学在人的本体自由上是历史为实现这一目的之工具。论及后现代，人们通常对多元化讲得较多，对后现代一种更重要的时代特征——过渡性——往往被有意无意地忽略。多元性不归结为非批判的多元主义，在文化理论的多元对话中包含着社会批判。这种批判的终极目标指向历史对人类普遍价值的实现。这就是后现代多元化中的过渡性。后现代时代的多元文化在空间上的全球化倾向不是一体化，多元化极大宽度的包容性决定着在价值判断上的审慎，避免简单化的"非此即彼"，以造成一种更广泛的密切的对话氛围。这种对话不是各种思想体系的价值观念、不同话语停留在原地，过渡性即在多元对话中显出指向"走出后现代"之历史线性目标。由于这种过渡性是在多元性中对未来方向的显示，在原来的基地中既包含着现代、前现代的东西又有"后'后现代'"的萌芽，所以这种目的性在终极显示上具有一定的模糊性，历史方向决定的普遍价值选择应扶持这些萌芽状态的东西。

中国古代文论的生存与发展，一方面在于能否在民族传统文化认同与学科性边界上自立为一种独创性的理论体系；另一方面在这个体系的原生形态中是否有机地包含着通过社会批判指向全球性普遍未来的东西，那就是要把孔子诗论的"思无邪"以及"修齐平治""事父事君"这一套被后来的"正统"所扭曲的政教思想体系与人类的普遍价值在历史的总体上联系起来，指向一个民主、平等和谐的大同世界。这个历史总体也就是中国传统哲学思想的最高范畴"道"，文艺对此终极目标表现出不可摆脱的工具性。人摆脱各种枷锁的自由解放是一个指向终极目标的漫长历史，在这个过程中，终极目标所显现不同的阶段性目标，或是与之顺应，或是与之相背，工具性所包含的价值与意义也随之发生相应变化。先秦儒家之"道"是周天子继承尧舜的大同，汉儒以后则是历代封建君主政治的专制，五四新文化运动否定了"文以载道"，实际上是在这个命题中把新的内涵纳入"道"，这新的内涵是为启蒙民主精神为核心的现代性。"文"与"道"在不同历史时期以不同内涵体现着文艺的目的性与工具性关系。"道"之所"贯"总是离不开"文"之所"载"。中国文学观念这种"正统性"是就文学与政治的特定关系而言，把文艺的目的性与工具性摆在本体论自由层面上来看，人是一种自为的目的性存在物，其目的在于通过实践把握到的必然的本体论价值实现。这种实践的本性是批判的、"举直错枉"致"不仁者远"，指向改变世界——以人文化成天下。如上文所说，由于在人类以普遍价值实现为终极目标的历史长河中，随着目的之终极性、长远性与短暂性的变化，脱离了与终极关怀联系着本体论自由之目的，文艺的工具性孤立地表现为历史某阶段的"政治正确"或"道德完善"，致使目的与手段的这种辩证统一关系常常陷于历史的迷雾中，或是认为文艺工具性与其本体论自由目的之神圣性不可兼容；或是以服从于某种虐政目的之单一工具性排斥在本体自由上与崇高目的之联系，致使文艺异化。与之相应的是人类普遍价值常常被代表某些阶级的特殊利益集团利用来遮蔽其狭隘目的联系着的价值，而在另一极端上，与人类阶段性斗争联系着的普遍价值又在历史总体上被否定。当前的时代是晚期资本主义，资本主义之所以进入晚期在于支持其殖民地体系的崩解，历史发展进入"后革命"时代，社会结构的新格局使整体世界对普遍价值的诉求达到一个新的觉醒的高度。中国古代文论的生存与发展之路在于：以儒家为核心为代表的正统思想体系从前现代意识形态的工具性与目的性转化。这种转化与一般所谓"现代性转化"的不同在于，拒绝西方话语中心主义的同时也放弃自我中心主义，在人类普遍价值之"道"与逻各斯中还原中国古代的"为公""大同"观念，共同指向巴比伦塔这个中心，共同走向"天国"。

五 "思无邪":文学对真理的审美关系

上面我们论述了中国古代文论的生存与发展之路,其开路先锋是孔子。这里我们从他的文学观念来展开这个问题。艺术认识论的根本问题是艺术与真理的关系。在对存在物都有不可或缺的本体论意义欲望层面上人与动物的根本区别在于,人有一种对于自身及自身之外的世界追问的求知欲望。对世界存在以及对自身存在的惊异给人带来了各种哲学本体论的追问,这就是对本原的真——本真——的追问,智慧本于这种求知欲望。本原的真在一般情况下是被现象遮蔽着的,看不见也摸不着。智慧者总是不满足于他眼前所见到的现象世界,他要追问:"事情怎么成为我们所看到的那个样子?它又为什么会变化?它将来会发生什么变化?"这种追问也可能以诗的形态出现。亚里士多德认为诗的起源与人从孩提时代就有的模仿的本能有关。这种本能根于人的"求知欲",他说:"求知不仅对哲学家是最快乐的事,对一般人亦然。"① 心理的求知欲与哲学的"惊诧"有关,属于人对未知事物的"好奇心"。这就通过欲望这一最低层面把哲学与诗学在本体论的"求真"意志上统一起来了。

求知欲望升起之求真意志驱使人的种种行动高耸于求生意志之上,激发着为真理所做的种种求索和奋斗。这种求真意志中包含着本体论与认识论及实践论一体化的关系,指向解决思维对存在、精神对物质的关系问题,所以哲学在根本上就是认识论。而艺术认识区别于哲学抽象在于,去蔽之真理不是赤裸地出现,起着遮蔽作用的现象界有选择地成为真理的审美外衣,使之感性地显现为一种独特的诗性物。精神生产之艺术为了人的生存优化目的作为工具属于反映一定的经济基础和上层建筑的意识形态,它不可能脱离开认识论,而是在艺术与真理关系上提出认识论问题。我们上面已经说过中国古代文论与西方论文及马克思主义文论的共通性,现在来看看孔子是怎样对待这个问题的。

(一)"无邪"即"去蔽";"思无邪"即"认识真理"

"小子何莫夫学《诗》?《诗》可以兴,可以观,可以群,可以怨;迩之事父,远之事君;多识鸟兽草木之名也"(《论语·阳货》)。孔子这个话

---

① 亚里士多德:《诗学》,人民文学出版社,1982,第11页。

我们早就烂熟于心。然而，正如在闭上眼睛都不会走错的老路上可能突然发现似乎从未见过某种东西。诗"可以观"的作用如果限于"多识鸟兽草木之名"，岂不把文学的认识过于简单了吗？不用诗不是同样可以有这样的发现吗？"诗"何以"事父事君"呢？兴、观、群、怨与"事父事君"之间又是什么关系呢？

"《诗》三百，一言以蔽之，曰：'思无邪'"（《论语·为政》），这个话更为简单，这三个字就能把三百多篇诗歌的本质概括了吗？是的，在某种更为根本的意义上，这三个字不仅概括《诗经》的本质而且可以概括整个文学，是为"一言九鼎"。对它的阐发却必须立于孔子的整个思想体系。何谓"无邪"？历来孔子的阐释家们对它的无数解释虽各有千秋但大致离不开"诚""正""真""实"这些道德范畴，并置于孔子"仁"与"礼"的整个思想体系结合着诗经加以阐发，从司马迁、朱熹到杨伯峻等等，其中可争议的东西不多。最为直接明白的一种解释为"诗中没有邪念"，并且以孔子的"乐而不淫，哀而不伤"证之。对这些无任何新意的资源笔者于此不想重复罗列，试在前人理解的基础上提出自己的新识以补充。

"无邪"本身并无更多歧义，"邪"为"正"的反义词在古汉语中除了偶尔用作感叹词外并无更多歧义，"无邪"就是正确，前人种种阐释皆可通向"真理"之义。而一进入"真理"范畴就来到哲学堂奥，在这里也不作过多展开仅就"无邪"一词与希腊哲学作些关联比较。

"真理"的希腊词 αληθεα 首字 "α-" 是一个否定前缀，词根的意思是"晦暗不明"，来自神话中所说的"忘川"，指人死之后进入阴间必过的第一道河之中就把生前一切付诸遗忘，处于"晦暗不明"状态，加上前缀则反其意为"非晦暗不明"或"非遗忘"状态，常见汉译为"去除遮蔽（简称'去蔽'）"。海德格尔从希腊哲学家那里引证 αληθεα "意味着这样那样得到揭示的存在"，"我们所说的真理现象始终是在被揭示状态（晦蔽状态）的意义上出现的"。[1] 这个意思就是说真理并不都是明摆在那里的，更多是处于被遮蔽状态，必须去除遮蔽使之显露出来，所去除的既有现象对本质的遮蔽，也有谬误（邪）对正确的遮蔽。通过这一对照，我们发现，"无邪"与"去蔽"有着惊奇的同样意义。"思无邪"就是认识真理的意思。"思无邪"原为孔子从《诗经·鲁颂·駉》引来。该诗是歌颂鲁僖公饲养骏马之深谋远虑，全诗分四大段，每段首句为"駉駉牡马，在坰之野……"，末段最后一句为"思无邪，思马斯臧"。注家对"思"字有作原

---

① 参见海德格尔《存在与时间》，陈嘉映等译，三联书店，1987，第 264 页。

意与发语词之不同解。整首诗以养马为题材，赞美马的骏美、善驰来转喻鲁公，特别是"无邪"一语以马奔驰前进方向正确与鲁公治国的雄才大略互喻。孔子借此词涵盖整个诗歌经典，乃至涵盖整个文学认识真理的本质特征，用意可谓至深。

没有正确的思想观念怎样"事君"呢？唯有认识真理，有了正确的思想才能做到"远之事君"。《礼记·大学》云："古之欲明明德于天下者，先治其国。欲治其国者，先齐其家。欲齐其家者，先修其身。欲修其身者，先正其心。欲正其心者，先诚其意。欲诚其意者，先致其知。致知在格物。物格而后知至。知至而后意诚。意诚而后心正。心正而后身修。身修而后家齐。家齐而后国治。国治而后天下平。"这段话或为孔子所言，或由他的传人对他思想的整理概括。从天下、家国，到己身，人生的全部都浓缩在这里了，你要做一个掌握真理，懂得道德而大有所为的人么，就按照这条道路走去。这个话常见，通常却被简化为"修身，齐家，治国，平天下"——"修齐治平"，中间关键性的东西被省略了。这条长链索从"明德"下降到"知"，再从"知"上升到"平天下"。"知"是基础和起点。"知"下面还有一个基点"格物"，就是从事物的规律出发，或依照对象的本质求"知"，"物"就是自然和社会。从认识与对象世界这个二元关系为基础，两端以"明德"与"平天下"封闭起来，中间经过"意诚""心正""家齐""国治"，整个是完成世界和谐的政治伦理体系。最为核心的东西就是"格物致知"（简称"格致"），讲的就是实践出真知，也就是"实事求是"的意思。"知"作为起点的意义在于，唯"真理之识"方有性灵道德上的"意志之诚""心灵之正"。有这样的人格修炼，对天下的状况有所洞悉，方能管理好国家，使天下太平。

比较《礼记·大学》中这段话与"思无邪"所出《论语》中孔子论诗那两段话，出发的角度有所不同，前者是从"明德于天下"的角度出发；后者是从"诗三百"的功能与意义的角度出发，思想核心却是一个。所谓"事君"的目的也就是"国治而后天下平"，这才是"明德于天下"。而要实现这一政治道德纲领，则是要"修身"，"修身"必先"正心"。这个"正心"不就是"思无邪"的换个说法吗？说的都是"手中有真理，胸中有正义，性中有正直"，是为通过"格物""致知""意诚""身修""心正"所讲真与善的统一，加上诗教"小子何莫夫学诗"，则达到真善美的统一。不同出发点所表达的孔子核心思想是一致的，也表明孔子的论《诗》的文艺思想与他的政治伦理观念的统一。"不学《诗》，无以言"，突出了孔子对文学为政治道德服务的工具性的看法。诗之"兴、观、群、怨""识鸟兽草木之名"都必通过"言"表达，表达的核心是所"思"之"无邪"。"正心"与"思无邪"之真与善的统一，加上"诗"之以"言"，在内容与形式的结合上达到真善美的统一。

《论语》中论诗十八处之多可见孔子重视《诗经》的程度。孔子论《诗》表达他对"诗三百"的总体分析和评价，也是他对文学的整体概括。我们进一步要了解孔子所论的"思无邪"或"正心"，也就是《诗经》中传达的真理是什么，还要从《诗经》的形式结构与思想内容入手。诗三百篇是从周天子开始差遣专人到民间采风以"观风俗，知得失"，实际上是一种调查研究民心的方式，这是一种很好的民主治理社会的方法和作风。后来《毛诗序》总结道："上以风化下，下以风刺上。主文而谲谏，言之者无罪，闻之者足戒，故曰风"。所采之民歌经过分类编造最后以《风》《雅》《颂》三大结构定型。司马迁说，《诗经》"上采契后稷，中述殷周之盛，至幽厉之缺"（《史记·孔子世家》）。《诗经》中的作品所产生与反映的时代大致为周朝初年至春秋中叶的，所描绘主要是当时社会生活的图景，许多诗篇唱颂着成汤灭夏桀及周灭纣以来华夏社会风貌与民情。孔子在《易传·彖传》中说："天地革而四时成，汤武革命，顺乎天而应乎人，革之时大矣哉！"这个带有朴素唯物史观的思想充分体现于《诗经》之中。

诗三百《大雅》首篇《文王》歌颂道："文王在上，於昭于天，周虽旧邦，其命维新"。周文王在这片古旧邦土上开辟了一个崭新的时代，那就是以青铜器为代表的新的生产力与早期封建制的生产关系。在政治上以开明的德政取代了殷纣的暴政。这是一个"顺天应人"的伟大革命时代。从革命的历史观来看，对于夏桀殷纣，"事父，事君"就成了"弑父，弑君"，如孔子说："唯仁者能好人，能恶人"，唯弑暴君，方能事德君。

《大雅·大明》篇记载着文王从出生到受天命伐纣的功绩，歌曰："大任有身，生此文王……维此文王，小心翼翼，昭事上帝，聿怀多福……有命自天，命此文王，于周于京"。"顺天应人"也就是"替天行道"的意思，人奉天之命行事也就是在社会革命的实践中遵循历史发展的规律。《诗经·颂》中《鲁颂》4篇，《商颂》5篇，《周颂》31篇占绝大部分。《周颂》描述的主要是周早期伐商战争及之后的政治与社会生活的叙事。其中《周颂·时迈》写道："载戢干戈，载橐弓矢。我求懿德，肆于时夏"，表达的是伐商战争胜利结束之后，人民对和平、德政的向往。"国治而后天下平"，"明德于天下"正是"汤武革命"所带来的政治成果。而孔子所处的春秋时代战乱频繁，已经"礼崩乐坏"，已经没有"天下平"可言，孔子对诗三百的推崇与重视及他的文艺观是与他的"礼之用，和为贵，先王之道斯为美"，"克己复礼"以"从周"之政治主张及历史观相一致的。

孔子说："郁郁乎文哉！吾从周。"有那么多美好的诗篇歌颂文武二帝的功德，怎能不令人心悦诚服呢？周天子的德政不是从天上掉下来，而有其历史继承性。周天子上面还有更伟大的人物，"大哉，尧之为君也！巍巍乎，唯天为大，唯尧则之……其有成功也，焕乎其有文章"，所以"周监于二代"。

尧舜的伟大在于对更远古社会的继承："大道之行也，天下为公……是谓大同矣"。这就是人类普遍价值的起点，即"先王之道是为美"。诗三百崇尚的"事君"乃就周天子"监于"尧舜"二代"来治理国家而言。所以，"无邪"就是先王"大道之行"之"正道"，就是尧舜二代"道行"之真理。在孔子看来，《诗经》中所反映的周的建国治国是传承了尧舜的民主政治伦理，这一历史包含的真理可以为后世发扬光大，是为"无邪"。

"思无邪"为《诗经》的核心思想意义与价值所在，它昭示着文学的多种功能在认识论上就是一句话：认识真理。这种认识是超越"鸟兽草木之名"之"形上"的认识，"鸟兽草木之名"不过是"形而下"所识之"器"。所以"思无邪"也就是形而之上的"道"之"思"。"道"在历史总体上是"无邪"的，但阶级社会的不同阶段都会有"邪"，夏桀殷纣所行之道，"霸道"就是一种邪。传承着尧舜二代先王之"王道"的周天子所行则为正道，这个正道通过诗三百反映出来，所以"一言蔽之：思无邪"。这样理解"兴，观，群，怨"之"观"就不限于"鸟兽草木之名"，而是"观乎天文以察时变，观乎人文以化成天下"（《易·象传》）之"观"。认识世界是为了改造世界（化）。文学的认识世界与哲学同样有改变世界"化成天下"的功能。但是文学之"思真理"在于，一方面它不止于"多识鸟兽草木之名"，另一方面，也不脱离"多识鸟兽草木之名"，也就是脱离不开多姿多彩的自然界及现实人生图景。

文学的认识不同于哲学之处在于理性的认识与感性的结合。并且这种"人文"之"观"与"天文"之"观"又是与"兴""群""怨"相伴而生的，既是对于对象的外观的感知，又是主体间思想的表达和交流，也是自我情感的宣泄与抒发。"诗言志，歌咏言"，这一文学与真理关系的思想形成了我国古代文论中以"载道"为核心的"经国之大业，不朽之盛事"正统文艺观。我国古代这种传统的文艺观与西方传统形而上的文论有着建立在共同价值之上的普遍一致性。

（二）真理之思与审美之维

可不可以认为孔子是一个文艺唯政治工具论的教条主义者呢？

彭亚非在《中国正统文学观念》一书中两处论及"思无邪"，第一处在第三章"文治文学理念"中联系到"诗言志"，作者指出，具有政治关怀意识的诗在整部《诗经》中并不占数量上的多数，但是显然表现出更为自觉的言说内心想法的特点，因此相比较于《诗经》中那些来自民间的自发的抒情诗，其内涵更要符合人们关于"志"的定义。"这自然进一步强化了诗之志的政治叙事意味"。它只能是一种"典型的正统文治理念的正面价值形态，必须在叙事本质上成为统治阶级正统意志和主体精神的一种表现"……所以孔子说："诗三百，一言以蔽之，曰：思无邪"。孔子删诗的基本原则就必然以这样的政教加以定位，以使《诗经》成为"通过诗歌进行政治伦理叙事的一个范本"。第二处在该书第四章"斯文为道"中，彭亚非认为"思无邪"这一表述，与其说是对《诗》三百叙事内涵的正确概括，倒不如说是对《诗经》叙事内涵在文学解读上的"意识形态纯洁性要求"。"而这样的文学叙事理念最终被确定为具有文学普适性的意识形态纯洁之后，也就在文学理念上彻底否定了政教意识形态之外的任何文学性追求的合法性与存在意义"。①

诗人雷抒雁写了一篇文章题为《思有邪》，针对孔子此话中的"一言蔽之"，指出："此后的经师们无论是笺、无论是证、无论是传、无论是疏，都不敢有邪思。分分明明是一些男欢女爱的情诗，也都要以《春秋》、《左传》为据，证成政治诗，'思以正'。"说的也是文学解读上的"意识形态纯洁性要求"。"有邪"之典型是为"郑声淫"，雷抒雁举《郑风·褰裳》一诗，其中末句"狂童之狂也且"，据李敖的解读"也且"是一骂人的粗口，"且"字含男性生殖器的意思。② 所以"无邪"系相对"有邪"而言。完全纳入统治者意识形态的正统文学观念之后的理解"思无邪"作为"去除遮蔽"后存留起来的东西对于封建统治者当然是纯洁性的东西，但在孔子当时这种"无邪"之纯洁性并不限于后来理解的正统文学观念的诗教，而是面向广泛的社会生活，既是正确的政治伦理，也是现实生活中真情实感的抒发与真实生动的图景叙事。至于孔子删诗一说，遭到历代学

---

① 彭亚非：《中国正统文学观念》，社会科学文献出版社，2007，第 74 ~ 76、143 ~ 145 页。

② 雷抒雁：《思有邪》，《中华读书报》2004 年 9 月 8 日。

人反驳，即使孔子做过《诗经》的辑选工作，已经删去的篇目无法议论，从保留下来的24首"郑风"来看，表明他对"无邪"之"纯洁性"所立标准还是相当宽泛的。

所以对"思无邪"应该超越后来作为封建统治的意识形态的正统文学观念，还原到孔子的本来思想，置于艺术与真理关系的认识论高度加以理解与阐释。

诗三百的内容是广泛而丰富的，孔子对它的阐发也是多面的，记叙周天下的功德仅仅为其主要内容的一个方面。"多识鸟兽草木之名"代表着自然存在为艺术的基本本体，文学作为反映社会存在的意识形态是建立在自然存在基础之上的，正如艺术美以自然美为基础，基本上是自然美的反映。正如前文所述老子的"道法自然"，刘勰的"盖自然耳"，也是这个思想。

孔子对《诗经》的热爱与钻研不限于《雅》《颂》，他曾问伯鱼有没有研究过《周南》《召南》，他说："人而不为《周南》、《召南》，其犹正墙面而立也与?"那就是说，不读这两部分等于没有读《诗经》。当然这是一种夸张语气，说明孔子"思无邪"的眼界绝不限于政治伦理之道。《周南》《召南》为《国风》中次级标题，共25首诗而没有一首是直接写政治的，其中相当一部分是描写男女之间美好爱情的抒情诗，如《关雎》《汉广》《桃夭》等名篇，还有大量歌咏民间日常劳动与生活的作品。《毛诗序》云："治世之音安以乐，其政和；乱世之音怨以怒，其政乖；亡国之音哀以思，其民困。故正得失，动天地，感鬼神，莫近于诗。先王以是经夫妇，成孝敬，厚人伦，美教化，移风俗。"这里的先王指的是周天子。"治世之音安以乐，其政和"也指周，如果没有"汤武革命"顺天应人，没有革命战争之后刀枪入库，马放南山"国治天下平"的政治局面，一个妇女回娘家时能唱出"黄鸟于飞……其鸣喈喈"（《周南·葛覃》）这样亮丽的诗句吗？如果是兵荒马乱的时代，一户人家生小孩，能有"宜尔子孙，振振兮"（《周南·螽斯》）这样的美好的祝福吗？如果不是天平盛世，男女婚嫁能唱出"桃之夭夭，灼灼其华，之子于归，宜其室家"（《周南·桃夭》）这样欢快的歌吗？这些社会现实生活的生动形象真实地体现了"治世之音安以乐，其政和"，所以也纳入其"一言"所"蔽"，也属于"思无邪"。

周代我国已经处于从奴隶制向封建制转型时期，一方面新的生产力统一和平的局面与开明政治给我国社会带来的飞速发展，另一方面同时存在着私有制带来剥削阶级与被剥削阶级的社会矛盾，所以《诗经》中仍然有这方面的反映，如《伐檀》《硕鼠》等，这也就是孔子所说诗可以"怨"

的社会批判作用。这些批判的诗篇，表达了对上层剥削统治者的不满以及下层人民对"天下为公，世界大同"之"大道"的要求，也当属于"思无邪"。孔子也还说过："志于道，据于德，依于仁，遊于艺"，表明文艺的政治工具作用以及道德教育功能并不排除其审美性和娱乐性，正如孔子欣赏齐国的《韶》乐时，陶醉得"三月不知肉味"。所以对文艺的多重本质必须有立体的视野，其构造式关系在于相互支撑，而不是相互拆卸。诗这种"遊于艺"的娱乐作用不同于一般游戏，与艺术审美特性分不开。在诗中体现为诗的形象性语言的描绘功能对美的形象的塑造，在议论《卫风·硕人》时，子夏提出为什么"巧笑倩兮，美目盼兮"这两句在整句一片白皙（"手如柔荑，肤如凝脂，领如蝤蛴，齿如瓠犀，螓首蛾眉"）色彩中显得特别夺目而动人（"素以为绚"）呢？孔子回答说，这就是诗同绘画一样的道理，以大片的空白衬托出所要突出的东西，并给鉴赏想象的发挥留下余地（"绘事后素"）。①

由此可见，孔子的文学观念并不是像整个儒家思想体系在汉以后纳入封建统治的意识形态那样成为政治伦理教化的体系，他的"思无邪"在艺术对真理的审美关系上以认识论为基底，以政治伦理为核心，其外在感性形式又以审美完成真善美三者统一。

（三）文艺之本体论追问与现实人生之反映

出于本体论求真意志的"本真之思（思无邪）"与艺术创造之按照美的规律的造型，在自然与社会的本体论上统一于真理的客观性与美的客观性。柏拉图把艺术、现实与真理分为三个层次，真理也就是他的"理式"，是客观的，但是精神的东西是决定事物之所以为该事物的"本真性"东西，现象的现实世界的真实事物是第二层次的东西，即对绝对理式的模仿，而艺术则是第三层次的东西，即对现实世界事物的模仿，对绝对理式之"模仿之模仿"，因此艺术与真理隔着三层。如果柏拉图的"理想国"的真理与孔子的尧舜之道可以比拟的话，这个真理没有赤裸裸敞开在文艺之中，而是在"兴，观，群，怨"、"鸟兽草木之名"之中，与之"隔着三层"。在这个意义上，柏拉图的"三层"说没有什么错。

无论艺术的东西与本真的东西相隔多远，三层、四层，或更多层次，相隔层次越多离模仿论也就越远，然而，从真理到真实到艺术，总还是有一条线索连接着，正是因为有这样一条线索的牵引，艺术从模仿起始，越

———————————

① 笔者对此句的理解与一般有所不同。

来越变得远离原型和本真，有如飘入云端的风筝，大地上有一条几乎无形的线牵着它，这条线就是本体论与认识论的一体化及真善美的统一性。即使在现代前卫艺术中可以认为这条线断了，不过这种断裂仍有其本体论根源。那就是本体论与认识论的这种一体化关系在现代哲学中被拆解了。

海德格尔认为："艺术的本质就应该是：'存在者的真理自行设置入作品'"，批评了"人们却一直认为艺术是与美的东西或美有关的，而与真理毫不相干"。① 他认为"思"通过"诗语"达到的"真"是一种本原的真，那是对没有被技术遮蔽之"在"的发现。这种发现有如一个人从晦暗密林深处进到一束光照之下忽然"恬然澄明"。美是以"思"使真理得以显现的方式，艺术使真理生成。但把一般本体论的形而上学的真理性追问与他所循求的"基本本体论"区别开来，他把在一般本体论的追问中引出的科学技术的真理称为"真理的滥竽充数"。如果撇开他的这种贬低科学认识论的真理观之偏颇，在诗、思与真的关系上倒是有他深入独到的见解，并可与孔子的"思无邪"相比拟。孔子在艺术对真理认识的重要性的强调中没有海德格尔式的玄虚，在对政治的关系上毫不遮遮掩掩，并不忽视艺术在对社会现实生活中多重本质全面性关系。海德格尔与柏拉图恰恰相反，他以诗性语言达到的正是柏拉图所说隔着三层的那个真理。他们在一点上则是共同的，就是艺术有着与认识不同的真。阿多诺批评了海德格尔所说"真理"脱离现实客观的玄虚性与非历史化，特别是海德格尔对荷尔德林的诗歌的阐释，使诗成了诠释哲学的一种格言，而失去艺术的审美本性。对于阿多诺，真理与艺术同样作为历史总体展开的对象化，所不同的是艺术不是以哲学格言的形式附着于真理的东西，在他推崇的现代主义艺术则是以对传统形式的颠覆与新形式的创造，以使真理得到不同的显现形态。这种内在的真以一种绕开审美愉悦对现实批判成为人的自我救赎的否定性力量。

从以上艺术与真理关系的思想谱系极其概略之清理彰显出文艺的工具性作用是通过文艺认识作用以审美形式得以发挥的。文艺的工具功能的价值也正是这样被发现和认识的，因而认识论是比工具论更为深一级之本质。建立在本体论基地上的文艺认识论与模仿论及游戏论等有着非排斥性的整体构造关系。作为人的认识的是以实践为起点的，如上所述认识论、实践论与本体论三者有着一体化的关系，建立在实践的本体论基础上的认识论为文艺多重本质的中轴，排除认识论的本体论是错误的。如众所周知，从

---

① 孙周兴选编《海德格尔选集》，上海三联书店，1996，第256页。

西塞罗到塞万提斯，西方许多古典思想家和作家都曾把文学作为映照人生的一面镜子，直到现代，列宁以托尔斯泰作为"俄国革命的一面镜子"。从实用主义美学来看，杜威的艺术经验论也没有背离认识论，所以他把文学作为实现人类文明价值的工具。罗蒂摒弃了实在论和认识论，舒斯特曼又返回了认识论，所以他也肯定了杜威的工具论。[①] 文学反映论确实是贯穿整个文艺史的一条红线，在这根线上拴着工具论及其他本质论。当然，与工具论之"枪炮"说同样，对经典作家们之"镜子"比喻的简单化理解取代本质论的具体深化研究则有可能走偏，导致机械论、庸俗社会学等教条主义，这是需要注意的。

（四）艺术对真理的审美关系

毛泽东说："一方面是人们受饿、受冻、受压迫，一方面是人剥削人、人压迫人，这个事实到处存在着，人们也看得很平淡；文艺就把这种日常的现象集中起来，把其中的矛盾和斗争典型化，造成文学作品或艺术作品……"[②]

在人类阶级社会的历史阶段中"一方面是人们受饿、受冻、受压迫，一方面是人剥削人、人压迫人"这个"到处存在着"的事实，有时是直接呈现在人们的眼前，艺术家们便鲜明生动地将之反映到他们的作品中，在中外文学艺术史中，如乔万尼奥和法斯特分别创作的《斯巴达克思》、施耐庵的《水浒传》、杜甫的《三吏》《三别》、白居易的《卖炭翁》《折臂翁》，鲁迅的《祝福》等。巴尔扎克卷帙浩瀚的《人间喜剧》中贯穿着法国资产阶级革命与贵族保皇党复辟以及中小资产阶级与人民大众反抗大资产阶级的复杂斗争的历史。然而"剥削"和"压迫"现象常常又不是直接像面孔对着镜子那样一目了然地呈现出来，而在社会现实生活中更多是通过多种多样的关系折射出来的。正如托尔斯泰作为"俄国革命的一面镜子"，"压迫""剥削"有时比较直接地呈现在这面"镜子"中，如他的短篇小说《舞会之后》描写了贵族的一个舞会之后一名俄国军官对一鞑靼逃兵的残酷鞭刑，揭露沙皇专制之残酷与反人道，但在他更多的作品中，"压迫""剥削"现象不是那么简单直接显露出来的。因此，托翁绝不会想到自己会成为"俄国革命的镜子"，他说："在我的全部写作过程中，或者

---

① 参见笔者《实用主义的三副面孔——杜威、舒斯特曼、罗蒂的哲学、美学和文化政治学》，社会科学文献出版社，2009。

② 《毛泽东选集》第3卷，人民出版社，1991，第861页。

几乎是全部过程中，我要把互相连续的思想集中表达出来，表现我自己。"① 他在文学理论上，不是一个再现论者，而是一个著名的情感表现论者。这就是说，对于他的自觉意识而言，写作绝不是"反映"，现实生活是通过他的主观世界的过滤表现出来的，他自觉意识到的东西是这个过滤器，一切叙事无不通过他作为自我表现的"写作全过程"。即使在《舞会之后》这个构思比较简单的作品对"压迫"的描写，最后归结为小说主人公发现行刑期的少校正是自己在舞会上一见钟情少女的父亲，于是小说的结尾写道："爱情从这一天起衰退了。当她像平常那样面带笑容在沉思的时候，我立刻想起广场上的上校，总觉得有点别扭和不快，于是我跟她见面的次数渐渐减少，结果爱情便消失了……"。文学在再现生活的同时也写照人的真情实感与对生活的主观体验，托翁以自我表现动机体现在作品中为列赫留朵夫式"自我道德完善"之救赎达到"勿以暴力抗恶"的动机和目的，在复杂的主客观互动作用下，以更大的丰富性展现出那一时代在沙皇统治下俄国社会生活更丰富宏大的历史画卷，以及多样复杂的人物命运，从而塑造出画廊式的各种各样的具有巨大审美感染力的人物性格之典型形象系列。

然而，托翁也绝不会想到，作为他自觉意识的复杂的"托尔斯泰主义"这个过滤器本身也不自觉地反映了那个特定时代的某种精神。托翁自觉意识到的这种精神也正是当时尚未成熟的俄国革命的客观产物，于是就成为一面"镜子"，如我们前文所述。这个"写作的全部过程"包含着客观—主观—客观反反复复的复杂作用。

文艺认识论所反映的恰恰是人的具体生动本体论的状况，这种反映是个体与总体、主观与客观的有机统一。就此而言，不仅自我表现是反映，自我宣泄也是反映；"苦闷的象征"是再现，"性欲升华"也是再现。不过对此也不能一概而论，某些带有"苦闷的象征"或"性欲升华"因素的作品不能推而广之及于所有文学作品。即使同一位作家某个时期某些作品可能有"苦闷的象征"或"性欲升华"的情况也不能说该作家的所有作品都如此。杜甫一生各时期杂叙事、感时、咏怀、即兴诸多诗体构成了一部以他个人独特的人生和命运反映着那个时代的"诗史"，会同其他唐代诗人不同风格、流派，如"清新庾开府，俊逸鲍参军"那样的作品总体上反映了中国社会这样一个独特的历史时期的现实生活状况。

文艺作为现实生活的"镜子"不单单是像托尔斯泰那样，透过他的

---

① 《列夫·托尔斯泰文集》第16卷，人民文学出版社，2000，第151页。

"主义"世界观之过滤器的反映，也是透过"审美过滤器"的反映，即建立在人对现实生活的审美关系上通过人的审美观念和审美理想以人物形象为主之审美的形式来反映现实社会生活与表现主体体验的。马克思曾批评青年黑格尔派把欧仁·苏的《巴黎的秘密》视为某种绝对精神的演绎，在马克思看来当时此类二三流畅销小说仍然对社会生活有某种或浅或深的反映论关系。而一些伟大的现实主义作家的作品提供的对生活的认识并不低于科学，如恩格斯所说，巴尔扎克的《人间喜剧》所提供的当时社会经济学方面的材料，如法国大革命前后社会不动产方面的重新分配等，比全部经济学家的论著加在一起的还多。这种认识根本上是对现实的人与人之间关系的认识，即以生产关系为本质的社会关系的反映。所以，巴尔扎克几乎与托尔斯泰全然相反，没有强调他的主观世界情感的方面，而在自称为"环境的工具"的同时，又说自己是"记录"现实社会生活的"书记官"。然而，巴尔扎克在强烈地以他主观的人道主义来对待他所钟爱的贵族保皇党方面，这种"巴尔扎克主义"与"托尔斯泰主义"同样是"自我表现"的，并且在他看出了这些没落的贵族男女无论操守多么高尚却不配有更好的命运，并且在他政治上敌对的革命的共和党的青年上看出了"未来的真正的人"，在这些方面，巴尔扎克与托尔斯泰同样是法国资产阶级革命的一面镜子。

当然，列宁在论托尔斯泰时指出，一个伟大的现实主义作家必然在他的作品中反映出现实关系的某些本质方面。这种本质认识带有一定真理性，但区别于科学的抽象性和概念的推理和政治口号，文艺对生活的本质性认识是以在历史中发展变化的多种多样审美的形式表现的。马克思反对脱离认识与审美的单一的文艺工具论，这可以通过他对"席勒式"的批评见出。席勒把文学当作时代精神的"单纯的扬声器（号角）"的创作倾向不是从大量实际生活的现象与经验中提炼出文学对社会关系某些本质方面的认识，而是从抽象的精神出发寻找表现它的外部形式，这与当年的青年黑格尔派的哲学化的小说批评有某些共同之处。对席勒的批评并不意味着马克思反对倾向性文艺，而是主张把政治的倾向融入"巨大的思想深度、意识到的历史内容，同莎士比亚式的情节的生动性和丰富性"有机统一之中。

在阶级对立的历史阶段，否定与肯定建立文艺的工具作用本身与反映论本性的论点本身就是一种反映现实状况的意识形态。然而，文艺在斗争中的工具作用之象征并不是暴露的"大炮"，而是"隐藏在花丛中的大炮"，如果放弃了审美形式，没有"花丛"，那就不成其为"文艺武器"。如果曲律本身不是那么动人，无论"四面楚歌"还是"八方乡音"都起不到瓦解楚军的作用。无论是肖邦的《军队波罗乃兹》，还是《马赛曲》《义勇军进行曲》或《国际歌》，没有那些旋律与节奏回肠荡气的艺术魅力能够鼓舞一代又一代人的战斗意志么？在价值论上，文艺的认识价值、工具价值与美学价值同样是不能分割的，这一切建立在人作为社会存在的本体论的总体价值之上。

对反映论的挑战从现代主义贯向后现代主义，以创作实践倾覆了文艺的认识论基础。抽象表现主义与超现实主义等现代派艺术以扭曲、怪诞等审美上变形使生活原型在作品中已不可辨认。后现代的行为艺术与"波普"艺术在理论上对应着下意识创作、符号主义的反形式以及存在主义的反本质主义，在创作上以"身体和实物的直接性"以及扭曲的形式挑战艺术的虚拟性与外观的审美性。在这些艺术生产和"复制"中找不到那种以"典型环境中的典型人物"与社会生活的本质之对应式反映，进入我们视野的是那些破碎性、平面化的无意义叙述。然而，在形式的极度扭曲中，从普鲁特斯、卡夫卡的小说、荒诞派戏剧，直到行为艺术……正如反对反映与本质的理论本身仍然不可避免地"反映"某种"本质"，这种本质只不过是被遮蔽着，只是以扭曲的形态反映出来。从这样一些"去审美化"艺术样式中人们仍然可以感到对极度异化社会的极端非理性的抗议。只要它们以艺术的名义存在，无论以审美形式显现还是以去审美化之反形式出现，如阿多诺所说"否定的艺术"，或迪基的作为"习俗（institute 或译为'制度'）"，或如丹托的作为"麻烦艺术"，① 从中我们仍然可以找到曲曲折折通向反异化与反拜物之纽带。在艺术对现实的审美关系中，"去审美化"是一种以反面形态出现的"审美反映"，因而在总体上仍然属于"审美意识形态"范畴，折射着特定的经济形态。至于那些通过高新科技手段以"日常生活审美化"名义对艺术审美形式的消费主义剥夺，或是以通过官方喉舌以政治"八股"式工具论对艺术审美形式的僭越，则走在与"人化"相反的路上。

艺术认识论的根本问题是艺术对真理的审美关系，认识问题与审美问题复杂地交织在艺术的历史变幻之中，在不同时代、不同艺术流派与风格中，这种关系迥然不同。在现实主义艺术中真理以真实反映社会生活的方式敞开；在浪漫主义艺术中真理以夹带有着感情冲动的理想化方式出现；现代主义艺术通过扭曲的人生绕道哲学以怀疑虚无的形态追问真理；后现代艺术在消解掉的深度中把真理碾细摊平于情感零度的叙事……

---

① 参见毛崇杰《艺术的审美本性与去审美化问题》，《文化艺术研究》2009 年第 2 期。

"駉駉牡马，在坰之野……"，"思无邪，思马斯徂"。文艺并不总像骑手驯服的骏马那样在原野上一往无前，有时也像脱缰的野马无羁狂放，而时时也如天马在云雾缭绕和电掣雷鸣中向往自由的蓝天，此外也还有体弱乏力的驽与骀。

六　艺术终结——艺术与科技进步

从 19 世纪晚期到 20 与 21 世纪之交，视觉艺术与科技的结合走过了摄影/电影、电视、电脑/网络这样三个发展阶段。对这样一个媒体以视觉主宰的新时代，人们称之为"读图时代""景观世界"等。艾尔雅维茨的《图像时代》一书的第一章标题为"我从不阅读，只是看看图画而已"……①

20 世纪晚期以来，普遍的"终结者"话语在文学艺术领域更为响亮。这也就是德里达所说"文学不复存在"的"电传时代"的一大景观。美国当代美学家阿瑟·丹托是美国的一位著名分析学派的美学家，但他没有为语义分析所限，对于艺术这些被分析美学家普遍认为不可定义的范畴，把眼光投向了历史和社会。所以舒斯特曼认为，阿瑟·丹托"或许是第一个使分析美学关注我们艺术欣赏不可排除社会历史维度的人"②。阿瑟·丹托的《艺术的终结》（直译为"哲学对艺术的剥夺"）堪称对这个问题论述得较为精到的著作。一些艺术终结论者从各自的角度展示出科技与艺术之间有一种"腾飞"与"终结"的关系。这个问题潜藏在马克思"物质生产与精神生产发展的不平衡"以及"资本主义生产与某些精神生产部门如艺术和诗歌相敌对"的命题里面。在马克思这个著名命题中，我们已经可以见出以"发展不平衡"表述的物质生活的线性与精神生产的非线性发展的关系，这个关系正如阿瑟·丹托认为，艺术会有一个未来，只是"我们的艺术没有未来"③。

弗·杰姆逊就艺术终结问题的提出，认为这是"诱导我们思考真正人类的最终形态和现有哲学已经达到的最终形态的瞬间"。

---

① 艾尔雅维茨：《图像时代》，吉林人民出版社，2003。

② Shusterman, Richard, *Pragmatist Aesthetics*：*Living Beauty*，*Rethinking Art*，Roman & Littlefield Publishers，2000，pp. 21 – 22.

③ Arthur, Danto, *The Philosophical Disenfranchiement of Art*，Columbia Univ. Press，1986，p. 106.

（一）艺术"进步"与"终结"

关于艺术终结，杰姆逊指出，这不是一个简单的口号，而是由黑格尔的大小三段论演绎出来的①，在某种意义上是与"进步"概念联系在一起的。只是这个问题在"后形而上学"或哲学终结的时代不再如在黑格尔那里是一个形而上学问题。因为黑格尔预言艺术将为哲学替代而终结，而今天非如他所言，哲学终结与艺术终结的声音交响同奏，而"哲学对艺术的剥夺"则被丹托言中。我们在美学篇提到"美学在场形而上学终结"只不过是整个形而上学思维终结大合奏中的一个独特声部，而"艺术终结"又是其中的一个次声部。

当我们说当代后工业文明时代之"高新科技"时就意识到正面临着的"第一生产力"之腾飞。这是人类从农业文明经过工业文明进入以信息产业为标志的知识经济的时代。这一时代在电脑数字技术的带动下，科学技术在许多领域取得了飞跃性的进展，如在生物遗传工程领域对人类基因图谱的突破性发现，动物无性繁殖（克隆）研究的成功，纳米技术、激光技术还有天文学等方面都取得重大成就。这些成就在文化传播上引起的所谓"媒介革命"对于文学艺术带来的后果则堪称颠覆性的。这就是德里达所说"电传时代文学不复存在"，然而，对于我们今天是眼前的事以同样的模态发生在500年前工业文明早期，那就是马克思说的，"随着印刷机的出现，歌谣、传说和诗神缪斯岂不是必然要绝迹，因而史诗的必要条件岂不是要消失吗？"② 这两个命题从表层看它们是很相似，甚至可以说完全是一致的，但是得出这两个命题的思想基础和方法是不一样的。德里达把文学死亡仅仅作为媒介的后果，直接是从"相爱的人距离消失情书不再需要"引喻而来的。"文学死了"与他的"人死了"相关，在思想渊源上是对尼采的"上帝死了"之承袭。而这整个解构又是以他以"在场形而上学动摇"对传统的颠覆为基础的。马克思描述这种物质生产与精神生产的不平衡并不停留在印刷机作为媒介与某些文学种类的关系上，而是进一步把这种不平衡置于整个生产力与生产关系发展的不平衡基础之上。

科学技术在根本上是人类历史进步的力量。然而，"进步"这个概念没有比经过几千年发展之人类高科技文明的今天陷入更深的困境之中。进

---

① 弗·杰姆逊：《"艺术终结"与"历史终结"》，《文化转向》，胡亚敏等译，中国社会科学出版社，2000，第74~75页。
② 《马克思恩格斯选集》第2卷，1972，第114页。

步史观既属历史哲学范畴又表现为一种科学哲学，如波普尔的线性渐进式科学进步观受到库恩之跳跃式"革命"的挑战。两者都没有离开进步，只是以不同的方式看待和论证科学进步历史的哲学。这不仅仅是科学史而是包括艺术史的整个文明史的问题，一方面是"后学"对"发展论（进步论）"的颠覆，对应于自然科学界的反达尔文主义；另一方面是庸俗进化论——科学技术生产力的进步概念被挪用于社会精神领域与人类心理等一切方面。

关于艺术"进步"，人们最容易想到的是文艺复兴和启蒙主义运动，如16世纪意大利画家瓦萨里把艺术的发展作为人类对自然征服的历史。启蒙主义者把科学精神代表之进步化视为历史理性，其现实化为技术，即"工具理性"。这些思想便成为艺术进步概念的基石。在当代美学，阿恩海姆的格式塔心理学"完形"作用肯定了主体审美心理与客体有一种"同形同构"之进步的一致性。冈布里奇认为，不同风格艺术流派以各自的方式向预定图式之世界真实的接近被作为进化的艺术史观，如此等等。种种进步史观无论其缓进渐变还是激进革命的方式，因属于线性发展之历史观一概被后现代主义作为达尔文的进化论与神学"目的论"彻底颠覆了，连资本主义作为封建主义之进步也遭到否认，遑论艺术史的进步。

在反发展论之另一极端，社会达尔文主义至少在中国还有相当市场，美学上就有一种庸俗论叫"积淀"，20世纪80年代至今，其流行和应用还非常广泛。"积淀"说认为："审美作为……心理结构是感性与理性的交融统一，是人类内在的'自然的人化'或'人化的自然'。它是人的主体性的最终成果，是人性最鲜明突出的表现。在这里，人类的积淀为个体的，理性的积淀为感性的，社会的积淀为自然的……性欲成为爱情，自然的关系成为人的关系，自然感官成为审美的感官，人的情欲成为美的感情。"①积淀说以人的（审美）心理结构所描绘的一种发展观完全是庸俗进化论的，如其所云："只要相信人类是发展的，物质文明是发展的，意识形态和精神文化最终（而不是直接）决定于经济生活的前进，那么这其中总有一种不以人们主观意志为转移的规律……人类的心理结构是否正是一种历史积淀的产物呢？……心理结构是浓缩了的人类历史文明"。这种审美心理结构的积淀作用最直接地通过艺术审美形态表现出来，即所谓"美的历

① 参见李泽厚《康德哲学与建立主体性论纲》，《论康德黑格尔哲学》，上海人民出版社，1981。

程"①。这样，审美心理结构、艺术的发展与社会及相应科技生产力之间便有着一种完全整合式的同步线性关系，而根本不存在以上所论"物质生产与精神生产发展的不平衡"。

如上所述，马克思在谈到这一不平衡原理时有一句告诫则并不被人们广泛注意，他指出："进步这个概念决不能在通常抽象的意义上去理解。现代艺术等等。这种不平衡在理解上还不是像在实际社会关系本身内部那样如此重要和如此困难。例如教育，美国同欧洲的关系。可是，这里要说明的真正困难之点是，生产关系作为法的关系怎样进入了不平衡的发展。例如罗马私法（在刑法和公法中这种情形较少）同现代生产的关系。"由此马克思的这个论述是以提纲出现的，其中字句并不连贯，而带来了解读的困难。

马克思提到了"现代艺术"，仅仅几个字包含着现代艺术（当然马克思那时的"现代艺术"并不是后来的先锋派艺术）并不简单表现为古典艺术比"进步"的意思。神话与史诗时代人的艺术想象力与那时低水准的生产力以及相应认识自然的方式相一致，正是这种一致性造成了生产力发展与艺术发展不平衡的逆动性规律。美学庸俗进化论之"庸俗"在于把"进步"这一历史现象平面化直线化（线性不等于直线），也就是在审美与艺术的发展上简单线性化了，所谓简单线性就是以直线单线否认曲线和多线，即"心理结构是历史积淀的产物"。历史的进步在社会结构与社会生活的各个方面，"物质文明""意识形态""精神文化"与"经济生活"绝不是同步直线前进的。如马克思所说，艺术的繁盛时期绝不是同社会的一般发展成比例的，因而也绝不是同仿佛是社会骨骼的物质基础的一般发展成比例的。人类社会发展主要是以社会生产力的发展为标志与衡量标准的。生产力的发展呈线性上升，即科技含量由低向高，而生产从低效率向高效率，低产值向高产值，粗放型向集约型所显示的一条上升曲线。生产力可通过种种精密准确的数据计算出其高低来，如同样产品手工生产与机器生产的效率和质量之差额。科学可以以种种难题和猜想的解决、发明与理论的创新、资料的占有与积累测度其进步。艺术生产发展并不是与生产力一致的上升曲线，而是更为复杂。艺术在不同历史发展时期中不可比，不是说不同时代或同一时代不同艺术种类和作品的内容、意义、思想、形式以及创作方法与风格的不同特点不可以进行比较研究，而是不可笼而统之地简单比较它们的"高低优劣"，并以此决定艺术进步的单线直线之线性历史。

① 参见李泽厚《美的历程》，文物出版社，1981，第 211~213 页。

如马克思所指出，在艺术史上，一种艺术生产的形态出现并消失之后便不可能在后来的发展阶段重复。某些有重大意义的艺术形式只有在艺术发展的不发达阶段才是可能的。所谓"艺术发展的不发达阶段"是就社会生产发展的不发达阶段相应的情形而言，因此在艺术发展的不发达阶段的某些形态如神话与史诗，却好比人类历史的儿童时代的反映，因为这一时代之"永不复返"而具有"永久的魅力"。这种魅力绝不随后来在社会发展成熟——少年、青年、中年，以及后来的艺术品种的出现而降低。人在生产上的低水准与在神话与史诗创造的高度魅力，即两种生产在历史发展进步总体一致性中的阶段性不平衡，这种复杂的辩证关系是我们理解这个问题的最大难点。

人类童年时代的科学技术和生产力肯定比中青年时代低，资本主义肯定比封建主义进步，晚期资本主义在科技生产力、民主化管理等许多方面比早期有所进步，但艺术并不就是这样，在拉斐尔与毕加索之间能比出谁高谁低来吗？现代诗人，郭沫若、闻一多、徐志摩、舒婷、北岛，在何种意义上可以说"积淀"着比屈原、李白、杜甫更优越的"审美心理结构"呢？从个体来看，我们可以举出大量例子证明，一个诗人青年时代的作品并不一定低于其中晚年。毕加索一生经历了"古典时期""立体主义""蓝色时期"和"玫瑰时期"，在这些风格变化中能比较出高低来吗？就拿新石器时代来说，这一文化期跨度为公元前8000年到前3000年，前3000年的代表龙山期文化的黑陶在美学上就比公元前8000～前5000年代表仰韶文化的彩陶高吗？

正如前面引过马克思批评那种把物质生产与精神生产机械地理解为同比的平衡关系引出的结论，他反问："既然我们在力学等等方面已经远远超过了古代人，为什么我们不能也创造出自己的史诗来呢？于是出现了《亨利亚特》来代替《伊利亚特》。"①

"今天比昨天好，明天比今天好"，"好好学习，天天向上"这些常见并不适合、至少不完全适合于艺术的发展。为什么科技走向"高新"发展的今天却处处响起"艺术死亡"的声音呢？正如费瑟斯通指出的，"透过后现代主义来审视进步与倒退之紧张"时，显出历史的"反讽"意味，从前有人把卢卡奇的现实主义立场当作黄花落叶来诋毁，并以此来证明"现代主义是进步"的那一套做法，现在"因人们对现代主义的敌视而落到了

① 《马克思恩格斯全集》第26卷，第1册，第296～297页。

自己头上"①。

绘画史上一向把"透视法"的发明作为重要进步，并认为与文艺复兴时代几何学的发展有关，然而 20 世纪初的立体主义与未来主义率先打破了这一法则，它们最初借"工业"表达的观念却是"世界革命"。以画家视觉远近为准，建立在"模仿—逼真"基础上的透视画法在东方传统中没有地位，如中国和日本绘画艺术，所以丹托说，"把空间再现仅仅当作约定俗成的事情，进步的概念就蒸发了"。虽然他受"后学"影响有反达尔文主义倾向，并过于强调艺术史的非连续性，但他也并没有像后现代主义历史哲学那样一概反对"进步"概念。他以下的提法是有道理的，即把艺术的发展（进步）与风格的改变相区分，从而在高新技术下要考虑的问题是，"什么技术"带来"什么样艺术手段"的改变，这种改变并不能简单说是"进步"。他注重艺术"再现"与"表现"的区分，把艺术史线性的进步观改写为：当艺术"再现"的对象成了对与之有关事物"表现"的理由，我们就沿着这些新建的途径"重建艺术史"。② 这就是说在以"再现"为方法与风格的艺术种类或流派的作品与"表现"特点的艺术之间不是"进步"而是"变化"的问题。"画得更像"或"模仿得更逼真了"乃以再现为基点的艺术方法而言。我们可以说"再现"或"表现"的技巧、手段和效果进步了，而不能言"表现"比"再现"进步。同样，对于"超文本写作"与传统写作、"网络文学""手机文化"等与传统文学之间，除了某些纯技术层面，如修改、复制、传送之方便等之外，并不存在进步问题，其相互异同需要比较与研究。

以科技这把尺来测度，当 20 世纪初其他艺术已经越过其光辉时期，电影却刚刚从婴幼开始其历史。20 世纪 30～40 甚至 50 年代人们绝没有可能看到泰坦尼克号下沉时遇难者在沉入海面的甲板上纷纷坠落的画面。电影从卢米埃兄弟的《工厂的大门》到如今的《角斗士》表现为无可争辩的进步的话，那么嫦娥奔月的故事无可避免因阿波罗登月而黯然失色。高新科技完全可以塑造一个具有生命活体的触感之"当代维纳斯"——肌肉皮肤的弹性、血液的温度与活人一般无二，等等，那么冰凉的大理石的米洛纳的维纳斯是否因此失去魅力？艺术"进步"的概念只有在同一种类、样式、风格与同等技巧、甚至传播媒介之下才是有意义的。所以我们基本上

---

① 《消费文化与后现代主义》，刘精明译，译林出版社，2000，第 73 页。

② Arthur C. Danto, *The Philosophical Disenfranchisement of Art*, Columbia Univ. Press, 1986, pp. 90 – 93.

同意丹托所说"艺术史没有某种可预知的未来，它也反对进步的范式：它分散在一系列一个接着一个的个人行为中"①，但要谨慎的是把这种观点推广为一种泛化的后现代历史观。

德国经济伦理学家科斯洛夫斯基指出，在历史的总体前进中，保持技术、经济、艺术、哲学与经济组织的高水平，几乎和达到这个水平或重新创造它一样困难。因此，每一代人都必须重新学习社会能力，获得这种能力，"因为已学会的东西不会像基因一样世代遗传下去。"② 遗传学和生物工程要解决的人决定于基因图谱的先天能力的保持与发展，至于极少数先天听觉缺陷造成音准辨识之丧失（五音不全），不适合从事音乐；先天色盲不适于绘画，但这与历史发展总体决定的艺术史无关。丹托不无深刻地认为，"艺术不是人类进化的首要手段。"③ 人类进化的首要手段是劳动——制造工具。

人类在艺术创造上的遗传基因作用在科学上并没有任何发现。恩格斯指出："手不仅是劳动的器官，它还是劳动的产物。只是由于劳动，由于总是要去适应新的动作，由于这样所引起的肌肉、韧带以及经过更长的时间引起的骨骼的特殊发育遗传下来，而且由于这些遗传下来的灵巧性不断以新的方式应用于新的越来越复杂的动作，人的手才达到这样高度的完善，以致像施魔法一样造就了拉斐尔的绘画、托瓦森的雕刻和帕格尼尼的音乐。"④ 恩格斯这里所说的是劳动所引起人的肌肉、韧带和骨骼这些肢体（手）结构通过遗传的进化，这些进化的成果并没有废除个体知识和技巧上的习得性，任何时代的任何艺术技巧包括文学写作与音乐演奏都是通过严格训练艰苦学习获得的。任何天才人物如果从生下来到老死都不学习只能一无所知、一无所成、终其一生。任何审美心理与其他心理的东西，如社会心理、性心理等，正如社会行为和习俗，决定性的因素是环境，而不是遗传下来的某种"结构性"的生理的东西，比如 20 世纪印度发现的在狼群中长大的"狼孩"，在身体结构上是人的，而在其他方面却是"狼的"，如嚎叫、爬行等。但是，由于人类身体器官和生理结构上遗传下来的功能使"狼孩"回到人类社会环境之中能够通过学习训练重新获得与正常人同样的心理、习性和行为上的特点。

艺术的进化作用只是在某一时期如此，但这种进步作用与建立在心理

---

① Arthur C. Danto, *The Philosophical Disenfranchisement of Art*, pp. 90 – 93.

② 科斯洛夫斯基：《后现代文化》，中央编译出版社，1999，第 133 页。

③ Arthur C. Danto, *The Philosophical Disenfranchisement of Art*, p. 204.

④ 《马克思恩格斯选集》第 4 卷，人民出版社，1995，第 375 页。

结构"积淀"说恰恰相反，如丹托指出，它"没有发生在遗传学层面上，而只是发生在思想层面上"①。在历史的一定阶段，物质生产与精神生产同步而进，如文艺复兴—启蒙运动时期，艺术与科技生产力共同表现为进步（人性解放）手段，但这不是什么"积淀"，而决定于是否在思想上代表先进生产力。而另外一些历史阶段，物质生产与精神生产会出现单方面滞后而错位的情况，以为艺术的进步是遗传的作用与艺术史的发展也不符合史实。在一种艺术思潮新旧代替的时代，新潮流往往以政治进步姿态出现，如现代派早期、未来主义、立体主义、表现主义等都以主持进步为己任，宣称代表先进的工业生产力并与无产阶级革命紧密联系着，如马雅可夫斯基、阿拉贡、布列东、布莱希特等，但从整个艺术发展史的宏观来看，这些反传统的流派的出现反映了意识形态的变化潮流，并不能简单以艺术上的"进步"加以说明。

后现代艺术史观对黑格尔的悖论在于，摒弃其"进步"历史意识，摭拾其"终结"说，并将之从艺术扩张到哲学。"终结（end-）"一词在德文与"解脱""引出"（ent-）相关（80年代我国哲学界曾有关于恩格斯的《费尔巴哈与德国古典哲学的终结》中的"终结"是否应译为"出口"之争）。黑格尔《美学》中的"艺术终结"一方面是"出口"，如古典—象征型艺术的终结引向浪漫型的起端；另一方面，又与黑格尔的体系之"回到起始"相关，如在其《美学》第二卷第二部第三章"古典型艺术的解体"之第二节"神由拟人而解体"中谈到，因为抽象的"神"化为"人"便意味着从僵死的偶像返回"意识"（唯人才有意识）。个体意识对于总体意识和自觉便是哲学。艺术最终消失于哲学（杰姆逊则以现代主义—后现代主义反论艺术代替了哲学）。

这样，在黑格尔的辩证法中我们得到了乐观与悲观相统一的"终结"观念。从原始时期带有永恒魅力无名者的神秘涂鸦起始，在伴随着人类受难，因挣脱枷锁之呐喊而伟大的历程，艺术在其最高形态上是少数殉道者精神火花所奉献出的精粹，并对不同时代生活作百科全书式记录和诠释。它将以这种形态的终结而终结，其伟大高贵形态将变成我们从来不认识的东西。我们所熟悉的艺术形态将珍藏于博物馆、图书馆和电脑数据库中，其委琐卑俗之形态只能弃之于垃圾堆。正如人类历史在终将到来的最后一次宏大话语之后，艺术将变成我们从来不认识的叙事形态，并可能在更高的层面上"返回"原始，一种在铲平金字塔社会结构基础上的日常生活审

---

① Arthur C. Danto, *The Philosophical Disenfranchisement of Art*, p. 204.

美代替了职业化的艺术（如没有专门的艺术家，即人人都可能成为艺术家）等。

艺术史的这些形而上问题不可简单地用某种美学公式去套，而是要依据不同艺术种类发展本身的历史分门别类地加以概括和论析。"积淀"倡导者还声言要用数学方程式来精确地表达人的复杂的审美心理结构，认为"审美感受和艺术风格，其抽象形式将来可以用数学方程式来做出精确的表达"①，"审美心理学要能够运用数学方程式，恐怕至少在五十年甚至百年以后"，"现在应该提出如何能用比例的理论把人的心理结构以精确的数学形式研究出来……直接进行这种研究也许要在几十年之后"。② 这在思想方法上同样是主观、机械、粗糙与庸俗的。一方面是美学庸俗进化论；另一方面是机械的科学（理性）主义。"科学主义和理性主义"把科学与理性的作用夸大到不恰当的地步，与崇尚科学理性精神是背道而驰的，机械的科学（理性）主义则将之更简单化、机械化，也更庸俗化了。

科学技术与审美艺术在人类进步的线性历史上，有如同一条大道上两条路上跑的车，它们相互影响相互作用，但有各自不同的起伏和节奏，时而并进时而碰撞，却不会并辙，也不会背驰。关于科学技术进步与艺术的关系，包括遗传生物工程学和心理学方面的有关问题，艺术本身的继承和变革在人类和个体身体结构与精神方面的进化问题都需要进一步研究，抛开这方面已有的知识资源，玩魔术似的"这个积淀为那个，那个积淀为这个"，妄断审美心理的"数学公式化"，不利于这些问题脚踏实地研究的深入开展，而只能使人似是而非地满足于巧言包裹着的异想。

（二）超真实、符号生产与虚拟性

自 19 世纪至 20 世纪末的不到两百年间，文化生产以科技革命所带来的光电媒介传播方式在艺术领域直接推出的新品种系列为摄影/电影/电视/电脑（包括网络文化）。这从感光技术和有线—无线电信技术起步到电子传播技术的三级跳，对艺术的媒体手段产生了巨大影响，在视觉图像艺术上的根本特点表现为：一是从绘画摄影的静态图像变为银幕上的动态视像；二是将科技虚拟世界与艺术想象世界巧妙地结合起来。

高新科技媒体在传播上的特点是，以音像视听为基本接受要素，通过从信息源发送，到接收终端，经过记录保存，复制生产，扩大再传播。电

---

① 李泽厚：《康德的美学思想》，《美学》（1），上海文艺出版社，1979，第 57 页。
② 李泽厚：《美学的对象与范围》，《美学》（3），上海文艺出版社，1981，第 19、25 页。

脑合成技术、数字化技术越来越广泛地运用于各艺术领域，一种以电脑视窗软件体制支持，在声光文字多媒体下超负荷信息载体文本出现了。"超文本（hypertext）美学"的本质在于把代码式审美信息尽可能多地转化为直接可视之图像信息，以多媒体的链接之网状、弹性、开放结构代替单一符码文本的线性、刚性之封闭结构。①

19世纪末，电影作为一种新的表演叙事艺术打破了舞台剧在时间连续性与空间同一性上的限制，其基本工作原理是把一个个单独静止的画面之间的微小位移通过快速"翻阅"在人的视觉上连接成连续的动作，其在接受心理效应是建立在虚拟上的视觉"完形（格式塔）"作用上的。电影的特技制作为艺术虚拟性开放了更广阔的空间。电影的先祖，以影像感光—复制技术起步的摄影以对真实世界的真实记录为特点和目的。但是这种技术在保存真实档案的同时也发展为一种虚拟的手段，如新闻摄影弄虚作假的"换头术"等等，到电影二次拍摄与叠影等暗室操作，发展了影像的虚拟性手段。电影特技进一步发展了二（多）次拍摄、"替身"、微缩模型放大到对白翻译、音响编配。这种从视听音像对现实的虚拟到电脑的动漫制作，以画面的任意切割、粘贴和捕捉、移动，以3D视觉画面效果达到登峰造极。高新技术视像给艺术带来的所有这一切，无非是人的想象借助不同媒体制造虚拟真实能力的扩大与变换。如果让人们在一个世纪电影生产的产品中进行选择，除了从某些早期影片得到怀旧的满足外，大多数人肯定宁愿选择晚近的产品，尽管40、50年代的许多黑白片的精品并没有失去魅力，正是通过它们人们结识了爱森斯坦、格里菲斯、费里尼、卓别林、英格玛·伯格曼、希区柯克这些光彩四溢的大师和明星。然而，大多数人较之无声片、黑白片，宁愿选择有声彩色片与更高清晰度之影片。无疑高新科技为借助它诞生的艺术增加了表现力和观赏性。然而，高新科技手段的利用过度却又使艺术冒丧失自身的危险。在这个意义上，《卧虎藏龙》的主人公们在竹梢上打斗并不比李小龙的真功夫"进步"。电脑技术的滥用导致电影艺术与网络游戏、商业广告片制作趋同，如2005年《无极》《神话》这些"大片"所显示的。

"后学"阶段的工具理性批判取得了与高新科技产业相应的某些新的形态，上节所说"后现代崇高"即为一种，这种批判还展现在艺术真实这个老问题上。艺术真实问题在与高新科技关系上表现为新手段、新形态、新媒体之"虚拟真实（virtual reality）"，即通过以电脑为主的种种高科技

---

① 黄鸣奋：《电脑艺术》，学林出版社，1998。

手段制造出一种对各种感官刺激和综合的"浸淫环境（immersive）"之"赛博空间（cyberspace）"系统。① 在实际生活中，虚拟真实已经应用于驾驶与手术训练，在飞机、汽车驾座上通过电脑虚拟天空与公路的种种情景和险境，在手术室中模拟患者的身体器官内脏，进行仿真操作可以避免实际操作的危险性，等等。以至于有人提出，哲学上虚拟真实与自然真实在本体论上是"对等"的②；另外一种意见认为虚拟真实与自然真实是不同的，虚拟真实只是事实或实际，而不是真实。"本体论上对等"的意思是两者都存在着，但这不等于两者是"原则同格"的，如马赫主义以原子的发现所认为物质与感觉"原则同格"那样。我们可把艺术或科技制造的虚拟真实作为相对于客体真实之二级真实。鲍德里亚从加拿大传媒研究家麦克卢汉那里引来"内爆（implosion）"一说，认为在后工业高科技文明中，由于科技虚拟仿真的功能，标准化复制式生产使艺术品成为无穷增殖的"类像（simulacra）"，符号、虚拟仿真图像与真实世界之间发生"内爆"，就是说它们之间的界限消失了，我们面对的是一个模型与符码所决定与支配的"超真实（hyper reality）"的世界。③ 图像本来因其直观性具有反符号之特点，作为一种文化商品之消费符号便带有与文字语言符号（作为"存在的家园"）之不同形态。电影以其票房，电视以其收视率，画报以其发行量把图像又转化为通货计量的抽象的消费文化符号。高新科技对艺术作为消费品生产、保存、传播的便捷性，使艺术愈益趋向大众化与消费化。电影以拷贝复制改变了表演艺术的舞台生产方式，电视和光碟把放映从影剧院搬进了普通家庭客厅。艺术在"生产"与"消费"的意义上改变了过去的"经典性""传世性"和"永久性（魅力）"而成为"泡沫""快餐"和"一次性"文化消费品，最后是垃圾。视觉冲击、娱乐的商业性代替了"诗意的思"和艺术冥想带来的美学"沉醉"和"迷狂"。后工业文明时代的人生活在一种被高新科技所制造的图像泡沫所包围的世界上，这就是以"图像"为唯一形式所"生产"的鲍德里亚所说的"超真实"的世界。这些符号在消费性上取得唯一的意义，制作出来的唯一目的是"卖"给眼球。

网络游戏的虚拟真实功能使成千上万个孩子沉迷其中成为"网瘾"

---

① 翟振明：《虚拟实在与自然实在的本体论对等性》，《哲学研究》2001 年第 6 期，第 64 页。

② 参见：a. 翟振明：《虚拟实在与自然实在的本体论对等性》；b. 张怡：《虚拟实在论》，《哲学研究》2001 年第 6 期。

③ 凯尔纳等：《后现代理论》，张志斌译，中央编译出版社，1999，第 152 页。

者，不能自拔。2005 年天津塘沽的一个 13 岁少年，染上网瘾，为网上游戏写了多达几万字的札记，其中充满游戏中角色的姓名和事迹，最后失去自我从高层建筑顶层纵身一跃，坠地而亡。近年有些学生迷恋网络"穿越文学"集体自杀……这些惨剧为那种声言虚拟真实与客观世界真实原则同格论作了一个注脚，最终导致以虚拟的幻想世界舍弃客观世界真实付出生命。我们甚至希望这些悲剧本身是虚拟的，然而年轻生命的夭折无情地粉碎了这种荒唐的哲学。中国早在 20 世纪上半叶，武侠小说一度极为流行，如还珠楼主的《蜀山剑侠传》《青城十九侠》等，近年李安的电影《卧虎藏龙》即根据当时王度庐的系列武侠小说《宝刀飞》《铁骑银瓶》及同名的《卧虎藏龙》改编的。武侠小说在青少年中也造成如今天网游那样的痴迷，以致当时个别青年离家出走到峨眉山等地求师习武……以虚拟真实代替现实真实必然导致荒唐以致严重的结果。

同样，虚拟真实与现实真实的互动效果在恐怖主义组织对美国发动的一次"真正的战争"——"9·11"时得到应验，以至人们一开始在荧屏上看到飞机撞击双子大厦爆炸倒塌的画面竟以为是科幻新作。然而，超乎科幻片导演大师们想象的是毁灭性打击力量并非来自天外而是地球，不是数字合成虚拟图像而来自客观现实的宗教极端主义仇恨。这在一定意义上也象征着一种极度非理性力量对极度理性化的反拨，极度贫困对极度富裕的怨恨。

各个时代不同种类的艺术都要借助于虚拟，只不过手段、方式和程度有异。如鲍德里亚所举的例子，影视人物身份（医生、侦探）被当成演员的真实身份，[①] 虚拟真实的逼真性、乱真性在前电视、电脑时代也有类似的问题，20 世纪 40 年代中国解放区上演歌剧《白毛女》时，一名观看的战士就把演出当作真实情境，当场掏出枪来要打恶霸黄世仁。无独有偶，在西方《奥赛罗》中雅各扮演者也有过同样的遭遇……"超真实"与真实的界限在任何时代都不可能如鲍德里亚所说那样被夷平了，"内爆"说只不过是把高新科技媒体制造的虚拟真实的"新"的逼真性加以夸大，以生产理论上的陌生感。高新科技并没有改变真实与虚拟的本质，只是改变了艺术虚拟的手段与形态。"超真实"对"现实真"的代替用一句老俗话说"演戏的是疯子，看戏的是傻子"。观众"傻"就"傻"在把虚拟的真实当作现实的真，把拍摄现场从高墙下跳倒现于银幕当作真正的"飞檐走壁"来看，又把双子大厦被撞当作卡梅性大片之"超真实"。所以"超真实"

---

① 凯尔纳等：《后现代理论》，张志斌译，中央编译出版社，1999，第 154 页。

就是让虚拟（虚假或欺骗）尽最大可能，不惜一切，包括高科技手段，被看成现实的真。"傻"到了"极点"就是那为虚拟世界放弃真实世界的孩子……当荧屏上的暴力与恐怖化为现实的真之时，虚拟的超真实便哑然了。鲍德里亚所举的一个中国京剧例子是很精当的，他以京剧的《打渔杀家》和《三岔口》为例（他没有直接说出它们的名目，他的论述说明他看过这两出戏，并且印象极深），他赞叹，《打渔杀家》中的老人和小姑娘是怎样在舞台上用身体的简单动作就使江面翻腾起来，《三岔口》中的两人是怎样在黑暗中被对方的武器贴身刺砍而彼此不相触及，在灯光通明的舞台上逼真地表现伸手不见五指中的打斗。他高度赞扬了中国京剧迷人的想象力，并以此嘲讽高新科技统治下的好莱坞式电影生产，他说："若是在今天，摄影棚就会放上几吨水，黑暗中的对打就会用红外线拍摄。"① 前者可能指电影《泰坦尼克号》，黑暗中红外线对打就可能是由霍普金斯与朱迪·福斯特扮演的著名惊悚片《沉默的羔羊》中的一个场面。这表明以人的肢体为媒介表演的虚拟的艺术真实与科技虚拟的图像真实的差别。由于"电脑制作"，现在"飞檐走壁"根本不用演员从高墙下跳，只需用鼠标在显示器上"拉"一下就可以出现"飞天"之视觉效果。

其实在中国古代舞台剧《三岔口》《打渔杀家》与现代电影《沉默的羔羊》《泰坦尼克号》之间并没有高下优劣之可比性，两者共同之处在于它们所面对的一级真实的客观性。对于它们以不同媒介手段制造的虚拟真实，有人偏好于此，有人偏好于彼，有人两者兼好，这是这个时代审美主体趣味多元异质的真实情况。

艺术和科技虚拟之二级真实与客体之一级真实没有真实级次上的"对等性"，一句话：电脑不可能代替人脑，无论"人工智能"发展到何种程度，"人工（手动）"表明人的作用仍然是主体。后现代主义及其美学对主客二元的消解仍然是一种主体效应。如果虚拟的二级真实作为一种客体化的文本，在与一级真实同为客体这个限定意义上，方可认为它们是对等的，对于个体主体生存的一次不可重复性，虚拟世界与真实世界不可能对等。尽管在《黑客帝国——西斯的反击》中人类被星外邪恶力量战胜，然而现实人类终结的方式不可能是被它创造的东西消灭的，并且这日程远在我们的视野之外，人的世界不可能被虚拟世界最终摧毁。麦克卢汉的"内爆"说是一种对新媒体的夸张说法，鲍德里亚的"超真实"为工具理性批判之

---

① 让·鲍德里亚：《完美的罪行》，王为民译，商务印书馆，2000，第33页。

反讽，唯虚拟真实与客观真实的"原则同格"则为谬说。

（三）存在的时间性与商品拜物教

在高新科技时代，虚拟的"超真实"之另一极端是"艺术的直接性"。艺术的"直接性"以另一种方式取消了艺术虚拟（假定）性真实与生活原型真实的界限，也就是对艺术与非艺术界限的消弭。这当然表现为对传统艺术概念的颠覆的激进姿态。这种"直接性"艺术形态与借助高新科技媒体制作之虚拟真实在相反的极端上"内爆"以达到另一种"超真实"。从20世纪20年代的"达达"主义开始，它们往往也以前卫性之精英文化与大众文化中的科技新潮流相对峙。这种直接性以世纪之交达到高潮之"行为艺术"为代表，笔者在《末世的反叛》一文中对之进行了扫视和剖析。行为艺术虽然产生于高新技术时代，但与高新科技没有太多直接关系，而作为一种"末世的反叛"与60年代"左派"运动却有着某种内在的关联。"左派"政治过激的行动向艺术转移，使之取得"性"、暴力（伤残）、调侃（恶作剧）之内涵，并从人体模型、动物的肢解到伤残自己的身体等等。"无意义、无形式"即是一种与解构主义联系在一起的艺术上彻底的"虚无化"。行为艺术与其他前卫艺术的不同在于，从将"尿斗"陈列于艺术展厅，到以身体（性器官）投入的直接性，是"性"在美学上对弗洛伊德主义与马尔库塞的直接诠释和"暴力"的演绎，不过这种暴力不是革命或恐怖主义的暴力，而是自我对身体的暴力。在行为艺术中，可以看出"性"／"暴力"／"身体"与商品的一体化，以此来反抗资本和市场。以身体直接性传达的"性"主题的行为艺术正是对以女性为代表的人自身商品化之女性主义的反叛。女性行为艺术"作品"多半带有女性主义特征。这种特征往往作为"性"与政治的结合点，请看她们的"宣言"：朱蒂·芝加哥从自己的阴道里扯出一条染血的月经棉栓，命名为《红旗》。史妮曼则从自己阴道里扯出一卷"诗文"，亲自裸体当众朗读："从肉体化处境（性和商品的消费机器）中解放出来，回归身体和艺术"。她的这件作品叫《内在的卷轴》，成为女性行为艺术的一面"夏娃的义旗"。①

日本美学家今道友信把艺术与技术作为两种相反的时间性过程。人通过技术所追求所要达到的是提高效率，即缩短时间的过程。而艺术则相反，人在艺术中追求永恒，审美的艺术通过尼采所说的"梦"与"醉"，使作为生命的时间无限绵延。时间作为客观物质运动的形式，它在主观上取得

---

① 见毛崇杰《末世的反叛》，《颠覆与重建》，社会科学文献出版社，2002。

相应的感觉形式。今道的这种不无正确性与深刻性的论说使我们想到关于艺术是"白日梦"的比喻，确实两者都有着不同于真实世界的时间性。这个问题又使我们想起爱因斯坦在回答什么是相对论的一个通俗有趣的比喻，即同样的时间单元，当我们与相爱的人一起围坐在冬天的火炉旁度过与我们在其他地方单独或与其他人度过时间的长度在主观体验上不一样。时间作为客观物质运动的形式，它在主观上取得相应的感觉经验形式，这种感觉经验形式效应往往决定于主客体相处的某种特定状态。审美的时间也相似于这种效应，正如车尔尼雪夫斯基所说，面对一个美的对象，无论是美的自然景色，还是一件艺术品，就像面对我们心爱的人一样，进入柏拉图所说的审美的"迷狂"状态中，时间在主观上仿佛停滞了，生命似乎在瞬间进入类似无限与自由状态。这就是海德格尔所说的"诗/思/言"一体化有如"天地神人"共舞的存在方式。当然这完全是从主观的方面来看这个问题，因而带有虚拟的真实性。那就是说真实的生命的永恒是不存在的，有生的东西就有死。对于无限和永恒只是在审美所虚拟的真实中方可能体验到，这也就是艺术魅力不朽的秘密。

时间既是无机物质与生命运动的形式，也是思维运动的形式，信息高速公路究竟是节约了生命还是浪费了生命呢？如果节约了生命，为什么机械与自动化生产流水线不仅没有消除剥削，而且使人的片面化更甚，使人们普遍感到生活的节奏更快，时间更少，精神更紧张，压力更大了呢？高效率节约下来的时间跑到哪里去了呢？

在商品拜物教统治时代，时间本身商品化了，生命与时间都可以买卖，这是在今道友信存在主义的工具理性批判视野之外的。一方面，时间本身因为普遍商品化的规律——"时间就是金钱"，"以更少的时间生产更多的商品"——时间成为商品增值的意义而失去自身与生命存在连接的意义；另一方面，与之相应的是商品化的消费文化使消费符号化，商品成为消费符号，艺术也成为一种消费符号，在超饱和的图像—符号化消费世界与美学世界中，意义被淹没，人们被迫接受着超饱和的符号—图像。垃圾般的"审美文化"信息来也匆匆、去也匆匆，主体失去了审美所必需的时间，也就失去了审美思考，失去意义与存在的价值。在"网恋""网交"的虚拟世界中，人生变成了电子游戏机上的一次活动。因网瘾而跳楼的孩子成为游戏中的一个角色而迷失自我。在消费文化中醉生梦死成了真正醉生梦死的人生。文化消费以"一次性"节约（艺术欣赏）时间的形式，以"暴力"性强制，剥夺了审美时间，存在的价值与意义变成无意义的符号流，瞬息万变，目不暇接。这种烦躁、焦灼和忧虑产生的现代—后现代艺术，通过"零散化""平面化""精神病写作""类像—复制""去圣—解魅"达到反审美效果。

在万物商品化的时代和社会只有一种宗教：拜物教；只有一具偶像：金钱。1994 年行为艺术家朱发东有一幅作品：一名男性青年穿着中山服手提旅行提包在街上行走之照相左上端标明"此人出售，价格面议"。这一"艺术作品"与我们在街头看到现实人生中的"卖身救母""卖身求学""卖身消费""卖贤买 ipad"等等的人的商品化的真实浑然一体。不仅女性，男性的身体可以上市，器官可以卖钱，处女可以买卖，连人的灵魂也可以出售，这个世界还有什么不能"变钱""来钱"呢？整个社会的"无所不可变钱之来钱性"正是金钱以其不可抗拒的邪恶性腐蚀着整个社会之恶性循环。问题归根结底不是高新科技，而是把人当作物来生产的商品拜物教的物质生活的生产方式与人及艺术相敌对。高科技与高效率缩短了商品的社会必要劳动时间，在正面效应上，这节省下来的时间没有以审美艺术的形式转移到人的诗意存在上去，提高生命本体的价值，而负面却在一定地域和历史阶段造成产品与劳动力的过剩，而导致人的素质与文化艺术精神产品价值的双双跌落。

2001 年 8 月北京出现了"行为艺术"之最新探索——不是自残、自虐之套路，而是创作者让 30 名民工与专业舞蹈者在一个废弃厂房里，表现各种意义不确定的姿态、动作、场面的一场"难以定义"的"表演"。这仅仅是行为艺术的一种新尝试，还是一场转向社会底层之"唤起民众""唤起劳工"的新艺术运动并为"走出后现代"之展示呢？

虚拟世界与真实世界"原则同格"论者预想，2300 年"人类的大多数活动都在虚拟实在中进行。在其基础部分进行遥距操作，维持生计；在其扩展部分进行艺术创造、人际交往，丰富人生意义，通过编程改变世界的面貌"[1]。虚拟的"赛博空间"主要是通过实验者感觉器官存在的，感觉是人对现象世界认知的表层部分，感觉常常造成假象，即现象与本质的脱离；并且真实世界的多维性的许多方面是超感觉的。如果在家庭赛博空间虚拟华山真境我们就可随时随地游遍天下了。但是免除了攀登劳累与惊险是否能得到"无限风光在险峰"之真趣呢？正如华山挑夫能在"虚拟真实"中免于苦力享受"小康"的话，中国还有数千万贫困户，上千万失业者可否看成"等值性"的虚拟呢？这个问题是否在 2300 年前就能解决呢？

---

[1] 翟振明：《虚拟实在与自然实在的本体论对等性》，《哲学研究》2001 年第 6 期。

（四）身体直接性与精神分裂症

无论在任何意义下，商品所代表的都是物的虚拟，即反映人们社会关系的神秘性，一种与"天物"相分裂的"神性"力量。人们在把虚拟物当作神来崇拜时失去了自身尊严、品格和价值。思想者与创作家的根本使命是彻底改变这种结构。当对科技的批判成为一种科技—艺术单一关系的批判，这种批判本身就成了问题，那就是说不去批判使华山挑夫受苦受累的不合理的社会结构而去批判高山缆车。理论阐释可能把艺术对科技的批判转化为对体制的批判，批判理性的最后任务是把对法兰克福以来到鲍德里亚的对"工具理性"的批判转移到历史理性上来。

行为艺术对高新科技掩盖下的"非人化"现实关系的批判是激烈的，但这种批判的非理性对艺术之犬儒式的"去圣化"与"解魅化"使艺术成为反审美的，而改变了艺术的美学本性。艺术的死亡，使艺术成为"非人"与"反人"的艺术的原因，归根到底是与使人成为非人的社会关系相联系的。雅斯贝尔斯说："在这些众多愿作狂人，却过于健康的人中，只有凡高一人是崇高的出于无奈的狂人"。凡高死了，凡高那样"崇高的出于无奈的狂人"也不会再现，现在"愿作狂人，却过于健康的"也不"众多"。正如行为艺术家张洹所说："你似乎生活在一个有'病'的时代，每个人都有病，你会发现自己也是一个'病人'"。福科把疯癫作为一种"文明产物"。

精神分裂，在德鲁泽和加塔尼《反俄狄浦斯——资本主义与精神分裂》一书中，不是作为一种疾病或一种生理状态，而是资本主义社会下物质生产和欲望解放的力量之潜在状态———一种既知道行程中止，又要为自己设定目标的运动。在一种激起灵与肉的最终毁灭的无尽虚空中，要把既有的欲望生产投向某种新的生产行为的人格状况。他们写道："当我们说精神分裂是我们的个性的病症、时代的病症时，我们的意思不仅仅是说现代生活使人发疯。精神分裂不是一个生活方式问题，而是一个生产的过程。"① 精神病、抑郁症、心理疾病已经成为消费社会的流行病，与"人欲""物欲"增长成正比。在这个意义上，不仅精神分裂，包括国际恐怖主义在内的整个地球的癌变都如德鲁泽所说，是这种"欲望生产过程"的产品。福科说："不再由时代和世界的终结来回溯地显示，人们因疯癫而

① Delluze, Gilles & Guattari, Felix, *Anti - Oedipus*: *Capitalism and Schizophrenia*, New York: Viking Penguin, 1977, pp. 22 - 35.

对这种结局毫无思想准备，而是由疯癫的潮流、它的秘密侵入来显示世界正在接近的灾难。正是人类的精神错乱导致了世界末日。"[1] 真实的狂人与艺术虚拟的狂人化为同一的超真实。现实人的商品化与艺术的"卖人"的直接性，现实社会的吃人与艺术"吃人"的直接性，现实生活中的病人与艺术家作为病人之间的界限被行为艺术抹去。在大众化虚拟真实中，暴力与性以标准化生产成为血淋淋、赤裸裸的，而在行为艺术中这种血淋淋、赤裸裸化为身体的直接性纳入同一之"超真实"。

人类作为生物、生理、心理与社会经济、政治、道德的存在，其理性与非理性，正如批判与非批判、肯定与否定这些被后学取消的二元对立都是人作为辩证理性存在之相互依存的两个对立侧面。在现代与后现代高新科技时代，由于理性被科学主义推向极端，使人文美学方面成为非理性主义行使霸权的领地，批判精神也非理性化，与之相应的是"日常生活审美化"之低俗文化对消费社会的认同。在这种状况下，尤其需要批判的理性与阐释的理论，以转化批判的非理性。艺术的使命与科学技术在人文的同一高度层面上的使命，都不仅在于认识世界，而更在于改变世界。人类无论以科技还是艺术创造之"超真实"不是以虚拟的逼真性与身体的直接性为使命，而构建完全不同于现有生产关系维系着的新的真实。这一使命也不是由"新时代的狂人"作为解放的"潜在力量"来完成，而是一代新人把既倒之解放旗帜重新高高举起。远离"后现代之后"的"新人"绝非今天所谓什么"新新人类"可比拟的。艺术的固有形态正消失在"超真实"之虚拟与"直接性"中。我们已经不认识艺术了，它的可能性再生也不会是保存在陈列馆中的东西之复制，正如人类整个历史正面临着的千年剧变。

"艺术终结"这个永不衰竭的命题表达了新千年人类命运中大喜大悲之悖论。当黑格尔"美妙的歌已唱完"之语音刚落，伟大现实主义运动正起。但是黑格尔在"浪漫型艺术终结"论中已经说出"主体性活动消除"这样的后现代话题，这是因为人的主体性总是在天人的分合关系中起落，其中交织着悲喜情怀。丹托从马克思关于未来社会没有专业艺术家（人们早晨可以干这个，午间干那个……）的畅想中引出"艺术终结即死亡"之否定性结论："总是会有艺术的表演，如果艺术家愿意。自由终结于自身的实现。一种附属于我们的艺术总是与我们同在。"[2] 按照黑格尔所说，在

---

[1]　米歇尔·福柯：《疯癫与文明》，三联书店，1999，第13页。

[2]　Arthur C. Danto, *The Philosophical Disenfranchisement of Art*, Columbia Univ. Press, 1986, p114.

人的个别性与普遍人性的统一、个别人的意识与绝对理念的统一之中，见之于有限内容之绝对精神并不绝对可以用艺术的方式来表现，并且艺术也并不再表现被认为是绝对的东西，"而是一切可以使一般人感到亲切的东西"。① 所以，永远同在的艺术已经不是那个艺术，正如我们已经不是那个我们，尽管地震后的山水也许还是那个山水，地球磁极颠倒后的宇宙肯定还是那个宇宙。

七　艺术的审美本性与去审美化问题

文学与艺术的审美本性问题在前面有关章节从不同角度都有所涉及，特别与文艺的工具性与目的性关系密切，这里专门从审美主义与反审美（去审美化）倾向作为不同的美学文艺潮流进行研究。美学或艺术哲学在艺术的历史与实践上作为一种变化发展的话语，以艺术的审美本性为其相对稳定性的轴心，其张力维持的界面，在社会空间横向展开为艺术实践与非艺术实践，在历史纵向上是先前的艺术与现时的艺术，由此分裂出作为潮流之审美主义与去审美化两种极端倾向。艺术的审美本性与审美主义不是一回事，前者是指艺术之为艺术的一种固有属性，这种属性虽不是唯一的，却是带有一定本质规定性，如果没有这种属性艺术就失去自身成为其他东西了；后者是在特定历史时期出现的一种创作思潮和艺术理论。

（一）什么是审美主义

审美主义（eastheticalism）从现代到后现代已经被说得很多，这个似乎简单的问题批评界和美学界对它却有着不同的理解，特别是它与艺术的审美本性及去审美化问题缠结在一起，为纷繁奇幻的艺术现象所笼罩，在理论上变得更为复杂。"审美"从人类的一种对象性活动形而上地提升为一种"主义"，不仅意味着一种范畴推演达到的高度，还带有一种思想的历史形态与实践的现实化形态。因此需要从多个方面和不同角度，主要是从美学思想史和艺术创作实践这两个大的方面，来把握这样一种美学思想潮流和艺术实践倾向。从美学思想史方面而言，有人把康德—席勒的美学思想作为古典美学之审美主义代表，这是不准确的。审美主义的主要特征似乎也有一个普遍能接受的界定，那就是主张艺术以审美为唯一目的，进

---

① 黑格尔：《美学》第二卷，商务印书馆，1979，第380～381页。

而以为人生应以艺术与审美为至高境界。这种对艺术审美本性的极度推崇带有排他性偏颇，那就是通过排除艺术和美之外的东西对艺术和美提纯，以为其他东西掺进艺术之中就会妨碍审美的高尚旨趣这个论题与前面关于艺术的工具性与目的性关系很密切。席勒的美学，正如笔者曾说过是一种人本主义美学，即他把审美的追求作为人之为人的一种带有本质性的规定，那就是唯有通过审美的游戏冲动（或形式冲动）改造单一理性冲动与感性冲动的片面性，方能克服人的异化，使人成为全面的、自由的人。这种人本主义的美学思想看来把审美的位置提得够高，为什么不能说是审美主义的呢？因为在席勒的美学思想体系中艺术和审美的高度与其他非艺术领域的高度互为手段和目的，也就是说审美不是排他性的。比如对于政治自由来说，在席勒看来，审美是手段，审美游戏和艺术的美育作用是实现政治自由的唯一途径。对于道德也是如此，他提出通过审美的人上升为道德的人来实现人的自由和解放，因此艺术有以审美为手段实施道德教育的作用，道德与艺术有互为目的之关系。① 也许可以把审美主义的古典美学源头追溯到康德的"纯粹美"和审美无功利说那里。康德的这一有关思想确实为后来的审美主义所利用。但是康德不是以纯粹美为美的唯一模式，他还提出"附庸美"作为补充，并且他以"人为目的（自然向人的生成）"。人是以实践理性服从道德的绝对命令的主体，主体的审美判断力（美感）是以观念所支持对自然美形式上的"合目的性"的认知。康德以目的论把"人之为人"与"美之为美"沟通起来，前者为内在的质；后者为外在的感性形式。两者虽然没有达到席勒及黑格尔那样的辩证统一，但其二律背反有别于单一化的审美主义的"艺术和审美以自身为目的"。在康德，美感在本质上是对形式合目的性的认知，然而"形式合目的性"之"目的论"不是以审美为唯一自身目的和艺术的目的，这个"目的"是无目的之自然向着有目的之人的生成。有目的意识的人从无目的意识之自然万物陈陈相因变幻有序之美的形式中看出了自己（人）的目的，美感由此而生。因此，从目的观念来看，康德的美学思想也很难说就是古典的审美主义，正如过去普遍把他作为一个美学形式主义鼻祖未免多少有些片面化的误解。

对于审美主义的较多关注集中于它与现代性的联系是正确的途径，但是容易被忽视的是现代性在其早期与后期之间异质性。早期的现代性与古典的启蒙主义相连接，带有强烈的人本主义色彩，如席勒和康德，以对政

---

① 参见毛崇杰《席勒的人本主义美学》，湖南人民出版社，1987。

治的人道主义改造为艺术和审美的目的。这种美学和艺术观念贯穿于文艺复兴到现实主义和早期浪漫主义。审美主义的真正发生应是这一早期现代性的结束。作为一股艺术创作实践和美学理论思潮的审美主义普遍地覆盖着19世纪的欧洲，过去被汉译为"唯美主义"。汉译"审美主义"比"唯美主义"更贴近 eastheticalism 这个词，不过审美加上"主义"包含着唯美的意思。除了强烈的形式主义倾向之外这个词还与精英主义（Elitism）有着同源性，表明这股美学思潮与西方市民社会结构的关系。审美主义以对艺术审美本性的推崇代表着欧洲上流社会的高雅情趣，被冠以"精英艺术或优美艺术（Elite Arts or Fine Arts）"。Elite 这个词与 Fine 同义，表示某种美学优雅之巅峰状态。Elite 一词在后现代突出了它的贬义。它的来源，正如"贵族""绅士""上流社会""中产阶级"这些用语在描述社会结构时可以是中性的，而置入社会批评或文化批评中便显出显明的价值色彩，并从前后现代的正面性渐渐向后现代的负面性转化。在一般意义上，"精英"意味着通过知识和教养上的严格训练，在社会培育出一群出类拔萃"高人一等"的人物。这个字在更早市民社会中的特殊意义在于表明，早期资产阶级作为"第三等级"不满足于自己的经济上优裕的地位，在文化上也要与被他们推翻的贵族齐头并进，使自己从低俗的市民"贵族/精英化"，大学便是培育现代精英的最佳园地。正如我国步西方20世纪初的后尘，今天某些名牌大学标榜办学方向为造就"精英"，如特意为此开设了西方视为贵族化体育运动之"高尔夫球"课程等。这种精英意识或精英主义在审美文化上演化为现代社会的审美主义批评标准，但是在后现代的西方世界渐渐落伍，成为被颠覆的东西。

"精英艺术或优美艺术"把片面理解的康德美学之非功利和形式主义发挥到极致，在创作上对形式美特别是语言修辞技巧方面有极高的追求，主张把对纯艺术美的追求作为艺术的内部规律，强调艺术本身就是艺术的目的之自律论，拒绝一切作为艺术之外的宗教、政治、道德和社会历史的目的。正如20世纪初，从英国批评布拉德雷提出"为诗而诗"到作家王尔德的"为艺术而艺术"为代表。这在一定程度上理论化为英美"新批评"思潮的主要主张，不同程度影响到同时期叶芝、艾略特、济兹、华兹华斯等一代英国诗人的创作（拜伦、雪莱、蓬斯以及现实主义的狄更斯等不在此列）。稍后，韦勒克和沃伦在理论上加以总结为"新批评"之文学原则。他们所著《文学理论》一书对艺术品的定义为："一个为特别的审美目的服务的完整的符号体系或者符号结构。"他们认为，文学的内容和形式统一于共同的审美目的。因此，文学研究如果偏离了这一目的，"将文学与文明的历史混同，就等于文学研究并不具有它特定的方法"。①

特里·伊格尔顿指出，现代美学，或者说现代的艺术哲学（实际上是指带有审美主义的思想倾向）关于"象征"与"审美体验"的观念，关于艺术作品的"审美和谐"与独特性的观念，大体上都是通过康德、席勒、黑格尔以及柯勒律治等人的著作，从 18 世纪继承下来的。他指出：

> 在那个时期以前，人们也曾为了不同的目的写出过诗歌，演出过戏剧，创造过美术作品，而其他人也曾抱着不同的态度阅读过这些诗作，观看过这些戏剧，欣赏过这些美术作品。但是到了 18 ~ 19 世纪，这些具体的、随着历史不断演变的活动便被归纳为某种名之为"审美"能力的、特殊而又神秘的能力，而且新一代美学家还试图揭示其内在的结构。这并不是说在此之前没有人提出过这些问题，而是说这些问题从现在开始获得了新的意义，即认为存在着一种叫"艺术"的不变事物，存在着一种叫"美"或"美感"的可以孤立存在的经验。这一看法在很大程度上是我们已经提到过的艺术脱离社会生活这一现象的产物。……"创造性"写作的全部意义便在于它是一种高尚的无用之物，它便是"目的本身"，高踞于任何肮脏的社会目的之上。②

虽然伊格尔顿的这一段话对美学史上的源流有所歧义，但其对审美主义的基本特征的描述是到位的，从中可以看出，审美主义（"某种名之为'审美'能力的、特殊而又神秘的能力"，"存在着一种叫'美'或'美感'的可以孤立存在的经验"）不仅与精英主义（"高踞于任何肮脏的社会目的之上"）也与被称之为"艺术自律论"或"艺术内部规律论"（"它便是'目的本身'，高踞于任何肮脏的社会目的之上"）紧密联系着的。

以审美为艺术的唯一价值，进而推广到以艺术为生活的最高价值，审美主义作为一种美学现代性代表有着远比"唯美"的写作和"新批评"的文学自律论更深远的根源和复杂的内涵。这种复杂的内涵出自其源与流的关系。英美文学是一块，此外还有德法一块。

德国古典美学从康德开始到席勒、歌德、黑格尔，始终保持着的与德国狂飙运动的人本主义与人文精神的密切联系到 19 世纪中后期发生断裂。这个断裂最早的源头在谢林的神秘主义哲学体系之中。席勒的人本主义美学在某种意义上可以说是审美主义与人本主义的统一，而由于审美主义的

---

① 韦勒克、沃伦：《文学理论》，三联书店，1984，第 7 ~ 8、145 ~ 147 页。
② 特里·伊格尔顿：《文学原理引论》，文化艺术出版社，1987，第 26 页。

排他性，它一旦附庸于人本主义，它就不是完完全全的"审美主义"了。因此要从人本主义那里独立出来，美学方能取得审美主义的意义。谢林也承袭了德国哲学关于人的自由本质的理念，但是他设定了一个"更高自由的"神秘虚幻的绝对者，使人的自由本质脱离了启蒙的政治自由和道德自律。他认为，艺术为自然和人的自由创造提供了"唯一的、永恒的启示"，因此艺术是"一种奇迹"，这种奇迹"哪怕只是昙花一现，也会使我们对那种最崇高的事物的绝对实在性确信无疑"。只有艺术通过对人的残缺不全的克服达到"无限与和谐"方才能够把一个"完整的人"带到"绝对者"那里。① 他宣称他的《艺术哲学》一书中的所谓"艺术"是"直接产生于绝对中的必然现象"，是古人称之为"神的手段""神的奥秘的宣示"。② 从这些论述可以窥见后来称为审美主义的最早形而上学源头通向宗教神秘主义。

走出古典哲学之后，叔本华把世界作为意志的表象，把性爱的欲望作为对生存意志否定之人生痛苦的根源，自杀与艺术就成为解脱人生悲剧导向涅槃世界的两大途径。尼采把叔本华带有悲剧生存意志改造为强力意志。他认为，艺术作为对抗基督教伦理和现代科技文明的救赎之道，以"重估一切价值"提出把人的审美冲动和能力与其哲学最高范畴"强力意志"联系在一起作为其"悲剧诞生"所认肯的"唯一价值"，提出把"人生做成一件艺术品"的口号，他说："我们不妨这样来看待自己：对于艺术世界的真正创造者来说，我们已是图画和艺术的投影。我们的最高尊严就在作为艺术作品的价值之中——因为只有作为审美对象，生存和世界才是永远有充分理由的。"③ 这股美学思潮或多或少地影响到德国的浪漫主义文学创作，还有瓦格纳的音乐等。深受尼采影响，海德格尔认为在技术统治的世界，存在的深度真理被遮蔽，当世界成为被制作的"材料"时人就成为"人材料"了。在他看来，只有以诗意的语言思考着存在的真理，作为存在的"看护者""诗意地栖居着"，人才悟得存在的真理，进入恬然澄明境界，人方能摆脱"人材料"的命运，才是本真的存在。沿着这条审美主义思路，法兰克福学派的马尔库塞提出了以"性欲文明"克服"单向度人"之异化，以审美之维最终达到"新感性"之解放。这是一种美学乌托邦。这种美学乌托邦的思想一直影响到美国新实用主义的代表人物罗蒂。④ 然

① 谢林：《先验唯心论体系》，商务印书馆，1977，第 266 ~ 278 页。
② 谢林：《艺术哲学》（上），中国社会出版社，1997，第 2 页。
③ 弗·尼采：《悲剧的诞生》，周国平译，三联书店，1986，第 6、21 页。
④ 参见笔者《实用主义美学的三副面孔》，2009。

而，美学一旦走到乌托邦也就离开了审美主义，那就是以某种政治理想社会的建构为目的，美学带有手段性。马尔库塞所张扬的"否定的艺术"不是以审美为纯粹目的，而是指向了社会批判。罗蒂的美学乌托邦也是以自由主义政治为目的。

后现代福柯从"认识你自己"到"呵护你自己"的"生存美学"，到新实用主义舒斯特曼的"伦理的审美生活"也是沿着尼采的思路过来的。不过，后现代的美学对尼采的审美主义进行了平民主义和日常生活实践的去审美化改造。福柯提出"难道每个人的生活就不能成为艺术作品"，"为何华灯、骏马成为艺术对象而我们则不是"的问题。① 福柯的这种"生存美学"发挥到极端，把性欲中的"创造性体验"化为同性恋甚至吸毒的"实验"，试图从中获得强烈的异样快感（混淆于审美快感），以为身体的权力进行辩护。这就从现代主义的审美主义走向了后现代的去审美化。舒斯特曼关于伦理的审美生活之构想是一种人生终极目标，同时也是知识分子在日常生活中的一种现实的文化政治选择。这种文化政治选择通过审美活动与对生活的美学理想与日常的实践相连接，又通过政治道德理想与政治生活的实践（包括大学校园中的政治运动）相关联。因此，伦理审美生活的涵盖极其广泛，包括伦理、美学、政治、文化和日常生活的内容，由此带有后现代反审美主义倾向，也不可避免地在一定程度上表现为去审美化。后现代以审美主义面目出现对去审美化的裹挟，是以科技新媒体打造的视觉文化转向其所承载的消费主义的日常生活审美化。②

（二）去审美化与艺术的审美本性

三个多世纪前当布瓦罗宣称"文学永远只凭着理性获得价值和光芒"的同时，主张从诗歌中驱赶乡村的粗野与市井的俚俗。他源于古代希腊与意大利他的人文理性尚披着中世纪晚期的贵族衣装，不同于德国古典哲学和美学的浓重的思辨气息，也相异于大致同一时期的法国哲学在于启蒙运动对资产阶级革命的思想指导。如果20世纪在法国崛起的结构主义那里可以搜寻一条从形式主义通往审美主义的途径的话，那么这条路径若明若暗地引自大约三个世纪前布瓦罗的新古典主义戏剧诗学。有意思的是，相隔近三个世纪，法国的结构主义是借外来的语言学和形式主义叙事学和诗学

① "Foucault Reader", New York, Vintage, 1984, p. 350, from Shusterman, Richard, *Practicing Philosophy*, p. 26.
② 参见笔者《知识论和价值论上的"日常生活审美化"》，《文学评论》2005年第5期。

在20世纪60年代的左派运动中作为对激进政治的一种消解力量；18世纪的新古典主义则是贵族皇权给文艺复兴的人文理性所加的一套华丽服饰。法国从新古典主义，经过浪漫主义到达现代主义，审美主义在其中若隐若现。美国抽象表现主义画家纽曼说："现代艺术的冲动就是毁掉美的这种欲望……这是通过彻底否定艺术与美的问题有任何关系来进行的。"法国之现代性审美主义思潮的复杂性在于，它一开始就与颠覆传统之去审美化倾向纠缠在一起。"毁掉美的欲望"所表现的现代主义冲动在另一端与形式美的追求之冲动相遇。

始于法国巴那斯诗歌运动结合在一起的意象主义，以波德莱尔、马拉美、魏伦和兰波为代表，标志着艺术现代主义的起始，从他们的创作宣言和作品倾向可以看出，审美主义与去审美化在那里有一个若即若离的古怪过程。马拉美声称诗歌要表现世间所没有的"梦境中的纯粹的美"。诗人魏伦的诗作一方面对音乐感极其考究，发表宣言声称诗歌"永远要的是音乐"：另一方面却宣告自己的诗作是"容纳我所能表达的一切恶劣情感的阴沟和粪池"。兰波说："有个晚上，我让美坐在我膝上，我发觉她令人难受，于是我伤害了她。"意象派诗歌与印象派绘画有着共同的美学倾向，莫奈以粗俗妓女为模特的《奥林匹亚》与凡高的割耳自画像有着与波德莱尔的《恶之花》同样的去审美化情绪。在绘画印象派那里，形式上的审美主义与题材上的去审美化有如一枚钱币的两面。新古典派安格尔的典雅的《宫女》被俗不可耐妓女（《奥林匹亚》）所替代。莫奈以《草地上的午餐》又把妓女从榻上搬到了野宴席上。但是与后来达达主义的那种激烈的去审美化迥然不同，在印象派绘画对于光景和色彩之热烈追求以及象征派诗人之意象化情感渲染中，透露出文学和绘画追求不同种类艺术新的语言形式之审美主义冲动。对光和色彩在主观印象上的探索驱使莫奈取毫无诗境画意的干草堆作为题材表现不同光照下的效果。没有比波德莱尔把审美主义与去审美化集于一身之冲突更激烈的了。那就是他主张"现代主义的（去审美化）"最终要返回"古典的"（审美）。这只不仅是说说罢了，这种冲动若隐若现在存在着。正如研究了波德莱尔理论和他的诗作倾向的本雅明指出的："波德莱尔喜欢在一种巴洛克式的光辉照耀下把他的主题行之于文。"① 波德莱尔以"自杀"为中心的阴暗、肮脏、丑陋的主题在精雕细刻的巴洛克式的"花"饰之下焕发出怪异之审美的色泽，正如后来罗丹把丑陋的欧米哀尔展现在他的文艺复兴式的刻刀之下。然而，这种自我表

---

① 本雅明：《发达资本主义时代的抒情诗人》，三联书店，1986，第93页。

现的美学冲动，也如凡高在《向日葵》《鸢尾花》《星夜》中所显示的，完全消失在大约半个世纪之后的达达主义极端去审美化中。波德莱尔为"丑（恶）"做艺术合法性一辩仍然是在审美的范围之内，对旧法则的颠覆是为新的审美立法；而杜尚的《泉》则是对"艺术是什么"的彻底破除。

艺术的审美本性问题关系到美是不是艺术的本质特征，或艺术可不可以用美来定义，在根本上与"艺术是什么"的问题联系在一起。这正是后现代分析美学的一种提问方式，这样的一个问题的回答又不能不与"美是什么"缠绕在一起。因此引起了美学本质主义与反本质主义的对垒。如果美确实是艺术的本质特性的话，在美尚无一个公认的定义时，艺术又怎么可能有一个普适的定义呢？如果可以撇开审美来看艺术，把艺术作为与美无关的东西，那么又以什么来为之定义呢？当形而上学的本质主义争论停息之后，问题便这样地呈现出来："什么样的东西可以拿到展览会当作艺术品展出"，"可不可以为'非审美的艺术'之'审美合法性'一辩"……

作为逻辑实证主义的新实证主义是科学主义的本质主义哲学。由于美和艺术被排除在可定义性逻辑语言之外，从维特根斯坦晚期的日常生活语言和语言游戏思想中生长出艺术作为"族类相似"的说法。不过在他那里，美学尚未从哲学独立出去，本质主义与非本质主义也是混在一起的两个侧面。① 他的这个思想启发着迪基的"制度（或习俗）"说，美的本质随着其不可定义性被排除出去。"是否美的""是否为艺术"不能为艺术立法，而由画廊经办人、观众、评论者与艺术家等共同构成的习俗（institution）决定艺术品的合法身份。分析美学从哲学那里独立之后完全变成了与其哲学原型之本质主义相反的东西，创作实践中的去审美化在本质主义的分析美学那里取得了反本质主义的哲学支持。

分析美学家诺埃尔·卡罗尔指出，大量现代艺术哲学都是"对先锋派产品进行哲学理解的尝试"。艺术哲学一条普遍方法是"使后继的艺术定义不断得到调整，以保证新兴的变化被识别为艺术品"。分析美学家几乎无不以杜尚的《泉》作为个案分析，正如阿瑟·丹托所说，杜尚不仅提出了"何为艺术的问题"，还提出了"为何某物恰好不像艺术本身时它就是艺术品"的问题，这是"艺术向哲学提出的'麻烦（distrubation）'问题"。当艺术与非艺术边界被突破这本身就是"麻烦的事"。丹托指出，这

---

① 参见毛崇杰《本质主义与反本质主义问题》，《杭州师范学院学报》2003 年第 6 期。

种艺术界的麻烦来自现实本身，"现实就是一种自身引起的麻烦"。① 丹托提出"艺术界"代替迪基的"制度"。"制度"虽然也会在时间中变化，但他更注重"艺术界"的流动性，把历史的理念带进了艺术的发展之中。丹托说："艺术的历史使命就是使哲学成为可能，完成这一历史使命后，艺术在巨大的宇宙历史范围内就不再有历史使命了。黑格尔惊人的历史哲学图景在杜尚作品中得到了或几乎得到了惊人的确认"。② 他将此称为"哲学对艺术的剥夺"。这种历史的观念也可以说是分析美学的黑格尔主义化。

艺术史在某种意义上可以说是不断对艺术的现有界限突破的历史。把"什么是艺术"的问题提交艺术史（界）等于说"艺术就是艺术品的总和"。这种同义反复带来的另一个问题是艺术批评中的价值问题，这也给后现代美学带来了极大的困惑。"麻烦艺术"表达了这种困惑。实用主义批评家古德曼提出了"审美经验价值中立"说。舒斯特曼认为价值中立观念适于描述某些"成问题的状况"，但是在确认趣味时并不是公正的，"这种趣味总体地拓展了审美经验这个概念并且提供了一个原初的假定，即把某些称之为审美经验的东西指为价值"。他强调"艺术与生活中的快乐维度会有误区，同伴随快感的审美经验会有冲突……在审美经验中有其他的价值会显得重要，而对于审美价值不可或无的价值的快感却可能从一种经验中缺失。当代艺术作品常见的扰人的震惊、破碎感、无方向……对于提供的创新的情感和思想可能的价值在于唤起超越作品世界丰富我们视野的力量"③。

卡罗尔认为，《泉》为解释活动提供了一个丰富的空间，"把它置于某种艺术界语境中，一方面是有意要引起愤怒不满，另一方面使人感到困惑难解。……把这样一个东西放到艺术展览会上去陈列意味着什么？这个对象在其独特社会背景中的意义是什么？……我们把它看作是对美的艺术强调技艺方面的轻薄摒弃，以重新解释思想观念对于美术的重要性"④。艺术去审美化实际上是把艺术的价值从审美转让给了其他的东西（哲学或政治）上去了。

艺术史表明某些艺术类型和艺术作品没有人会争议它们是不是艺术，它们被公认为经典，在历史长河中享有永恒的魅力。有些艺术作品不入经

① 阿瑟·丹托：《艺术的终结》，江苏人民出版社，2001，第110页。
② 阿瑟·丹托：《艺术的终结》，第15页。
③ Shusterman, Richard, *Aesthetic Experience：From Analysis to Eros*. The Jounal and Criticism 64：2，Spring，2006.
④ 诺埃尔·卡罗尔：《超越美学》，商务印书馆，2006，第27页。

典之流，常常处于好的艺术作品与不好的艺术作品的争论之中，但它们并没有被取消艺术作品的资格，即使被公认为不那么好，仍然作为艺术作品以各种理由在艺术史中占有一定地位。第三类，属于对第一类的颠覆，始终处于是否为艺术的问题争议之中，有的是作为对原有艺术样式、类型、风格的跨越或突破，更为先锋的是对整个艺术传统的颠覆。这是可以纳入迪基的"制度"或丹托的"艺术界"的一个艺术史上的当代事件。这就是用艺术史回答"艺术是什么"遇到的全部困惑。

如果美确实是艺术之所以为艺术的本质特性的话，那么必须追问的是，这种特性是何时从何而来的？那么，迄今为止无论哪一种艺术起源论都会告诉你，艺术从非艺术而来，或是劳动、或是游戏、或是巫术，这正如审美作为人的一种活动是从非审美活动而来，据上一篇的考察是从吃羊肉而来。

"什么是艺术，什么不是艺术"这个问题似乎与艺术发展的历史一样古老。几乎打开任何一部艺术理论教科书都会告诉你，"艺术"在古代希腊与"技术"一词等量齐观。汉字"藝"在古代从农业种植而来，渐渐扩展为技术。在《后汉书》中"艺"被解释为"书、数、射、御"；"术"为"医、方、卜、筮"。由于"哼唷，哼唷"这种最原始的劳动号子在形式上不断被"美化"，艺术就与审美越来越紧密地结合在一起了。对"审美"一词的重新释义首先在于把审美与艺术的关系加以重新限定。这是分析美学和现代艺术从本质主义方法提出的对美学的超越。这带来两种后果：一是从 aesthetics 这个词的本义并不是对美的研究的学问，而是感性的学问。关于这一点，有些人从古希腊"美"字出发，认为关于美的学问应该是 kalistic，但是黑格尔并未认同，还是建议"姑且"保留"伊斯特惕克"这个已经约定俗成的词，况且"名称本身对我们无关宏旨"。今天对 aesthetic 这个词很少有人单单理解为或翻译为"感觉或感性的"，而一致用来指非通常的感觉或感性，而是对美的事物的感性认知，即审美的。对"审美"一词的重新释义首先在于把审美与艺术的关系加以重新限定。这是分析美学和现代艺术从本质主义方法提出的对美学的超越。对审美一词的泛化理解可以把现代主义的反审美的艺术包含在艺术之内，后现代更进一步以此抹去艺术、审美与生活的界限。这就使人作为主体与世界在一种历史视野中展开为特定的对象性关系之"审美"，并不是狭义，单纯地限定在对自然界的美的那种意义上。观赏一朵花的审美态度比较单纯，而面对一件艺术作品，情况就远为复杂。狭义的审美只是指这部艺术作品具有高度审美价值时，才谈得上对它的审美；从更广的审美关系、审美态度上看，指出一部艺术作品的缺陷，或指出列为艺术品者为非艺术，这样的指称、评价并不是在审美之外的事件，这也就是所谓"解释学转向"。杜威反对把艺术封闭在博物馆之中成为少数人垄断的特权；分析美学家则相反认为某些非艺术品被作为艺术品放到展览会里有了观众就成为艺术。这两种美学态度的相反话语之背后，都隐藏着复杂的政治、道德和哲学的思想背景，审美的东西伴随着解释学而哲学化。正如杜威把艺术作为经验来定义艺术，而分析美学则以艺术的经验性指称艺术不可定义那样，在艺术的经验性上走到了一起。杜威在强调艺术与自然、人与社会环境的有机统一上也经历了与丹托的历史主义同样的黑格尔主义，正是这种黑格尔主义化最终使西方美学向马克思主义靠近并使文化研究社会批评化。

从这种超越美学的分析哲学方法上可以见出作为一门学科被限定的艺术哲学和美学在这样的解构下其固有边界已经消失了。解构主义是从对形式主义的结构直至新批评的自律的艺术观的消解开始的，分析哲学的超越也是从同一起点开始的超越。

由于劳动成果不断被美化，艺术生产就与审美越来越紧密地结合在一起，审美就渐渐成为艺术的本性。正如并不是所有现实的劳动中的号子都是艺术，而《川江号子》《大路歌》《伏尔加船夫曲》是艺术，其区别在于审美化上，非审美的现实日常生活并没有去审美化问题。我们说《泉》的成功在于它被当作艺术品摆到展览会上，出于同一厂家的另一只放在厕所或库房里的尿斗却没有那样的殊荣，同样第二个拿着一个便盆到展览会参赛的艺术家就没有那种幸运。"艺术批评家们谈论《泉》与洁具制造商谈论尿斗有什么不同？"《泉》的出现正是为了引出这些问题而不在于回答这些问题。卡罗尔指出，对艺术作品的辨别"必须限于仅仅研究在艺术界的呈现体系框架或对这个框架可以认知的拓展内部进行的思考和制作的过程"。杜尚把问题提到了可以回答和讨论的框架之外。而美学和艺术哲学却没有回避这个问题的正当理由。讨论"《泉》是不是艺术品"时，我们是站在艺术陈列室与厕所的边界上，正如讨论文艺是不是"阶级斗争的工具"时的语境是在阶级斗争与审美文艺这样两种现象的边界线上。

艺术的审美与去审美化问题展现出审美当代思潮种种不同的侧面：（1）平民主义（或民粹主义）的大众文化对精英主义/审美主义的冲击；（2）先锋主义以反形式的形式主义对艺术审美本性的颠覆；（3）马克思主义批判审美主义的同时在对去审美化的阐释中坚持艺术审美本性。马克思主义的"去审美主义化（不是去审美化）"对于种种现代主义的审美主义和形式主义是颠覆性的，但它并不否定艺术的审美本质。对美与审美的不同回答的问题是由分析美学提出来的，实用主义美学最初是在审美与去审美化之间骑墙。杜威的"艺术即经验"使审美经验向非审美边界扩散，但最终没有突破这道边界。罗蒂把文学作为承载着政治自由主义的文化政治，以寄托审美乌托邦理想的工具。舒斯特曼一方面在为"拉普"的"审美合法性"辩护；另一方面，以"身体美学"作为"学科的提议"模糊艺术的审美边界。艺术的去审美化与审美泛化不是艺术本身自律与半自律的一个问题，而是以非艺术——如哲学、政治问题——向艺术边界突破的一个事件，其本质是以实验性探索所提出的现实生活"非人化"问题。

（三）美的法则（规律）与人的解放

整个美学史充满着审美合法性的争辩。至少在英国近代就有两起著名的"为诗一辩"：一是16世纪锡德尼的《为诗一辩》，二是大约三个世纪后布拉德雷的《为诗而诗》。然而两者的思想倾向则大相径庭。前者张扬诗歌的人文精神，认为使"诗人成为诗人"的并不是"押韵和诗行"而是"怡悦性情的教育的美德……"；后者则坚持"诗本身就是目的"。这种审美合法性之争延至后现代，聚焦在美学与文化研究中的精英主义与平民主义问题上。在艺术的审美本性、审美主义与去审美化交织的层面上，审美合法性问题具体地提出了"什么东西可以被拿到艺术展览会或博物馆上去"？

杜威的《艺术即经验》以平民主义立场提出艺术的"非博物馆化"。他认为，欧洲的绝大部分博物馆都是民族主义与帝国主义兴办起来的纪念馆。现代工商业的国际化倾向，使画廊和博物馆中的藏品"见证着一种经济上的世界资本主义的增长"。由艺术品的博物馆化，加剧了艺术与日常生活的分离。资本主义的新贵们特别热衷于在自己起居环境中布置起稀少而贵重的艺术品。"一般说来，典型的收藏家是典型的资本家"。而且利益集团和国家也修建歌剧院、画廊和博物馆"作为它们在文化上具有高尚趣味的证明……昭示着'比你神圣'"[①]。

20世纪晚期，作为"杜威美学的复兴"之新实用主义美学的崛起，舒斯特曼痛感现代社会对"美的艺术"与"实际劳动"，"痛苦的无美感的工业"与"无用的不相关的美的艺术"，或者审美经验与日常生活经验之间的"恶性区分"，强烈地表露出消除这种"恶性区分"的愿望。他批判高

① Dewey, *Art as Experience*, The Berkley Publishing Group a Division of Penguin Putnam Inc. 1980, pp. 8 – 10.

级艺术那种"异化的神秘主义和总体化主张",以及任何高级艺术产品和通俗文化产物之间"在根本上不可桥梁化的区分"。他认为,对通俗艺术和大众文化的辩护即使不能解放作为这种艺术消费者的被统治的社会群体,但它至少有助于解放我们作为上层知识者的自身观念,这种观念也为高级文化的排他性所压抑。这种解放,"与它对文化压迫的痛苦的认识一道,或许能够给范围更广的社会改革提供刺激和希望"。① 他在自己的美学著作中以巨大的篇幅为大众文化,特别是为后现代拉普艺术的"审美合法性"辩护。

所有围绕审美合法性的论争,不论其效果如何,都指向"美的法则"之存在,否则"审美合法"无从说起。这个问题可追溯到康德的"天才为艺术立法"的思想。为艺术"立法"表明艺术之美的法则的存在。席勒的《美育书简》中也多处提到"美的法则",从他的人本主义出发,美之为美的法则是与人之为人的法则——自由与全面发展——紧密联系在一起的。这条思路直接走向马克思所说之"美的法则(规律)"。"美的规律"可以说是马克思主义美学的核心范畴。美的规律或法则在其为了人的解放这一根本目的上,还有其独特的规律——形式的规律。人类社会的一切革命的实践活动都与人的解放有关,就此可以说都带有服从解放这一根本目的手段性,然而不同的手段为同一目的服务的功能与作用却大相径庭。艺术与科学都服务于人的解放这一终极目的,然而它们为实现这一目标的方式却大不一样。这就是美的规律区别于其他非美的法则之处。所以在批判审美主义时或校正艺术"自律"论时常常偏向另一边,忽略了艺术在形式上合乎美的规律之独特性。这一点不能不说与一向对康德的"形式主义"批判的偏颇有关。

无论是舒斯特曼为拉普的审美合法性辩护还是其他某人为其他某种艺术文化类型的审美合法性辩护,都意味着审美特性是艺术的本质属性。由于这种独特的属性在其外在形式上能够给予人们审美快感的某种类型艺术作品和文化产品就有审美合法性。杜威认为,人的审美经验从根本上来自自然本身就有的与自然规律一体化的自然法则和规律,这就是万物存在的外在感性形式。舒斯特曼继承着杜威的这种自然主义,他说:"艺术的节奏与活力中浮现出来的,并且是卓有成效地建立在自然的节奏与活力的基础之上。"② 就其所强调的"自然的节奏与活力"而言,也是足以构成艺术

① Shusterman, Richard, *Pragmatist Aesthetics*: *Living Beauty*, *Rethinking Art*, pp. 169 – 170.
② 理查德·舒斯特曼:《实用主义美学》,商务印书馆,2002,"中译本序"第4页。

的"纯"形式的东西。如汉斯力克所言之"纯音乐"的形式，那些以音响构成乐句、动机和主题的音阶、琶音、和弦、节拍，以及构成绘画的形与色，构成文学的语言、结构等要素。正是这些"纯艺术"的形式要素决定我们不会把巴赫与莫扎特混淆，不会把贝多芬的乐句当成肖邦的，不会把库尔贝的作品当成凡高的，也正是这些"纯艺术"的形式使我们吟读唐人佳句得到与拜伦、普希金异样的美感……当然我们写下这些话时是把构成内容的东西撇在了一边，而形式没有可以与内容隔绝的"纯粹性"。否认艺术美在形式上的相对独立性以及因此取消外在形式与内在思想内容的关系都是片面的。

"按照美的规律的制造"所说人懂得"按照任何物种的尺度来进行生产，并且随时随地都能用内在固有的尺度来衡量对象"。所谓"尺度"即决定该物之所以为该物的内在与外在的规定性。"外在规定性"就是该事物在外部显现的可感的形式。对于美的事物即以其感性形式为人的审美感官——视听——所把握。因此这种"按照美的规律的制造"包含着对自然事物外在形式（物种的尺度）与内在本质（固有的尺度）的再现。这一命题包含着亚里士多德关于宇宙万物形成之"四因说（质料因、目的因、动力因、形式因）"之形式因，并从席勒到克罗齐的"给质料以形式"得到展开。康德的"天才为艺术立法"的根本依据在于自然本身美的规律所显示的外在形式。艺术家懂得如何创造性地"师法自然"，再现自然物在形式上的合目的性，也就是再现自然物的美的法则。

马克思主义美学既强调艺术作为意识形态所包含的非审美主义和非艺术自律，对于审美主义或形式主义是批判的，反对艺术作为"象牙塔"之精英主义；而对于如苏珊·朗格所说"根本就没有'有意义的形式'"或者对于达达主义那样的"反资产阶级"而言，马克思主义美学同时坚持艺术的审美本性，重视形式美，是反"去审美化"的。

《泉》能够在艺术史上享有将近一个世纪的话语，没有一位批评家认为它靠的是"不朽的魅力"。达达主义诞生的1912年正是资本主义世界充满"麻烦"的第一次世界大战期间，一批到苏黎世躲避战乱的青年艺术家随意在一本字典上翻到"达达"这个字，便以名之。杜尚于1917年从法国一家模特公司买下了一个男用尿斗把它拿到艺术展览会上去展出。他没有料到这样一个"恶作剧"竟然成为当代艺术史上的一个界碑。达达主义者宣称要"与资产阶级斗争到底，与资本主义誓不两立"。在这批激进的艺术家看来，以美为特质的"精英艺术"都是资产阶级的货色，与其说是"哲学对艺术的剥夺"，不如说是"政治对艺术的剥夺"。强化了艺术的意识形态性质，消解了艺术作为"审美意识形态"的"美学维度"，这种去审美化在 20 世纪后期到 21 世纪初所达到的激烈程度远非杜尚当年可比。正如卡罗尔指出，20 世纪下半叶，在所谓"人体艺术"分支中，"存在自残的艺术品的例子——无论这些艺术品怎样可怕、自我破坏、令人厌恶，它们在当代艺术的景观中都有一种可认知的、即便是令人不快的位置。"①马克思主义美学对审美主义的批判并不意味着对艺术去审美化的认同。它不认为先锋派的探索是艺术真正本性的显示和发展方向，但对其反商品化和反精英主义予以理解，并加以阐释，这就是卡罗尔所说的"可认知的位置"。这种强调"认知"的分析美学显然比迪基的"制度"更进了一步。给予审美主义与去审美化"认知的位置"就不同于从一个简单的定义出发简单的绝对化的否定和肯定，不是简单的是非判断，也不是回避，而是通过广泛的对话，在实践中阐释其历史语境，也如卡罗尔所说："我们大量对艺术的典型的、非审美反应都可以聚集到解释的名称之下，艺术家们常常在他们的创造中包含、暗示或指出意义。这些意义和主题含混不清，观众要努力发现它们。"②被称为"阐释学转向"之阐释可谓马克思主义美学与其他美学的一个重要后现代文化策略。正如杰姆逊所强调的那样，马克思主义的历史阐释在众多文化阐释中有着自身独特的优越性。这种优越性在于始终坚持艺术以社会现实关系的某些本质方面的认识为基础的深度阐释。在资本主义的历史阶段，万物商品化之社会关系本质决定着人与艺术本性的异化——非人化对应着去审美化。马克思主义美学对于去审美化问题本质的揭示几乎影响着现代西方所有主流思潮，从存在主义到新近的分析美学和新实用主义美学，特别是文化批评。对话是马克思主义美学在全球时代新语境下以对拜物化批判的非理性通过阐释向批判的理性之转化完成自身生命力的延续与发展的应对策略。

卡罗尔指出："新的艺术呈现体系——如摄影、电影、表演艺术等——频繁出现。但是这些体系并不是凭空出现的，它们是由从事这些工作的人通过自觉的思考和制作过程从早期的艺术体系和实践中发展演变而来的。……例如所谓'观念艺术'就是通过把艺术对象作为商品拜物教而加以摒弃的方式出现的——因为没有什么东西可以出售，从而有效地遗弃了画廊市场体系。这种对艺术商品化的反感在 19 世纪末就已经成为一种众

---

① 诺埃尔·卡罗尔：《超越美学》，第 183 页，并参见毛崇杰《末世的反叛》，载《颠覆与重建》，社会科学文献出版社，2002。
② 诺埃尔·卡罗尔：《超越美学》，第 13 页。

所周知的姿态了。因此，'观念艺术'，艺术制作的新领域，尽管它生产了没有先例可援的作品，仍然可以作为实现业已确立的艺术目的的观念和一种手段与以前艺术世界的努力联系到一起。"① 在这个意义上，这种分析与马克思主义美学批评没有轩轾之分，所以对于后现代思潮不在于名号，而在于其方法实质。

舒斯特曼认为后现代拉普（rap）艺术的"审美合法性"核心在于，这种源于纽约黑人街区对于上流社会精英主义的反叛精神。他赞誉这种嘻－哈（hi－ho）文化解构与重组的"欣快感"——以电子录制剪接、拼贴合成手段肢解旧作，拆除旧包装和"令人疲倦的熟悉性"，使之成为某种"充满刺激性的异样东西"，以创造新品的"震撼的美"。这也意味着对艺术的不朽的普遍性和永恒性的挑战。② 舒斯特曼声言，拉普满足审美合法性所需要的最重要的惯例标准，而这种合法性一般都拒绝给予拉普艺术。因为它刺耳地表达了黑人社区生活那"令人沮丧的压抑以及对社会抵抗与改变的狂妄而迫切的要求"，而成为"一个中产阶级想要压制的声音"。然而，他也不无遗憾地指出，资本主义体制把拉普纳入消费文化，作为消费品生产，以增加利润，许多人靠拉普发了财，其中的一部分堕落为"流氓拉普"。90 年代中期拉普的积极反叛已经被媒体张扬的怪异形象、流氓行径"弄得晦暗不明"，不仅"在道德上令人厌恶（倾向于宣扬贪婪、性别歧视和残暴无情的暴力犯罪），也粗鄙得毫无想象力"，而且"臭名昭著"。③ 这也是一种贴近马克思主义社会批判的有效阐释。

自然是艺术的根本立法者。就自然为艺术立法这一点而言，任何艺术和文化都没有不同的美的法则，然而"审美合法性"则是人们在与对象世界的审美关系中所给予艺术和文化的不同法则，它决定于不同地域和社会历史背景下生长和发展出来的人们不同的美的观念或美学理想。艺术作为审美的意识形态（或审美的"意识形式"）表明不同的社会群体的美的法则以他们的不同的观念为转移。不仅不同的阶级阶层有体现于不同外在感性形式的审美合法性，宫廷文化艺术、沙龙文化艺术、庙堂文化艺术、广场文化与街区文化在共同美的法则下还有着各自的社会差异性决定的不同审美合法性。文化区隔在根本上决定于把人们分为上层与下层的那种金字塔经济与政治的社会结构，自然为美立法，人为艺术与文化立法。不同层

---

① 诺埃尔·卡罗尔：《超越美学》，第 185 页。

② Shusterman，*Richard*，*Practicing Philosophy*，Rutledge，New York and London，1997，pp. 147 – 148.

③ Shusterman，*Richard*，*Practicing Philosophy*，p. 143.

次人的不同审美法则不是纯粹美学的，而是掺杂着经济政治等许多非美学的法则，导出不同的审美合法性及其争辩。这在根本上决定于经济政治等非美学的法则（他律）。这种美学观念上的差异造成的冲突有时竟那样激烈，必须通过历次文化上的革命来解决。资本主义体系确立的商品的法则、市场的法则是唯一决定政治和文化，也是决定文化消费主义之下艺术的法则。商品拜物教宣告，一切合法性，包括艺术文化的审美合法性必须服从金钱的法则（"票房是硬道理"），这是使之失去人的本性成为非人的东西——观念艺术的"没有什么东西可以出售"的潜台词是"除了出售人自身"。人只有通过对这种拜物教之神性的反抗方能体现出自己真正的人性，艺术也唯有坚持这种反拜物本性方能恢复其建立在自然的美学基础上的审美合法性。这也就是体现于艺术的反抗叛逆精神——在金钱和强权的压迫下为生存，为合乎人地、尊严地活着，为正义、平等和自由、民主的人类普遍价值进行的斗争。这种斗争是永远地激动着人的心灵之唱不完的歌，这就是在人类阶级社会的历史上赋予经典艺术不朽魅力的东西。这是现实关系的政治赋予艺术文化的纯粹审美法则之外的东西，也就是决定艺术的半自律性的东西。某种艺术的地位的高低正是决定于这种审美和经济政治的立法。我们当下的后现代社会正处于一种过渡性的发展和变化的阶段：一方面决定着一切"恶劣的区隔"之社会金字塔结构并没有铲平；另一方面它正通过橄榄形结构迈向一种崭新的人类社会结构。这就是当前的晚期资本主义后现代状况。在这种状况下的艺术文化也带有过渡型的多元特点，一方面历史承袭下来的上层贵族精英主义对低层的大众通俗艺术文化有一种本能的排斥的压制，另一方面市场在"平民性（'草根性'或'山寨性'）"的遮盖下，以"流行"的策略对通俗大众艺术文化进行有效收编来达到利润最大化的目的。正是这种金钱"硬道理"通过文化消费主义"收编"一切艺术文化，无论高雅还是通俗之拜物精神。因此我们为艺术审美合法性或某种文化的艺术地位的争辩，应该对拜物的对抗"使人成为人"为转移、为根本，在这一最高立法下，宽容地维持过渡形态中必不可少的审美形式上的自由和多元性。

后现代向"后现代之后"的过渡展现于艺术的审美本性所引起的两极震荡加剧，一方面激烈的去审美化以理论形态与实践形态通过审美泛化（日常生活审美化）与行为艺术展现；另一方面，尼采"把人本身做成一件艺术品"的审美主义在福柯的生存美学和继后的舒斯特曼的伦理的审美生活那里得以重现，它们殊途同归地使审美走向反面。

这两方面都归于后现代，作为社会意识形态属于晚期资本主义的文化逻辑。两者表现出的悖论在根本上包含在后现代作为历史之"晚期资本主义"本身的矛盾之中：一方面是科学技术生产力方面的肯定性东西；另一方面又充满着资本主义自身之否定性。这在精神和思想方面也就表现为对资本主义作为现状之认同逻辑与反抗逻辑的关系。"美学复苏"的巨大内涵集中于从美的观念到美学理想的种种问题，也有美的形式问题，因此与人们日常生活中的审美情趣紧密相关。

通过解构之解构，对后现代无意义，非距离、平面化、零散化等去审美化之逆动"回到传统""美学复苏"，不是返回审美主义，而是在"走出后现代"之历史境遇下艺术审美本性之重建。

马克思主义美学继承着模仿的传统，充分肯定艺术在自己的边界之内有着不朽的魅力。这种审美特质是与历史的方向和目的结合着对现实生活的本质方面的认识，以自然和历史的生动鲜明的个别性为形式，通过反拜物的批判性对物化世界之非人化进行改造。这决定着马克思主义强调的艺术审美特性不是封闭在审美主义与"为艺术而艺术"的天地中，而是向着非艺术非审美的东西敞开，通过艺术独特的形式为人的解放而作的斗争。对后现代艺术去审美化问题的反拜物的阐释，以及由这一立场展开的对于文化消费主义更为广泛的文化批评与社会批判上，马克思主义美学与其他流派在对话的基础上可望结盟，其政治基础就是左派与自由主义在声援世界边缘弱势者反对权力拜物和商品拜物方面的新民主浪潮上进步力量的会合。

艺术从非艺术来，终将还原为非艺术；审美从非审美来，终将还原为非审美；当日常生活真正审美化的那一天，生活本身成了艺术品，在金字塔结构中的艺术与艺术的审美本性都将终结。在人和艺术仍然没有摆脱商品化之当下，这一切言之尚早。

文 化 篇

　　"美学文艺学学科性与科学性"是带着"合法性危机"等问题意识在"后学科"和"后理论"语境下所做的探讨。其目光紧紧地盯住我们的时代——后现代，在这里有必要回到文化理论做一些跨学科的思考和探讨。守护美学文艺学边界与打开其边界同时运行，本书"总论"写道："如果不放弃美学文艺学学科性，那么应该对它们的边界有所守护，要重新审视并划定其学科性界限，把那些被现代与后现代消解掉而不该消解的边界重新确立起来，无论来自亚里士多德、柏拉图，还是'回到'康德、黑格尔，都不是意味着要固守在他们划定的学科边界内，而是要重新审视这些边界。美学文艺学同其他学科一样要时时准备走出去，介入美学文艺学学科之外的学科，介入文化及日常生活实践。正如后现代之路走得更宽，是为了走出后现代。"

　　美学文艺学在充满着种种"终结"话语与"死亡"信息中遭遇知识合法性与学科合法性危机，对于美学文艺学"复兴"之欣喜中交织着虚无主义沮丧，审美主义及日常生活审美化与"去审美化"及"反审美"攀结。文化研究既然不可能消除美学文艺学各自的边界，也就不可能替代美学文艺学在各自学科性边界内对各自特定对象的本质论研究。开放的人文社会科学要求把自然科学包括在内的更广阔视野的学科间性的关注。美学文艺学之外还有更宽广的空间。

　　康德在 1797 年《人类是在不断朝着改善前进吗?》一文中说："人类一直是在朝着改善前进的并且将继续向前。如果我们不仅是看到某一个民族可能发生的事，而且还看到大地上所有慢慢会参加到其中来的民族的广泛程度，于是这一命题就展示出一幅伸向无从预测的时间里去的远景。"在历史进程中不同域界的际间性关系，无论对于不同民族国家，还是不同学科都是同样。两百多年前康德这个话中提出的历史进步问题，后现代主义给出了否定的回答，然而不断发出的"终结"之死亡信息又把后现代自身带到了死亡的面前，历史依否定之否定逻辑继续前行。

一　后现代果真死了吗?

——"终结"与"回到"间的逻辑与历史的张力

　　后现代热似乎还没有来得及冷静下来，西方又刮起一股"后现代死去"之风，一些文章认为，我们已经进入"后现代之后"或"后'后现代'"等。这些话题使我们在"走出后现代"中反过来思考：后现代怎样才算"死"，它是怎样死的，"后现代之后"又意味着什么。

"后现代之死"这一话题，比如阿伦·柯比的《后现代主义的死亡及余波》、姚斯·洛佩兹与加利·波特提出《后现代主义之后：导向批判的现实主义》等都是从文化层面上展开这一问题。阿伦·柯比指出，从当前英国大学文学系的课程所选后现代文学作品的过时与陈旧到文化市场，在这些现象里几乎看不见后现代主义的影子。同样，如果参加文学研讨会，会发现几十篇论文没有一个提到德里达、福柯或者波德里亚的理论。学者们认识到这些理论陈旧过时，无能和不相干的事实本身就证明了"后现代主义已是明日黄花"，文化产品的生产者基本上都放弃了后现代主义。如此等等这些描述可能失之片面，这些"终结之终结"话语并不意味着晚期资本主义时代的结束，不过问题却是这样地提出来了，不能置于不顾。

特别值得关注的是，在"后现代死了""后现代主义之后"声浪中"酷资本主义"的提出，这是一种双面性的价值判断。资本主义从"恶的"变成"酷的"，隐含着对资本主义及其文化从激烈的深恶痛绝转为大众视图文化之欣快，其中又掺杂着文化消费主义引起的厌恶。吉姆·麦克奎根在《文化研究与酷资本主义》一文中考察该词最早源于非洲，"酷镇静"（cool composure），表示在那样一种战争、动乱、炎热生活环境中对清凉、爽快、安静的渴求，转喻对压迫与屈辱的反抗。麦克奎根指出，20 世纪八九十年代以来，"酷"首先被西方大众媒体与商业广告征用，成为广泛的口头语，它"冲向年轻消费者的内心，也冲向他们的钱包"。在其所有的表达中可以看出三层意思，即"自恋情结""不经意的嘲讽"和"享乐主义"。酷资本主义的研究的最早启动者托马斯·弗兰克批判了文化研究对自由主义市场下的作为晚期资本主义意识形态的消费主义的妥协。他反思20 世纪 60 年代反主流文化运动，认为那一代叛逆青年已经"成为美国工商业的救星，而不是掘墓人"。他们作为"工商业的文化模范，不仅可以用于推广具体的商品，也可用于传播信息革命的普遍生活理念"。正如"酷"与美国非洲人开创的嘻－哈文化的关联，那些一直被认为属于叛逆文化的符号，从"嬉皮"到"雅皮"，已经被新自由主义政府收编。关于这点舒斯特曼在他的《实用主义美学》一书有过充分阐述。吉姆·麦克奎根指出，弗兰克描述的 60 年代的状况于 90 年代卷土重来，而且更为响亮并更为持久，见证了"嬉皮消费主义新种群的巩固，就如一台文化永动机，由于厌恶假冒，不满消费社会日常生活的压抑，驱动着不断加速的消费的车轮"①。

在资本主义持续的发展中，从早期的"恶"化为晚期的"酷"，酷文化的魅力与晚期资本主义在生产上的活力相应，对于日益强化的中产阶级特别是追逐新潮的青年一代有着不可抗拒的吸引力并向包括中国在内的世界其他地区蔓延，与此同时也带来了对它的抗拒。达内西把"酷"与资本主义隔离看待为"青春期的符号与意义"。他从20世纪50年代塞林格小说《麦田守望者》里的主人公到70年代的"朋克"现象，研究青少年生理、心理与社会问题。②"酷"这个字在中国本土化为日常生活语言后走出文化批判层面，表达一种高度赞叹。

阿伦·柯比认为，"后现代主义之死"使文化回到了"伪现代主义"。现代主义的核心理念是张扬个体主体性的自我中心主义。"伪现代主义"更体现于文化，包括所有电视或者广播节目，或者节目的一部分，把个人行为当作生产文化产品的必要条件。这些文化产品的内容和活力是通过观众或者听众的参与创造出来的或者被引导的。"伪现代主义"在后现代为现代主义招魂，把它们连接起来。"在原来现代主义的神经质和后现代主义的自恋的地方，伪现代主义把世界带走了，创造了一个新的没有重量的，沉默的自我中心主义的乌有之乡"。这种文化是与信息技术关联的。"你点击鼠标，敲击键盘，那就是在参与，在卷入，在决定。你就是文本，没有别人，没有作者，没有任何别的乌有乡，别的时间，别的地方。你自由了，你就是文本：文本被替代了"。阿伦·柯比指出，"伪现代主义"是"文化沙漠"，它"在一定程度不过就是某种早已存在的事物在技术推动下移向文化中心"，它的自身特性是"电子的，文本的，但又是短暂的"。它在内涵上也包括"高深的技术手段和内容上的贫乏与无知之间的张力"③。其所描绘的"伪现代主义"很难说就是"后现代之死"，不过是后现代多元文化的一种现象。

杰姆逊把后现代主义文化的基本特征归为空间对时间的压倒，这一方面是历史感的缺失，另一方面是历史感中连续性的断裂（后面要专谈这个问题）。找不到过去，也没有未来，一切便只能"终结"于此时。资本主义早期，现代性的自我是创造历史开辟未来的主体，是纵向的自我膨胀，资本主义晚期，后现代性的自我中心是失去历史感之横向性膨胀，

---

① 托马斯·麦克奎根：《文化研究与酷资本主义》《文化艺术研究》2011年第2期。

② 塞内尔·达内西：《酷：青春期的符号和意义》，孟登迎等译，四川教育出版社，2011。

③ 阿伦·柯比：《后现代主义的死亡及余波》，陈后亮译，《文化艺术研究》2012年第1期。

要说"伪现代主义",恐怕主要表现于此。正如阿伦·柯比指出,后现代主义给"真实"打了个问号,而伪现代主义"则把现实含蓄地界定为不过是此时此刻正在与文本'互动'的自我,暗示任何它所制造的就是现实之所是"。

2005 年姚斯·洛佩兹与加利·波特推出了《后现代主义之后:导向批判的现实主义》一书,其所谓"批判的现实主义"不是指 19 世纪俄、法、英、美文学艺术的主流派别与风格,而是一种多学科的指向现实的批判理论。作者分别是英国与加拿大的社会学家与政治学家,该书以社会学、哲学、政治学、传媒学、心理学与自然科学之跨学科把元理论、理论与实例结合起来,展开对 20 世纪以来的后现代主义批判,认为近年来对批判的现实主义的兴趣作为一种可能性在生长,此中可见出一种进路。编者认为批判现实主义的优势在于它成功地提供了社会科学与人文学科的哲学基础以及适用于许多不同分析领域的方法论。后现代主义之后集中了这个分析领域的一些最佳名目,以作为跨学科地引向批判现实主义作为首选。批判现实主义有一种将量子力学,到赛博空间、文学理论、自然、日常生活、马克思的前景、无意识,直到后现代主义与理论自身的未来纳入关注范围的灵活性。① 显然这些文化理论的最新话语都致力尝试在"理论之后"开创新思维、新方向的努力。伪现代主义批判与批判的现实主义都是作为对酷资本主义发难的文化友军。

这种种批判的新动向在"后之后"的语境中也常以种种"倒退"的形态呈现,与人文社会科学领域"回到亚里士多德""回到康德""回到黑格尔"相呼应,最后集中为"回到马克思"。种种"回到"所呼唤的名字曾一度被后现代诸大师所覆盖,他们的学说或被视为陈词滥调,而在那些"后学"大师被淡忘中古人又被激活。为强烈的创新愿望激励的一代人,竭力绕开前人的脚印,在草丛中探索出的新路上仍然布满古老的思想印迹,这就是"在'终结'中'回到'"。思想在传统到现代、后现代以及前路之间连续又不连续,呈现为一个巨大的张力系列。

后现代从"艺术终结""哲学终结""意识形态终结""形而上学终结"直到"历史终结"等,而"终结"一语非始自后现代,除众所周知上述黑格尔"艺术终结"到恩格斯的"德国古典哲学的终结"外,更早的康德就专门研究过"终结"问题。康德说:"我们喜欢把最后的日子

---

① Jose Lopez Garry Potter: *After Postmodernism: An Introduction to Critical Realism*, Continuum International Publishing Group Ltd., New Edition, 2005.

（即所有的时间都告结束的那个时间点）称之为最末的日子。因此这个最末的日子就仍然属于时间之内；因为其中还有某种事情在进行着。"①伴随着"终结"还有"走向""走出""开启"等字眼，徜徉在对未来的期待的历史脚步中，"回到"似乎是一个特殊的话语，有在"终结"的历史断裂中"逝者"继续绵延似乎"复生"的样子。物质的外壳消失了，精神形态的东西犹然存在，其中渗透着解释学的文本歧义，特别是对宏大叙事的伟大经典之重读。不同于后现代"怀旧"情结，"在'终结'中'回到'"正是潜藏在后现代本身之巨大历史张力在其自身否定性中的绵延，正如前文所述晚期资本主义对资本主义自身否定性的体现。康德写道："究竟人类为什么要期待着世界有一个终结呢？而且即使他们认可了这一点，又为什么恰好是一场（对人类的绝大部分说来）充满了惶恐的终结呢？"

是否正是由于这种"惶恐"，在"终结"话语未了之际"回到"乃成为一个不容置疑的主题。在诸多重大叙事的"回到"之中分散着一些次级形态的"回到"，比如生活美学与身体美学包含着"回到"车尔尼雪夫斯基，"日常生活审美化"回到60年代的姚文元的《照相馆里出美学》等等。如康德所说在终结的话语中，"总是有新的计划提出来，而其中最新的却往往只不过是老计划的恢复。所以今后也少不了有更多的最后的规划的"。为此，康德谦逊地承认自己在创新方面"无能为力"，于是劝告人们："就让事情处于像是它们最后所处的那样，像是经过几乎一个世代之后已经证明了它们的后果还过得去那样。"在语境的转换中，"回到"包含着新问题的回答和解决之思索。

当我们长久见不到德里达、福柯等名字时以为或许后现代真的死了；当我们打开电脑，眼花缭乱的界面袭来，敲击键盘搜索我们的目标时，那么多的广告插件，那么多的"穿越"叙事和游戏……我们又感到后现代就灵动在身边。"后现代死了"作为文化批判话语所传达的在后现代大师们相继过世后渐渐被遗忘之"后理论"状况中对新思维的期待；作为时代精神现象的后现代性中积极的东西，如批判性、开放性等，与现代性同样将在走出后现代之后传承下去；作为尚能代表新生产力并不断调整生产关系的晚期资本主义远不能言"死"，它向何处去正是我们所要探讨的艰难课题。

---

① 康德：《历史理性批判文集》，何兆武译，商务印书馆，1997。

二 回到亚里士多德

——以善为历史目的之实践

反本质主义作为后现代最重要的思想支柱之一，从根本上是对亚里士多德本质论的颠覆，火力最猛地集中于亚里士多德关于"符合"的认识论真理观。关于本质主义与反本质主义，笔者在《走出后现代》中已有专论，这里不再重复。

古代希腊的哲学中包含着后世几乎所有哲学思想形式的萌芽已为众所周知，而亚里士多德使古希腊哲学发展达到完备的顶峰。他的《形而上学》《伦理学》《政治学》《修辞学》《诗学》涵盖着几乎现代人文社会科学的丰富思想资源与理论雏形。马克思在《资本论》中写道，亚里士多德"最早分析了许多思维形式、社会形式和自然形式，也最早分析了价值形式"。亚里士多德清楚地指出，货币是商品的简单价值形式，一种商品还可以进一步通过任何另一种商品来表现其价值。亚里士多德没有专门的经济学著作，马克思从《尼各马可伦理学》中找到了关于商品价值研究的资源。亚里士多德对学科的划分为现代人文社会科学的科学性奠定了重要的基石，他对人文社会科学多学科的研究，彰显出古希腊时代哲人的全面性的典范。

亚里士多德在思想史上的持续不断的影响力，使他的思想在终结中重生。在"回到亚里士多德"意义上走出后现代，从学科性问题上来看意味着重新面对学科对象的本质——包括美的本质与艺术的本质在内的其他人文社会科学研究对象的本质和本性，如价值作为商品的一种古老本质，模仿作为艺术的本性之一。然而在新的语境下，重新面对学科边界所划定之对象本质要求超越本质主义关注不同对象本质的互通与关联，这在亚里士多德那里的源头即真善美之关系。亚里士多德的本质论即是真理论。在他看来，只有揭示出事物的本质属性方表明该事物真实的存在方式，这就是通常所说的"本真"，即本体论上的真。

2004 年，保罗·克利夫里的《亚里士多德论真理》一书以分析哲学的立场和方法对亚里士多德关于"真理"与"谎言"的说话进行语义学分析，指出同一句子在不同时间和场合可能得出真理与谎言之不同判断，[1]

---

① Paolo Crivelli：*Aristotle on Truth*，Cambridge University. Press，2004.

决定于语句所表述的思想形态与"既非精神也非语言的对象本性"上取得的一致。这正是后现代竭力摒弃的有关真理的符合论，如亚里士多德著名的"蜡块"说（感觉具有接纳事物的可觉察的形式而不接纳事物质料的机能，正如蜡块上印下的只是对象的模痕而不是实物）。作者突出了亚里士多德为后现代主义所不容的一些论述。

2010 年克里斯托弗·朗的《亚里士多德论真理的本性》一书与前者的共同处在于"符合论"真理观，不是从语义学立场而是从后现代生态伦理学展开的符合论。作者认为真理作为人与对象世界能动的"符合"基于人们尽可能"公正"地对待事物本性。这种"公正"具有生态学上的意义，那就是力图以事物的真相发现事物的生态学上的公正的本性。作者从真理的本性（nature of truth）、事物的本性（nature of things）及本性的事物（things of nature）之统一上升为公正的本性（nature of justice）。在这里，nature 这个字既是"自然"又是"本性"，因为自然就是事物本来如此之"本然"，生态平衡就是自然的本性。这种后现代反人类中心主义生态学的真理论是从严格的亚里士多德思想路径引出的。①

从真到善有一个伦理学与经济学交叉的会合处——价值理论。从现代到后现代，价值问题远离了经济学成为独立的价值哲学并取消认识论与真理观，这是对亚里士多德关于真理与价值关系的颠倒。在亚里士多德，从商品交换价值上升为真与善的价值。所以有人认为，在经济学价值范畴上澄清许多混乱"需要回到亚里士多德"②。亚里士多德是在讨论伦理学中的交换公平问题时涉及价值问题的。《尼各马可伦理学》第五卷"公正"之第五节"回报的公正"中谈到市场交换中的等价原则，指出，在交易中如果"一个人的产品比另一个人的产品价值上更高些"，这种交易就将是"不平等的和不能持久的"。正如马克思指出："亚里士多德在商品的价值表现中发现了等同关系，正是在这里闪耀出他的天才的光辉。"③ "等同关系"即公正、平等原则，从经济放射到人与人之间普遍的伦理关系。

价值作为对于对象的正面判断是与善相关的。在英文"善"与"好"是一个字 good，在汉字也是同义的，是伦理学的核心范畴。亚里士多德把善纳入一种目的论相关的实践观与历史观中，人类所有的实践活动"都指

① Christopher P. Long: *Aristotle on the Nature of Truth*, Cambridge University Press; 1 edition, November, 2010.

② 赵峰:《回到亚里士多德来讨论价值问题》,《价值中国网》, 2011 - 9 - 22。

③ 《马克思恩格斯全集》第 23 卷, 人民出版社, 1972, 第 75 页。

向相应的善。因此，善就规定了一切事物的目的"。这种目的论尚无后来的神学色彩，"目的"是通过人类的向善的实践活动在历史总体上呈现的。这个主题不仅贯穿于《尼各马可伦理学》也在把正义作为政治生活的首要德行的《政治学》之中展开。英国伦理学家麦金太尔在 1966 年的《伦理学简史》一书关于亚里士多德一章中就牢牢地抓住了其"目的"理念①，他在 1981 年的《德行之后》一书中对这个主题进一步充分展开。他把当代道德状况概括为，在个人自由主义与某种形式亚里士多德传统之间的对立。"德行之后"意谓伦理学背离亚里士多德的后果使得官僚主义与个人主义在当代社会生活占支配地位，个人利益与人类整体脱节。贪欲"在亚里士多德看来是一种罪恶，现在却成了当代生产活动的动力"，"有重要社会意义的实践活动的观念，被审美的消费观念取代"。建立在过去道德观念碎片上的当代道德语言和道德实践处于严重"无序"状态，面临着在尼采与亚里士多德之间的选择。因为从中世纪后期到现在，作为思想源泉的亚里士多德道德哲学目的论处于被遗忘和背弃状态，许多道德哲学家们的伦理学建树尝试都失败了。尼采的道德哲学即是这种状况的传达，但是尼采对现代道德规则的摒弃并不意味着回到亚里士多德，于是尼采也倒下了。麦金太尔认为，虽然马克思主义原本是自由主义的对立物，但是道德哲学在马克思主义体系中是缺失的。他分析了马克思主义理论与实践中产生的矛盾，将以斯大林主义为代表的当代"马克思主义者"也归为自由主义个人主义之列，但他指出，这些问题产生不意味着"马克思主义将不再是关于现代社会的思想的最丰富的资源之一"。他在伦理学上"总体（或整体）"与"实践"的社会历史分析方法对当代道德"情感主义"的批判在方法上还得力于马克思主义，这与他以亚里士多德目的论为理论资源是一致的。麦金太尔认为，人的行为是在社会与历史决定的特定环境背景下发生的，道德不可能与政治分离，因而也属于意识形态。他举亨利·詹姆斯的小说为例，其笔下"个人享乐进行美学追求的富人特性"之主人公的伦理情感只是一种"审美态度"，并是被抹杀了社会背景的"审美的富人"的一种心态。正是在唯情论这一点上伦理学与美学的界限被打破了，如上述中国情感本体论美学。麦金太尔指出，这种唯情论上美学与伦理的结合在克尔凯郭尔那里又化为审美的人与伦理的人"非此即彼"之分裂，人在历史发展中最终从道德的人上升为审美的人。

麦金太尔的对现实道德状况的批判上溯至启蒙理性，作为道德行为的

---

① A. Macintyre, *A Short History of Ethics*, Macmillan Publ. 1966, pp. 57 – 84.

根据，它"以神、自由和幸福为内容的目的论体系作为前提条件"，这样无法摆脱有神论，陷入"任何道德结论都不可能有根据地从作为'逻辑上的真实'的一组事实前提中得出"之困窘。启蒙运动在这个问题上的失败导致的后果是边沁的功利主义，情感主义为其补充。不过，麦金太尔与后现代主义反思启蒙理性有两点区别，第一，他没有追随后现代主义把当代看作对启蒙的断裂，恰恰是启蒙的不彻底导致伦理危机。在这一点上回到亚里士多德应该是启蒙主义传统的延续纵深。第二，他没有认同后现代反目的论，也没有与后现代主义反进步主义合流，张扬目的论恰恰体现出走出后现代之历史张力。麦金太尔并不简单肯定"后来者就一定优于前者"，他指出"当进步正在发生时"，传统中的不会衰落的某些部分会正常地保存下来，日积月累为整体的传统。这个理念在一些不盲目追随后现代的学者那里展开为"新的现代性"或"第二现代性"。

从启蒙运动以来到情感主义，在人的功能与什么对他是"好"之间，表现为"事实"与"价值"的分裂，麦金太尔指出，其实人的功能与其价值，两者都决定于环境——事实。其分裂正是亚里士多德当时就批判过"善"（good）与"德行"（virtue）的分离。在亚里士多德，善来自"事物的实现和使用"，沿着其目的，达到"最善良的人也是最有价值的人"。"善"与"目的"的概念的结合是人的实践的指向，主体选择的归宿："一切技术，一切规划以及一切实践和抉择，都以某种善为目标。"①麦金太尔强调，亚里士多德目的论中关键性的"整体"与"实践"观念纵向以历史的目的连接；横向为人类共同利益与向善的行为，"作为个人的我们的利益（善）和那些在人类共同体中和我有密切联系的人的是同一的"。②麦金太尔指出人类社会的历史中"存在着许许多多不同的、彼此不相容的善的概念。因而不存在任何真正统一的善的概念"，但这并不否定"真正的善"之存在。这种只是在终结目的得以实现之真正的善不仅以德行支配着现在的实践关系，还有与过去，甚至与将来的关系。这与本书哲学篇中对普遍价值的辨析一致。在对目的善寻求的过程中，永远是对善的特征的描述并以此进行自我教育的过程。正是这种目的善驱使我们践行德性，"并选择达到这个目的的手段做事"。这是从荷马时代的英雄，到亚里士多德时代城邦中人依照"好"的目的行为的人，到自由主义时代按照功利行为的人，最终返回以亚里士多德的善行动

① 亚里士多德：《尼各马可伦理学》，《亚里士多德全集》第8卷，第8页。
② 阿·麦金太尔：《德行之后》，第288页。

的人。"我们等待的不是戈多，而是另一个完全不同的人——圣·本尼迪克特"。①

目的论从神学解脱之后，展现出历史运动的方向性与总体性。这不是黑格尔绝对理念的历史发展方向与总体，而是人的意志在现实的运动中实践地形成的合力。回到亚里士多德的目的论意味着对后现代道德相对主义的解除，以及人类以普世价值的实现为终极目标自觉性的回归。现在让我们顺着亚里士多德进入康德。

麦金太尔的《伦理学简史》一书虽然肯定了伦理学在康德批判哲学中的重要地位，而康德一章却非常单薄（仅占 8 个页码，而亚里士多德章占 76 页）。他批评了康德的"实践理性"是对上帝、自由、善良观念在信仰上的预设，没有提及康德的目的论与他的道德哲学之关系。在《德行之后》中批评，康德的理性，"无法察觉作为物理学研究对象的客观世界的任何本质特征和目的特征"。② 康德的目的论在其视野之外，他始终没有把康德与亚里士多德的目的加以比较，这样从亚里士多德到康德的目的论便发生了断裂。这可能是因为康德的目的论主要在《判断力批判》（下卷）作为美学的附带问题展开而容易被忽视，其次贯穿于"历史理性批判"（"第四批判"）之中政治伦理思想的正是康德道德哲学的延伸，这一点也未受到应有的关注。麦金太尔没有看出，康德的"实践理性"这一概念本身即是亚里士多德的道德实践活动观念的传承，而康德的正是在目的论上淡化了实践理性中的"绝对命令"之神学色彩，加强了"自然"的历史观。他所强调的"自然"不能理解为反主体论的纯客观的"自然主义"，而是带有合规律性（必然）与合目的性（自由）统一的"自然"。虽然这种合规律性带有抽象意义，没有落实在具体的社会历史运动之中，而在善作为自然向人的生成的目的这一点上，康德与亚里士多德统一起来了。前面所引"人类是在不断朝着改善前进"之理念正是康德对亚里士多德向善的目的论之传承，所以在这篇文章标题前康德加上一句"重提这个问题"。康德作为一个启蒙的思想家与哲学家，他不可能不汲取古代希腊宝库中的思想资源，因此"回到亚里士多德"正是作为"回到康德"之伏笔；"回到康德"为"回到亚里士多德"之延续。

---

① 阿·麦金太尔：《德行之后》，第 241 页。
② 阿·麦金太尔：《德行之后》，第 70 页。

三 回到康德

——向着世界联盟的世界公民

日本学者柄谷行人说："在 20 世纪 80 年代，回归康德成为一个显著的现象。"他所提到的有汉娜·阿伦特、利奥塔和哈贝马斯。有所不同的是，他把康德与马克思挂钩，从康德的世界共和国"跨越"到马克思的共产主义。① 这个问题我们下面一节再论。

"回到康德"就是要使长期被本体论上的二元化、认识论上的不可知论、先验论与美学上的形式主义者遮蔽下一个伟大启蒙思想家康德隐露出来，投入新时代的历史使命中去。康德在完成三大批判同时，1784～1797年写了一系列历史哲学与文化政治学文章，它们是三大批判以形而上目的论向形而下现实关怀之展开，被视为"第四批判"，其中以《世界公民观点之下的普遍历史观念》《什么是启蒙》《重提这个问题：人类是在不断朝着改善前进吗?》《永久和平论》最为重要。

对克罗齐"任何历史都是当代史"，笔者曾说"任何历史都是未来学"。康德写道："我们渴望有一部人类历史，但确实并非一部有关已往的、而是一部有关未来的时代的历史，因而是一部预告性的历史。"他从宗教预言性进入这个问题，最后将历史前进的缘由归于理性，以历史哲学的精神探讨了国家权力、社会体制、法律、道德、自由与理性等关系，提出了民主宪政与共和主义问题，对以"世界公民"身份及世界联盟的建立吁求永久和平，将这些问题纳入历史哲学和法哲学，彰显出历史理性之终极关怀，故"第四批判"也被称为"历史理性批判"。在卢梭"社会契约论"的影响下，康德的思想基础乃是人文主义之启蒙理性，不同于卢梭式带有感伤诗人情调的"回到自然"，康德长入历史的自然观带有向着人类社会改善之目的前进的必然的意义。他把这种理念带进了启蒙主义，使之上升为历史理性，并又进而止于黑格尔的普鲁士王国作为历史的终结，而走到了启蒙思想的巅峰。其重要贡献在于把和平、民主与人的理性自由，以及战争与专制权力联系起来加以精到的剖析，指出"唯有理性的概念才会懂得仅仅根据自由原则来奠定一种合法的强制，而首先正是通过这一种建立在权利之上的持久的国家体制才是可能的"，后现代当循此路径"回

---

① 柄谷行人：《跨越性批判——康德与马克思》，中央编译出版社，2011，第 3 页。

到康德"。

毫无疑问,康德是后现代颠覆最甚的一位,在目的论方面他遭到反进步主义的颠覆;在伦理学上他的"绝对命令"理念受到道德相对主义的颠覆;他在美学上的划界受到学科合法危机的颠覆的同时被作为形式主义者批判,他的唯物主义自然观本体论与盛行的实践本体论相左……这一切与他作为一个启蒙思想家在"反思启蒙现代性"中的境遇分不开。因此"回到康德"问题,应该置于"后启蒙"进行深度分析。这里的"后启蒙"根据前后文有两层互错的意思:一是启蒙在后现代的境遇;二是后现代之新启蒙精神。对于这个议题可从康德本人与福柯在相隔约200年间以同一标题"什么是启蒙"展开的论述来探讨。

福柯1984年在《何为启蒙》针对康德的同一题目所说,"启蒙"是整个哲学思想史"没有解决而又摆脱不了的难题",启蒙作为通过直接关系的纽带而"把真理的发展同自由的历史联系起来的事业,构成了一个至今仍摆在我们面前的哲学问题"。启蒙给予现时代我们自身所提出的批判性质疑以某种意义,"两个世纪以来仍不失其重要性和有效性"。[①] 确实如此。

康德对"什么是启蒙"的回答即:自由地运用理性,使人脱离自己加于自己的"不成熟状态"。[②] 正如在三大批判中贯穿着的二律背反那样,在启蒙理性问题上有"公共理性"与"个体理性"的分裂。个体理性的自由在于对公共理性的服从,因而自由总是在限制下的自由,康德提问:"哪些限制是有碍启蒙的,哪些不是,反而是足以促进它的。"个体理性运用的自由如何保证公共理性运作的自由呢?福柯指出,康德确定了体制的、伦理的和政治的两个基本条件。康德把启蒙视为历史的永恒的问题,"哲学的质疑根植于'启蒙'中,这种哲学质疑既使得同现时的关系、历史的存在方式成为问题,也使自主的主体自身成为问题"。另一方面,福柯强调,"能将我们以这种方式同'启蒙'联系起来的纽带并不是对一些教义的忠诚,而是为了永久激活某种态度,也就是激活哲学的'气质',这种'气质'具有对我们的历史存在作永久批判的特征"。

福柯的"何为启蒙"实际上回答的是"什么是'后启蒙'"。后启蒙状态的一个关键语即是福柯指出的,我们"仍然"处于"未成熟阶段"。"未成熟状态"既是连接古典、现代、后现代的纽带,又是启蒙断裂的契机。

---

① 杜小真编译《福柯集》,上海远东出版社,2003。

② I. Kant, *An Answer to the Question*:*What is Enlightenment*, *from Modernism to Postmodernism an Anthology*, Blackwell Publishers Tnc., 1996, p. 51.

康德之后 200 年并没有改变这种状态。福柯说道：

"我不知道我们有朝一日是否会变得'成年'。我们所经历的许多事情使我们确信，'启蒙'这一历史事件并没有使我们变成得成熟，而且，我们现在仍未成年。"因此在他看来，如果康德的问题是弄清理性应当避免超越何种界限，那么，在今天，问题在于"把在必然的限定形式中所作的批判转变为在可能的超越形式中的实际批判"。这个话晦涩地表达了对康德的目的论所表明历史方向性的选择之异议。这是来自福柯的"考古学"方法之非连续性历史观，意思是我们不要再去想改变（超越）我们自己给自己造成的"不成熟状态"的那种"可能性"，那么我们能做什么呢？他的回答是："20 年来在有关我们的存在方式和思维方式、权力关系、两性关系以及我们观察精神病或疾病的方法等领域中所发生的那些十分确切的变化。"这是在个人的能力的自由运用与权力对此限制的冲突中展开的。"理智与疯狂、疾病与健康、犯罪与法律等关系问题，以及性关系的位置问题"这样一些以偶然性构成的特殊事件上升为带有历史总体普遍性的东西。"应当把握的，乃是我们对这种普遍性之所知达到何种程度"。归根到底"启蒙"与"后启蒙"的主要区别在于"大叙事"与"小叙事"，大叙事与人通过自由地运用理性对自身的不成熟状况有所觉察，有所不满，进而有所改变，这也就是从不成熟状态中解脱。这就是有关历史"朝着改善的方向前进"的话题在后现代为宏大叙事（利奥塔）；在罗蒂则是"大哲学家"思考的一些必然性话题。虽然后启蒙的"小哲学家们"关注的偶然性小叙事各自不同，但摒弃与历史总体规定的必然性相谐的进步方向则是一致的。

在科学与理性的张扬上，康德与法国启蒙主义思想家没有什么差异，然而法国革命是以非理性之刀枪来维护理性，德国则以头脑发动的狂飙突进的思想启蒙导致一场哲学革命。在法国大革命之后的德国思想界带有启蒙理性自身反思的特点，康德在《什么是启蒙》中写道："通过一场革命或许很可以实现推翻个人专制以及贪婪心和权势欲的压迫，但却绝不能实现思想方式的真正改革；而新的偏见也正如旧的一样，将会成为驾驭缺少思想的广大人群的圈套。"康德对法国革命总的是赞许和支持的，这与他的历史进步观一致，但历史上任何革命总会产生负面的"后遗症"。法国革命暴力，1793 年镇压反革命分子的恐怖是以非理性对其目的——启蒙理性发生的错动。即使路易十六罪有所得，也不该殃及其无罪的子女。"十月革命"对尼古拉二世一家人的杀害也是同样的。革命之宏大叙事本身未能解决人的未成熟状态，阶级仇恨引起如同某些凶猛动物对血腥的渴望与反理性之暴力冲动。这造成了"后革命"时代反思的契机。而后现代对启蒙理性的反思并不以"告别（暴力）革命"为限，非暴力的非理性颠覆着启蒙理性。"回到康德"就是通过后现代新启蒙使人达到新的成熟。启蒙的使命就是历史理性批判的目的，这是自然的无目的进向社会的合目的。

康德在自然观上坚持客观世界的物质运动合规律论，体现在他1775年的《自然通史和天体理论》（该书又名《宇宙发展史概论》）。二元本体论使他面临宇宙发展史的合规律性与人类社会历史发展的规律性如何统一之难题，成为他的不可知论与先验论的本体论根基。他把社会史发展的规律看成自然合目的性，即合规律的必然性。目的论既是贯穿于三大批判的东西，又是完成自然向人生成的依据。他认为人是自然的最终目的，这个目的是通过人自由地运用自己的理性——启蒙——达到的善。在《世界公民观点之下的普遍历史观念》一文中，他终于把合规律性与合目的性统一起来了，他说："合目的性就是通过人类的不和乃至违反人类的意志而使和谐一致得以呈现的。"这包含着历史"总体"理念，在横向上是各个民族与国家群体的联合（世界联盟），就是人类整体；在纵向上是向着目的善前进的历史。他写道：

> 人类的行为，却正如任何别的自然事件一样，总是为普遍的自然律所决定的。历史学是从事于叙述这些表现的；不管它们的原因可能是多么的隐蔽，但历史学却能使人希望：当它考察人类意志自由的作用的整体时，它可以揭示出它们有一种合乎规律的进程，并且就以这种方式而把从个别主体上看来显得是杂乱无章的东西，在全体的物种上却能够认为是人类原始的禀赋之不断前进的、虽则是漫长的发展……当每一个人都根据自己的心意并且往往是彼此互相冲突地在追求着自己的目标时，他们却不知不觉地是朝着他们自己所不认识的自然目标作为一个引导而在前进着，是为了推进它而在努力着。①

他这里所说的"自己所不认识的自然目标"当理解为必然。这个历史总体的思想是康德对亚里士多德总体（整体）观的传承，成为后来黑格尔的历史观之雏形，最后走向马克思的总体。恩格斯以平行四边形的两条边形成对角线方向的合力来表述同样的意思。在这篇文章中，康德把按照历史理性目标行动者称为"世界公民"。在一部"完全正义的公民宪法"下"建立起一个普遍法治的公民社会"，在这里不是上帝的"绝对命令"而是

---

① 康德：《历史理性批判文集》，何兆武译，商务印书馆，1997。

从自然到社会发展的历史总体之目的。这是协调人由于其"非社会的"自然性导致的恶性竞争——"大自然使人类的全部禀赋得以发展所采用的手段就是人类在社会中的对抗性,但仅以这种对抗性终将成为人类合法秩序的原因为限"。这个理性的目标,不仅在于个人对个人之间的和谐,也表现为国家与国家之间的协调——"走向各民族的联盟"。因此他把人类的历史看做是"大自然的一项隐蔽计划的实现",为的是要奠定一种"对内的、并且为此目的同时也就是对外的完美的国家宪法,作为大自然得以在人类的身上充分发展其全部禀赋的唯一状态"。他把"自然向人生成"之最高目的形而下地归结为:"外界法律之下的自由与不可抗拒的权力这两者能以最大可能的限度结合在一起"的一个社会,那也就是一个"完全正义的公民宪法"。在这种世界性的公民宪法下,"每一个国家,纵令是最小的国家也不必靠自身的力量或自己的法令而只需靠这一伟大的各民族的联盟,只需靠一种联合的力量以及联合意志的合法决议,就可以指望着自己的安全和权利了"。这个目标康德当时自己觉得有些"虚幻",然而,经过两次世界大战后建立的联合国及其宪章,与冷战后欧洲联盟的成立却使这一目标逐步现实化。康德指出:"必须有一种特殊方式的联盟,我们可以称之为和平联盟(foedus paci - ficum);它与和平条约(pactum pacis)的区别将在于,后者仅仅企图结束一场战争,而前者却要永远结束一切战争。"这就是康德描绘的世界公民朝着世界的联盟达到永久和平之远景。

"后现代死了"与"后现代之后"的声音昭示着对后现代的启蒙现代性反思之再反思,也就意味着一种后现代时代的新启蒙。这是对启蒙现代性提出的自由、平等、博爱作为人类普遍价值在新的历史条件下的重申。

康德的这段话,仿佛是为我们今天所处的全球化世界所写:

> 在我们这部分由于它那贸易而如此紧密地联系在一起的世界里,国家每动荡一次都会对所有其余的国家造成那样显著的影响,以至于其余这些国家尽管自己并不具有合法的权威,但却由于其本身所受的危险的驱使而自愿充当仲裁者;并且它们大家就都这样在遥遥地准备着一个未来的、为此前的世界所从未显示过先例的、伟大的国家共同体。

如果说在"善""目的""总体""实践"这样一些范畴上可以找到康德与亚里士多德的思想上的连续性关系的话,那么再加上"世界公民""永久和平"便可走向马克思,当然中间还隔着一个黑格尔。黑格尔把康德的二元论统一起来完成的辩证法的革命,但他以自身为目的之绝对精神把康德向着善作为目的之开放的历史运动在体系上封闭起来。他的法哲学以普鲁士王国为人类历史的终点，在启蒙理性上也比康德倒退了一大步。

把"回到康德"与"回到马克思"直接连起来的是对苏联模式持批判态度自称"新左翼"的柄谷行人。他在《跨越性批判——康德与马克思》一书中文版与日文版序言中写道，通过对共产主义的重新思考，使他"转向了康德"。他认为："我们如今所处的状况与康德写作《纯粹批判理性》时的状况多有类似"，康德追求的是"扬弃资本，民族的国家的世界共和国"。"共产主义乃是康德的'绝对命令'"①。这是值得关注的现象，我们后面再谈柄谷行人。

四 "回到黑格尔"与"回到马克思"

——历史总体与意识形态幻象

怀特海在《分析的时代》中说，几乎20世纪的每一种重要的哲学运动都是以攻击黑格尔开始的，"这实际上是对他加以特别的颂扬……不谈他的哲学，我们就无从讨论20世纪的哲学"。②

齐泽克在他的《意识形态的崇高客体》一书中把黑格尔称为"第一个后马克思主义者"③，他的文化理论把黑格尔的哲学、拉康的精神分析学与马克思的意识形态理论嫁接在一起，很有影响。2007年他在接受我国《南方人物周刊》专访时说："绝对是黑格尔对我影响最大，我虽然写了很多关于电影、大众文化的评论，但在内心深处最根本的还是跟从黑格尔的哲学。黑格尔在今天是鲜活的。"

19世纪早期以后，费尔巴哈、青年马克思与恩格斯及一大批学者都从黑格尔派挣脱出来，形成"德国古典哲学终结"的局面。然而，青年马克思在《1844年经济学哲学手稿》的人性异化与复归模式上又回到了黑格尔。历史唯物主义成熟后的马克思把黑格尔逻辑学"从抽象上升到具体"的方法运用于政治经济学批判，这个方法即逻辑"总体"。正如列宁所说："不钻研和不理解黑格尔的全部逻辑学，就不能完全理解马克思的《资本

---

① 柄谷行人：《跨越性批判——康德与马克思》，赵京华译，中央编译出版社，2011，第1~5页。
② M. 怀特海：《分析的时代》，杜任之译，商务印书馆，1981，第7页。
③ 斯拉沃热·齐泽克：《意识形态的崇高对象》，季广茂译，中央编译出版社，2002，第9页。

论》，特别是它的第一章。"① 马克思历史唯物主义的形成把黑格尔逻辑的
总体还原为历史的总体，而无论在黑格尔的《逻辑学》《精神现象学》或
《法哲学》里都找不到经济把基督教的千年王国设定为共产主义，马克思
靠的是经济政治学批判。当前让我们直接想起"回到黑格尔"话题的是福
山的"历史终结"，继之是丹托的"艺术终结"。福山以西方的民主宪政与
经济自由主义为"历史终结"，这个问题笔者在《走出后现代》中有所涉
及。关于艺术终结的问题前面也已经讨论过了。这里没有转设"回到黑格
尔"一节，而要"回到马克思"黑格尔是绕不过去的。

康德为人类向善的前进给出了目的论框架作为历史的总体，而黑格尔
以抽象的精神运动的逻辑总体完成了这个历史框架具体进程的诸多辩证法
环节，然而，至关重要的经济一环却在"不食人间烟火"德国古典哲学的
视野之外。康德未能解决法与道德上的绝对正义从何而来，黑格尔则以普
鲁士王国为绝对理念之实现，马克思把经济填补到他们虚空历史总体之中，
使历史与认识的逻辑统一起来。而经济却又被今天某些后马克思主义者驱
逐。由于马克思主义在以其名义执政的体制下蜕变为维护既得利益的思想
统治工具，失去对现有社会秩序批判力。西方马克思主义反斯大林的极权
主义对僵化的教条主义的机械论、庸俗社会学有一种反拨作用，有利于拓
展马克思主义创新的思想空间，但同时经典马克思主义的经济决定论与经
济基础与上层建筑二分之社会结构论受到动摇。

在法兰克福学派的美学中这种反经济决定论已经初露端倪。马尔库塞
的《美学之维》开宗明义地对马克思主义美学中的作为"正统观念"之经
济决定论提出"质疑"。其中不乏正确的东西，如他指出艺术的"政治潜
能"在艺术本身之中，在"作为艺术的形式之中"，这对批判"左"的教
条主义，纠正艺术化为政治的标签而公式概念化有着重要的作用。但是，
他追随艺术"自律论"多走了一步，拒绝以社会生产关系来解释一件艺术
品的质量和真实性，认为建立在经济基础与上层建筑理念上的马克思主义
美学与文艺理论是对美学"具有摧毁性后果的图式化"，这便落入了"婴
儿—脏水"效应之中。② 英国雷蒙德·威廉斯的文化唯物主义也对经济基
础与意识形态有所淡化，接着伯明翰学派的文化研究对消费主义的批判在
一定程度上把马克思主义的以生产力与生产关系表达的经济决定引向消费
决定论。法国阿尔都塞的"多元决定论"也是针对经济一元决定论的，布

① 列宁：《哲学笔记》，人民出版社，1956，第193页。
② 马尔库塞等：《现代美学析疑》，绿原译，文化艺术出版社，1987，第1~5页。

尔迪厄的知识资本论与鲍德里亚的符号消费论多少都有这种反经济决定论的倾向。

特别是 20 世纪 60 年代以来，后结构主义与解构理论与早先的存在主义和实用主义与后马克思主义结合，从拒斥反映/符合论、反本质主义到反经济决定论，再到文化研究中的后殖民主义、女性主义、少数族裔话语取代了阶级观念。一些人把马克思主义历史观与唯心主义的神学目的论加以捆绑，认为马克思改造过的黑格尔历史总体论是单一的线性历史观。一些极左派把马克思主义对资本主义生产力发展的正面评价作为"西方中心主义"加以挞伐，甚至引用马克思本人的话表明他自己"不是一个马克思主义者"，似乎只有他们才是"真正的马克思主义者"。①

杰姆逊指出："后马克思主义通常出现于资本主义经历结构性变态的时期"，并指出："形形色色的后马克思主义强调的重点因它们所分析的资本主义的命运而不同。"② 马克思主义在后现代必须应对他们当前没有遭遇的问题：如剩余价值在晚期资本主义知识经济中的形态变异以及工人阶级的功能弱化与中产阶级的增长等，这些问题后文展开。

有意思的是，较早明显表达出"回到马克思"意向恰恰是给后马克思主义提供方法的解构理论创始人德里达（1993 年的《马克思的幽灵们》）。他的这种意向被特里·伊格尔顿讽刺为"没有马克思的'马克思主义'"。2008 年杰姆逊在《理论的意识形态》一书中预言："马克思必将重现人间。"杰姆逊与德里达同一意向的差别在于，后者明确把马克思的幽灵再现为复数；前者所说"重现人间"的是"那一位"马克思，即本人曾说他所"不是"的那些"马克思主义者"的马克思。③

20 世纪 80 年代美国新一代颇有影响的后马克思主义者拉克劳和墨菲明确宣称他们"解构"经典马克思主义的宗旨，经济决定论仍为其主攻方向。这里必须补充指出，被后马克思主义者忽略的经济决定论与唯经济决定论之重要区别。马克思主义的经济决定论认为，经济并不在社会结构、上层建筑与意识形态的每一个环节表现出直接的决定作用，复杂的社会生活中许多事物在因果关系上确实看不出经济的影子，然而在历史过程中最

---

① 参见毛崇杰《走出后现代——历史的必然要求》，河南大学出版社，2009，第 205～216 页。

② 弗·杰姆逊：《论现实存在的马克思》，自俞可平编《全球化时代的"马克思主义"》，中央编译出版社，1998，第 70～73 页。

③ 恩格斯：《1890 年 8 月 5 日致康·施米特》，《马克思恩格斯选集》第 4 卷，1995，第 690～691 页。

后起决定作用的是经济。唯经济决定论则否定种种非经济因素，如政治等思想形态的东西具有相对独立性以及对经济基础有反作用，把唯一的经济决定作为一个公式简单地套到社会生活的所有方面。拉克劳等不顾马克思与恩格斯对唯经济决定论的批判，反对把经济作为一个社会本质属性的规定因素，认为这是传统马克思主义的"本质主义的最后堡垒"。他们把政治对于经济的相对独立性绝对化，否认政治和经济之间的辩证关系，认为政治统治的整个社会结构与生产、剥削并没有本质联系，一定的政治并不反映相应的经济，人们的政治身份差异与经济上划分的阶级没有必然的联系，等等。在这些问题上他们回到第二国际的考茨基与伯恩斯坦以及后来的葛兰西等，以"后知后觉"充当"先知先觉"，即以今天世界资本主义变化了的阶级与社会结构状况来证明当时修正主义的正确性，否定第二国际中的"正统派"的无产阶级社会革命理论。他们通过符号学把葛兰西与福柯的"话语—实践—权力"结合起来，对"文化领导权"进行重构，提出建立左派的话语权力之"激进民主"对抗资本主义话语统治，建立"意识形态领导权"。①

齐泽克曾一度对拉克劳等认同并合作后来又分手，我国有的研究者认为他"批判地回归了经典的马克思主义，甚至是列宁主义"②。齐泽克始终没有放弃他赖以起家的拉康精神分析学，他把精神分析结合着意识形态分析对大量电影进行解读，而且将之进一步作理论提升，提出"意识形态幻象"说。然而，精神分析无论是拉康还是弗洛伊德都排除了社会经济的因素，而电影是通过艺术想象的"梦工厂"，齐泽克的文化研究以散漫、晦涩的文风进行的这些穿凿比附不是科学论证。他一方面声称自己是"坚定的马克思主义者"，"从不认为资本主义是全球的最终答案，从不认为资本主义就是人类未来的命运"；另一方面从苏联、东欧的失败的经验教训得出结论，宣称马克思的共产主义是"资本主义本身内在"的一个幻象。③由于放弃了共产主义学说，他不可能解决资本主义解体后，人类将进入怎样一种社会，"全球的最终答案"是什么，"人类未来的命运"究竟会怎样。他求之于列宁主义和毛泽东思想似乎也并没有找到什么解困的灵感。如果说冷战后共产主义运动的失败表明马克思的有关学说是"意识形态幻

---

① Ernesto Laclau and Chantal Mouffe: *Hegemony & Socialist Strategy: Toward a Radical Democratic Politics*, London and New York: Verso, 1985.

② 韩振江:《齐泽克意识形态理论研究》，人民出版社，2009，第283页。

③ 斯拉沃热·齐泽克:《易碎的绝对》，蒋桂琴等译，江苏人民出版社，2004，第14~15页。

象"的话,如果拉克劳、墨菲在符号论上的激进民主建立的领导权也是"意识形态幻象"的话,那么他们颠覆资本主义之后的世界又是什么呢?虽然齐泽克没有像拉克劳、墨菲那样直接批评马克思的经济决定论,但是陷在这种拉康式意识形态幻象中,把资本主义生产力发展与社会主义计划生产导致生产力下降,套入拉康的"欲望客体与欲望客体成因错位"的框架,从而得出"共产主义忧郁症"的诊断。这不能说就是对马克思主义政治经济学批判方法在当代现实中的运用,在其意识形态幻象中经济还是缺位的东西。拉克劳等自己也承认他们的激进民主领导权模式中"乌托邦"的作用,所以说放弃马克思的共产主义幻象,替代的种种意识形态幻象并不比这种原型学说更好。

后马克思主义理论上一系列自相矛盾反映了在苏东解体以及中国走上市场经济转轨之后,左翼知识界一方面拒绝接受福山的历史终结论,一方面又不能回答历史向何处去的问题。由于失去了历史的方向感,左派的"反资本主"又陷入"运动就是一切,目的是没有的"之怪圈。在这种普遍困惑之中,共产主义话语成为自由主义对左派"政治正确"的"笑柄",许多马克思主义学者也避而讳言,使之在后现代思想理论界与文化研究中几乎是消失了的语词。

笔者有位同仁认为资产阶级与工人阶级永远是必要的"社会分工",因此资本主义将永存于人类社会,并以此批判马克思的学说。当然这种观点在国内不可能公开发表,论者曾与本人私下讨论。在这个问题上,齐泽克的观点及相当多数后马克思主义者在这一点上与自由主义走到了一起,成为"没有马克思的马克思主义者"。当然欧美有着更多坚持正统马克思主义的杰出人物,如杰姆逊、道格拉斯·凯尔纳、伊格尔顿等,他们的社会批判理论在世界思想界与文化研究中发挥着持续的影响。我们在这里对后马克思主义者们进行阿尔都塞式"症候性"解读,正如他们之于马克思,略去了他们对资本主义批判的作用以及在不同领域学术上的独到之处在教条主义统治的沉闷中打开了一个生动活泼的局面。诚然,正统马克思主义者也不是完全正确,有些问题笔者在其他论著与前面的章节有所涉及。

杰姆逊把后马克思主义分为两代:第一代后马克思主义产生于现代化或现代主义时期;1970年后为第二代后马克思主义。在第二代后马克思主义与文化研究氛围中成长的新一代知识左翼没有经过"二战""冷战"和20世纪60年代的历练,伊格尔顿在《理论之后》中写道:"老一代早已证明要追随他们并非易事。毫无疑问,新世纪终将会诞生出自己的一批精神领袖。然而眼下,我们还在利用历史,而且还处在自福柯和拉康坐到打字机前以来发生了剧变的世界，新的时代要求有什么样的新思维呢?"① 他在近年问世的《马克思为什么是对的》一书全面为正统马克思主义辩解。

如前所述，某些西方马克思主义者在哲学上对辩证唯物主义的摒弃，使相当一部分后马克思主义者们把主体性的实践一元论当作历史唯物主义，真正的历史在他们视野之外，在方向感与目的论之迷失中失去了对当前资本主义的分析力和判断力。某些知识左派用来对抗全球资本主义的武器只能求之于民族主义和民粹主义。而从长期的农业国刚刚开始转型的中国正是民族主义和民粹主义施展身手的大好场域，这个问题笔者将另作专论，我们且把"回到马克思"视野投向东方。

五 "回到马克思"之东方话语

——柄谷行人与可能的共产主义

启蒙时代为马克思主义的诞生开启了思想自由的空间，使之继续着把人从自己为自己造成的不成熟状态下解放出来向着善之目的行进。中国长期封建社会的蒙昧主义深重以及启蒙运动的不彻底，使得马克思主义在中国的道路和命运曲折而多舛。改革开放以来，马克思主义理论研究在中国以两大主要途径展开，一是作为知识分子话语对马克思主义学院式的文本阐释。二是"马克思主义中国化"之官方意识形态生产。马克思主义的本质在于通过革命与无产阶级专政过渡到实现去极权化之目的，实用主义地把马克思主义化为一种民族性地缘政治之权力话语，消解了其普遍性批判精神使之走向反面，从改造旧世界的思想武器成为维护现有社会秩序之官僚体系的理论盾牌。这是社会主义实践运动深重的教训与经验，苏联、东欧失败原因的正在于此，中国正面临着新的抉择，全球化格局使中国的命运越来越紧密地与马克思主义的世界历史使命联系在一起。

21 世纪我国一部直接以《回到马克思》为题出版的专著于 2009 年问世，作者是张一兵。作者自述这本书对福柯《知识考古学》关于"非连续性"的共鸣，这是在肯定了马克思思想发展内在连续性之上的非连续性解读。与西方后马克思主义者不同的是，作者不是以解构方法对待马克思文本解读，而是一种充填的方式，试图通过马克思未完成与未公开发表的一些读书摘录、笔记、记事、手稿和书信的研究"回到"一个真实的马克

---

① 特里·伊格尔顿:《理论之后》，商正译，商务印书馆，2009，第 4 页。

思，那并不是僵化的"原教旨"马克思主义。作者着重考察了马克思一生先后经过"三次经济学研究"建构了经济学与他的哲学之间的关系，从而批评了我国以及西方马克思主义对马克思主义的人道主义化以及"反经济决定论"，并肯定了马克思经典理论对于现代资本主义市场经济仍然能够保持其批判的活力。① 这种基于客观存在的文本意义的激活对于当前令马克思"永远沉默"语境有反拨作用。在这个意义上"回到马克思"正是在于忠实地解读马克思文本在现实的实践中以对话加以激活，用来有效地分析今天的晚期资本主义与中国的权贵资本主义，指向未来历史的目的。马克思主义在中国的命运问题需要另做专门的研究。让我们把目光移向日本。

马克思主义在日本的传播早于中国，中国早期的一些马克思主义著作较多从日文翻译，如我们在美学篇中提到的蔡仪早年就是在日本留学期间接受马克思主义的最初影响。战后，马克思主义在日本经济学领域影响甚强，《资本论》的日文译本就有数种。东京大学的宇野弘藏教授对马克思经济学的研究形成了一个"宇野经济学派"。20 世纪六七十年代欧美的激进左派运动在日本产生巨大影响，以大学生为主体形成抵制美军基地、反对越南战争以及打倒资本主义的声势浩大的运动。这场世界性的运动由于走向极左甚至沦为恐怖暴力而流产，日本也如此，不过马克思主义思想影响仍在。仅从 2008 年金融风暴期间《资本论》在日本被制作成漫画出版发行便可看出马克思主义在日本本土深厚的传统。

在本土之外，福山与三好将夫代表着美籍日裔学者在文化研究领域的自由主义与左翼两种倾向。作为一般的文化研究日本已经融入西方，比如，星野克美的消费社会批判，岩佐茂的环境保护思想等。日本共产党内的马克思主义与学院马克思主义仍然有所区别，前者与现实状况结合更为紧密。早期资本主义发展使日本避免了俄式民粹主义对马克思主义的干扰，美国的实用主义在日本本土的影响也并不很深，所以前日本共产党书记不破哲三认为没有必要搞马克思主义的"日本化"，但这并不意味日本的马克思主义者缺少独立思考的精神，这种异于中国之马克思主义非权力话语性使他们不失一种从世界资本主义状况来重新阅读马克思文本的态度。不破哲三作为一个马克思主义理论家发表过很重要的思想和论著，不过作为日本共产党前领导者他并不是后马克思主义的典型代表人物，我们着重要谈的是另一位，由于其影响无论在中国还是在世界，远不及西方后马克思主义，所以我们在此不妨略多说几句。

---

① 张一兵：《回到马克思》，江苏人民出版社，2009。

　　作为学院马克思主义知识左派，柄谷行人2001年的《跨越性批判——康德与马克思》被汉译者赵京华归为后马克思主义的代表性理论著作。①柄谷行人虽曾有"后马克思主义者"之自我身份认同，但并不是欧美式的文化研究家，他不像西方后马克思主义者"回到福柯、拉康的打字机前"，而是通过"回到康德"向"回到马克思"跨越，即如他所说"透过康德来阅读马克思，同时透过马克思来阅读康德"。他的这部著作所谓的"跨越性批判"的理论支柱可以说是走出文化研究回到马克思的政治经济学批判，这对西方后马克思主义主流的异动可视为"东方式"。柄谷行人在书中使用"跨越"与"超越"两个不同概念，超越是康德哲学先验论特点，"跨越"是不断的移位、挪动。柄谷行人把康德在理性主义与经验主义之间跨越，挪到康德与马克思之间。马克思自身也有不断的跨越，柄谷行人在马克思与康德之间引出一种跨越式批判，使《资本论》步入后现代消费社会，提出"可能的共产主义"问题，即从现实的经验上升到对未来世界的终极关怀，在这个终极点上使康德与马克思连接起来。

　　相比西方后马克思主义，柄谷行人的跨越值得注意的三大特点为：（1）通过康德向马克思的政治经济学批判跨越，是对后马克思主义反经济决定论的反拨；（2）同样作为后马克思主义之反拨，对共产主义话语在失落中之重拾；（3）虽然对后马克思主义有着以上两点反拨，他的跨越性批判仍然没有超出"意识形态幻象"。这就是他提出"可能的共产主义"之方案：通过广泛的消费者的"拒买"运动实现劳动者与消费者之间"联合的联合"。这是柄谷行人在今天的语境之下实现"解体资本—民族—国家"，这也就使共产主义从可能化为现实之可行性设计方案。

　　柄谷行人认为，市场全球化使商品化更为彻底，资本发展到顶峰，这种境况下资本主义不可能自身解体。②那么在今天的世界状况中怎样解决劳资这一对基本矛盾。柄谷行人对《资本论》剩余价值做出精到的阐释和分析，最后提出一个现实的方案——"对抗资本的运动只能作为横向的多国间的消费者/劳动者运动来实现"，那就是"拒买"。他认为，"拒买"运动只要在10%范围内对于资产阶级都是很恐怖的。然而，拒买与罢工同为对资本经济斗争的两种手段和策略，罢工斗争的局限性也同样体现在拒买运动上，两者只能在一定范围内起到对资本剥削的有限抑制和抗击作用。

　　① 赵京华：《政治经济学批判的当代意义——柄谷行人的〈跨越性批判——康德与马克思〉》，自中国文学网。

　　② 柄谷行人：《跨越性批判——康德与马克思》，第8页。

如果罢工范围无限期地扩大到整个工业文明社会，那么对资本的打击与对劳动者本身的打击是同样致命的；同样，如果把拒买运动从10%扩大到90%，引起整个社会市场供应瘫痪，不仅对资产者对劳动者也同样"恐怖"。对此，柄谷行人不会不清楚，于是他想出一个方案，跨越资本—民族—国家通过网络实现劳动者/消费者"联合的联合"。他也意识到这里有两个要解决的问题，一是"联合的联合"在组织管理上对于国家形式的替代物以怎样的形态出现；二是"联合的联合"在流通方式上对货币的替代物以怎样的形态出现。他正确地提出了问题，却没有给出有效解决问题的方案。如杰姆逊所言："当新的世界网络伴随着世界体系中自主性的丧失，任何国家或地区都不能实现其自己的自主性和主体性，或割断与世界市场的联系时，难以克服的困境便会出现。知识分子不可能仅仅通过想象而找到一条捷径。"① 这番话真像是对柄谷行人而说的。劳动者/消费者"联合的联合"不是在真空之中建立，而是在全球化资本主义体系之网中，怎么可能在这样一个蛛网中立起一个空中楼阁——一个与世隔绝的劳动者/消费者联合体——"国中之国"，既不为资本主义生产又不消费资本主义生产的商品，既不是无政府主义的又不是现有的法式或美式的左派对抗组织。

柄谷行人没有从资本本身一方来看问题。因为在这个问题上柄谷行人与马克思文本发生了冲突。马克思正是在《资本论》序言中提出资本发展到最大限度（顶峰）便会走向自身否定的论断。柄谷行人虽然在经济里面却走到了建立在消费决定论上的新乌托邦。

"尽管新左派来势汹汹，但是它对未来的把握却心中没数。它想要走到哪里去呢？它所指的社会主义是什么呢？社会主义如何去抵制官僚化呢？它所谓的民主计划或工人管理是什么意思呢？其中的每一个问题都需要经过深思熟虑之后才能作出回答。"②

这段话是美国著名社会学家丹尼尔·贝尔在冷战期间的20世纪60年代作为向左翼思潮挑战的《意识形态的终结》一书中写下的，其中提出的的问题在半个世纪后的今天仍然存在。问题集中到一点：资本，"从降生那天起从头到脚每个细胞都渗透着血和肮脏的东西"，怎么一下子变成了"酷的"？它到了晚年即将寿终正寝了吗，抑或还有生命力呢？它将在哪里终结？

---

① 杰姆逊：《论现实存在的马克思》，《全球化时代的"马克思主义"》，第84页。
② 参见丹尼尔·贝尔《意识形态的终结》，张国清译，江苏人民出版社，2001，第466页。

六　马克思主义的历史使命与世界命运

——晚期资本主义在哪里终结?

综上所述,"回到马克思"呈现为一种巨大的思想张力把我们引向关于马克思主义历史使命与世界命运的思考。1998 年《共产党宣言》年发表150 周年,5 月中旬由法国共产党中央所属学术团体"马克思园地协会"发起主办了一个国际学术会议,主题为:(1)现今时代条件下资本主义有哪些变化,如何摆脱资本主义的统治;(2)马克思所预想的人类解放有哪些含义,如何争取实现人类的解放等有关问题。这两个问题准确地概括了马克思主义在当今世界的命运及其担负的历史使命。60 多个国家和地区的左翼马克思主义学者、政治和工会活动家等共 1000 多名与会代表,围绕着这两大主题展开热烈的讨论,会议共收到论文 349 篇,汇编成 12 卷论文集出版。

本书前面所论解释学见出一种张力在马克思文本作为"阐释文本"与"应用文本"之间牵引。前者是通过文本回到独一无二的马克思,即当年他所说自己"不是马克思主义者"的那个马克思,这是一个阐释学的原则与意向所表现的相应的文本阅读方式,张一兵的《回到马克思》大致可体现出这种努力;文本"应用"则是马克思文本在历代的社会实践运动中的种种"曲解"。"重新来到于人间"的马克思即是德里达所说的复数之幽灵,包括西方众多的后马克思主义、柄谷行一的"跨越性批判"以及"中国化"的马克思主义,还有被"撒旦化"的马克思。

当今世界经过十月革命、两次世界大战及战后的冷战,之后又历经了中国与第三世界的革命运动,殖民主义体系的瓦解,斯大林的错误及其清算,接着中国从指令性计划经济向市场经济的转轨,苏联东欧体系的崩溃等,这一系列翻天覆地的事件资本主义重大的变化相应。其中最重要的是它带来了新的生产力的发展,以及由此引起社会结构的相应调整,这些问题笔者在《走出后现代》以及前面的章节均有所涉及。在这种世界新格局下,马克思主义关于暴力革命与无产阶级专政的理论已经过时,这在 1998年的巴黎会议以及更广泛的马克思主义思想界几乎成为共识。值得研究的是马克思的政治经济学基本理论有哪些在今天仍然保持旺盛的生命力,其中一个问题是,马克思关于生产力与生产关系的矛盾的理论怎样用来分析晚期资本主义。而生产关系中的马克思的一个关键理论是与资本共生的剩余价值问题。在今天以所谓"知识经济"为特点的后工业文明中，还存在不存在剩余价值，如果不存在，它到哪里去了？如果存在，又是怎样的形态？

当今世界开发的先进生产力主要为信息技术（IT）及其相关产业。IT产业的革命性在于大大提高生产效率，这彰显出马克思在《资本论》中预见人类从必然王国走向自由王国之关键——"劳动日的缩短"。剩余价值正是产生于剩余劳动时间所创造成的价值，所以在资本主义所有制没有根本变化情况下新的生产力非但没有消除剩余价值，反而大大提高了剩余价值的增长幅度，由此引起多种效应。

（1）从资本一方来看，早期原始积累时代的"强盗资本主义"进入民主福利社会。在欧美，特别是美国，大部分由家庭经营的"家族资本主义"（family capitalism），不同于依赖世袭特权起家，宗族势力扩展，裙带关系维系的"权贵资本主义"（crony capitalism）于 19～20 世纪之交开始瓦解，① 逐步代之以股份制，并且私有资产向社会转让的现象也呈上升趋势。资本方面的变化必然反射到剩余价值形态上。在后工业文明中知识经济成为剩余价值转换的纽带，一方面从事信息技术的资产者没有同蓝领工人发生直接的雇佣关系，另一方面雇用关系以白领之间的团队合作有所变化。同时，局部资本通过觉悟的个体以扩大社会福利的事业逐渐把资产从私有转化为社会公有。这些资本局部转化与政府以社会福利的方式实现剩余价值再分配并进，这种生产关系与社会结构改变之同步效应大大缓和了社会阶级矛盾。这种非暴力方式的改良正是长期无产阶级革命运动带来的积极成果。

（2）从劳动者一方来看，新生产力带来新的经济格局使社会"绝对贫困化"现象大大降低了。后福特主义为了拉动消费使工人与其他劳动者在分配上得到较大改善：①体力劳动的成本大大提高了，劳动者的收入也相应地增加。②大幅度增长的剩余价值通过社会福利与保障体系以及慈善救助事业进行再分配，社会贫困人口因此受益，劳动者生活条件也相应得到改善。③生产效率的大幅度提高降低了劳动者的体力负担，与劳动力知识技术含量的增长相应的是所谓"白领工人"队伍的扩大。④由于上述原因使工人阶级与劳动者有组织的经济斗争的频率与强度降低了。

（3）剩余价值大幅度增长并没有从根本上改变相对贫困化状况，主要体现在社会贫富两极分化仍然严重：①劳动时间的缩短与劳动力成本的提

---

① 参见丹尼尔·贝尔《意识形态的终结》，第 26 页。

高引起社会失业率上升；②剩余劳动时间与剩余价值的增长使社会从生产向消费倾斜，引起所谓"后消费社会"现象，一方面产能过剩，另一方面奢侈品市场膨胀而有效需求不足。第三产业的快速发展，使用价值的消费转换为文化消费主义对炫耀性消费与符号消费的追逐。奢侈品消费以剩余价值再分配与回收循环方式实现利润最大化，成为新型经济危机主要推手之一。2007～2010 年美国由"超前消费"派生出次贷危机扩大为金融海啸使资本主义固有矛盾及其经济危机转化形态浮出水面。这是资本主义转为"酷"之中隐性的"恶"。③技术的进步引起生产效率的提高没有根本改变劳动分工使人片面化状况，使得知识与技术含量较低的简单劳动更加单调。以上这种新的相对贫困化现象，使人们感受到的心理压迫超过了经济的压迫，出现"白领忧郁症""过劳死"等现象，反映在社会矛盾斗争形态的新形势，如 2010 年以来中国内地富士康公司出现工人连续自杀现象，美国 2011 年的"占领华尔街"运动，以及欧洲一些地区边缘性移民以及债务危机引起的社会骚乱，等等。

资本产生剩余价值与资本追求最大化的本性是紧密联系在一起的。两者均指向无限，然而任何向着极限发展的东西，总是有界限的。这就是晚期资本主义仍然遵循着资本无极限规律，逐渐向其极限靠近。而无产阶级革命的历史教训已经表明资本的界限突破不是靠外部力量（这不意味着革命没有起到其历史作用，或在历史上本可是避免的），所以资本主义走向自身否定是资本本身特性决定的必然规律。在这个问题上，齐泽克认为不可能"在资本框架之外完全解放生产力"是对的，只是他没有进一步解决资本主义怎样通过其内部解放生产力走向自身否定，他不能回答历史的终结形态不是共产主义又是什么？

在劳资这对资本主义固有矛盾上怎样解体资本—民族—国家，柄谷行人着眼于劳动者怎样通过"联合的联合"在消费者意义上成为主体，而杰姆逊从另一端在社会建制上提出了方案，那就是福利国家的"大政府"。①这个大政府所管理的生产方式仍然是资本—民族—国家的模式，但在这个模式中排除了官僚主义特殊利益集团产生的可能使三者从对立冲突通过逐步调整转为统一和谐，这就相当于在苏联 20 年代列宁实行的"新经济政策"中提出的国家资本主义。② 杰姆逊提出"社会主义者应当与自由主义

---

① 弗·杰姆逊：《回归当前事件的哲学》，《读书》2002 年第 12 期。
② 参见毛崇杰《走出后现代》，第 489～494 页。

者一道捍卫大政府"①。一个廉洁的公仆式的政府公正地管理生产资料的使用与生活资料的分配,维护公平竞争的市场秩序,这不仅符合左派的愿望,同样也是自由主义者的设计。提出"历史终结"于美国体制的福山也并不认为美国的社会没有弊病,不需要改造了,他同样认为当前世界应该尝试"通过再分配由市场共同体创造的剩余价值从而产生资产阶级民主福利国家和在那些国家公民中间平等化生活机遇"②。自由主义者罗蒂认为:"无论左派为21世纪提出什么计划,它将既不包括国有化生产工具,也不包括剥夺私有财产。它也不可能包括世界的非技术化,只是因为除了发展更新更好的技术管理创新机制以外,没有人能够设法抵制拙劣而过时的技术管理机制。"③ 不同政治色彩甚至相反思想倾向的知识群落在人类普遍价值达成共识的平台反映出资本主义终结的历史走向。

这个"大政府"也正是康德提出的"完全正义的公民宪法"下"建立起一个普遍法治的公民社会"的国家管理机制,即所谓"民主宪政"。无论以君主立宪还是代议制或其他形式出现,其基本模式是以全民共同建立的国家最高宪法下的种种法律为制约,在多党制相互监督与竞争下以普选制实行平稳的权力更换,使国家政府的管理走上社会公仆式的服务型机制,以有效限制权力的滥用,杜绝贪污腐败。这种公仆制与巴黎公社的区别在于,后者是在工人阶级领导下通过普选建立政权,其中委员大部分是工人或公认的工人阶级代表。巴黎公社只是一次试验,马克思看得更远,指出"这不是为了一次把国家政权从统治阶级这一个集团转给另一集团而进行的革命,它是为了粉碎这个阶级统治的凶恶机器的革命"④。巴黎公社失败了,其通过民主普选以及公仆"粉碎国家机器"的法则是"永存的"。独裁专政的极权制向宪政民主过渡以及民主宪政自身的不断改善在一定历史阶段是不可避免的,人民对于由什么样的人来统治他们的选择权利在这个过渡中越来越强化。尽管这种权利是有限的,在财产的作用下也会流于形式,然而它在强化竞争与监督以防治官僚主义与权力腐败方面毕竟比"绝对权力导致绝对腐败"的极权制进步,因而能在进一步的改善中与先进生产力相适应(代表先进生产力)。

民主宪政及相应的多党竞选制也是人类阶级社会的产物,从消灭阶级这个历史必然来看,也是过渡现象,而非"历史终结点"。一旦阶级不存

① 弗·杰姆逊:《论现实存在的马克思》,《全球化时代的"马克思主义"》,第75页。
② 转自理查德·罗蒂《后形而上学希望》,第368页。
③ 理查德·罗蒂:《后形而上学希望》,第375页。
④ 《马克思恩格斯选集》第2卷,人民出版社,1995,第93~94页。

在了，还会有什么不同的政党呢？一旦消除了三大差别，人与人在经济、政治上真正平等了，还会有今天这样巧取豪夺犯罪以及仇恨现象吗，还需要今天这样种种的强制性法律约束吗？即使那时还需要宪法或某种法制，其内容与功能还会同今天一样吗？……实现了真正平等、博爱的世界，政治、法律和道德的理念，完全不是今天所能想象的。马克思之所以不仅在当时超过了历史上任何一个学者与思想家，即使今天仍然没有一个后马克思主义者能与他相比，其高明之处就在于，他从阶级斗争的历史与他那时代的阶级状况分析，得出在资本主义全盛时期无产阶级的暴力革命是不可以避免的，并必将导致无产阶级专政（这一结果得到短暂实现后失败），但是他最终并没有认为这就是消灭资本主义的必由之路，他从政治经济学批判发现埋葬资本最终不是其外部力量能够完成，而是由资本本身的内在逻辑所决定。

正是按照资本本身的这个内在逻辑，资本主义不会是人类历史最终的一个理想社会形态，它还需要如亚里士多德、康德所说那样，不断向好（善）的方向发展，是否把这样的终极形态社会称为共产主义并不重要，重要的是资本主义由"恶"向"酷"转变，终结于"非我"之"善"。在这个历史总体意义上，思想的逻辑只有"回到康德"才能"回到亚里士多德"，而只有"回到马克思"才能"回到康德"，这也就正是只有政治经济学批判才是推动历史发展方向的思想因素。

笔者在"走出后现代"作为"绝对命令"式的历史必然要求，试图找回失去的方向感与目的性，也策略地以"非资本主义全球化"替代直接说出共产主义。正如在人类早期的原始社会以及尚存极少数未开化的部落作为现实存在，如前文援引恩格斯根据马克思所作人类学笔记原始社会的"自由、平等、博爱"，以及马克思指望在"中华共和国门前写上自由、平等、博爱"，在这个问题上我们需要从"回到亚里士多德"—"回到孔子"，展开一场全球思维下世界公民的广泛对话，笔者在《走出后现代》书中提出了这个问题。

资本"利润最大化"的逻辑必然伴随着生产力解放与剩余价值增长向着极限运动，使得社会财富用于维持人类生活与扩大再生产的份额越来越低。多出来的大部分剩余价值除了多次再分配满足社会极大的物质需求之外，便转换为剩余劳动时间，即成为社会成员个人自由支配的时间用来丰富人的精神生活。人的全面发展将进一步引起生产飞跃，形成一个良性循环。资本主义按照自身的逻辑终结在这里。资产阶级革命提出的"自由、平等、博爱"，马克思提出的共产主义，都将从历史文本之外的书面以及口头永远消失，转化为现实的生活。以资本自身逻辑显现的历史的东西与思想史从亚里士多德到马克思思维逻辑认识的东西得以整合。

这本书写到这里离美学文艺学越来越远了，必须打住。不过思想对"世界向何处去"的所思考的问题与美学文艺学的命运毕竟不是无关的。美学文艺学存在于这个世界上，它们被学科的界线限定，同时又总想超越学科的界限，无论怎样它们不可能超越人类社会的界线。美学文艺学与文化理论及其他学科同属"为人的解放"主题，没有超越"观乎人文以化成天下"。

最后附几篇电影观感与评析以折回美学文艺学。

附：艺术电影的文化政治学与诗学阐释

一般艺术类型都带有不同程度的跨类别之综合性，从古老的诗画之争、空间艺术与时间艺术的关系，到接受主体感觉器官视听关系，都贯穿着不同种类艺术之间的际间性问题。电影更是一种在现代科技下发展起来综合性极强的艺术类型。它把古老的戏剧表演艺术与文学性以及音乐结合起来，借助于现代科技手段使摄影艺术活动起来，音影结合，成为一种连接高雅与通俗、精英与大众之纽带的重要文化生产。就电影在意识形态层面上与现代资本主义社会经济、政治与文化的关系及其对于无产阶级社会革命的作用问题，法兰克福学派以本雅明与阿多诺为代表也曾发生过分歧与争论。

我们在这里以电影作为一种于现代到后现代的审美文化现象与文艺类型，通过几个具一定代表性的作品的解读、鉴赏与批评，以例证文艺的多重本质。比如，说它们作为文化生产的价值与消费作用，在历史纪实基础上反映的政治冲突上的工具性，与普世价值实现之目的结合在艺术上思想性、哲理性、史诗性的审美品格以及日常生活中的娱乐消闲意义，这一切最终指向为实现人类普遍价值联系在一起的解放的叙事。

这里举凡的八部影片较多取材于历史，如《暴君焚城记》《无畏上将——高尔察克》《吾为君亡》分别记述了罗马帝国时代、苏俄国内战争的历史与"二战"中日本的状况。前二者以真实的历史人物为题材；后者以"二战"最后阶段为背景，将实有人物与虚构角色糅合在一起。《女王》一片以当前真实人物与事件彰显某种传统价值观念与普世价值。《同伙》一片以紧张的剧情回顾冷战中的间谍网络，也反思了人性的问题。《十二怒汉》通过一个司法案例揭示社会法治与民主中的普遍公正与正义问题。《海角七号》则属充满诗情画意的大众通俗音乐娱乐片与内地贺岁片进行了比较。

20世纪末到21世纪以来开拓电影新潮流的仅存者，如英格玛·伯格曼、费里尼、戈达尔、利奥维拉、大岛渚、安哲罗普洛斯等，对电影艺术的探索也都有所转向，这些前沿大师的作品大多沉闷、晦涩、难以解读，与后现代以平面化、"无厘头""科幻""穿越""恐怖"见长之大众化格调格格不入，这里以《太虚幻境与梦工厂中的性幻想》把费里尼的《女人城》及《八又二分之一》与《红楼梦》比较，加之罗伯·格利耶的《格拉迪瓦找您》探讨电影艺术中的性幻想问题，以两位女导演的《迷失东京》

及《莫谈私事》勾画出 20 世纪 60 年代初到 21 世纪约半个世纪从新浪潮到后女性主义的电影思潮发展概貌。《乡愁》一片则为其中大师级的"另类"艺术精品，从情节到人物均系虚构，没有切实的历史背景，没有世俗的"美"，却以独创性的电影语言深沉地以"超越'乡愁'"表达了走出后现代的历史观与普世价值之不可分割的关系。这里侧重不同案例的文化与意识形态代表性，把历史性作为当代性来解读，以后者展示的未来性划上一个重重的句号。它们是我多年来休息时在线观看的电影中有所感、值得书的几片。

这里所论只是后现代多元文化中电影流派、风格多样性大生产中的小小一隅，有些作为即席随笔发表于博客，重新将之串联起来加以整理，从中抉发出某种文化政治与诗学上共同的问题，涉及电影的史诗性品格与人类普世价值，等等。

有人说，电影让人开心就是好片子；令人感动，则是佳作；如让人思考而难以忘怀，则为经典……可以补充一句：让人浪费时间的影片是垃圾；让人变得邪气的，则是毒品。下面就让我们分别来看这几部电影吧。

《暴君焚城记》与信仰自由

显克微支是波兰 19 世纪末到 20 世纪初的作家，1905 年他以取材于罗马史的长篇历史小说《向何处去》赢得了诺贝尔文学奖金。1913 年意大利由恩里科·瓜佐尼根据该小说拍成默片，影响巨大，曾被数度翻拍，1951 年好莱坞由导演默温·莱若执导推出彩色片《暴君焚城记》（*Overture*），再次轰动世界影坛。

小说与电影的故事取材于罗马史，主人公尼禄（公元 37～68 年）是罗马帝国史上著名的暴君。历史上的暴君并非千人一面，尼禄这个人物很复杂，他执政早期干过一些好事，如废止了血腥的肉搏竞技，还宣布了希腊的独立，等等。他酷爱艺术体育，在影片中他爱写诗诵诗，以艺术演出替代角斗。他亲身参加奥林匹克比赛获得过不少奖，他把奖金捐献国库，甚至一度被奉为贤君……他之成为一个暴君有制度上的原因，当时的神圣罗马帝国靠强大的军力连年征战，扩张，从被征服之弱小民族和国家的财富和奴隶，满足贵族奴隶主的穷奢极欲、荒淫无度的生活。希腊时代的民主制度到罗马帝国已经衰微，元老院对皇帝的行为已经失去监督与制约作用。"绝对权力导致绝对腐败"，据说尼禄犯有杀妻弑母罪行，影片没有直接描述这方面内容，以一位充满正义感的罗马将领与一女基督徒"英雄美人式"的恋爱故事作为贯穿情节，并以尼禄焚城和镇压基督徒的历史事件为背景。

基督教起源于罗马帝国腐朽衰落时期，最初缘于下层人们以信仰方式表达对奴隶主统治者的压迫的反抗情绪，所以当即遭到敏感的暴君之残酷迫害和镇压。历史学家泰西塔斯写道，在尼禄的私人竞技场上，一些基督徒被蒙上兽皮，让狼狗活活咬死，另一些人被紧紧地捆在十字架上，点燃后作为黑夜中的火炬。"身穿驭手服装的皇帝和人群混在一起欣赏这一壮丽奇观……"影片描绘了这一血腥场景，场面宏大，焚城饲狮一场令人震撼，这就是好莱坞早期历史大片的风格吧。

影片突出了基督教起源与宗教信仰问题，这正是半个世纪后这部旧片对于我们的现实意义。基督教初始阶段成员多为穷人、奴隶等社会弱势群体，当时没有教堂和教会，也没有专门的神职人员，更没有等级森严的神父和主教统治教规。教徒们在家庭或野地里聚会、交谈，怀着对天国的祈望，宣扬善良、忍让、宽容、平等、博爱，以神的仁慈感染人们，对暴虐的统治者采取非暴力对抗。当时贵族统治者的骄奢淫逸与基督教徒们的虔诚忠信洁身自律形成鲜明的对照，强权政治对这种道德感染力与信仰感召下民众的高度凝聚力感到本能恐惧，因而处心积虑加以大规模镇压。尼禄为了取乐纵火焚烧罗马城并嫁祸于新兴的基督教徒，将他们驱于斗兽场饲于饿狮，残杀了圣徒彼得和保罗。

后来基督教"勿以暴力抗恶"的主张逐渐被皇权利用改造作为欺骗愚弄民众的统治工具成为正教，并发展为教权合一之制度化，形成森严的等级，甚至主教的权力可以凌驾于君权之上，成为禁锢和压迫思想自由的工具犯下许多罪行。欧洲漫长的"十字军"战争便是以宗教名义发动的侵略。教皇格里高利四世于1231年建立"异端裁判所"，许多无神论者被当作"异教徒"遭到残酷迫害，如宣扬哥白尼学说的布鲁诺。这就是神权统治下漫长黑暗的中世纪。直到1908年教皇庇护十世改组教廷方正式宣布废除异端裁判所。在这之间人类为信仰自由在充满神权压迫、宗教战争的恐怖、黑暗中一直进行着斗争，做出牺牲。

宗教革命是一次资产阶级性质的宗教改革，即对基督教教义进行世俗道德化的改造以适应资本主义生产力发展的需要，即所谓"新教伦理"，《圣经》认为"富人上天堂比骆驼穿过针眼还难"，而新教主张合乎道德地致富。在新教运动推动下，英格兰国会于1689年通过了《宽容法》（Toleration Act）允许信仰自由。1782年德皇约瑟夫二世颁布了一道《宽容法令》

表示对非基督教异端教派的容忍。

宗教信仰之合理性在于，对于永远不可穷尽的未知世界，人们总是徘徊在认知与信仰的边缘，在科学不能给出完全正确的答案之前，无法在两种态度上做出优劣的比较。前文所引霍金在《时间简史》中提出："宇宙从何而来，又将向何处去？宇宙有开端吗？如果有的话，在这开端之前发生了什么？时间的本质是什么？它会有一个终点吗？"他现在还是像当年牛顿那样只能将这些问题交给"神"去解答。我国 20 世纪 80 年代末期至 90 年代中期，物理学家钱学森与当时的国防科工委副主任张震寰重视对气功以及相关的人体特异功能的研究，正是出于对人类未知领域的探索。马克思把信仰作为人类不同于理论掌握，艺术掌握与实践掌握的一种"掌握世界"方式，这正是对已知事物之外领域一种世界掌握方式。

正当的宗教信仰自由列入国际公认的人权。这一原则在于：我不同意你的教义，但是我尊重你的信仰并认为这种选择的自由应当受到法律的保护，特别是当正当的信仰遭受暴政迫害时，捍卫某种正当的宗教信仰自由就是维护普遍正义和人权的斗争。这里所谓"正当的宗教信仰"的法律和道德底线在于，任何宗教信仰不应当妨碍他人的自由与社会的安全。那些以迷信煽动活人祭神，集体殉教、以宗教名义残害生命，如美国的人民圣殿教、日本的奥姆真理教等国际公认的邪教组织不在宗教信仰自由之列。罗尔斯在《正义论》中指出："要否认某些公民的宗教自由，我们就必须对他们给出我们的理由，这些理由不仅是他们能够理解的，而且是我们可以合理地期待他们作为自由而平等者也可以合理地加以接受的理由。"① 而暴君与暴政取缔民众正当宗教信仰自由无法给出"合理的理由"，往往制造如尼禄焚城那样的事端。对正教之外的信仰形态总是要结合当时当地的社会政治状况以法律为依据来分析的判断其教义和活动方式正当性与正义性，是否邪教，以及对应的态度，这种差异性同时决定着统治者为仁政还是暴政。

1982 年适逢《宽容法令》200 周年，维也纳举行了"国际宽容对话会"，伽达默尔在开幕式上作了一个报告，题为《1782～1982 年的宽容思想》。伽达默尔从宽容法令谈到 20 世纪后期科学理性统治时代的新启蒙精神。正是由于启蒙运动以来理性的胜利、科学的昌盛，当有神论（特创论）对科学（如达尔文主义等）进行种种非难与挑战时，才没有遭到像异端裁判所那样对待。伽达默尔也指出，宽容并不意味着对任意行为的容忍，

---

① Rawls, John, *Political Liberalism*, Columbia University Press, 1996, p. 101.

那样倒使宽容更无可能，但是"容忍"就意味着"对不正确因素的容忍。只有在更深的团结一致出现的地方——如在启蒙过的国家中，国家致力于消除宗教信仰的纷争——宽容作为一种道德才是可能的"。因此，当代宽容是新启蒙精神借助权力之强势以营造一种适于"理解—对话—批判"的气氛。多元文化对"异质性"的承认就是对"异端（heterodoxy 这个字与异质性同根）"作为"少数者话语"加以保护。

这就是该片多次被翻拍文化政治学意义。在当今世界，以文明与文化多元性表现的种种信仰上的差异，以正教与异教，原教旨主义与新教以及种种新的信仰出现的危机状况下，回顾历史，重新阐释《暴君焚城记》在文化政治学上具有重要的现实价值。

就电影艺术论，好莱坞的这部影片虽然其主题宏大，也颂扬了英雄主义与普世价值，不过还不具史诗片之艺术高度。导演默温·莱若 1940 年曾以《魂断蓝桥》一片蜚声世界影坛，1952 年以《出水芙蓉》打造了好莱坞歌舞片典范，跻身大牌名导。然而，史诗片不单以英雄主人公为标准，在英雄性格塑造上要求丰满的立体性，使作品具备厚重的历史感并达到一定的思想深度，在艺术上常常突破"英雄美人"大团圆模式带有某种悲剧格调。好莱坞历来以高投入、大制作雄视影坛，以剧情取悦观众之商业娱乐风格常常淡化了这些电影诗性因素，正如希腊史诗《伊利亚特》《奥德赛》被好莱坞搬上了银幕也很难说达到史诗电影的高度。这是否对好莱坞的偏见呢？当然我们不能否认好莱坞许多大腕与佳作。下面我们不妨以另一部俄罗斯历史传记片与之比较，探讨电影史诗性问题。

《无畏上将——高尔察克》与电影的史诗品格

《无畏上将军——高尔察克》是俄罗斯导演安德烈·克拉夫库克 2008 年推出的一部新片。从导演叙事的风格，演员的高雅气质及影片的画面之壮观堪称一流，加上英雄末路的悲剧格调使影片具有魅力四射之观赏性，其主人公英雄性格的历史评价问题引人思考电影的文化政治学与诗学问题。该片主人公既是颇具人格魅力的将领，又是一位儒雅倜傥、温柔多情的浪漫恋人。然而，在苏联现代史上由于在"十月革命"后的国内战争期间他率领人马反抗苏维埃政权，最终作为革命红色政权的凶恶敌人被处决。该片采取了史诗电影的格调处理这个历史人物，给他染上了浓重的悲剧色彩。这显然是一部颠覆《联共（布）党史》为高尔察克翻案的影片，不过编导尽管避免对"十月革命"作出直接相反的评价，没有渲染革命暴力，没有通常此类翻案片对革命者的丑化，甚至也没有像《日瓦戈医生》那样倾诉知识分子在革命中的苦难，而是紧紧扣住主人公的个人品格和命运展开。翻案并不一定尽是负面效应，它有时能使我们从不同侧面来审看与反思历史，多角度、立体地评价历史人物。

影片一开始把观众带到 1916 年第一次世界大战的俄国舰艇上，高尔察克作为一名俄国少将指挥他的军舰与德国舰队周旋。他以大无畏的勇气不惜舰毁人亡把强敌诱入自己布下的雷区，炸沉敌舰……他被沙皇嘉奖晋升为海军中将并出任黑海舰队司令。

俄国 1917 年"二月革命"后，高尔察克表示效忠于临时政府，被晋升为上将。1919 年他在东西伯利亚组建军队向苏维埃政权进攻。他与北高加索的邓尼金与乌克兰的彼得留拉在各种外来势力支持下成为当时代理帝国主义威胁新生的红色政权的凶恶的敌人。苏联当代文学史上许多名著《毁灭》《铁流》《静静的顿河》《苦难的历程》《钢铁是怎样炼成的》《恰巴耶夫》（电影《夏伯阳》）《第四十一》等，都描写了那段硝烟弥漫、内外交困的艰难岁月。

高尔察克一度挥师得胜，但很快就被红军击败。他带领残部从鄂木斯克开出一列满载黄金财物的火车向为协约国占据的伊尔库茨克溃退，然而那里已经发生工人武装起义夺取了政权。最后他被捷克兵团出卖，红色政权判处他死刑。行刑时，他拒绝蒙上眼睛，点完最后一支烟……尸体被抛入冰窟。在这片战火硝烟中穿插着他与下级军官的妻子安娜在舞会上相遇，一见钟情的浪漫故事。安娜离开了丈夫，不顾一切追随他到白军部队中充当医护人员。这段动人浪漫爱情故事爱也并非虚构，影片以安娜回忆的叙事方式展开。高尔察克被处决后，安娜被囚于集中营，在那里度过了大半生，后来携子流亡巴黎，于 1956 年在医院中逝世（影片对此没有交代，历史却有记载）。其子罗斯季拉尔夫·亚历山大洛维奇·高尔察克于"二战"中加入法军抵抗纳粹德军，于 1965 年病逝。

"历史是按照'胜王败寇'——'赢家逻辑'刮剥多次的面目全非的羊皮书……""历史是诗化的文本……"这是后现代新历史主义"文化诗学"的基本理念。然而这部影片的作者似乎取一种与之相反的历史客观主义的立场，避免刻意美化或丑化什么。可以认为电影对高尔察克的高贵的英雄性格的描写是忠实于历史的，他具备许多个人优秀品格，学业优良，热爱科学，富于探险精神，曾亲临北极探险，著有《喀拉海和西伯利亚海的积冰》一书，荣获沙皇俄国皇家地理学会的最高奖赏——大君士坦丁金质奖章。1910 年，他随"瓦伊加奇岛"号破冰船在远东海区航行，绘制地图和航海图志。后来，人们正是根据这些航海图志去开辟北冰洋航道的。高尔察克的悲剧不是个人品格与才能的问题，而与历史发展方向对抗把他推上了绝路。

第一次世界大战没有"二战"反法西斯主义的正义和神圣，卷入这场战争并不能给民族和个人带来英雄主义的光彩，雷马克的著名小说《西线无战事》的主题就是反战的。后来法国影片《漫长的婚约》也描绘了这次残酷而无意义的浩劫。十月革命的路线就是变帝国主义战争为国内革命战争。影片描写主人公的爱国主义和英雄主义以及他的忠诚、无私、刚毅的品格并不具有历史进步意义，这正是导致他走上了反革命的道路，最后酿成他个人的人生悲剧的缘由。

项羽最后横刀自尽时慨叹："天亡我，非用兵之罪也。""天"到底是什么？孔子告诉我们："天地革而四时成，汤武革命，顺乎天而应乎人，革之时大矣哉！"（《易·象传·革》）"革"就是自然界与人类社会历史发展的规律。"顺天应人"之历史运动的必然规律。俄国长期在沙皇专制统治的残酷的农奴制下，民主主义知识分子代表农民的利益进行着反对沙皇政权和农奴制的革命运动，从 1825 年贵族知识分子的"十二月党人"的起义直到 1905 年的农民示威抗议都代表着这一历史趋向，然而这些正义的反抗斗争都被沙皇血腥地镇压而失败，直到列宁领导的以工农主体的"十月革命"利用帝国主义战争造成的薄弱环节彻底推翻了沙皇专制制度，取得了无产阶级革命的胜利。摆在胜利者面前的是"走什么经济发展道路"的问题？列宁在革命前就与坚持不经过资本主义发展阶段进入社会主义的民粹主义进行了大量斗争。国内战争结束后，在取得政权第四年即 1921 年，列宁检讨了"直接用无产阶级国家的法令，在一个小农国家里按共产主义原则来调整国家的生产和产品"的错误，而"容许建设中的社会主义同力图复活的资本主义，在通过市场来满足千百万农民需要的基础上实行经济竞赛。无产阶级国家只要不改变本质，在一定限度内，在国家调节（监察、监督、规定形式和手续）私营商业和私人资本主义的条件下，是可以容许自由和发展资本主义的"[1]。但是，当列宁去世后，1926 年，斯大林宣布从私有制向全民所有制转化。这实际上是在新经济政策实施不到五年就全面否定了列宁的这条路线。紧接着是肃反扩大化与对不同政见者的清洗。而在 63 年之后，苏联体制全面崩解又宣告了斯大林路线的终结。

---

[1] 《列宁选集》第 4 卷，人民出版社，1972，第 582 页。

我们不能因斯大林的错误导致苏联的崩解而否定"十月革命"。历史不可能在叙事中恢复原貌，总是经过叙事者的价值观的过滤得以再现。问题在于，一个胜利的强大政权应该允许反面的观念充分表达出来，它才是一个真正巩固的体系。如果这样的影片能够在斯大林时代拍摄和上映（允许争议和批判），也许苏东体系就不至于崩解，不过历史不承认"也许"。1905 年 1 月 22 日彼得堡神父戈邦率领约 10 万工人民众和平步向冬宫，递交一份要求改善生活的请愿书给沙皇，结果被军队镇压，伤 4000 多人，死亡 1000 人。尼古拉二世对此负有不容推卸的罪责。1918 年他的全家被处决。在当时革命的红色恐怖中没有可能就这一罪行对沙皇以法律程序进行审判，而尼古拉二世的儿子与三个女儿是无辜的，杀害他们也是犯罪。1793 年法国大革命雅各宾党专政期间，法王路易十六夫妇被押上断头台还经过了国民议会的审判，从他的密室中搜出了大量勾结国外军事力量镇压革命的证据，他的罪行没有殃及他的子女。1998 年，根据俄罗斯总统叶利钦的命令，沙皇尼古拉二世一家的遗体被隆重安葬在圣彼得堡的彼得 – 保罗要塞教堂中。高尔察克、邓尼金和彼得留拉相继被历史学家们重新评价。对革命的反思并不始于当前"后革命"氛围，雨果的名著《九三年》就对法国大革命的暴力进行了深刻的人道主义之诗学反思。如果我们可以说当年的"十月革命"是"顺天应人"；或许同样也可以说 1991 年苏东解体也是"顺天应人"。这个最终的"天"就是世界历史的民主潮流必定朝着普适价值实现方向运动之"天道"。"革命"作为新的时代之分娩，总是带着血污，而革命之后的历史学家们总是难免反思哪些暴行是必要的，哪些又是不必要的，并因此争论不休。然而，无论"必要"或"不必要"它们作为去而不复返的历史，则有不可避免性。留下的是后人的文化政治学阐释与诗性的叹息。

力拔山兮气盖世，时不利兮骓不逝；骓不逝兮可奈何，虞兮虞兮奈若何！

当年楚汉相争，刘邦战胜项羽是因为他代表广大农民的利益，尽管在司马迁笔下的个人品格是个流氓、无赖。而项羽是旧贵族的代表。高尔察克也是贵族利益的代表，他所忠守不矢的爱国情怀是与建立在对农民的残酷剥削与进步知识分子迫害基础上的沙皇的封建专制主义联系在一起的。历史上任何时代的革命都以维护旧制度的霸主、贵族为打击对象，他们的"英雄"代表人物最后难免有这样那样的"别姬"之痛。让我们后人唏嘘的是，在滚滚的革命洪流中个人的性格、品质、才具之优劣微不足道，这些似乎对历史起不了多大作用的因素却为文艺带来不尽的悲情题材。这个人类少数人统治和压迫多数人的历史发展的总方向是民主/平等/自由，这是世界大多数人世世代代向往追求的普世价值，人类终将永远为之奋斗下去，直到最后实现的那一天。所以孔子说："革命的时代真是多么伟大啊！"

在历史观问题上，历史有它不容否认的客观性，并非新历史主义认为历史本身就是"文本化"与"诗化"的。不过这种客观性总是以不同形态呈现为主体书写的文本。在历史中高尔察克不是正面英雄人物，他的结局具有优良素质的历史人物的悲剧性，然而并不能认为该片就是电影史诗。正如对同样具有史诗特点之肖洛霍夫《静静的顿河》中主角格里高利的争议那样，在一种未经歪曲的历史宏阔画卷中展开一个性格完整、丰满人物的复杂命运，能够借以引起历史反思，能让人唏嘘、感叹、深省，在审美形式上达到这种艺术成就的历史题材作品便带上一定的史诗性品格。电影艺术的文化政治学阐释要有史实与史料依据，诗学阐释更重视艺术审美形式。

我们说所谓"未经歪曲之的历史"是对重大主题在主体评价上即使不是全然价值中立的客观主义，也不容许在正义与非正义，如战争的侵略性与防卫性上是颠倒，扭曲的。著名的日本影片《山本五十六》描绘了日本发动珍珠港事件后逐渐转胜为败的战史，对主角山本五十六上将的刻画带有历史客观主义价值中立的态度。尽管就影片制造规模宏大，在导演、拍摄上显示出较强的实力，演员表演也很传神而言，不能不说是"好看"的电影，然而由于在对军国主义这一重大历史观上暧昧的态度，缺失了历史反思的基本立场而根本谈不上史诗性。而当前更有甚者，一部日本"二战"片把反人类性战争中亡命的炮灰涂抹上"英雄"色彩，为法西斯军国主义招魂。

法西斯亡灵的招魂曲——日本电影《吾为君亡》

由石原慎太郎编剧，新城卓执导于2007年推出的影片《吾为君亡》是"二战"后难得的反面教材，它让我们清醒地认识当前的新法西斯主义之还魂情势。

1941年日本在发动珍珠港偷袭一年多之后，太平洋战事发生急剧转折，中途岛一战的失败，日军元气大伤，从此走上战争下坡路。1944年6

月，美军越过菲律宾，登陆塞班岛，把战场推进到日本本土。顽固的战争罪犯们感到末日将临，于当年秋季以最后挣扎的方式组建"神风特攻队（敢死队）"，动员年轻人"自愿"参加，经过突击训练最后驾上载满炸药的飞机去冲撞美国军舰，就像现在的恐怖主义自杀炸弹那样。《吾为君亡》以这一战史为背景描写了这些法西斯"爱国愤青"怎样一个个地上天去送死……

然而正如日本历届某些首脑们顽固坚持参拜靖国神社那样，影片不是通过这一历史事件的回顾来忏悔和批判日本法西斯军国主义的残忍与疯狂，而颠倒黑白将这种覆亡前的垂死挣扎美化为"爱国主义"行动，竭力宣扬为军国主义殉身之神圣和伟大的牺牲精神，比《山本五十六》《啊，海军》《军阀》等影片更明目张胆地为"二战"的罪行翻案，是一部露骨地为法西斯军国主义招魂的反动影片。其文化上的反动性超过了否认南京大屠杀的历史教科书以及日本一些首脑们参拜靖国神社的行为。

影片竭力宣扬当时全国上下"同仇敌忾"的气氛，如特攻队员们写血书誓死"保卫祖国"。女工们用自己鲜血染红太阳旗做成袖章让特攻队员们佩带，甚至一位年迈父亲向特攻队员的儿子跪下叩头……为了烘托神风队员的伟大与神圣，编导极尽渲染之能事。

影片仍然坚持当年"大东亚共荣圈"的滥调，神风行动的指挥者海军中将大西说："这场战争的主要目的其实是要从白人手中把亚洲各国同我们肤色一样的民族解放出来"。日本军国主义统治者竭力把全世界正义力量与法西斯主义的拼死搏斗歪曲成"亚洲黄种人"与"欧洲白人"之间的战争，以掩盖他们霸占东亚的狼子野心，并以此为国民"洗脑"，动员全民战争。

最是影片的结尾，一个见证"神风"行动的老妇人说：

> 我越来越觉得这群年轻人很伟大！……其实这一切一定是为了爱，无论将来人类的世界如何改变，我们随时都准备牺牲自己的生命还有梦想，一切都是为了我们所爱的人。他们辛苦生存就只是为了牺牲……所以现在还活着的人应该为了他们继续这样生存！

"为了爱"，就是爱法西斯主义。"继续这样生存"也就是像当年受法西斯主义"洗脑"的年轻人那样愚昧地"就死"。他们的后面是把这场侵略战争当成"圣战"的阴谋策划者们。不正是因为这样的"爱"，那些满手鲜血的战争罪犯们被挂在东京审判绞刑架上。

该片编剧石原慎太郎在片头的题词为：

想创造传奇的渴望实现了当时日本人的勇气和美丽！

他们所创造的"传奇"就是当年剖腹孕妇，枪挑婴儿的实拍相片所记载的。

这个石原慎太郎何许人也？一个日本当今著名右派保守主义政客，末流作家，现任东京都知事。一个极端的民族主义者，著有系列《日本可以说"不"》（《中国可以说"不"》便是套用该书之名）。这个石原慎太郎是一个国际知名反华分子，一直否认日本在侵华战争中所犯下的包括南京大屠杀的各种罪行，并宣扬"中国威胁"。他还不遗余力地挑拨中美关系，鼓吹中美之间的战争不可避免。2005 年访美期间他说，中国对世界的军事威胁越来越严重，如果中美作战，美国未必能赢……这部影片的出笼更证明此人在灵魂深处是一个不折不扣的新法西斯主义亡灵再世。

2008 年这位臭名昭著的法西斯军国主义招魂者竟成了奥运开幕式的座上宾，其间他竟一反常态发表了一些"中日亲善"的言论："我切身感受到了 13 亿人口大国的壮观场面。开幕式将中国古代的打击乐融入现代元素，在保持传统的同时，又追求现代，令人耳目一新……那种美女如云的景象，我从没看过"，"不像美国机场的安检人员一副很跩的模样，中国的大学生真的又亲切又有礼貌"，"或许很多人对于（中国的）政治体制会有所批判，我也经常对中国政治异论，但对于国家社会前途的看法，中国大学生很明显的与日本的大学生不一样，他们对于国家有所期待，让人感受到青春生命的意义，听了他们的想法之后，真叫人羡慕"。

新加坡《联合早报》2008 年 8 月 14 日发表评论文章称，从石原慎太郎向媒体的表述看，他俨然成了开放中国的"免费代言人"。2012 年由他出面非法"购买"属于中国领土的钓鱼岛，挑起严重争端，6 月 11 日在钓鱼岛争端上他再次跳出来攻击，中国坚持自己的主权是"霸权主义行为，是闯入别人家的强盗"。

敏感的石原慎太郎在拍出这部影片第二年做客中国，又如此地赞扬奥运期间的中国大学生。这难道仅仅是客套吗？不，日本政客可不像中国官员那样善于"假大空"。一向怀着对中国的憎恨的他来到中国，又看到了什么值得称道的东西了呢？中国年轻一代身上有什么使他"羡慕"的东西呢？难道中国新一代大学生"让他感受到青春生命的意义"与当时日本青年的"勇气和美丽"有何共同之处吗？这更值得我们深思。

想创造传奇的渴望实现了当时日本人的勇气和美丽！

　　"想创造传奇的渴望",还想用"爱国愤青"的英勇美丽的生命创造什么传奇?是不是要与当年皇军日本指挥刀下"创造"的"砍头竞赛"之"传奇"比一比?这真正是法西斯军国主义炮灰的"勇气"和"美丽"之亡灵再现。

　　正如影片结尾:在靖国神社墓地,这批"圣洁"的神风战士气宇轩昂地向观众走来。我们看到当前政治中的一种近乎疯癫的民族主义狂热,一种召唤法西斯主义亡灵的歇斯底里……一种威胁世界甚至超过宗教极端主义的新危险。恐怖主义只能策动局部暴力,而新法西斯主义分子一旦在某强国执政,强化军国主义独裁,挑起狂热的民族主义高潮,随时有可能重蹈"二战"覆辙,把世界推向一场新的全面战争。

　　"咬人的狗不叫"。石原之流(在他之前还有一个剖腹的作家三岛由纪夫)的法西斯招魂曲只是一种不服输心理上的宣泄,寄希望于中美之间发生战争,借刀复仇,一旦两败俱伤,就可以收拾残局,坐收渔利。有意思的是石原鼓吹"中美必争"的同时,美国也有人鼓吹"日中必战",而国内崛起之"鹰派"与之遥遥呼应。

　　"二战"后日本建立了君主立宪的民主政体,"二战"的惨痛教训,反战的民主和平的力量对法西斯主义复活有较强的制约性,加之日本的左派力量也相当深入,特别在世界金融危机中,《资本论》被印成漫画普及,共产党作家小林多喜二的《蟹工船》又热销起来,内外力量的钳制,使法西斯势力较少取得控制整体局势的能力。"日中必有一战"主要依据来自一些法西斯分子的叫嚣。民主作为单一的手段非但不能防止法西斯主义甚至为其利用。希特勒的上台恰恰是通过1932年大选的结果。这正是把民主仅仅作为手段与将之作为普世价值的终极目的区别所在。希特勒为了争取选票进行了一系列蛊惑人心的煽情演说,如把经济不景气的原因归为英美帝国主义的掠夺,并利用德法历史上的积怨以及第一次世界大战失败煽动仇恨。此外,他还打着"社会主义"平等的旗号把工人贫穷的原因导向犹太资本家的剥削,建立"德意志工人党"1920年改为"国家社会主义工人党"(缩称"纳粹")。这个党在上台前切实做了许多振兴经济、扶助贫困、改善民生的工作,使德国从1931年达约30%以上的失业率降低为战前资本主义世界最低水准,而其增长率名列世界前茅。这样,他一方面骗取广大工人与下层民众的信任和选票,制造出个人崇拜的神话;另一方面为排犹、虐犹,制造舆论。既拥有最先进的科学技术与最发达的生产力,又取得了国民多数的信任与拥护,在文化上以尼采哲学和史宾格勒的历史学为支持,使得除犹太籍学者外绝大多数知识阶层的拥戴,包括吸收了大哲学家海德格尔加入纳粹党，以及加入纳粹外围教师组织的伽达默尔……可以说具备了一切发动战争的条件，于 1936 年在柏林成功地举行奥运之后，1937 年便大举进攻波兰……揭开了"二战"的序幕。当希特勒一旦利用民主工具取得权力后便过河拆桥、背信弃义、扯去伪装、撕毁协议，急不可待地废除民主与法治，走向极端的元首崇拜之狂热与绝对权力独裁，对犹太人与反战异见者及共产党人的迫害可以不问任何法律程序。元首集党政军大权于一身，对于战争的发动和军队的调动具有直接发布命令的权力。为侵略战争做好一切必要经济、政治、军事和舆论准备。

历史的教训是多么深刻呀！所以在新的语境下世界民主的新潮流之中要特别强调民主绝不仅仅以选举方式达到权力的工具，而是以自下而上的监督与横向竞争及民主大选结合的公仆制与社会财富平等分配原则为蓝图，向实现人类历史发展的终极目标迈步前进。民主，只有在上升为更高度的民主这一目的时方成为手段，人类历史正是这样一步步走向终极民主的。

电影《女王》是保守主义的吗？

《女王》不是一部传记片，而是围绕着 1997 年王妃黛安娜葬礼为中心事件以伊丽莎白二世为主角的一部纪实性艺术片。影片围绕着对于葬礼方式的民意与王室态度之间的矛盾展开。在这一对基本矛盾中，首相布莱尔作为政府的权力代表起着缓冲作用，其中穿插交织着两个家庭的矛盾：一是布莱尔与其夫人对待王室的微妙的政治差异；二是女王与查尔斯王子的对葬礼态度的分歧。影片成功之处主要在于导演对整个事件的拿捏和分析之精到，加之演员海伦·米林对伊丽莎白二世的精湛传神的演绎使影片可信而又感人。

有的网友认为这部影片重塑了女王的"伟大形象"因而是"保守主义"的。恰恰相反，该片昭示着民主作为世界普遍价值的一次新胜利。

英国是古老君主立宪制国家，在民主两议制下保留着王室躯壳。在国务和政治上女王没有决策的权力，但在社会地位仍保存一定的特权，王室家庭享有特殊优裕的生活待遇，女王拥有非选举产生的"大法官"一职的任免权，该重职是通过世袭贵族组成的上议院决定，由女王任命。服从两议制共同决议的历届首相例行每周与女王一起议论政事。

布莱尔夫人从激进的民主主义出发反对任何包括女王在内的一切贵族特权，而布莱尔作为一个左翼政党的领袖也并不是一个保守派，在任期间他一直坚持对上议院的民主改革，不过他之为首相则需要考虑历史的传统，照顾全局，这造成他与妻子有所龃龉。

1999 年王妃黛安娜在巴黎死于车祸，这场灾难举世震惊，她的葬礼方式竟引起数以百万计世界各地民众的关心。这一方面与她平民身份嫁为王妃又脱离王室家庭的私人生活有关，更由于她一心致力于关怀世界弱势群体，如求助难民和艾滋病人，热心慈善事业。她与一个伊斯兰教徒的亲密关系也带有微妙的挑战意味。女王及王室怎样筹备这场葬礼，是隆重对待还是不事张扬地例行办理，这成为影片戏剧性冲突的焦点。这场冲突最后以民众的意志胜利——以广场方式举办了盛大的民众性哀悼仪式，女王从外地回到伦敦发表了得体的悼文，让民众满意，顺利为这场风波画上了一个圆满的句号。伊丽莎白二世的声誉不仅决定了她的个人品格，在根本上决定于民主宪政的政治体制。在葬仪问题上，起初作为与民意相左的一方，女王也有她的理由。她认为黛妃的葬礼是家庭的私事，她愿不事张扬而默默致哀，并认为媒体在此事上有所煽情……而最后她不得不让步，按照民众的意愿以广场方式隆重举办了葬礼。这个妥协一方面固然是世界民主的强大潮流所起的决定性作用（最高权力会议以 1/4 票主张废除君主立宪制），也与女王个人一贯的开明思想、民主作风与人品修养有关。而正是后者使女王在英国民众心目中拥有良好声誉。正如女王自己所言："一个违逆民众意愿的王者，就应该退位。"一个开明的民主立宪君主向民众的让步非但丝毫没有损伤其尊严，相反使她更富于理性与人情味。女王使用的一部吉普车是破旧的老车，她认为"好用就不必换新"，并且亲自驾驶，不用司机。她不同意查尔斯王子赴巴黎时使用专机。片中还刻意描绘了她在猎场动情地关心一头雄鹿的命运之细节……这些都为矛盾的圆满终局做了有说服力的性格铺垫。

这部影片生动地告诉我们，民主作为世界正义人们的普遍价值观并不以西方民主宪政制度为终极目标，西方民主制度仍在一波又一波的新浪潮中接受批判并在改革中不断更新。当时有舆论怀疑黛妃之死系王室谋杀，在葬礼的花圈有的挽联上写道："女王手上沾血"……此事若发生在一个极权主义政体，当权者为保住自己的尊严和面子决无向民众让步之可能，必导致矛盾升级激化，甚至引起大规模流血……

当我们这里有些人具振振有词地否定民主是为世界人民的普遍价值，并嚷嚷"祖宗不可不法"时，2008 年 7 月 3 日，英国上议院 600 年来第一次以民主选举方式产生了议长——女男爵海琳·海曼，并同时废除了 1400 年历史的由国王任命的大法官职务。这一具有历史里程碑的举措把英国的民主又大大向前推进了一步，昭示了这一普世价值的实现是不可抗拒的历史必然要求。正如当时媒体文章写道："戴妃是王冠上的一颗泪珠，突然间她香消玉殒。在那一瞬间，仿佛英国君主制也随她一起魂归天国。"如果民主立宪下的君主制作为历史的遗迹，寿终正寝是早晚的事，那么没有制约的极权政治更是历史应该及早清除的垃圾。

以上讨论的几部影片都涉及历史的宏大题材，罗马皇帝与大将、无畏上将军、女王等，这些大人物都在不同程度地影响着历史中被历史地决定着自己的命运。下面我们将解读一部几个普普通通小人物决定一个更小人物命运的叙事。

小人物们的正义之歌——俄罗斯影片《十二怒汉》

1957 年好莱坞推出由锡德尼·吕美特执导的一部黑白影片，讲述一个 18 岁青年被控杀死他的父亲经受审判，由 12 位陪审员将决定其罪名是否成立的故事，片名《十二怒汉》。这 12 人都是来自各行各业的普通人，没有官员与政客，他们互不相识，甚至相互姓名都叫不出来，然而他们掌握着被告生死予夺之权。指控被告的两个证人，一是楼下一位老人听到争吵声中青年说"我要杀死你"，二是楼对面一位妇女当时透过窗户目睹青年举刀刺向其父。根据以上证据，开始 11 陪审员认定被告有罪，只有 1 人（由亨利·方达饰）不同意"有罪"，陪审法则规定：除非一致认定证据确凿，陪审团无法判被告有罪。反对者细致地分析了证人的证言存在若干疑点，有的陪审员逐渐被说服……从早晨到晚 7 点钟"十二怒汉"讨论了一整天，争论异常激烈，有人竟说出"要杀死你"……经过多次投票表决，逐步把开始的 11∶1 翻了个个儿，最后全部确认被告无罪。

半个世纪后，2007 年俄罗斯导演尼基塔·米海尔科夫以同名翻拍了这部影片。其翻拍的价值和意义何在呢？从原版片中一位陪审员在论辩中的话可以看出，他说道："我们担负着重大责任，这就是我一向认为民主社会的优点。我们来到这里，决定一个与我们素昧平生者的命运，不论做出什么样的判决，我们都得不到一点好处，也没有什么损失。这就是我们国家强盛的原因……"民主在这里不简单理解为"少数服从多数"，恰恰相反最终的结果表明多数人服从了个别人，这种力量非来自权势与金钱，而是民主作为手段所从属的最高目的——公平与正义。

俄罗斯翻拍这部影片恰恰是在苏东阵营解体之后，新版影片不仅套用了原版框架与古老的戏剧"三一律"结构，更突出了并深化了其基本主题。新版片忠实地将原主题移植到俄罗斯与车臣的民族冲突背景之中：被告青年是车臣人，他的养父是车臣族的俄罗斯特种部队的军人，在镇压车臣动乱的战火中收养了这个失去父母的孤儿，与之有关的改编大大强化了原版的现实感与社会批判意识。本片取得了奥斯卡最佳外语片奖，据说普京观看此片时为之感动落泪。

新版详细交代陪审团成员由出租车司机、医生、教员、艺术家等普通人组成，在论辩的过程中，每名成员结合自己的人生经历来分析案情和证人的证据，其中渗透着对当时社会政治道德状况的评判。特别值得注意的是，影片结尾设置了一个原版所没有的悬念：在最后一致认为被告无罪的终局中，出乎意料地一名画家提出否决。理由是，这孩子是被恶势力所诬陷，若判"有罪"，可能被判终身监禁，那样对他倒是更安全，如果无罪释放，不仅生活成问题，更有可能逃不过幕后真凶之黑手……然而陪审员各行各业，不是刑侦队，无法形成追查真凶的力量。最终的结果一致仍然维持被告无罪的结论，那位艺术家自愿担负孩子的成长。

影片的改编翻拍在斯大林时代是不可想象的，恰如影片《12条怒汉》中一名陪审员的台词所说"共产党不会说真话的……"。然而作者批判斯大林主义的同时并没有肤浅地把民主改革后的俄罗斯描绘为一片光明，而比美国原版强化了对社会批判和问题意识，特别是在极端民族主义恐怖暴力冲突中渗透着人道主义焦虑和深思。这里提出值得注意的几个要点。

第一，被告的家在一个开发区附近，正被列为拆迁规划之中。孩子的养父是两个拒拆"钉子户"之一，他的被杀是为了吓唬另一户（这样的事几乎与中国当前房地产开发泡沫中"官、商、黑"一家进行的掠夺的情况一般无二）。所以那位画家陪审员才为孩子被判无罪释放后的命运担忧。影片交代这位被害养父恰恰是镇压恐怖分子特种部队的军人，他在战火中收养一种孤儿，这样的人遭到如此下场暴露了俄罗斯社会的黑暗面。不过，12名小人物以道德力量从冤案中挽救了一个"异族"孤苦青年，并有人为他的未来担忧并负责，从而谱写了一曲感人的"正义之歌"。

第二，车臣问题极为复杂，影片序幕揭示了这个背景：一群车臣恐怖主义分子在做格斗搏击训练，为了"杀俄罗斯人"……车臣作为高加索山地的一个边缘少数民族历受沙皇统治的压迫，托尔斯泰的中篇小说《哈吉·穆拉》曾把车臣的一位反抗者作为民族英雄来描写。苏联解体之后，斯大林式大一统的极权统治被动摇，然而民族宿怨非但没有缓解而在新的全球性民族主义背景下，更以恐怖主义方式得以表现。平民在这种报复性的"以暴易暴"的民族冲突中是最大的无辜受害者，有媒体披露，俄罗斯特种部队对落网涉嫌恐怖分子普遍施以极其残忍酷刑。影片以背景性的镜头闪回的跳动方式反映了这种问题（普京的落泪是否与此有关）。导演把被告作为一个无辜的受害者设定为车臣人却鲜明的凸显这一问题意识，以人道主义情怀隐含着对民族主义深深忧患情结。尽管改革以来俄罗斯在思想与艺术创作上的自由已非昔日可比，然而这部影片仍然深藏着这样的隐语，一个被派遣镇压恐怖主义的特种部队军人，收养了一名父母双亡的战争孤儿，却又双双遭受黑恶势力的陷害……让人深思。

第三，从法学上来看这部以司法案例为题材的影片，它与原版同样肯定了司法独立的法治民主精神。这正是俄罗斯改革带来的进步。法治社会的基本法则是：公平与正义，即"法律面前人人平等"。这个精神集中体现在法律文本关于司法独立的原则。正如《中华人民共和国宪法》第126条的规定："人民法院依照法律规定独立行使审判权，不受行政机关、社会团体和个人的干涉"（注意其中的"独立"二字），这与立法、司法、执法"三权分立"的精神并无相悖。这条法规是一个法治社会司法独立的最高法律保证。12位普通人组成陪审团没有任何政治权力背景，真正做到了"不受行政机关、社会团体和个人的干涉"。我国陪审员制度曾几经起落，至今没有形成制度，而影片中陪审员在论辩过程中的高度民主与高度责任感气氛更使我们望其项背。2009年8月31日我国与联合国来访新任人权专员签署了一项人权协议：联合国承诺在中国修改《刑法》和律师规定方面给予帮助；中方承诺把人权问题纳入中小学和大学的教科书等。同一年《中国人权行动计划》出台了，同时政府宣称要用5年的时间查处牢头、狱霸等。这也从侧面反映了中国在法治建设上的艰难。其实牢头、狱霸世界哪里都有，如美国影片《肖山克的救赎》揭示的黑暗，问题在于有没有独立的法律机制来制约"无法无天"行为。

我国一些人把"三权分立"归为西方资本主义那一套，这就等于把人民代表大会制作为与"三权分立"完全对立的东西。殊不知人民代表大会作为国家的最高权力机构是为立法者；检察院、法院是司法部门；公安局是为执法单位。根据《宪法》第126条它们都不应受各级政府以及任何党派的控制，这正是中国式的"三权分立"。反对"三权分立"恰恰证明了我国司法没有真正做到《宪法》规定审判权"不受行政机关、社会团体和个人的干涉"的独立，表明我国的法治建设者待加强，没有从根本上改变过去那种有了权就"无法无天"的极端状况，这正是政治改革滞后的结果，也是吏治腐败无法根治的根本原因所在。在权谋与人治社会状况下，法律文本往往等于一纸空文，作为立法者的"最高权力机构"，被下面普通的"官官相护""以权谋私"架空，几乎沦为一台表决机器。

有位网友对此部影片的评论精到地概括道："俄罗斯良心的复活，似乎在向人们指点着这民族未来的发展方向"。

所谓"俄罗斯良心的复活"是由果戈理、托尔斯泰、契诃夫、陀思妥耶夫斯基，直到索尔任尼琴，对社会黑暗腐败揭露的批判传统体现出来的。在我们民族文化传统中并不缺少这种良心，但是当前面对体制性腐败与贫富严重分化中各地被贪官污吏黑恶势力压迫得喘不过气来的冤民、维权者，我们的社会公正在哪里？这是影片使我们揪心和深思的东西。我国相当一批知识者在权力与钱力作用下，丧失良知与良心，卖身投靠，沦为御用工具。几年前北京大学的一位教授对媒体断言，我国各地上访冤民99% 有精神障碍……中国历史上有屈原到鲁迅之传统，也不乏无耻的走狗文人、帮凶墨客！

这12位普通小人物谱写的一曲"正义之歌"让我们更加痛感中国的政治改革的紧迫性。

电影中的冷战——《同伙》

"二战"后一段漫长的历史时期被称为"冷战"，不同于"二战"，这一历史阶段的评价至今未有统一明确。以冷战为题材的文艺作品最有代表性的是米兰·昆德拉的小说《生命中不可承受之轻》，被搬上银幕名为《布拉格之恋》，此外还有较多"戏说"式的娱乐谍战片，如英国的"007"系列片。2008 年推出的 The Company（汉译《同伙》）是丹麦裔好莱坞导演迈克尔·塞罗蒙根据罗伯特·利特的同名畅销小说摄制的三集影片，是以这一历史时期为背景拍摄的间谍故事片。它以情节曲折起伏，悬念重重，扣人心弦的虚构故事，把那段历史颇为客观地生动地展现于我们眼前，具有较强的可观性，也让可能引起一定的反思。

从1954 年到1991 年，故事中的三个主人公，叶夫盖尼、里奥与杰克是20 世纪50 年代耶鲁大学的同窗，前两位来自苏联。毕业后，叶夫盖尼和里奥成了苏联克格勃打入美国中央情报局长期潜伏的特工人员（双面间谍），杰克则为中情局专门对付苏联的间谍。影片以这三个人物的特工人生，通过双方的特务机构的暗斗主线，展现了整个"冷战"历史事件，包括1957 年的匈牙利暴乱，1961 年的古巴猪湾事件，直到柏林墙的推倒，叶利钦上台与苏东解体。因此这部影片值得关注的最大特点在于，间谍片与史实片融为一体，把这段波诡云谲的真实背景与侦破推理的悬疑情节恰到好处地糅合在一起，使观众在娱乐性中回顾这段重要的决定着世界命运的历史。

作者在三位主角的刻画上回避了自己的政治倾向，把他们描写为各自忠于自己的政治信念的杰出人物，他们所归属的特务组织并没有把他们变成奸诈的杀人不眨眼的恶魔，也没有像"007"和《谍中谍》系列片那样，神化西方特工以达到娱乐和票房"最大化"。这使影片脱离了一般间谍片的模式，对那个时代有较为厚重的历史真实感。三位主角不仅忠于各自的信仰，还忠于自己的爱情。叶夫盖尼在青年时代就被派往美国打入中情局，潜伏近40年，历经隐蔽—暴露—被捕之曲折险境—最终释放后他仍然深深地怀念着青春时代的恋人，满头白发重返她的身旁。里奥也是克格勃打入中情局的间谍，他一度被捕，但又因为巧妙的身份掩护，竟被作为冤案释放并获得英雄嘉奖。影片不但描绘了其特工技术也突出了他和叶夫盖尼对社会主义信仰之忠诚……他的这种性格魅力竟然打破了特工人员"怀疑一切"的职业性格，赢得中情局上司杰克的绝对信任……这些人物性格的塑造与情节的曲折增进了影片的吸引力。

诚然，通过对重大政治历史事件的描写，作者毫无隐讳地表达了自己反斯大林主义的政治立场，即使如此，作者并不隐瞒一些历史真相，比如，中情局对匈牙利暴乱和猪湾事件的直接参与，甚至还揭露了中情局指使下对卡斯特罗的未遂谋杀，等等。

作者把"冷战"的罪魁祸首归为斯大林主义。影片表明斯大林主义不是一种纯个人的过失，而是体制的东西。1956年苏联对匈牙利暴乱的武装干涉发生在斯大林死后的赫鲁晓夫执政时期。后来勃列日涅夫出兵捷克（米兰·昆德拉的小说《生命中不可承受之轻》叙述了这一事件）和阿富汗都是一脉相承的极权主义粗暴干预别国之霸道行径。作者分析了匈牙利暴乱的斯大林主义原因，但并没有简单地把起义方归为绝对正义，而以反思态度如实描写了起义者对共产党人的血腥报复，隐含着对"以暴易暴"的谴责。"冷战"的双方都是对人类和平、友爱、平等、自由的背离，就此而言都谈不上正义性，作者这个基本理念还需思考。

Company 这个标题意味深长：三位同窗好友成为各事其主的特工，一场历史的误会之争斗把他们变成了"知面不知心"的敌人。同为被"冷战"利用的工具他们确实是"同伙"。而冷战过去后一切烟消云散，告退特工生涯，他们返回各自曾经失去的生活，然而，消除前嫌，重叙友情则不可能是今生之事，留下的是深深的唏嘘……这里透露对人性与个人命运的历史沉思。

原来这两位克格勃所为之付出青春爱情和大半人生所忠诚的崇高神圣事业是建立在虚假和欺骗之上的。硝烟散尽之后，在夕阳中回拾逝去的初恋，却面对着虚度一生之白发空茫。在影片结尾，叶夫盖尼会晤初恋情人，忆诵着40年前他俩漫步涅瓦河畔时当年随口说出的一句话："我不喜欢这里的夏天"，无限感慨与惆怅……

仿佛一只看不见的大手把历史拨弄来拨弄去，留下的是在政治风云变幻之无常篇章中，微不足道的个人命运被诗化地映写在小说与屏幕。

"无乐不作"与"娱乐致死"

——《海角七号》与《非诚勿扰》比较

电影以文化政治学与诗学以精英与大众两种形态阐释历史，同时也更多审美化轻松地面对日常生活。台湾影片《海角七号》属于许多好看的大众娱乐片之一，虽然它的主题歌名为《无乐不作》却有别于"娱乐致死"的后现代大众文化。我们以同时推出的冯小刚的"贺岁片"《非诚勿扰》与之比较，看看这里的区别何在。导演魏德圣属新一代年轻影人，《无乐不作》是其主题曲。这部影片一推出就在台岛引起轰动，取得了惊人的票房，靠的不是广告炒作，而是一个南国小镇上"淡淡的诗意，浓浓的乡情"，虽无厚重的思想承载却也值得玩味，鉴赏。

影片由三条主线织成，这三条线索可分别以"灵魂、骨骼和血肉"来概括。日本一位在台教师于1945年台湾光复时与他的恋人友子离别归国，后半生写了七封倾诉怀念的书信当时没有投递，死后由其女儿寄出。这是一条虚写的影片线索，没有进入叙事，而由画外音贯穿构成第一主题——爱——可以说是"灵魂"。第二条线索是以一个小镇民间业余乐队的排练和演出事件像是骨骼撑起全剧。第三条线索为男女主人公阿嘉与友子的带有戏剧冲突式的爱情与第一条线索呼应，有血有肉地使虚幻的"灵魂"鲜活起来。这三条线索纠结勾连，故事围绕着它们起伏跌宕，把影片结构成为有机整体。

从日本寄到小镇的七封情书落入邮递员阿嘉手中，但因旧地址"海角七号"更改已无从投递。阿嘉是镇上业余小乐队的吉他歌手，这个乐队正在经由一个也叫友子的日本姑娘联络与日本名歌星中孝介合作一场演出。

友子暗恋着阿嘉，其实阿嘉也心仪着友子。但他个性内敛，脾气偏，是"三棒槌打不出一个闷屁"来的那类。当时他的处境不顺，影片一开始，他骑着摩托出场，下车把吉他摔向电杆，以一句粗口（"台北，我×你妈"）交代了他在角逐台北歌坛的失败，后来经过曲折终于在乡镇演出大获成功。影片以"无乐不作"唱出轻松喜剧片主题。这场演出不是像大陆某些甚至是贫困地区官方为了充面子不惜重金搭台聘请歌星光临，而是村民们自娱自乐的业余生活。

回到镇里，阿嘉刚接替摔伤的老邮递员茂伯就碰到"无法投递"……憋着一肚子闷气与马路交警干了一仗，在乐队排练问题上又与友子有所不快……这一切使他们的爱情罩上了层层迷障，如插曲所唱："海很蓝，星光灿烂；我仍空着我的臂膀；天很宽，在我独自唱歌的夜晚，请原谅我的爱诉说得太缓慢……"

制造延宕"来得太慢"类型爱情片是一种常见套路，而本片构思巧妙使人耳目一新。导演把这一简单的剧情安排在一串小小悬念中并不使人感到故弄玄虚，在小镇生活背景下透出自然、明快、清新的气息。它没有沉甸甸的思想重负，却耐人玩味；没有爆破性笑料，却使人轻松、愉快；没有刻意安排的抒情场景，却透露着诗意。影片十多个角色，包括只有几个镜头的配角，从镇长、乐队成员到水酒推销员"马拉桑"，个个都性格鲜明可在周围生活中找得到原型的这些角色，或操当地方言，或闽式国语，都非常本色，却又以恰到好处的夸张，强化了影片色彩。阿嘉收放得非常自然，不像某些内地男星那样板起脸来充"硬汉"。

相比于同样以爱情为主题的《非诚勿扰》，后者只是一种"娱乐致死"之小品堆积。该片讲述了一个婚介引出的故事。舒淇扮演女主角，因为在日本有过一番失恋经历，求之于婚介媒体邂逅了葛优（饰），目的不是找配偶，而是找一个陪她到日本自杀的伴随。最后自杀未遂，投海致残，葛优为之推轮椅。从 20 世纪 50 年代相声到 90 年代小品"找对象"的题材比比皆是，该片下半部将此主题扩张加以"搞笑"，出片前媒体道："一分钟一小笑；三分钟一大笑"，岂不让人"乐死"。导演自谓："不笑除非是打了麻药。"该片推出后票房炒了上去，然而如网友已指出的，片中那些搞笑的对白落于"粗俗"，有一两句粗言俗语倒也无碍大局，而那些只能够上末流相声水准的贫嘴，"每分钟一小句，每三分钟一大句"，即使真幽默大师也难免智力透支，像不知趣的长舌妇那样使人感到腻味。有的网友说《非诚勿扰》看了一半就看不下去，有的网友说它前半部是小品，后半部是风光片。观看时有的观众莫名其妙："怎么自杀还要人陪？""喜剧怎又成了悲剧了呢?"对冯导"哪能这样推敲"。为了"乐死你",人物性格和剧情的发展无须任何逻辑的理由,比如,舒淇到婚介所的动机就是找一个陪自杀的随从,最后找到一个推轮椅的。对观众搞了一把"非诚必扰",反正把钱赚到手,只要你买了票,出了影剧院随便你怎么骂……几亿人口的文化消费市场,把万分之几的买家忽悠到售票处就创下文化产业奇迹——《无极》《夜宴》《满城尽带黄金甲》三大顶级烂片都是这个路数。

这在文化现象上属于与"党八股"对峙并呼应的"痞八股"。这两种八股文化的共同之点在于不顾受众的感受,以千人一口千部一腔的"洗脑",形成我们时代主旋律之高调"党八股文化"与怪味"痞八股文化"。前者以官腔和官样文字以粉饰现实,歌功颂德为宗旨,通过官场与官媒起统治作用;后者以消解意志、麻木精神为使命文化消费主义占据市井与通过票房起统治作用,两者共存互补形成我们文化的基本格调,以使人的思想长期处于单一刺激的接受疲劳之中,僵化思想,麻木情感,迟钝知觉。

小小台岛一个多世纪来经历过日本殖民地,国民党一党独裁专制统治的长期压抑、痛苦和迷惘。民主改革之后又陷入"台独"噩梦……《海角》与杨德昌/侯孝贤一代台湾"新潮流"导演的往日伤疤形成反差,反映出正走向民主自由新时代的精神风貌。如在整部影片中只是在最后的演唱会舞台上方一露笑脸的阿嘉歌中所唱"世界末日尽管来吧,我会继续'无乐不作',不会浪费爱你的快乐"……这不是末日到来之前的醉生梦死,而是相信"人间有真情世界存真爱"的草根乐观精神。

诚然,此片不能算艺术大片,没有拿到奥斯卡小金人,在世界电影史上也许排不上座次。然而,在充满"无厘头"、处处阴阳怪气的"痞"气文化氛围中,从陌生而又熟悉的南国泥土气息透露出"淡淡诗意浓浓乡情"。

以上的七部影片或直接取材于历史,或纪实于现实事件,或扎根于日常生活,大多充满着政治,也不乏诗学之审美意趣。下面我们要看到的是异常的"另类"。

太虚幻境与梦工厂中的性幻想

——从《红楼梦》到新浪潮与"后女性"电影

20世纪50年代后期到60年代初期,欧洲艺术电影兴起一股对现实主义传统逆动之前卫创作倾向。这股潮流始于 1957 年瑞典英格玛·伯格曼的意识流影片《野草莓》，遂在意大利、法国蔚然成风，涌现一批大师级导演。新浪潮电影从对现实社会生活写实向转主观心理世界，多用暗喻、象征、拼贴、变形、荒诞等手法，意义晦涩，艰深如谜。本文以性幻想为主题，选取之代表性作品，纵深到 21 世纪后女性电影，探讨在后现代身体美学上女性主义与新浪潮与的异质性，并与《红楼梦》的太虚幻境比较，一抒"秦学"之管见，表明弗洛伊德的影响，以证不同文化传统下艺术之有限互通。

（1）秦可卿，人还是神

秦可卿在《红楼梦》金陵十二钗中着墨最少，极有限的篇幅皆为侧笔虚写，几乎全无日常现实生活中的正面刻画，一时间却成了议论最多的人物。无论"秦学家"对她的在世与去世有多少奇思妙想，贾宝玉在她卧房里所做的梦已凿凿明言，她本是太虚幻境中的一个仙女，警幻仙子对他说："将吾妹一人，乳名兼美字可卿者，许配于汝。今夕良时，即可成姻。""太虚幻境"本属子虚乌有，为"红楼"之梦中梦，秦可卿是贾宝玉在"梦之梦"中的一个性幻想。

"性幻想"（sexual fantasy）即《红楼梦》所说"意淫"，其所谓"恨不能尽天下之美女供我片时之趣"这样的事在现实中绝无可能，于是就有幻想，常言"心猿意马"，"想入非非"。秦可卿是太虚幻境的一个仙女，然而，金陵十二钗册本对她所绘的是"高楼大厦，有一美人悬梁自缢"，判词曰："情天情海幻情身，情既相逢必主淫。漫言不肖皆荣出，造衅开端实在宁。"她到底是人还是仙，答案可从太虚幻境入口的对联与匾额寻找，对联曰："假作真时真亦假，无为有处有还无"；匾额为："孽海情天"。这正是曹雪芹内心深刻矛盾的表达，这个矛盾的核心为"虚"与"实"中的"情"与"淫"。秦氏本自"情天"，这个"情天"即为不识真假、莫辨有无的太虚幻境。下凡人间"孽海"的她没有父母，为一个叫秦业的领养，长大嫁到贾府。脂本《红楼梦》第十三回"秦可卿淫丧天香楼"有关于她与贾珍乱伦关系，脂砚斋命作者删去（据说达四五页），"悬梁"之画表明曹雪芹对此删除并不心悦诚服，后来焦大也揭露了此事。秦氏身体不适，有一位大夫说是"病"，另一位说是"喜"，张太医断出"喜脉"。其实又是"孕"又是"病"，丈夫贾蓉为同性恋（有人就此进行了一番考证），秦氏身孕必败露乱伦之事，焦虑成疾，只能自尽解脱。以文本为依据，合情合理这才是一个不同于太虚幻境之仙有血有肉的现实秦可卿。

从她治疗，离世到治丧之间，宝玉、贾珍与贾蓉反应也可窥见其间不同关系的奥妙：宝玉闻讯，"只觉心中似戳了一刀的不忍，哇地一声，奔出一口血来"；贾珍"哭的泪人一般"说"我这媳妇比儿子还强十倍"，表示"尽我所有"为她操办后事；贾蓉几乎无动于衷。"情"主"爱"；"淫"主"性"，秦可卿兼而有之，在天为情，入世便"淫"，作者从中幻化出神与人、美与罪的分裂与整合。

秦可卿即"尽天下之美女"于一身者，其名"兼美"已明示这个意思。不多笔墨中多处描绘她"袅娜"，即体态具曲线美，用今天的话来说就是"性感"。她的姓氏更大有来头，秦穆公的女儿弄玉善吹箫，后来李白（疑）句曰："秦娥梦断秦楼月"，词牌《忆秦娥》因此得名。汉《乐府·陌上桑》有"秦氏有好女"句，白居易诗云："秦氏双蛾久冥漠"。秦可卿在宝玉的眼中，"鲜艳妩媚，有似乎宝钗，风流袅娜，则又如黛玉"，系"钗黛合一"。宝玉为悼念晴雯所撰之《芙蓉诔》有"弄玉（秦娥）吹笙"及"茜纱窗下，我本无缘，黄土垄中，卿何薄命"句，"可卿"义含反诘隐喻"可想不可及"。晴雯的性格塑造完整以补可卿着墨之不足，增添"兼美"之光泽，此"卿雯合一"也。关于"神人合一"还有一个力证，秦氏脱离人间之际托梦王熙凤，所讲一番道理，从"否极泰来，荣辱自古周而复始"之哲理，到授以从长预算府上日后祭祖，办私塾之费用等方略，并预言一桩"天机不可泄露"之"非常喜事"（元春才选凤藻宫），最后暗喻"三春去后诸芳尽，各自须寻各自门"之终局。真人哪能如此神通，王熙凤何等"机关算尽"之人，竟对这番教训也"十分敬畏"。这种"神性"与她的"淫丧"相抵触。如此极尽天下女性美、智慧及淫乱于一身者只是一个充满矛盾的幻象，作者对她的伦理评价及有关思想矛盾下文将进一步分析。秦可卿在小说文本有限笔墨中可"索"之"隐"大抵也就这么多，即使把清宫秘史全搬来，也与曹雪芹原创之文本无关。作者明明说"真事"都"隐"了去，硬要把那"假的"说成"真的"（胤礽的孙女）。文学允许假假真真（其"真"也不等于传记或原型照搬），史书则无此一说，文学研究皆以文本提供形象刻画为基本依据，"索隐"在于混淆了两者的界限，以实证掩盖了其主观臆测。

《红楼梦》主要是现实主义的作品，林黛玉作为现实主义文学女性典型形象，以其对于封建主义之叛逆精神具有的批判意义，使之成为全书之美学理想。但这部作品不乏超现实主义的成分，这正是其"永远说不尽"的缘由之一。现实主义文学中的美学理想之于超现实主义就成为性爱幻象，对秦可卿的描绘可与"极少主义"的现代派绘画笔法相比，较之其他人物，其性格难言丰满，不具备现实主义典型人物形象的真实性及共性与个性之统一特点。

一般性幻想属正常的心理活动，特别是在男女青春期。古人说："万恶淫为首，在迹不在心，在心世间无完人"，阿 Q 当年感到"小尼姑脸上有一点滑腻的东西粘在他指上"幸好是梦，要不屁股挨板子就不是梦了。不仅在中国古代封建社会，迄今为止的一般文明社会，即使当前相当开放的状况下"心"与"迹"也是不可能整合的。性之为幻想是因为常隐藏在潜意识中，所以说"'意淫'二字，惟心会而不可口传，可神通而不可语达"。在种种观念的压抑下，对这种潜意识甚至没有自觉，更不易外露，于是在梦中释放，或通过艺术升华，或抑郁至病成为弗洛伊德的患者。小说为"白日梦"，电影发明之后，造梦有了工厂，原料仍然来自弗洛伊德的"潜意识"。释梦是弗氏性学研究的一个开端，《梦的解析》初版序写道："如果有谁发现我的梦涉及他时，请允许我在梦中生活有这自由思想的权利。"该书有些例子系来自文学作品对梦的转述，这使其"梦的解析"并非全为实际发生之梦的解析，但却表明了梦与艺术的某种关系。一些影片开场前交代"本片纯属虚构"，而观众进入影院总是要对号入座的。性幻想升华，在后现代便有了身体美学及身体写作。

（2）"女人城"与太虚幻境

被称为"做梦大师"的意大利导演费尼里以 20 多部作品 1992 年荣获电影终生成就奖。他于 20 世纪年代从新现实主义转型，摄于 1961 年的代表作《甜蜜的生活》从社会底层的生活的反映转向对上流社会拼图式之揭露，1963 年的《八又二分之一》则从客观现实转向了主观的内心世界。这里先谈他 1980 年推出堪称性幻想范型之《女人城》。相比《八又二分之一》该片构思并不十分复杂，影片主人公在火车上遇见了一位绝色美女，在其美目诱惑下不由自主地尾随她下车来到一个大酒店，即所谓"女人城"（City of Women）。不同年龄、职业、身份，打扮得奇形怪状各色女子正在开女性主义研讨会，喧闹中那位美女却芳踪无影。"女人城"中的角色无意"供他片时之趣兴"，而想方变法地拿他搞恶作剧，百般折腾简直没有把他当人看待……原来这是他在车厢里所做的一场梦。梦总是荒诞的，梦醒之后发现自己的妻子正坐在对面……忽然"女人城"中的女子又都纷纷拥进车厢。

且看《红楼梦》第五回"游幻境指迷十二钗，饮仙醪曲解红楼梦"，一天宝玉喝了酒，秦氏带他到自己屋中休息，其外堂所挂画与对联都是宝玉厌恶的仕途经济那一套，深入秦氏卧房，完全是另一种情趣，异香扑鼻，陈设尽以古代香艳故事中的一些器物，极尽铺陈，隐托出一个"淫"字。宝玉入睡后为"司人间风月债"的警幻仙子导游太虚幻境，谈到"淫"字，宝玉不解，警幻释道："淫虽一理，意则有别。如世之好淫者，不过悦容貌，喜歌舞，调笑无厌，云雨无时，恨不能尽天下之美女供我片时之趣兴，此皆皮肤淫滥之蠢物耳，如尔则天分中生成一段痴情，吾辈推之为'意淫'……"

宝玉参观，吃喝，欣赏歌舞完毕，警幻领他到一个特别的房间，其中"早有一女子在内"，正是秦可卿，宝玉与她做爱。秦氏乃宝玉侄贾蓉的媳妇，辈分低于宝玉，年龄则长于他，与她的奸情犯大忌，所以宝玉旋即坠入地狱，惊叫"可卿救我！"秦氏纳闷，自己的乳名宝玉怎么在梦中喊出……宝玉梦中排精，醒后便与袭人发生了其真实人生的第一次性关系。秦可卿实为宝玉集情、爱、欲于一身的对象，现实的重重障碍使之压抑为潜意识，通过文学得以宣泄，这种情感与欲念转移到黛玉、晴雯等其他女性，最后又遁入虚无——"白茫茫大地真干净"。

"满纸荒唐言，一把辛酸泪"，其中充满矛盾：警幻断言宝玉是"天下古今第一淫人"，而在《枉凝眉》中又赞他"美玉无瑕"；一方面教训他"留意于孔孟之间，委身于经济之道"，另一方面又把她的妹子秦可卿"许配"给他，并授以"云雨之事"。性幻想中的这种矛盾正是贯穿于小说之中情、爱与欲，色迷与"色空"之间的纠葛，既是小说的核心主题，也是曹雪芹思想矛盾与人生困惑，不仅使百多年来读者"谁解其中味"，也给古今红学家们带来无穷无尽的灵感，几乎概括了古今中外文学艺术作品有关主题的大成。

"女人城"不正就是"太虚幻境"吗？将主角引入其中的美女不就是警幻吗？虽然其中两主角各自遭遇不同，而在原欲与原罪之冲突中，以性幻想现实化的各种矛盾、压抑、苦闷、空虚、困惑不是人性及人生中共通的吗？此为费里尼读《红楼梦》所受启发还是偶合呢？

(3) 葛洛妮亚与秦可卿

《女人城》中的梦正是20年前一个更为复杂难解梦的延续，那就是当年蜚声影坛的《八又二分之一》。主人公奎多是一个电影导演，完成八部后正在准备拍下一部，费里尼说这是"一个不再知道要拍什么电影的导演的故事"。

影片一开始奎多驾着车被堵死在街上，他爬出车窗飞上云天，不是邀游太虚幻境，而暗示他在事业与人生上面临双重危机无以解脱，这是影片的主线。一场病后他来到一个温泉胜地投入拍片，外景场地像火箭发射基地，对白中暗示在拍一部以宇宙飞船解救人类的科幻片。制片人把剧本批判得一无是处，他情绪低落之时，突然林间一位美女着一袭白衣一闪而过。葛洛妮亚，也是一位演员，有如《女人城》火车上的美女，象征着对艺术与人生至美的追求。演员、剧务等各色人马纷纷到齐，泥浴、跳舞，还讨论"宗教与共产主义"问题……情人来此与他幽会，他把妻子也叫来散散心。妻子穿着朴素像个知识女性，情人打扮得非常风骚。他对妻子已经没有激情，妻子谴责他的欺骗和虚伪。性幻想还突出表现于童年回忆之再现：他曾与同学们到海边看一个肥胖面目狰狞的妓女跳伦巴舞，为此他受神父严厉惩罚，忏悔之后还去。还有幼时家人给他洗澡的情景再现，众多女演员包括那妓女围着坐在浴桶里的他闹腾。

观看试镜头片时奎多与他妻子彻底闹翻，葛洛妮亚应约来商谈拍片之事。她共出现五次每个镜头仅几秒钟，唯这次时间较长。奎多赞叹，她的美没有语言能表达，使他像孩子般心跳，她点燃了他熄灭的生命激情，他还大谈生存的意义，说她为他带来新的人生的希望：他要在新的影片中塑造一个善良、美丽、淳朴的姑娘，与她合作一定会成功，春天就要来了……她面带可人微笑说，他根本不懂得什么是爱，不会真正爱一个人，他是虚伪的，他那里没有适合她的片子……他声辩自己这次是真实的，但不得不承认没有一个女人能改变他。他们谈掰了，她再次消失……影片中插还有一个性幻想镜头：葛洛蒂亚神秘地出现于他卧室中，为他铺床。

外景拍摄现场开拍，一片混乱之中奎多钻到桌子下面开枪自杀，这也是幻象……影片终于拍不下去了，决定两天内拆除外景……制片人又用大道理教训奎多一番："拍片失败只是破财而已，对他重要的是追求完美……"此间葛洛妮亚与丑陋的妓女交叉闪现……最后奎多求得与妻子和解，牵着妻子在与众演员们手拉手跳起集体舞中剧终。

葛洛妮亚是不是意大利某次政变中逃出来的一位公主呢？天地大美及人世真美是实在的，"至美"只是幻想。葛洛妮亚与秦可卿，还有下面要谈到的格拉迪瓦，都着以虚笔而无实写，皆为虚无缥缈的幻影。秦氏第十三回便如葛洛妮亚般消失，若不让她夹在钗黛之间，往后就无法写下去了。夫妻没有性生活，秦氏与贾珍所谓"乱伦"本是合乎人性的，恰恰是虚幻的"美之极品"肉身化对封建伦理的颠覆，此内容的删除使这一角色全然幻化。这正是曹雪芹在"淫"字上的矛盾，他并不认同"万恶淫为首"，性爱不是丑恶之事，在有"情"可原下非血缘之"乱伦"并非大逆不道，但作为人生种种悲剧的根源，一时欢愉中充满着痛苦、折磨、负罪与悔恨，其所谓"色空"观念带有浓重的虚无主义与"情场忏悔"色彩。秦可卿以超现实主义的美学性幻象起着补充现实主义美学理想的作用。她的夭折，是性幻想的破灭也是对美的摧残。而种种性幻想一旦化为实现，往往归于寂灭——"风月宝鉴"背面的髑髅有如《八又二分之一》中那面目狰狞的妓女。《红楼梦》这种超现实主义因素是可与某些西方新浪潮作品进行比较的。

（4）"蝶梦"还是"梦蝶"

梦工厂中另一位弗洛伊德的学生是法国的"新小说派"作家兼电影导演罗伯–格利耶。20世纪50年代他以小说代表作《橡皮》《窥视者》等标志着新小说派的崛起。60年代初，他与阿伦·雷乃合作编导了《去年在马里昂巴德》蜚声影坛。这是一个不知姓名的一对男女，在不知时间的"去年"不知地点的"马里昂巴德"发生似梦似真的婚外恋情。"性"并不是该片的核心主题，作者要把新小说的理念移植到电影中来，颠覆现实主义传统，旨在表明客观世界的真实是可疑的，至少不能以艺术去真实地再现它们。笔者在《存在主义美学与现代派艺术》对此有所论述。①

这里要谈的是格里耶82岁（2006年）推出的一部影片《格拉迪瓦找您》。1903年德国作家詹森写出了一部小说《格拉迪瓦》，讲的是一位考古学家痴迷于罗马博物馆内一女像浮雕，后来他在庞培街道上尾随一酷似浮雕的少女，发现她是被火山掩埋的格拉迪瓦转世再生……弗洛伊德写了《詹森〈格拉迪瓦〉中的幻觉和梦》对该小说进行精神分析。② 1970年意大利导演乔治·奥贝兹将这部小说同名搬上银幕。格里耶把这个故事与法国浪漫主义绘画大师德拉克洛瓦（1798～1863）的生平行迹嫁接在一起。这位画家曾有一个模特儿雷拉，也是其情人，他称她为格拉迪瓦。电影名为《格拉迪瓦有电话给您》，是格里耶2008年去世前最后的作品。

片中有大量裸体美女血淋淋的性虐场面，性幻想后面隐藏着更神秘的东西。德拉克洛瓦的油画作品中较多以古代战争为题材，有些充满暴力与性，如《希阿岛的屠杀》《萨达那帕勒斯之死》等。电影主人公约翰是一位正在研究德拉克洛瓦的绘画史学者，循着画家的足迹来到北非梅迪纳。

---

① 毛崇杰：《存在主义美学与现代派艺术》，社会科学文献出版社，1988，第238～241页。

② 西格蒙德·弗洛伊德：《论文学与艺术》，常宏等译，国际文化出版公司，2011。

一天晚上他正在观看画家 32 岁旅行阿尔及利亚和摩洛哥期间各种马及裸露性器官之北非女性素描草稿幻灯片，突然一个骑者又送来一套德氏幻灯片，画的都是唯一的一位西方女性的多幅半裸素描，画的就是格拉迪瓦，一位外貌酷似画中人的金发女演员在影片中以双重角色出现，一是正在当地写作的西方女作家，还有就是披着白纱的格拉迪瓦幽灵。后者伴着乐音虚无缥缈于伊斯兰古老的城堡式街区，逗引约翰追踪寻觅。"格拉迪瓦找您"更确切的是格拉迪瓦召唤约翰去找她。

在寻找过程中，约翰被引入一个性虐妓院，里面许多遍体鳞伤的裸女载着镣铐，被锁在刑柱上，到处充满性虐的号叫……他被授予一柄短剑进入 13 号房，发现里面有一具被虐杀的女尸，他被现场偷拍，剑柄上带上他的手印，使他几乎成了嫌犯，招来警察。后来这具赤裸的女尸又在他住处附近出现，暗示德拉克洛瓦与他的模特儿之间的悬疑关系。影片结尾前德拉克洛瓦现身，追着格拉迪瓦的幻影进入大海。约翰与他的当地女仆同画家及模特儿的关系互喻。女仆深爱约翰，甘做他的性奴愿受性虐，最后她以为约翰永远离她而去，绝望中向幻灯片上格拉迪瓦影像开了一枪，尔后放起了普契尼的《蝴蝶夫人》，在巧巧桑的咏叹调"当晴朗的一天……"中开枪自杀。德拉克洛瓦的模特儿雷拉究竟是怎样死的，自杀还是他杀，成为画家传记中的一个永远的悬案（秦学家有意可来此一游）。

"格拉迪瓦找您"在影片结尾化为"死神的召唤"。这种死亡气息或许正是罗伯·格利耶暮年的生命体验，两年后他撒手人寰。人生、美女、爱、性、暴力……这一切如"去年在马里昂巴德"分不清"蝶梦"还是"梦蝶"。

秦可卿与葛洛妮亚及格拉迪瓦有着相异于天壤的文化历史背景，然而作为超现实主义形象，它们的共同特征为：空灵、虚幻，似人非人，似神非神，神人合一，神秘莫测，集众美于一身。

（5）另外的一半

弗洛伊德心理分析研究的病案多为女性患者，"本我/自我/超我"三分结构没有男女之分，由于"本我"（原欲）就存在性别差异，因而在性幻想与身体美学（写作）上男女也迥然有别。《红楼梦》虽为男性写作，宝玉在某种程度上可以说是男性的女性主义者借警幻之口对男性中心进行批判。曹雪芹的民主精神与现实主义深度使批判超越性别上升到社会层面。费里尼的奎多也比较清醒，无论他如何崇拜葛洛利亚，但是还是坦诚地承认，女人改变不了他，他作品中的美女皆不是肉身而是幻影。"女人城"

是男性中心对女性主义的视角的透视，男性自我中心得不到完美女性而受女性主义的惩罚。女人是男人的另一半；男人也是女人的一半，这一点如奎多所见，谁也改变不了谁。正如沃尔夫的"女人的房间"那样，男女各有自己的独特空间，可以为邻，相容而不能侵占。后现代女性写作包含后现代主义对现代主义"去中心化"之转向。

美国导演索菲亚·科波拉于 2003 年推出的《迷失东京》荣获威尼斯电影节最受欢迎影片奖、金球奖最佳电影剧本奖、美国"独立精神奖"、第 76 届奥斯卡最终最佳原创剧本奖。这是一男一女之间既没有性，也没有梦的另类身体（没有下半身）写作。男主角是一位接近老年的过气影星，谋得一个拍摄广告机会来到东京，在下榻的旅馆与一位年轻漂亮的女大学毕业生邂逅。她陪同摄影师丈夫到东京，而他整天忙于工作无暇陪她。两个寂寞者在语言不通的异地一起打发时间，坐酒吧聊天，唱卡拉 OK，逛公园……萍水相逢，相处融洽直到拥别，始终没有越轨，却超越了性别中心主义。有天两人曾在同一张床上休息，以为会怎样怎样，始终和衣并躺，一点也没有什么"怎样"。"片时欢愉"，她没有给，他也没有要，维持忘年"君子之交"中的友爱。中国有一出京剧《御碑亭》讲的是两个陌生年轻男女路途在一个亭子里避雨，共处一宵什么也没有发生，却引起一场夫妻猜疑……封建贞操观是一道坚不可摧的屏障。利必多在东京又是怎样迷失的呢？许多评者看出了孤独，被说得太多之"孤独"未必都是"去利必多化"的，更多却是碰出火花的燃点。

正如前面的例子，艺术中的"性"主题的"本我"中都有自传因子。索菲亚是拍摄《现代启示录》《教父》等大片导演科波拉的女儿，曾想当演员，也拍过几部片子，结果因在《教父》一片被评为"最差配角"而得"金酸莓"奖……这种失落被带到《迷失东京》而大获成功。该片与前面列举的几部性幻想片同样不缺少主观的真诚与现实的说服力。

人世间太多的情种之外也有不少情冷。迷也好，醒也好，热也好，冷也好，得也好，失也好……都是人生会有，应有的东西，生存就是准备面向，迎接这样一些东西。某些颁奖评委们或许正是认可这种体验方投之一票。该片不仅对于前面几部现代派新浪潮深奥、玄妙是一种逆反，在平面化、零碎化之后现代也可谓另类，从幻想的迷宫返回后现代平淡无奇之写实，令人耳目一新。多项大奖之殊荣或许也是对以 27 天的拍摄时间和 400 万美元如此低成本高效率新方式拍片的嘉许。

从 2003 年到 2009 年，从喧闹繁华的东京到爱尔兰空旷荒凉的原野，又一位女导演乌祖拉·安东尼娅克（生于波兰居荷兰）推出又一部讲述忘年男女君子之交的影片——《莫谈私事》（*Nothing Personal*）。女主人公是一位大龄青年，摘下无名指上的戒指之后，背上行囊踏上了漫无目标的征程……中间只插入一个瞬时镜头：赤裸着的她在床上翻滚，暗示在个人生活中刚遭受重大打击。沿途她在帐篷里宿营，偶尔从垃圾桶觅食，远离闹市不避风雨行于荒郊野地、海滩崖畔，多次搭车遭拒，又遇司机性骚扰……在海边房舍里有位中老年男人，也是一个没有"过去"的孤独者，干着田地种植与海上捕捞营生。她路过于此，为他干活换取饮食，双方协议，不得打听任何有关个人情况，包括姓甚名谁，只能称"你"。他承诺，如果违约愿受罚唱支歌。她仍在附近搭帐篷过夜，与他在一起干活，吃饭。她喜好古典歌剧，他给了她播放机与磁带，劳作之余阅读与音乐作为精神慰藉。一天晚间他们一同去了镇上小酒店，跳了会儿舞，倒也愉快。他心脏可能有病，有天感觉不适，担心半夜猝死，求她陪睡，一夜之间相安无事，没有"床戏"。

"小隐于野"单调的两人生活过了没多久，一天清晨他再没有醒来，桌上留下先准备好的遗言：房子归她，钱在壶里……死让死去的爱回生，没有哭，她一丝不挂，抱着床单裹着的遗体久久不舍。影片最后一个镜头：她在一家旅店的服务台前领取了房间的钥匙，漫漫人生之一扇新门有待开启。

没有查到有关资料，该片投资肯定不会超过《迷失东京》，是否得奖也无关紧要。这两位导演或许没有发表过女性主义电影宣言，她们的后现代小叙事、小制作却道出了后女性主义"去中心"的大主题，那就是女性身体的独立自主性，既不必如《女人城》中的女性主义者那样去惩罚，更不像《格拉瓦迪找您》那样做性奴；没有"集美一身"，更没有"神人合一"。她们精神与身体的苦痛是在自己独特空间唯一——己的独特体验，也只有她们自己能够战胜。不过这种独立自主性的相对性正如两片都确认的那样：男人毕竟是女人的另一半。后女性主义区别与现代女性主义的主要点在于"去中心化"，各占半边天，平等中有差异；纠葛中有爱与友谊。

虽然《格拉迪瓦找您》问世后于《迷失东京》三年，它们毕竟标志着跨越约半个世纪之沟坎。费里尼、罗伯-格里耶等引领的"新浪潮"已逐波而去，在他们留下不可磨灭的足迹之后，梦工厂继续着生产："道是无情还有性"；"道是无性还有爱"，此外还有"义"，再就是"无情无义"或"有情又有义"同样难以排解的政治，政治中也有"皇帝梦"与"民主梦"……

可卿去矣，别了葛洛妮亚，格拉迪瓦你在哪里……劝君"莫谈私事"，末日到来之前，无论白昼还是夜晚，梦总是要做的。浮生若大梦，大梦如人生，艺术并未终结。

塔可夫斯基的影片《乡愁》中没有历史，没有现实，没有政治也没有性幻想……而它却昭示了历史的未来学。

超越"乡愁"的《乡愁》
——解读塔可夫斯基的影片

被认为"自爱森斯坦后最重要的苏联导演"塔可夫斯基（1932～1986）与意大利、法国于1983年合拍了影片《乡愁》，其30年所创票房价值总和也许还抵不上一部好莱坞大片与国产"贺岁片"的零头，然而如同所有伟大经典那样，岁月非但没有消损其美学魅力，反而检验，磨砺着它不灭的思想光华。

一

乡愁（Nostalgia），也作"思乡病"或"怀旧"本是世界各地的人们普遍的一种带有病态的情感心理状态，从刘项之争中的"楚歌"到现代军团中的病症以及我国当前大量流落城市农民工的苦痛……它的命名历史却有包括医学在内的各种各样的学术上的考察，更是各种类型艺术作品极为常见的主题，从唐人传世绝唱到余光中的佳句，从德沃夏克气势恢弘的《第九（自新大陆）交响曲》到马思聪的小提琴小品《思乡曲》……怀乡之恋贯穿于人类艺术史，然而乡愁对于俄罗斯似乎有着某种特殊意义。俄国资本主义是在欧美资本主义引进后发展起来的，这种社会发展的不平衡带来俄国民族文化与欧洲文化的异质性。18～19世纪俄国文学与艺术上的黄金时代与紧接着的白银时代都是在这种异质性冲突中崛起的民族传统，在文学上表现为平民知识分子的民族主义－民粹主义文化情怀与贵族知识分子的自由主义欧洲趣味的差异；在音乐上有代表民族传统文化倾向的"强力集团"与接受法、意作曲影响的风格区别。"十月革命"后大批贵族流亡外域，以及后来斯大林主义时期不同政见知识分子的逃离，使这种混杂着政治因素的怀乡情绪达到新的高峰。

　　这部影片不露 19 世纪贯穿于俄罗斯艺术的批判锋芒，也许还能从中找到意识流、新浪潮，甚至荒诞派的影子，然而它在风格上归根到底没有切断俄罗斯传统的血脉。塔可夫斯基本人离开俄罗斯几十年，这种背井离乡的个人深切体验融入有着深厚文化底蕴民族群体之中，正如他在《雕刻时光》一文中说："整个俄罗斯移民史证实了西方人所谓'俄国人是差劲的移民'的看法；大家都知道他们那种难以被同化的悲情，那种拙于接纳异国方式的驽钝……我想拍一部关于俄国的乡愁，一部关于那影响着离乡背井的俄国人、我们民族所特有的精神状态的电影"。这种初始意图在影片中被放大，最后超越了狭义的乡愁，指向走出后现代，这正是其艺术魅力久久不衰秘密之所在。

　　这部影片获当年戛纳国际电影节最佳导演奖。一位中国观众观后在网上这样评论塔可夫斯基："他比英格玛·伯格曼更清澈，比罗伯特·布勒松还深情。在色彩的运用上，张艺谋比他浓烈，但远没有他的细腻和深刻；在长镜头的使用上，侯孝贤不过是他麾下一个台湾籍的、沉默讷言的学生……"

　　不能认为这样的褒奖属溢美之词。伯格曼本人曾经对塔可夫斯基做过这样的评价：

　　　　初看塔可夫斯基的电影宛如一个奇迹。蓦然间，我感到自己伫立于房门前，却从未获得开门的钥匙。那是我一直渴望进入的房间，而他却能在其中自由漫步。我感到鼓舞和激励：终于有人展现了我长久以来想要表达却不知如何体现的境界。对我来说，塔可夫斯基是最伟大的，他创造了崭新的、忠实于电影本性的语言，捕捉生命如同镜像、如同梦境。

　　要知道这是一生只留下 8 部影片便英年早逝的导演所达到的境界。
　　又有网友之观后感说道：

　　"因为这部电影，1999 年 2 月以后我的日子变成了现在这样，虽然我还不知道究竟《乡愁》有没有改变我的生命轨迹，但有一点是可以肯定的，它改变了我的心灵"。另一篇写道："在梦境一样看不清楚的画面中，在永恒的水滴背景声音中，我度过了看似非常沉闷的两个小时。毫无疑问，这是迄今为止我看过的最好的一部电影。至于影片何以有如此巨大的力量却又未说出其所以然来。它到底好到什么程度？好到当时不觉得它那么好，越回想越觉得它好。好到尽管你有许多含义没有看懂，你仍然知道它是一部好电影。好到尽管你对电影叙事方式与流派一窍不通，你仍然觉得它是一部好电影。好到我午饭都顾不上吃，连忙在网上把《乡愁》的所有字幕下载下来细读（虽然下载的字幕版本翻译不算好）——从来没有一部电影看完后会让我有这种冲动……"

这些流光溢彩的文字没有遮蔽观感之真切，看来这些影迷都不满足于单单把看电影当作消闲、娱乐与眼球冲击。它们说出了一个共同之点，即超越一般乡情絮语，塔可夫斯基在这一影片中给出了一种似乎不可传达，不可言说的东西。在一种接近黑白片的低色度的灰暗中，这部片长2小时5分35秒的影片，正如导演自谓他"不注重情节的发展、事件的串联，而只对人物的内心世界感兴趣；对我而言，深入探索透露主角生活态度的心理现象，探索其心灵世界所奠基的文学和文化传统，远比设计情节来得自然"。

<h1 style="text-align:center">二</h1>

作家安德列·戈尔恰可夫在影片仅有的三位主人公中为第一男主角，为了完成一部作曲家的传记到意大利滞留了较长时间，这对他的工作有重要意义，但在那里深陷于怀念俄罗斯的心绪，难以自拔。所写传记的传主索斯诺夫斯基是虚拟的17世纪末的作曲家，曾就读于意大利博洛尼亚音乐学院，安德列随同一位漂亮的意大利女翻译尤吉妮亚，追踪着他的足迹来到这个以温泉胜地与圣卡特琳教堂著称的城镇巴格诺威诺尼。他俩在雾霭中几乎"穿过半个意大利"。影片一开始展现出一片雾气迷茫的原野，河流、田地、树木被层层轻纱缭绕……女翻译被这神妙的美景迷住了，下车观瞻，流连忘返，而男主人却表示"厌倦了这种病态的美"。导演与他的主人公以及传记的传主已经化为一体，他以主人公的话说出了如此的怀乡情结："我或可试图说服自己，永远不回俄国，但此一念头犹如死亡般可怕。千万不可让我在有生之年永远不再看到我出生的土地：白桦树和童年时代呼吸的空气"，这既是导演在意大利拍摄《乡愁》时决定终生不再重返苏联说出的话，也是通过尤吉妮亚阅读安德烈收集的索斯诺夫斯基信件所透露的共同心声。塔可夫斯基较多采取了极为黯淡的逆光拍摄与超长镜头来表现这个主题。整个影片未见一缕明媚阳光与鲜丽色彩，在低调暗光

背景下，以超过正常节奏一倍之多的冗长镜头令人沉闷、厌倦的情绪恰恰暗合于主人公的心态。

安德列与尤吉妮亚之间关系不协调，前者不仅不为自然美景吸引，作为一个中年男子与年轻性感的美女独处于一空荡荡的宾馆居然无动于衷，这种对性诱惑的推拒并非出于道德的原因，也非生理上的性冷。她不能理解这种乡愁，他们之间毫无心灵上的共鸣。这不合乎正常的状态使女主人公感到性的苦闷和压抑，独自一人逛教堂，赏美景……在下榻宾馆的门厅，尤吉妮亚对安德烈说，自己不能理解他。安德烈问尤吉妮亚正在阅读的是什么，她回答他，读的是一位俄国诗人作品的很好的译本。他叫她扔掉它，因为诗是不可翻译的。她反驳道，我们理解托尔斯泰、普希金，并以此来理解俄国。他却认为，你们中没有人能够理解俄国。她说，那么你们不通过但丁、彼特拉克、玛基雅维利也不能理解意大利。他对"我们怎样彼此理解"的回答是："消除国与国之间的边界"，但这是我们凡人不能做到的。

第三位主角是当地的一位老人多米尼克，他被周围的人看作疯子。因为他认为世界末日即将来临，为了拯救，他把自己的家人禁闭了7年。这意味着不仅异国、异族之间的阻隔，即使同一地域的人彼此也是不能做到相互理解，更难心灵沟通。但安德烈在这位"疯子"身上似乎找到某种共同的东西，认为他是一个"有思想的人"，而对他产生了特别的兴趣，决定要拜访这位"疯癫"老人。

当他进到老人空旷昏暗的仓库似的住处时，奇怪的事发生了。屋内到处在漏雨，汇成一条河从室内通向外景——带有神秘古堡的远山。这似乎暗示着遥远的俄罗斯家乡，象征着他们之间某种相通的东西（尽管导演声明，他的电影里没有象征和隐喻）。此刻突然响起贝多芬第九（合唱）交响曲第四乐章的欢乐颂的极慢板，当音乐转向快板时便戛然而止……地上几个酒瓶在接着滴答的雨点，长达半分多钟的镜头缓慢拉近。多米尼克终于说出了他的"宏大的思想"，而面对世界末日只想拯救他的家人是自私的，每个人都需要被救，整个世界有待于救。安德列问他"怎么办"？他拿起一支蜡烛点燃，告诉安德列："你持着蜡烛穿过温泉水域，如果蜡烛没灭，污浊不堪的社会就会有希望。"而当他进入水中，人们就以为他疯了，把他拉出来，所以求之于安德列去完成此事。这是一个极大的象征，片子的宏阔主题在这里初步凸显出来，有人从中看出了存在主义。安德列与尤吉妮亚之间如萨特的《墙》式的疏离、间隔、孤独关系意味着这个有待于救的世界由于人与人之间不可理解而无法救赎。在多米尼克那里则不是个人离家的乡愁而是整个人类的"无家可归"的异化状态，然而，塔可夫斯基没有沿着存在主义工具理性批判的套路，独辟蹊径。多米尼克要以真理之光启迪蒙昧，这给了安德列超越的信念和力量。

影片没有情节式的戏剧冲突，然而，在强烈的寻根意识与异国文化情调的追求、世界主义与斯拉夫民族主义、中心与边缘、救世的弥赛亚主义与自我孤立主义二元对立之间，情感、意识与心理的激烈冲突构成了影片的基调。正如许多喜欢这部影片的观众共同认为的那样，必须反复观看方能解读出它的意义。比如，拯救世界这些宏大的思想，已经远离乡愁之话语，不是来自影片之外的强加，不单单通过角色的对白传达出来，更多通过独特的电影艺术语言画面、动作与蒙太奇，或明或暗显示出来。如导演所说："我要以我所知最完整、最精确的细节来重现我的世界，从而表达我们生存的难以捉摸的意义。"这正是伯格曼要找的钥匙。这几种电影语言的交汇，与其说是观看电影，更可以说是思考和体味它。

当安德列从多米尼克那里返回旅店时，尤吉妮亚正坐在床上，用吹风机吹动着浴后的披发。他把多米尼克给他的蜡烛递给她，她没有理会，接着说出了下面一番话："你是一个懦夫，充满奇奇怪怪的念头。你从不自由。你们全都想要自由，但一旦得到，你就不知如何是好，甚至不知道它是什么……你想要什么？"她向他展开了自己的胸，露出了丰满的乳房……他却不为所动。

"你是一个圣人"，她说，她"受够了，再也不能忍受……"他们之间的心理距离构筑了性欲障碍，压抑的性饥渴终于以这样的方式宣泄出来。是什么使另一个的情欲处于接近麻木状态呢？人的本能的原欲的冲动必以更强有力的冲动来抑制，排除了社会道德力量之外，又是什么力量如此强大呢？对此，导演塔可夫斯基有着明确的解释，他写道："最重要的莫过于良知，它监视并且阻止人类从生命攫取所欲，然后饱食终日、无所事事。传统上，俄罗斯最出色的知识分子都受良知导引，不致自鸣得意，对世界上被剥削者总是悲悯感动，并献身于追寻信仰、追寻理想、追寻美德；这一切都是我想要强调的戈尔恰科夫的人格。"

政治的直接性在影片中没有显露，在谈论索斯诺夫斯基的传记时，透露这位作曲家"知道一回去就会沦为奴隶，他还是回到了俄罗斯"。这不禁使人想起索尔仁尼琴，一种隐蔽的，但却根深蒂固的泛斯拉夫主义混杂在终生与之斗争的斯大林主义之中，在这种复杂的俄式乡愁中浮现出来，在反叙事的格调中所寄寓着深刻的历史内涵。这需要从苏联当时的特定背景来解读。这一背景的主导符码即笼罩着整个苏联与世界半个世纪的斯大林主义与反斯大林主义。而在文人中以因不同政见被称为"苏联的萨哈罗夫"作家索尔任尼琴的创作生涯与一生遭遇最具代表性。如众所周知，在斯大林统治时期他以"进行反苏宣传和阴谋建立反苏组织"的罪名蹲了8年劳改营。苏共二十大赫鲁晓夫反斯大林秘密报告后，1956 年解除了对他的流放，恢复名誉。1962 年他发表描写苏联集中营生活的中篇小说《伊凡·杰尼索维奇的一天》后又受到公开批判。1973 年 12 月，巴黎出版了他的《古拉格群岛》第一卷，披露了从 1918 年到 1956 年间苏联监狱与劳改营的内幕。1974 年 2 月 12 日，苏联最高苏维埃主席团宣布剥夺其苏联国籍，把他驱逐出境到联邦德国。稍后又得"美国荣誉公民"称号移居美国。关键在于，索尔任尼琴在另一个营垒并不安生，他与美国社会也格格不入，于是掉转批判的矛头以"永远的反抗者"姿态批判西方社会的拜物主义与自由主义，从而引起自由主义者对他的不满。他于苏联解体后于1994 年终于返回阔别的俄罗斯，2008 年卒于故土。

并不是说，我们不知道索尔任尼琴，不想到他，不引用他，就无法解读塔可夫斯基的这部电影，而是将之置于这样一种特定的时代氛围，便能更深地理解它，鉴赏它。正如更早在莱蒙托夫的诗中也可找到这样的情怀：

> 海上一叶孤帆……
> 它在寻求着什么，在这遥远的异地；
> 它又抛弃了什么，在他自己的故里？

三

影片最后部分达到了这样的高潮。尤吉妮亚在罗马与她的丈夫相会，离安德列而去。安德列为完成多米尼克托付他的使命从罗马返回巴格诺威格诺尼。当他秉烛在温泉池中来回行走，一次次点燃被吹灭的蜡烛时，多米尼克持续三天在罗马广场骑士雕塑上演说。无动于衷的听从像塑像般散点式站立于广场周围雄伟建筑物的台阶、回廊、大道上。多米尼克宣称，他体内有千万个祖先化身在说话：

> 世上没有圣人，这是时代的悲伤。心灵之路被阴影笼罩……我们要聆听看似无用的声音……要开始用伟大的梦想，充实我们的眼睛和耳朵。必须有人大声疾呼："要建造金字塔"。能不能付诸行动不要

紧,我们要点燃这个希望,像一张无际的地毯,展向灵魂的角落。如果希望世界前行,我们必须拉起手来。我们要将所谓的健康与所谓的疾病联合起来……是谁将世界带到毁灭的边缘……我们一定要回到昔日所在,回到歧途的起点;我们必须回到生命的基础。那里不再有肮脏的水。这是怎样的世界啊,如果让一个疯子来告诉你,你一定会感到羞愧……

这些长篇大论充满后现代主义所鄙弃的悲天悯人情怀与现代性启示录式的宏大主题。演讲完毕,他将一筒汽油浇满身体点燃了自己,燃烧的身子在地上爬着……此时,主题鲜明地重又响起《欢乐颂》。

激烈的高潮过去之后,影片最终把镜头推向一个"此时无声胜有声"的静止画面定格:安德列与一条大狗相对斜倚在一个水潭前,中近景是一处影片中多次出现、象征着俄罗斯故乡的农舍。在影片前面出现的这一画面是孤立的。在终曲中,这一切被笼罩在巨大的教堂式多拱门环壁之中,潭面映照着三座拱门的倒影。俄罗斯文化最终与人类文化融合,主人公在人类文明和文化的一体化普遍性找到最后归宿,躁动的乡愁归于宁静。

导演说:"在《乡愁》中我想追求'弱者'的主题,从其外在性看来他全然不是一个斗士,然而我却认为他是一位人生的胜者……我一向都喜欢那种无法适应现实功利生活的人。我的电影里没有任何一位英雄,但总是有些人的力量来自其精神信念,他们承担了及于他人的责任。"安德列不是一位斗士,不是索尔任尼琴,作为一个"人生的胜者"在于他最后对于乡愁的自我超越。在某种意义上,也是对索尔任尼琴的超越。这种超越通过他与多米尼克的心灵沟通与使命承接得以最终实现。

影片的三个角色代表着三种主体性、人生境界与理想层次。尤吉妮亚是个体自我的体现;安德列体现着民族群体主体性;在多米尼克身上展现出人类整体性。尤吉妮亚属于现实的人生,在日常生活和工作中追求着合乎人的要求;这要求既包括性,更包括人与人之间通过语言与文学文本可借助翻译的理解。安德列属于"白日梦"与诗,在凡人不能达到的消除国家民族界限的梦想中,在人与人一墙之隔、不可沟通的苦闷现实中陷于乡愁。他的梦想最终在多米尼克那里在人类普遍价值中得以实现。多米尼克属于终极关怀,他以末日来临前之自我反省走出了解救家庭的"自私",以启蒙和社会批判向着人类的救赎,象征着超越"乡愁",走出后现代——回到人类歧路的起点。

没有这种个体主义与民族群体主义的超越,宥于乡愁老套和泛斯拉夫主义，导演无论怎样别出心裁，是不可能达到如此深度与高度的。

"世上没有圣人，这是时代的悲伤。心灵之路被阴影笼罩。"

多米尼克的这个话与塔可夫斯基的"不是斗士，没有英雄"呼应，这是后现代消解宏大叙事，崇尚日常生活小叙事的基本特征。然而，本片以对英雄主义与救世主义情结的超越召唤着人类凤凰涅槃式的最后解放。这正是困惑着伯格曼"长久以来想要表达却不知如何体现的境界"。

这一切在影片中虽然只是象征与隐喻，然而在这样一个日常生活审美化、娱乐至死的后消费主义社会，这样一个思想者被当作"疯子"的时代，它切切实实起到如那篇观后感所说"改变心灵"之净化与升华作用。

在后现代时代，这样的艺术作品不多，也不可能多，它那黯淡的胶片像聚光灯般照射着走出后现代之路。这就是我们为什么说它"没有历史，没有现实，没有政治，也没有性幻想……而它却昭示了历史的未来学"。

索　引

人　名

420

关键词

B

C

D

主要参考文献

西奥尔多·阿多诺：《启蒙辩证法》，重庆出版社，1990。

西奥尔多·阿多诺：《美学理论》，王柯平译，四川人民出版社，1998。

亚里士多德：《诗学》，人民文学出版社，1982。

亚里士多德：《尼各马可伦理学》，苗力田主编《亚里士多德全集》第8卷，中国人民大学出版社，1997。

路易·阿尔都塞：《保卫马克思》，顾良译，商务印书馆，2007。

A. G. 鲍姆加登：《美学》，简明译，文化艺术出版社，1987。

柏拉图：《文艺对话集》，朱光潜译，商务印书馆，1980。

丹尼尔·贝尔《意识形态的终结》，张国清译，江苏人民出版社，2001。

让·鲍德里亚：《完美的罪行》，王为民译，商务印书馆，2000。

瓦尔特·本雅明：《发达资本主义时代的抒情诗人》，三联书店，1986，第93页。

瓦尔特·本雅明：《机械复制时代的艺术作品》，王才勇译，中国城市出版社，2002。

尼尔·波兹曼：《娱乐至死》，章燕等译，广西大学出版社，2009。

柄谷行人：《跨越性批判——康德与马克思》，赵京华译，中央编译出版社，2011。

卡尔·波普尔：《猜想与反驳——科学知识的增长》，傅季重等译，上海译文出版社，1986。

理查·伯恩斯坦：《超越客观主义和相对主义》，郭小平译，光明日报出版社，1992。

曹础基：《庄子浅注》，中华书局，1982。

钱竞：《社会美》，漓江出版社，1984。

钱锺书：《谈艺录》，中华书局，1984。

蔡仪主编《文学概论》，人民文学出版社，1982。

蔡仪：《蔡仪文集》，中国文联出版社，2002。

斯拉沃热·齐泽克：《意识形态的崇高对象》，季广茂译，中央编译出版社，2002。

斯拉沃热·齐泽克：《易碎的绝对》，蒋桂琴等译，江苏人民出版社，2004。

尼·车尔尼雪夫斯基：《生活与美学》，人民出版社，1958。

党圣元：《在传统与现代之间——古代文论的现代遭际》，山东教育出版社，2009。

阿瑟·丹托：《艺术的终结》江苏人民出版社，2001。

约翰·杜威：《艺术即经验》，高建平译，商务印书馆，2006。

塞内尔·达内西：《酷：青春期的符号和意义》，孟登迎等译，四川教育出版社，2011。

阿莱斯·艾尔雅维茨：《图像时代》，胡菊兰等译，吉林人民出版社，2003。

特里·伊格尔顿：《文学原理引论》，刘峰译，文化艺术出版社，1987。

特里·伊格尔顿：《理论之后》，商正译，商务印书馆，2009。

昂贝多·艾柯等：《诠释与过度诠释》，王宇根译，三联书店，1997。

冯宪光：《当代马克思主义文艺理论本体论形态问题》，《二十世纪国外政治学文艺理论研究》，巴蜀书社，2008。

米歇尔·福柯：《知识考古学》，谢强等译，三联书店，1998。

米歇尔·福柯：《戒规与惩罚》，刘北城等译，三联书店，1999。

米歇尔·福柯：《疯癫与文明》，刘北城等译，三联书店，1999。

米歇尔·福柯：《福柯集》，杜小真编译，上海远东出版社，2003。

西格蒙德·弗洛伊德：《论文学与艺术》，常宏等译，国际文化出版公司，2001。

迈克·费瑟斯通：《消费文化与后现代主义》，刘精明译，译林出版社，2000。

郭英德等：《中国古典文学研究史》，中华书局，1995

歌德：《歌德谈话录》，朱光潜译，人民文学出版社，2003。

安东尼奥·葛兰西：《狱中札记》，人民出版社，1983。

季奥尔格·伽达默尔：《真理与方法》，辽宁人民出版社，1987。

黄鸣奋：《电脑艺术》，学林出版社，1998。

黄遵宪：《日本国志》，上海古籍出版社，1981。

韩振江：《齐泽克意识形态理论研究》，人民出版社，2009。

黑格尔：《小逻辑》，商务印书馆，1980。

黑格尔：《美学》，朱光潜译，商务印书馆，1979。

尤根·哈贝马斯:《合法性危机》,刘北城等译,上海人民出版社,2011。

马丁·海德格尔:《存在与时间》,陈嘉映等译,三联书店,1987,第264页。

马丁·海德格尔:《海德格尔选集》,孙周兴选编,上海三联出版社,1996。

弗里德利克·杰姆逊:《后现代主义与文化理论》,唐小兵译,陕西师范大学出版社,1986。弗里德利克·杰姆逊:《晚期资本主义的文化逻辑》,陈清侨等译,三联书店,1997。

弗里德利克·杰姆逊:《论文化研究》,《快感:文化与政治》,中国社会科学出版社,1998。弗里德利克·杰姆逊:《快感:文化与政治》,中国社会科学出版社,1998。

马丁·雅克:《当中国统治世界——中国的崛起与西方世界的衰落》,张莉译,中信出版社,2010。

诺埃尔·卡罗尔:《超越美学》,商务印书馆,2006。

道格拉斯·凯尔纳等:《后现代理论》,张志斌译,中央编译出版社,1999。

伯纳特·科恩:《科学中的革命》,鲁旭东等译,商务印书馆,1998。

特·安·库克:《生命的曲线》,周秋麟等译,吉林人民出版社,1979。

贝尼季托·克罗齐:《美学的历史》,王天清译,中国社会科学出版社,1984。

康德:《判断力批判》,宗白华译,商务印书馆。

康德:《纯粹理性批判》,邓晓芒译,人民出版社,2004。

康德:《什么是启蒙》,《历史理性批判文集》,何兆武译,商务印书馆,1997。

彼德·科斯洛夫斯基:《后现代文化》,毛怡红译,中央编译出版社,1999。

李庆本主编《国外生态美学读本》,长春出版社,2009。

陆梅林编《马克思恩格斯论艺术》,人民文学出版社,1982。

鲁迅:《鲁迅全集》(合订本),广西民族出版社,1996。

李泽厚:《美的历程》,文物出版社,1981。

李泽厚:《康德哲学与建立主体性论纲》,《论康德黑格尔哲学》,上海人民出版社,1982。

李泽厚等主编《中国美学史》，中国社会科学出版社，1985。

李泽厚、汝信：《美学百科全书》，社会科学文献出版社，1990。

李忠尚：《"新马克思主义"析要》，中国人民大学出版社，1987。

罗钢等编《文化研究读本》，中国社会科学出版社，2000。

罗钢等编《后殖民主义文化理论》，中国社会科学出版社，1999。

罗钢等编《文化转向》，胡亚敏等译，中国社会科学出版社，2000。

里查德·罗蒂：《后哲学文化》，黄勇译，上海译文出版社，1986。

里查德·罗蒂：《后形而上学希望》，张国清译，上海译文出版社，2003。

里查德·罗蒂：《筑就我们的国家——20世纪美国左派思想》，黄宗英译，三联书店，2006。

波林·罗斯诺：《后现代主义与社会科学》，张国清译，上海译文出版社，1998。

格奥尔格·卢卡奇：《历史与阶级意识》，王伟光等译，华夏出版社，1989。

格奥尔格·卢卡奇：《社会存在本体论》，白锡堃译，重庆出版社，1997。

列宁：《列宁选集》，人民出版社，1975。

列宁：《哲学笔记》，人民出版社，1974。

让－弗·利奥塔：《后现代状况——关于知识的报告》，车槿山译，三联书店，1997。

保罗·利科：《解释学与人文科学》，陶远华等译，河北人民出版社，1987。

笠原仲二：《古代中国人的美意识》，魏常海译，北京大学出版社，1987，第6页。

毛崇杰：《席勒的人本主义美学》，湖南人民出版社，1985。

毛崇杰：《存在主义美学与现代派艺术》，社会科学文献出版社，1986。

毛崇杰：《颠覆与重建——后批评中的价值体系》，社会科学文献出版社，2002。

毛崇杰：《走出后现代——历史的必然要求》，河南大学出版社，2009。

毛崇杰：《实用主义的三副面孔——杜威、罗蒂、舒斯特曼的哲学、美学与文化政治学》，社会科学文献出版社，2009。

毛泽东：《毛泽东论教育革命》，人民出版社，1967。

毛泽东：《毛泽东选集》，人民出版社，1972。

马克思：《马克思恩格斯全集》，人民出版社，1979。

马克思：《马克思恩格斯选集》，人民出版社，1995。

马克思：《资本论》第 1 卷，人民出版社，1995。

马克思：《1844 年经济学哲学手稿》，刘丕坤译，人民出版社，1979。

马克思、恩格斯：《国际述评（一）》，《马克思恩格斯全集》第 7 卷，人民出版社，1959。

赫伯特·马尔库塞等：《现代美学析疑》，绿原译，文化艺术出版社，1987。

阿拉斯戴·麦金太尔：《德行之后》，龚群等译，中国社会科学出版社，1995。

海尔格·诺沃特尼等：《反思科学——不确定时代的知识与公众》，冷民等译，上海交通大学出版社，2011。

弗里德利希·尼采：《悲剧的诞生》，周国平译，三联书店，1986。

弗里德利希·尼采：《权力意志》，张念东等译，商务印书馆，2007。

彭亚非：《中国正统文学观念》，社会科学文献出版社，2007。

让·皮亚杰：《发生认识论原理》，王宪钿等译，商务印书馆，1985。

让·皮亚杰：《人文科学认识论》，郑文彬译，中央编译出版社，1999。

乔象钟：《蔡仪传》，文化艺术出版社，1998。

任继愈：《老子今译》，上海古籍出版社，1985，第 114 页。

司马迁：《史记》，台海出版社，1997。

让·萨特：《萨特研究》，柳鸣九选编，中国社会科学出版社，1981。

亚当·斯密：《国富论》，唐日松译，华夏出版社，2005。

封·谢林：《艺术哲学》，魏庆征译，中国社会出版社，1997。

理查德·舒斯特曼：《实用主义美学》，彭锋译，商务印书馆，2002。

列夫·托尔斯泰：《列夫·托尔斯泰文集》第 16 卷，人民文学出版社，2000。

爱弥尔·涂尔干：《社会分工论》，渠东等译，三联书店，1998。

爱弥尔·涂尔干：《实用主义与社会学》，渠东译，上海人民出版社，2000。

扬巴蒂斯塔·维柯：《新科学》，朱光潜译，人民文学出版社，1986。

路德维格·维特根斯坦：《逻辑哲学论》，郭英译，商务印书馆。

王安石：《临川先生文集》，中华书局，1959 年。

王国维：《王国维文集》，北京燕山出版社，1997。

王岳川：《艺术本体论》，上海三联书店，1994。

王毓红：《在〈文心雕龙〉与〈诗学〉之间》，学苑出版社，2002。

伊曼努尔·沃勒斯坦等：《开放社会科学》，三联书店，刘锋译，1997。

伊·沃勒斯坦等：《学科·知识·权力》，刘健芝编译，三联书店，1999。

马克斯·韦伯：《科学与政治》，冯克利译，三联书店，1998。

沃尔夫冈·韦尔施：《重构美学》，陆川等译，上海译文出版社，2002，第 96 页。

N. 维纳：《人有人的用处》，陈步译，商务印书馆，1978。

韦勒克、沃伦：《文学理论》，三联书店，1984。

袁梅：《诗经译注》，齐鲁书社，1983。

俞可平编《全球化时代的"马克思主义"》，中央编译出版社，1998。

杨伯峻：《论语译注》，中华书局，1980。

杨树等选译《西方马克思主义（译文集)》，中共中央党校出版社，1986。

杨天宇撰《礼记译注》，上海古籍出版社，2004。

杨义：《还原诸子》，中华书局，2011。

张一兵：《回到马克思》，江苏人民出版社，2009。

周平远：《文艺社会学史纲》，中国大百科全书出版社，2005。

赵忠邑译注《文心雕龙译注》，漓江出版社，1987。

朱熹：《楚辞集注》，上海古籍出版社，1979。

Paolo Crivelli：*Aristotle on Truth*，Cambridge Univ. Press，2004.

Arthur Danto：*The Philosophical Disenfranchisement of Art*，Columbia Univ. Press，1986.

John Dewey：*Art as Experience*，The Berkley Publishing Group a division of Penguin Putnam Inc. 1980.

Terry Eagleton：*Criticism & Ideology*，Nodon：Verson，1976.

Delluze, Gilles & Guattari, Felix：*Anti - oedipus：Capitalism and Schizophrenia*，New York：Viking Penguin，1977.

Ernesto Laclau and Chantal Mouffe：*Hegemony & Socialist Strategy：To-*

ward a Radical Democratic Politics, London and New York: Verso, 1985。

Jose Lopez Garry Potter: *After Postmodernism: An Introduction to Critical Realism*, Continuum International Publishing Group Ltd. ; New edition 2005。

Christopher P. Long: *Aristotle on the Nature of Truth*, Cambridge University Press; 1 edition, November, 2010。

A. Macintyre, *A Short History of Ethics*, Macmillan Publ. 1966.

Richard Shusterman: *Pragmatist Aesthetics: Living Beauty, Rethinking Art*, Roman & Littlefield Publishers, 2000.

Richard Shusterman: *Practicing Philosophy: Pragmatism and the Philosophical Life*, Routlege, New York and London, 1997.

Richard Shusterman, *Aesthetic Experience: From Analysis to Eros*. The Jounal and Criticism 64: 2, Spring 2006.

小 跋

从玛雅历法到 2012 年 12 月 21 日截止，有人以此为"世界末日"，设想种种灭亡景象，流星冲撞地球，外星人进攻地球，地震、海啸、火山……也有人警示，上天没有给人类安排末日，倒是人类可能带来自身毁灭，温室效应导致海平面上升，核战争，艾滋病以及生态与环境破坏带来新的毁灭性病毒……

恰巧本书于此时前后杀青，我虽然没有考虑如何登上"诺亚方舟"，也没有储备避难干粮，却也忧心忡忡：这本书怎么赶也不可能在这个日子前问世，人类几千年灿烂文化与文明毁于一旦，这本书还值得当回事吗？还有必要再往下写吗？

……"可怕的"一天终于过去，12 月 22 日太阳照样升起……如毛泽东说的"天不会塌下来"，"地球照样转"，"女人照样生小孩"……可以补充："贪官污吏照样寡廉鲜耻，胡作非为；特殊利益阶层照样贪得无厌，疯狂敛财"；房价照样涨；假、大、空、套话照样说；"公仆"照样不愿对"主人"公开他们的财产；等等。

也有乐天派以玛雅历法终止这一天为新纪元之始，人将变得善良，世界也会更美好……果然在电视上我们看到玛雅后代们在海边欢庆歌舞。这倒与从亚里士多德、康德到马克思的"历史向善的目的"理念一致。虽然新纪元世界会好成什么样子还没有显示，多少人能看到也是问题，不过本书能否面世之虞可以解除了。

失乐园与复乐园，创世记与洪水说，灾变论与进化论，罗马俱乐部与托夫勒主义，人类对未来命运总是在绝望与乐观之间拉锯。

也是在这段时间，到处在问："你幸福吗？"

莫言获奖时又被提问："你幸福吗？"

没有听到"不幸福"的回答。看来央视记者没有到贵州毕节的垃圾桶前，没有到各地的立交桥洞下面，没有对农村千万个留守老人与儿童，提出这个问题。

如果问到我头上该怎样应对……我想到"在俄罗斯谁能快乐而自由"这个问题，这是俄罗斯诗人涅克拉索夫 1876 年完成的长诗的标题。1861年俄国农奴制宣布废除之后，有一天，来自"粉碎省""悲苦县""穷迫教区"所属的七个村庄的七个农民在路上相遇，争论起"在俄罗斯谁能快乐而自由？"这件事，路加说是神甫，罗曼说是地主，德米昂说是官吏，麦德和伊凡兄弟说是商人，波荷说是沙皇的御前大臣，普鲁凡则说是沙皇……争得不可开交。

看来还是普鲁凡说的对，在"有了权力就有了一切，失去权力就失去一切"的地方，谁也幸福不过皇帝。中国古往今来谁不想当皇帝，正如刘邦、项羽当年各自遇见秦始皇出巡时分别所发的感慨，一个是"大丈夫当如此也"；一个是"彼可取而代之也"，两千多年之后还不忘要向他学习。所谓"朝为田舍郎，暮登天子堂"，正如李逵当年说得好，皇帝就该让他哥哥宋江来做……末日审判之前，各种梦总还是要做下去的。传统中国社会里"皇帝梦"总是统治者最精彩的一个梦，因为皇帝总是想使幸福"万年长"，"万岁""万寿无疆"就投其所好一代代喊下去……

12月25日在地铁车厢里看见一位50多岁的妇女胸前挂着一枚小小的毛泽东纪念章，仔细打量她像是外地上访的……可以理解，这也需要尊重，除张志新等少数受难者外，当年我们都是这样走过来的，像章我那里还存着一大盒呢。人总是要有点信仰的，特别是权利被践踏的人们……我不信你们的神，但我尊重你们的信仰。康德说："启蒙是人自由地用理性来改变自己为自己造成的不成熟状态。"约200年后，福柯说，你们启蒙主义者折腾到现在人们改变了不成熟状态了吗？世界末日真正到来之前，人们能否走出不成熟状态，是个问题……不过我还是相信欧仁·鲍狄埃："从来就没有什么救世主……"

皇帝梦，皇帝梦……老天爷不听那一套，"你们一个个都万寿无疆，我往哪儿放"。"天道有常：不为尧存，不为桀亡"，于是多少个"万寿无疆"者一个个都走出了生命的疆界。"万岁"万不了岁，"身体永远健康"的也没有活过百岁，高呼"万岁"的人民也万不了岁……"是死，是活"总是个问题，个体存在有生就会有死，同样，人类历史有起源也会有结束之日，在这之前艺术没有终结，理论没有死去。我们该干什么，还干什么，过好在世的每一天，正如台湾电影《海角七号》主题歌所唱：

> 世界末日尽管来吧，我会继续"无乐不作"，不会浪费爱你的快乐……

历史终结之前，历史将一笔一笔写下去，并且可期一笔比一笔写得更好，最重要的一笔是："人哪，如何善待你的同类，同时如何善待你的异类，也就是如何善待你自己。"用这个问题代替"你幸福吗"，这也就是用

"人类梦""世界梦"代替"天朝梦""皇帝梦"。与时间赛跑，争取在末日真正到来之前，结束人吃人的史前史，拆开人类正史，哪怕只是一页。

本书有一句话："资产阶级革命提出的'自由、平等、博爱'，马克思提出的共产主义，都将从历史文本之外的书面以及口头永远消失，转化为现实的生活。"此话可能又要被讥为堂·吉诃德……

不知道真正的末日到来之前人类会不会有复乐园这一天，反正我只管信口道来，不必对此负责。那时或许我在另一个世界继续扮演堂·吉诃德……

2012 年 12 月

图书在版编目（CIP）数据

文化视域中的美学与文艺学 / 毛崇杰著 . —北京：社会
科学文献出版社，2013.7
（国家社科基金后期资助项目）
ISBN 978 - 7 - 5097 - 4543 - 4

Ⅰ. ①文…　Ⅱ. ①毛…　Ⅲ. ①美学 - 文集 ②文艺学 - 文集
Ⅳ. ①B83 - 53 ②I0 - 53

中国版本图书馆 CIP 数据核字（2013）第 080376 号

· 国家社科基金后期资助项目 ·

文化视域中的美学与文艺学

著　　者 / 毛崇杰

出 版 人 / 谢寿光
出 版 者 / 社会科学文献出版社
地　　址 / 北京市西城区北三环中路甲 29 号院 3 号楼华龙大厦
邮政编码 / 100029

责任部门 / 人文分社　（010）59367215　　　　　责任编辑 / 孙以年
电子信箱 / renwen@ ssap. cn　　　　　　　　　责任校对 / 师晶晶
项目统筹 / 宋月华　魏小薇　　　　　　　　　　责任印制 / 岳　阳
经　　销 / 社会科学文献出版社市场营销中心　（010）59367081　59367089
读者服务 / 读者服务中心　（010）59367028

印　　装 / 北京季蜂印刷有限公司
开　　本 / 787mm×1092mm　1/16　　　　　　　印　　张 / 28.25
版　　次 / 2013 年 7 月第 1 版　　　　　　　　　字　　数 / 500 千字
印　　次 / 2013 年 7 月第 1 次印刷
书　　号 / ISBN 978 - 7 - 5097 - 4543 - 4
定　　价 / 98.00 元